Hadoop+Spark+Python大数据处理

从算法到实战

朱春旭◎编著

北京大学出版社
PEKING UNIVERSITY PRESS

内 容 提 要

本书围绕新基建的云计算、大数据及人工智能进行介绍，分为以下五个部分。

第一部分介绍大数据的概念与特点，以及典型的产业应用场景；第二部分介绍目前云计算中的一个重要的研究与应用领域——容器云，包含应用容器引擎Docker与容器编排工具Kubernetes；第三部分是大数据分析的基础，也是大数据分析技术的重点，包含Hadoop、HBase、Hive、Spark的环境搭建及开发流程；第四部分是机器学习相关算法的应用，包含scikit-learn、SparkML、TensorFlow工具的使用；第五部分，以实例介绍如何使用Spark机器学习库中的协同过滤算法，来实现一个基于Web的推荐系，以及介绍如何使用OpenCV与TensorFlow构建卷积神经网络来实现基于Web的人脸识别。

本书轻理论，重实践，适合有一定编程基础，且对云计算、大数据、机器学习、人工智能感兴趣，希望投身到新基建这一伟大事业的读者学习。同时，本书还可作为广大院校相关专业的教材和培训参考用书。

图书在版编目(CIP)数据

Hadoop+Spark+Python大数据处理从算法到实战 / 朱春旭编著. —北京：北京大学出版社，2021.6
ISBN 978-7-301-32144-7

Ⅰ. ①H… Ⅱ. ①朱… Ⅲ. ①数据处理 Ⅳ. ①TP274

中国版本图书馆CIP数据核字(2021)第069450号

书　　名 Hadoop+Spark+Python大数据处理从算法到实战
HADOOP+SPARK+PYTHON DASHUJU CHULI CONG SUANFA DAO SHIZHAN
著作责任者 朱春旭　编著
责 任 编 辑 王继伟　杨　爽
标 准 书 号 ISBN 978-7-301-32144-7
出 版 发 行 北京大学出版社
地　　址 北京市海淀区成府路205 号　100871
网　　址 http://www.pup.cn　　新浪微博：@ 北京大学出版社
电 子 信 箱 pup7@ pup.cn
电　　话 邮购部 010-62752015　发行部 010-62750672　编辑部 010-62570390
印 刷 者 北京溢漾印刷有限公司
经 销 者 新华书店
787毫米×1092毫米　16开本　28 印张　635千字
2021年6月第1版　2021年6月第1次印刷
印　　数 1-4000册
定　　价 99.00 元

未经许可，不得以任何方式复制或抄袭本书之部分或全部内容。
版权所有，侵权必究
举报电话：010-62752024　电子信箱：fd@pup.pku.edu.cn
图书如有印装质量问题，请与出版部联系。电话：010-62756370

前言 用新技术、新思维，投身新基建

为什么写这本书？

2020年3月，国家提出要加快5G网络和数据中心等新型基础设施建设（简称新基建）的进度。其中，信息化新型基础设施包含云计算、大数据、人工智能、区块链、5G等内容。

云计算、大数据、人工智能，这三者从表面上看似乎是三个独立的技术方向，实则一脉相承。

笔者在南京大学参加人工智能峰会的时候，曾向专家请教了一个问题：云计算、大数据、人工智能之间有什么关系？专家解释：从整体上看，云计算就是高速公路，大数据就是路上满载货物、飞速奔驰的车辆，人工智能则通过观察道路利用情况、车辆运行情况，发现其中的规律，合理规划道路、合理调度车辆，让整个系统运行得更高效。

简单来说，云计算技术提供了算力，大数据技术提供了数据支撑，人工智能技术提供了强大算法，这三者之间存在着不可分割的“亲缘”关系。

从细节来看，每一个领域都有复杂的逻辑和丰富的内涵。如果要将这三门技术融合在一起，需要有比较扎实的技术功底和充裕的时间。因此本书的目标是尽可能让读者用最低的成本，尽快掌握相关技术，紧跟时代步伐，早日投身新基建。

这本书的特点是什么？

本书力求简单、实用，坚持以实例为主，理论为辅。

全书分为五篇，从大数据的基本概念与产业应用入手，然后介绍将大数据平台容器化的工具 Docker 与 Kubernetes，之后讲解大数据常用的组件：Hadoop、HBase、Hive、Spark，最后引入了对数据进行挖掘的机器学习库 scikit-learn 和 Spark MLlib。

随着人工智能的快速发展，神经网络及相关的开发工具也愈发强大，因此在了解机器学习后，本书又引入了能解决更复杂问题，但操作又比较简单的深度学习框架 TensorFlow。掌握 TensorFlow，既弥补了 Spark、scikit-learn 的不足，又能应对更困难的场景。

本书没有高深的理论，每一章都以实例为主，读者通过参考源代码，修改实例，就能得到自己想要的结果，让读者看得懂、学得会、做得出。

本书大多数章节都包含实训模块，让读者在学完该章节的知识后能够举一反三，学以致用。

通过这本书能学到什么？

1. 数据分析理论基础：了解大数据的特征、大数据分析目标如何确立、大数据项目开发流程、机器学习开发过程。

2. 大数据平台容器化：掌握 Docker、Kubernetes 的安装方法；掌握基于 Docker 容器的集群部署方法；掌握 Kubernetes 的集群部署方法。

3. 数据分析：理解分布式存储原理、分布式计算原理及分布式资源调度原理，掌握 Hadoop、HBase、Hive、Spark、scikit-learn、TensorFlow 数据分析技术。

4. 掌握架构设计与实施技能：能设计不同场景下的项目架构，并做好不同业务下的数据建模。

5. 项目开发：熟练使用 Python 语言，综合运用各类组件，独立完成项目开发。掌握基本的机器学习、人工智能开发技术。

本书的核心组件版本和阅读时的注意事项

1. 核心组件版本

Python：Anaconda 3 Python 3.7 版本

CentOS：7.5

Hadoop：3.1.3

HBase：2.2.2

Hive：3.1.1

Spark：2.4.4

scikit-learn：0.22

TensorFlow：2.1.0

其中，Hadoop、HBase、Hive、Spark 安装过程相对复杂，版本不匹配容易出错，建议读者使用与本书一致的版本，待精通大数据平台知识之后，再选择其他版本。另外 TensorFlow 1.x 与 TensorFlow 2.x 版本存在巨大差异，使用 TensorFlow 2.x 将会成为流行趋势，建议读者使用 2.x 版本。

2. 注意事项

在实训板块，建议读者根据主题回顾小节内容，思考后再设计自己的实现方案，并与书中的实现方式进行对比，以便取得更好的学习效果。

除了书，您还能得到什么？

1. 赠送案例源代码。提供书中相关案例的源代码，方便读者学习参考。

2. 赠送 50 道 Python 面试题及答案，帮助读者提高面试成功率。

3. 赠送职场高效学习资源大礼包，包括《微信高手技巧随身查》《QQ 高手技巧随身查》《手机办公 10 招就够》等电子书，以及“5 分钟学会番茄工作法”“10 招精通超级时间整理术”视频教程，让您轻松应对职场那些事儿。

温馨提示

以上资源，可用微信扫描下方二维码关注公众号，输入资源提取码 DJ2021A，获取下载地址及密码。

感谢胡子平老师及北京大学出版社的各位编辑在本书的内容策划、设计和审核上给我的帮助。在本书的编写过程中，我竭尽所能地为读者呈现最好、最全面、最实用的内容，但仍难免有疏漏之处，敬请广大读者不吝指正。

第1篇 入门篇

第2篇 准备篇

第3篇 技法篇

第8章 数据无结构，使用 RDD 212

第9章 数据有结构，使用 SQL 语句......245

第10章 Spark 流式计算编程 268

第4篇 算法篇

第11章 发掘数据价值，使用机器学习技术 297

第12章 处理分类问题 313

第1篇

入门篇

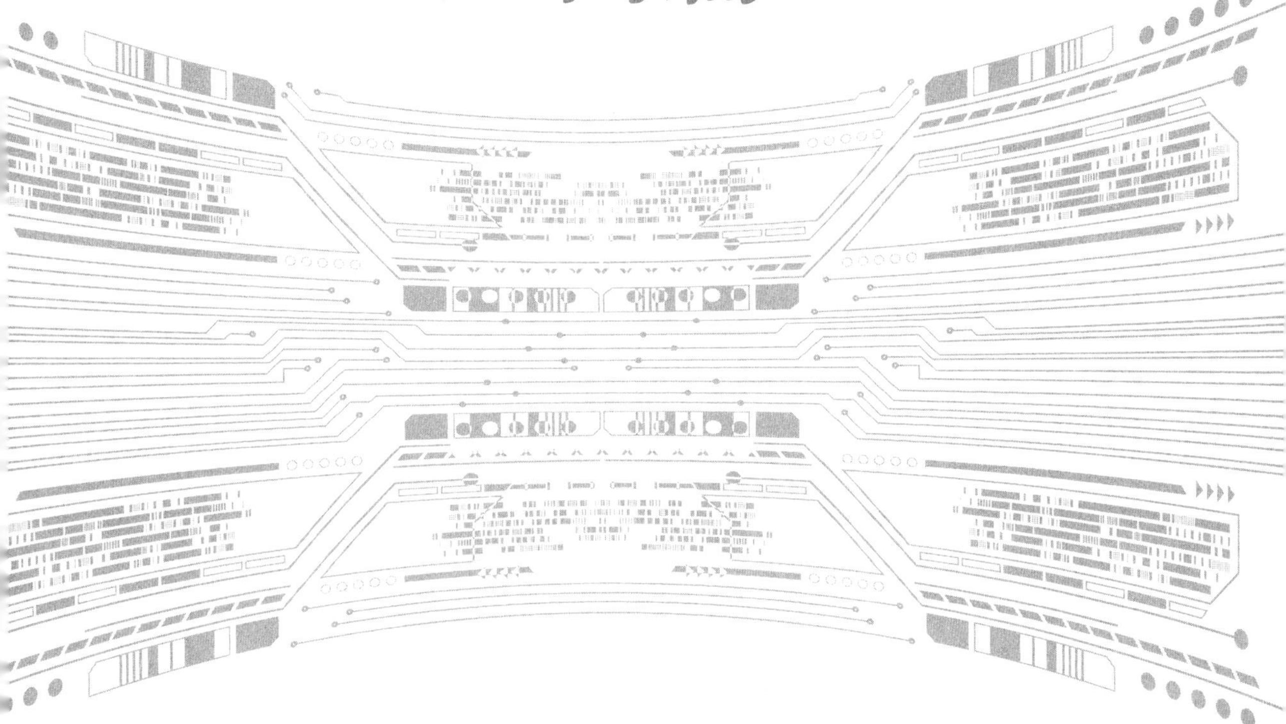

随着信息技术的发展，大数据无时无刻不在影响着我们的生活。乘坐动车进、出站时，我们不需要再出示纸质车票，直接刷脸即可通过；在购物时，往往能第一时间获得我们感兴趣的商品推荐；在新冠肺炎疫情暴发时，我们能通过大数据平台实时查看感染者数据、相关人员移动轨迹，能够无接触进行体温监测，大数据在疫情防控中发挥了重要作用。

通过对本篇内容的学习，读者能够了解大数据的特点、行业应用情况，对大数据研究产生兴趣。

第1章

初识大数据

★本章导读★

本章介绍了大数据的背景、大数据的特征、利用传统软件技术处理大数据时面临的挑战，以及大数据的处理流程、涉及的工具和大数据的产业应用。

★知识要点★

通过对本章内容的学习，读者将掌握以下知识。

◆ 了解大数据的特征

◆ 了解大数据处理的流程及相关工具

◆ 了解大数据及相关技术在产业中的应用

1.1 什么是大数据

2020年有一个非常火的词“新基建”，新基建是指新型基础设施建设。其中大数据、人工智能、云计算是新技术基础设施的主要代表。接下来为读者介绍什么是大数据。

1.1.1 大数据的起源

相信读者对“大数据”一词并不陌生。在20世纪90年代，这个词已经出现在人们的视野中，那么“大数据”究竟是什么呢？

著名数据科学家高德纳认为大数据是需要新处理模式才能具有更强的决策力、洞察力和流程优化能力的海量的、高增长率的及多样化的信息资产。

由这句话可以总结出“大数据”一词代表的两层含义：一是海量的信息资产，就是数据本身；二是需要新的处理模式，即“大数据”处理技术。

1.1.2 大数据的特征

IBM 公司提出了“大数据”的 5V 特征：Volume（大量）、Velocity（高速）、Variety（多样）、Value（低价值密度）、Veracity（真实性）。

Volume（大量）：数据采集规模、存储规模和计算规模都非常大，一般以 TB（1024GB）或者 PB（1024TB）作为计量单位。

Velocity（高速）：数据产生和处理的速度快，时效性高。

Variety（多样）：数据的种类与来源多样化。具体体现在结构化、半结构化与非结构化等种类，如日志、音视频、图片、地理信息等。不同的数据类型，对应的处理技术也不尽相同。

Value（低价值密度）：信息无处不在，但是在海量信息中，真正有价值的信息很少。如何通过数据挖掘手段，在垃圾中发现黄金，是大数据需要处理的问题。

Veracity（真实性）：在维克托·迈尔·舍恩伯格编著的《大数据时代》中指出，大数据不用随机分析法（抽样调查）这样的捷径，而是对全量数据进行分析处理。全量数据反应了事物的客观性与真实性。

通过 5V 特征可以看出，用传统技术来收集、存储、分析大数据将面临巨大困难。

1.1.3 大数据时代面临的挑战

多数情况下，大数据处理主要面临以下几个方面的问题。

1. 算力方面

传统软件部署在一台机器上，那么就由这台机器为该软件提供计算资源。即便采用面向服务的架构，做分布式部署，甚至是微服务架构，都避免不了一个计算任务只能在一台计算机上运行的事实。同时，传统软件是将数据从网络上集中到当前程序运行的计算机上进行处理，这里就涉及数据的网络传输时延。传统软件“数据向计算靠拢”的模式，限制了算力。

2. 存储方面

一般情况下，企业为了节省成本，都是将数据进行集中管理。随着时间的推移，当软件系统产生的数据在单台计算机上无法存放时，就需要做分布式存储，此时将会面临以下两个问题。

（1）根据这些数据的存放规划，使用数据的时候软件如何寻址？

（2）在大规模计算机集群中，若是某一台机器出现故障，数据又如何容错？

3. 人才方面

大数据分析是综合性学科，除了编程技能外，还涉及微积分、线性代数、统计学、最优化理论、信息论等知识，然而这种跨专业、跨学科的综合性人才相对较少。同时，若是还要求工程师在某一业务领域有成就，这样的人才就更少了。

4. 认知方面

大多数个人或机构收集到海量数据后，大多是想办法进行常规分析，以获取到的数据反映当前情况，在探索数据潜在价值方面的投入不够，如环保部门通过积累的数据可以查看当前投入了多少资金用于治理环境，但并未尝试通过这些数据预测未来还需投入多少资金，无法做好资源的统筹规划；再如应急管理部门能通过数据看到什么时候发生过洪水，但并未尝试研究下一次可能会发生洪水的时间，就无法提前做好洪灾预警。对数据价值的认识不够、对数据挖掘的投入不够，最终导致数据未能被充分利用，其社会效益不能完全发挥。

5. 安全方面

随着人工智能、大数据技术的发展，数据的重要性越来越突出，数据成为个人和企业的重要资产。因此数据在收集、共享等各个环节的安全性就非常重要。据统计，2019 年全球数据泄露事件达 5183 起，而且逐年增加。数据泄露会直接或间接导致企业遭受巨额损失，也会对个人的财产安全造成危害。

1.2 如何处理与分析大数据

尽管处理大数据面临诸多挑战，但是随着社会的进步，大数据会无所不在，解决这些问题也显得更为迫切。接下来看看在大数据时代，聪明的工程师是如何利用智慧解决问题的。

1.2.1 大数据处理与分析的相关步骤

大数据处理的目标是通过对数据的分析，来获取当前事物的客观情况并预测其未来的发展趋势，工作重心是根据业务对数据进行采集与分析。

开发一个大数据项目，主要环节有业务分析、算法建模、数据采集、数据清洗、数据建模、数据存储、数据探索、特征提取、特征转换、数据分析、数据可视化等，具体介绍如下。

步骤 01 业务分析，即需求分析，就是搞清楚分析目标是什么，需要收集哪些数据才能达成目标。

步骤 02 算法建模，根据业务逻辑设计一个算法模型，模型的输出就是最终期望的结果。此时的算法模型可以使用伪代码实现。

步骤 03 平台设计，即为后续的操作选择一个合适的运行平台，如将大数据分析平台直接运行到 Linux 系统上。为方便数据的移植、维护，也可以将其部署到基于容器的平台上，视具体需求而定。

步骤04 ▸ 数据采集，根据业务目标，收集不同维度的数据，同时还可以给数据加标注。

步骤05 ▸ 数据清洗，采集的数据存在空缺值、异常值、不符合规范的值，需要对其进行补充或将之清除。

步骤06 ▸ 数据建模，根据算法或者业务来构造数据模型，即实体之间的关系。良好的数据建模设计可以清晰地反映业务逻辑，也方便后续进行大数据运算。

步骤07 ▸ 数据存储，数据存储的格式和方式有很多，如CSV、Excel、txt、xml、Parquet、MySQL、MongoDB、HDFS、HBase等，需要根据数据未来的规划进行选择。例如，只是持久化数据，仅供分析，不做其他处理，可以采用Parquet、CSV进行存储；需要做联机事务处理的，需要对数据进行增删改查操作，就建议使用MySQL等关系型数据库进行存储；如果数据量比较大，可以选择将其存到HDFS；如果数据量大且还要求对数据进行实时读写，可以选择存到HBase。

步骤08 ▸ 数据探索，这一步主要是根据统计学原理查看数据规律，如分布状态、数据走势，同时，还可以进行进一步的数据清洗。

步骤09 ▸ 特征提取，如身高、体重都是描述事物的特征，按面向对象的设计思路，这些数据也称为属性。实际上，在做数据分析时，并不是所有特征都需要纳入运算，如预测婴儿的存活率，强关联的特征有父母的年龄、父母是否吸烟、父母的收入水平，而父母受教育程度则没必要进行分析。

步骤10 ▸ 特征转换，将数据数字化、标准化、归一化并进行哑变量处理有助于进行数据分析。例如，将性别设置为0或1，或者录入考试成绩时将60分以下设为0，60～80分设为1，80～90分设为2，90分以上设为3。

步骤11 ▸ 构建模型，此时的模型是用真正的代码实现的算法模型，是能够进行编译执行的模型。

步骤12 ▸ 数据分析，此时得到的数据已经是干净的数据了，可以将这些数据代入上一步的算法模型进行训练、验证，以便获得期望的结果。

步骤13 ▸ 数据展示，算法模型训练数据得到的结果还需要能够直观地观察到，如查看数据走势、数据分布等。利用可视化工具，将数据生动地展示出来，然后进行最后的部署，供用户使用。至此，整个大数据处理过程结束。

1.2.2 大数据处理与分析的相关工具

大数据处理与分析是一个复杂的过程，涉及的工具较多。针对不同的场景需求，有不同的工具进行支撑。

1. 运行平台

每一个软件都有自己的运行要求，如运行的操作系统、硬件配置、网络环境、操作权限等，而对大数据分析来说，早些时候往往采用的都是集群拓扑环境。就目前行业流行趋势来看，普遍都将大数据上“云”了。

那么支撑大数据运行的平台有哪些呢？

（1）OpenStack 云平台

OpenStack 是一种云操作系统，可控制整个数据中心内大量的计算、存储和网络资源池，所有资源均通过具有通用身份验证机制的 API 和 Web 界面进行管理和配置。在 OpenStack 云环境中，可以快速部署大数据集群。

（2）容器云平台

容器技术并不是一个全新的概念，早在 1979 年，UNIX 系统就引入了容器技术，但直到 2013 年，随着开源容器引擎 Docker 的发布，这一技术才得到高度关注。后来 Kubernetes 异军突起，使得容器编排得到进一步简化。廉价且易于部署、管理的容器云得到越来越多的企业的青睐，纷纷将各种服务上容器云，其中的典型案例之一就是联通容器化大数据云平台。

（3）开箱即用的平台

大数据分析平台的搭建与维护相对来说是比较烦琐的，很多人仅仅因为基础环境的问题就放弃进入大数据领域。幸好业内的“大厂”已经为开发者扫清了障碍，提供了开箱即用的平台，比较知名的有华为云、阿里云、Azure、腾讯云等。

2. 数据采集

数据采集是大数据中重要的一环。不同的场景中，数据采集的方案和涉及的工具也不尽相同，具体介绍如下。

（1）采集互联网数据

采集网络数据往往需要使用爬虫或抓包工具，常见的工具如下。

① Scrapy：一个高级网络爬虫框架，主要用于抓取网页并从中提取结构化数据，可应用于数据采集、数据挖掘、自动化测试等多个领域。

② Requests：号称是一个针对人类的、优雅且简单的 Python HTTP 库。Requests 可以自动处理参数，轻松发起 HTTP 请求，然后通过请求返回值采集网络数据。

③ Selenium：主要用于 Web 应用程序的自动化测试，但其应用范围远不止此。当遇到使用普通爬虫无法采集的动态数据时，可以考虑使用 Selenium 启动无头浏览器，模拟人为操作来获取数据。

④ Fiddler：Web 调试代理的工具，从网络层跟踪计算机和 Internet 之间的所有 HTTP（S）通信。

⑤ Charles：与 Fiddler 类似，也是一个 HTTP 代理工具，不同之处在于，Charles 更容易抓取 App 应用的数据。

（2）采集业务系统的数据

很多数据实际来源于企业内部的业务系统，这些数据记录了用户行为、系统运行情况等信息。

采集这些信息可能会用到以下组件。

① Logstash：免费且开放的服务器端数据处理管道，能够从多个来源采集数据、转换数据，然后将数据发送到合适的“存储库”中。

② Fluentd：用于统一日志记录层的开源数据收集器，方便用户统一收集和使用数据，支持不同类型的输出，如可以将日志输出到 MongoDB、Hadoop、MySQL 等。

③ Flume：是一种高可用的日志收集系统，可以有效地收集、聚合、移动日志，支持故障转移和恢复机制，具有强大的功能和容错能力。

④ Filebeat：用于转发和收集日志数据的轻量级传送程序，一般在服务器上作为代理安装，Filebeat 监视指定的日志文件或目录，收集日志事件，并将它们转发到 Elasticsearch 或 Logstash 进行索引。

另外，对于物联网设备的数据采集，如温度传感器、烟雾传感器、液位传感器等，开发者可以通过相应设备的 SDK 获取硬件采集到的数据。

3. 数据存储

数据存储是一个非常复杂的过程。

联机事务处理（OLTP）系统面向的是系统操作员，普遍采用关系型数据库存储数据，如 MySQL、SQL Server 等；联机分析处理（OLAP）系统面向的是数据分析员，采用数据仓库的思路来设计存储，相关的工具有 IBM DB2、Oracle Express、SQL Server 分析服务、Hive 等。

从数据规模来看，较大规模的数据可以存储到 HDFS、Elasticsearch、MongoDB 中。当数据量大且对读写速度有要求时，还可使用 HBase、KUDU 等工具。

除考虑存储介质外，还应考虑数据的存储模式，如构建独立的元数据库、逆范式设计表结构等。

4. 数据分析

用于进行数据分析的工具相当多，简单来说可以分为以下 3 类。

（1）产品类

其中典型代表就是 Excel、Power BI、Tableau、Saiku、Hue、Impala、Zeppelin 等。这类产品具有良好的用户体验，开箱即用，不用单独开发程序就能满足大多数需求。

（2）服务类

这一类主要是提供数据分析服务的企业或个人。这些企业或个人掌握了数据分析相关的技术，如聚类、分类、回归等，根据客户的需求来提供分析方案。

（3）开发类

这一类主要有两种情况，一种是从零开始开发一套数据分析工具，由于研发成本高，这种情况一般存在于对数据敏感的大型企业中；另一种是基于现有的、具有基本功能的数据分析框架进行开发，如 Flink、Storm、Pandas、Matplotlib，以及本书将介绍的 Hive、Spark 等。

1.3 大数据的产业应用

大数据作为“新基建”的核心之一，已经在工业转型、政府治理、民生服务、数据安全、未来生活等方面起到了重要作用。接下来看看大数据如何在工业制造、智慧交通等领域影响和改变人们的生活。

1. 大数据在工业制造中的应用

如图 1-1 所示，“酒钢”是位于中国西北地区的钢铁厂，因为设备故障频发、生产成本过高，一度濒临倒闭，唯一的出路就是进行技术升级改造。

温度对钢材的质量有至关重要的影响，因此这场变革的焦点之一就是要获取炼钢炉的炉壁温度变化情况。在对高炉进行改造之前，大多是经验丰富的员工依靠经验来判断炉内温度，这就导致钢材质量不稳定。为解决这个问题，工程师在高炉外部不同位置安装了 2000 个传感器来收集炉壁的温度数据。经过数字化改造的高炉，不仅可以实时获得精准的炉内温度数据，还能提前两小时预测炉内温度变化情况。

图 1-1　酒钢高炉

曾经要依靠经验才能完成的工作，现在全部在大数据的掌控之下。目前酒钢高炉实现了精准配比，节约了燃料，减少了污染物排放，真正做到了高产低耗、绿色环保，酒钢也因此扭亏为盈。

2. 大数据在交通规划中的应用

如图 1-2 所示，北京是一座拥有两千多万人口的超大型城市，交通出行压力极大。要解决交通出行问题，首要要考虑的就是居住和就业这两个影响城市结构的核心因素。

从有关部门的分析来看，“职住”分离是北京城市人口的明显特征，这也就意味着大多数人会面临高昂的通勤成本，如长时间的堵车、长时间的排队挤公交、长距离的打车等。另外，庞大的人口基数也导致了非常明显的潮汐交通现象，即早晨上班进城的交通流量大，晚上下班出城的交通流量大。早晚高峰，给北京这座“超级”城市的交通带来了巨大的压力。

这样的问题该如何解决呢?

那就是根据用户移动信号定位数据，厘清人们的出行轨迹，根据这些轨迹，交通运输部门就可以发现所规划的路线和站点是否合理。

3. 大数据在人脸识别中的应用

对于任何人来说，亲人的走失都是一种难以忍受的痛苦。为此，工程师长期致力于利用大数据提高人脸识别能力，帮助那些不幸的家庭早日找到走失的亲人，人脸识别如图 1-2 所示。

图 1-2 人脸识别

本章小结

本章主要介绍了大数据的基本概念与特征、大数据处理的相关步骤和常用工具，以及大数据产业应用的典型案例，这些案例都来源于央视多年的深入调查，可以看到大数据已经在方方面面影响着人们的行为与生活。

准备篇

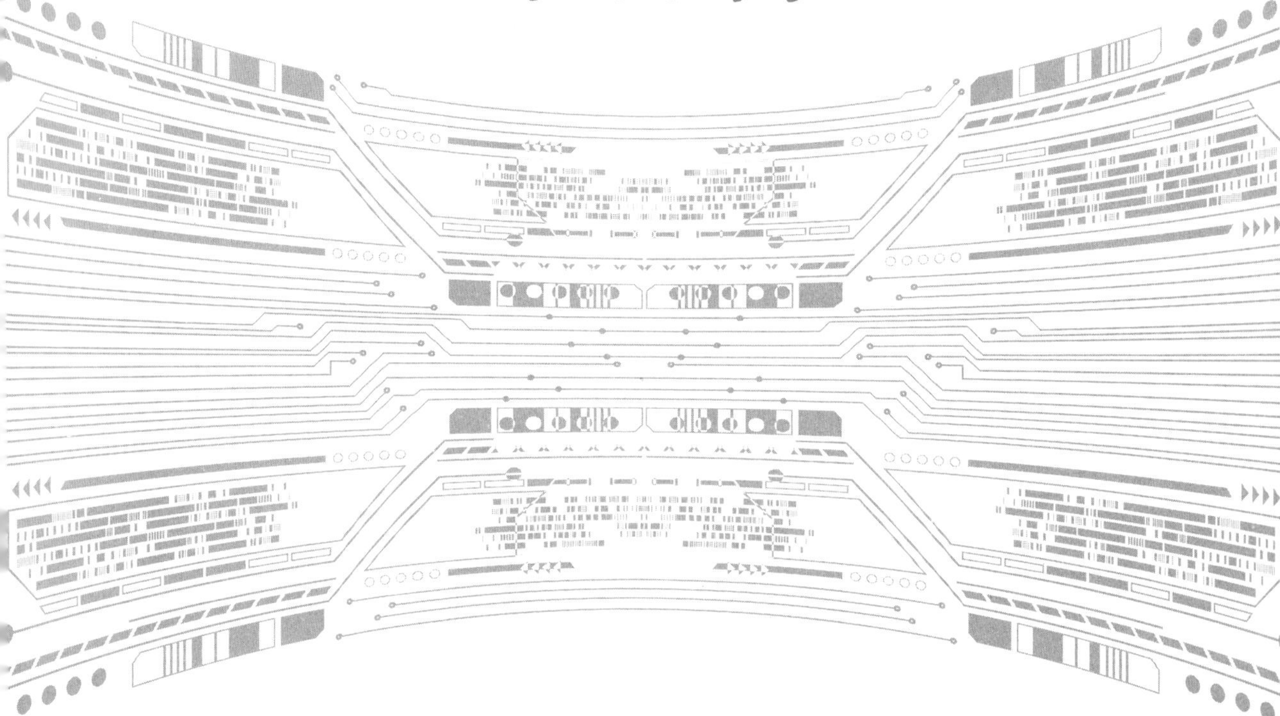

在生产环境中，大数据平台一般都是部署在集群之上的。然而，大数据相关工具的安装、维护，大规模物理机集群的资源管理、资源调度都使运维工作面临严峻的考验。

本篇主要介绍两个工具：Docker 和 Kubernetes。Docker 主要用于将大数据平台容器化，即将 Hadoop、HBase 等工具部署到容器，以方便大数据平台的维护与移植；Kubernetes 则主要用来对集群环境下的容器进行管理。

Kubernetes 与 Docker 构建的容器云，为大数据处理提供了算力支撑。

第 2 章

万丈高楼平地起，使用 Docker 作地基

★本章导读★

本章首先介绍 Docker 的应用场景和体系架构，使读者建立对 Docker 的基本认知，然后介绍在 CentOS 平台上搭建 Docker 运行环境，最后介绍 Docker 的常用操作和编排方式，以及相关的可视化管理工具。Docker 是构建容器云的基本要素，掌握相关技术非常重要。

★知识要点★

通过对本章内容的学习，读者将掌握以下知识技能。

- 了解 Docker 体系架构
- 了解 Dockerfile 的基本语法
- 掌握 Docker 的常用操作
- 掌握 Docker 的编排方式
- 掌握在 Docker 上部署应用

2.1 初识 Docker

时下，云计算技术已经相当成熟。各类企业为了降低在信息化方面投入的生产成本，纷纷走上了“云”端。构建云平台的技术多种多样，Docker 因其功能丰富且易于使用，受到越来越多企业的青睐。在 Stack Overflow 的调查中，Docker 排在“最受欢迎的平台”第一名。

2.1.1 Docker 简介

要了解 Docker，首先得从云计算平台说起。

经典的云计算平台包含 3 层架构，如图 2-1 所示，这里介绍如下。

SaaS：全称是 Software as a Service，软件即服务。

PaaS：全称是 Platform as a Service，平台即服务。

IaaS：全称是 Infrastructure as a Service，基础设施即服务。

SaaS 建立在 PaaS 之上，在这一层，平台供应商为用户部署了软件，用户不必安装软件，也无须知道软件的安装位置，只需打开浏览器或者其他客户端直接使用即可。用户除体验软件功能外，感知不到其他任何细节，比较典型的产品是网易有数、腾讯企点、Skype 等。

PaaS 建立在 IaaS 之上，供应商将软件的研发平台、运行时的环境作为服务。开发者无须再自行搭建开发环境，利用线上的环境就可以开发、运行软件，比较典型的产品是百度应用引擎（Baidu App Engine，BAE）、腾讯开放平台等。

IaaS 把基础设施作为一种服务，基础设施指服务器、网络、存储等。用户无须建设自己的服务器机房，也不用安装网络光纤，通过一个账号，就可以使用服务器。比较典型的产品是阿里云、华为云等。

那么，在构建云平台的过程中，以上的技术方案存在什么问题呢？

首先在 SaaS 层，IT 供应商为满足不同用户的需求，会部署不同业务，如邮箱、网络电话、通信软件等。这些业务软件需要不同的运行时，即使是同一个软件，由于客户的付费额度不同，供应商为之提供的版本也不一样。由于 SaaS 平台的需求繁多，就需要 PaaS 层能提供不同的运行支撑。

但是，最初的 IaaS 层主要使用虚拟机作为底层基础平台，由于虚拟机自身的局限，不能轻易为 PaaS 提供服务。以网络电话为例，对于 VIP 用户，需要同时提供 1000 路通话，可能需要 5G 网络；对于普通用户，只需同时提供 10 路通话，4G 网络就能满足需求。因此就需要 PaaS 层根据业务的不同而提供不同的硬件和网络资源，这对于虚拟机来说，要求就比较苛刻了。如果对资源管理过细，会增加硬件成本；如果管理过粗，则会造成资源浪费。

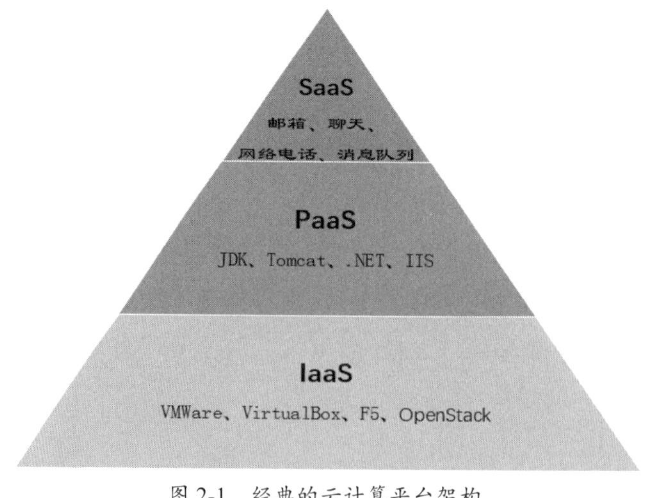

图 2-1　经典的云计算平台架构

很显然，Docker 做到了。

Docker 是一个容器引擎，容器是轻量级的，不需要虚拟机管理程序的额外负载，而是直接在主机的内核中运行。相比虚拟机，Docker 在如下方面有优势。

启动速度：一般虚拟机完成启动需要按分钟计，Docker 容器启动则是按秒计。

资源消耗：虚拟机从硬件层面进行虚拟化，消耗资源多，一台普通配置的物理机最多只能同时运行几十个虚拟机。Docker 容器是一个进程，其资源消耗主要来自容器内部的应用，本身资源消耗较少，可同时运行几百上千个容器，每个容器中可以装载一个操作系统，相当于在一台物理机上可以运行几百上千个虚拟机。

隔离性：不同虚拟机之间是完全隔离的，而容器则是在进程级别上进行隔离，这样控制粒度更细，更利于对资源进行灵活管理。

另外，Docker 同样也是一个用于开发、交付和运行应用程序的开放平台。Docker 使用户能够将应用程序与基础架构分开，从而可以快速交付软件。借助 Docker，用户能够用管理应用程序的方式来管理基础架构，同时还可以实现快速交付、测试和部署代码，大大减少编写代码和在生产环境中运行代码之间的延迟，这为在 SaaS 层部署应用提供了极大的便利。

Docker 的优点还不止于此，因此使用容器代替虚拟机作为构建云平台的基础设施，受到越来越多企业的认同。使用 Docker 构建的基于容器的云计算平台，被称为容器云。

与大数据处理相关的应用，如 Hadoop、Spark、HBase、Elasticsearch 等，其设计架构都是分布式的，并且包含众多配置。这里以 Hadoop 为例，如果将 Hadoop 部署在多个虚拟机上，那么当某个节点宕机之后，恢复任务就需要较长的时间，会拖慢整个应用的执行进程。Hadoop 的任务在执行的时候需要资源，这就要求运行任务的节点的资源能被灵活管控。基于以上原因，建设大数据分析平台的“万丈高楼”，将容器云作为“地基”的解决方案，几乎就成了架构师的首选。

2.1.2 Docker 的应用场景

在生产环境中，出现以下几种情况可以考虑使用 Docker。

1. 有不同的技术栈

对于一个大型系统，需要进行拆分，然后将拆分后的子系统交由多个部门联合开发，那么就有可能遇到不同的部门采用了不同的技术栈、不同的开发平台等问题。这时有可能面临不能将这些子系统集成到一起的风险，如有的部门是基于 Linux 平台开发的，有的部门是基于 Windows 平台开发的。利用 Docker 容器，各部门就可以将子系统部署到容器中，通过编排容器来实现子系统的集成。

2. 需要快速一致地交付应用程序

在项目开发过程中，经常会听到以下对话。

产品经理：“你的程序出 bug 了。”

程序员："在我的电脑上都可以运行，是部署的问题。"

这很有可能真不是程序员在为线上的 bug 找借口，而是开发环境与生产环境确实不一致。导致这个问题的原因可能有很多，如在部署的时候忘记复制某个库、忘记修改某个配置、运行时版本不对应。

要解决开发环境与生产环境不一致的问题，就可以使用容器技术，建立一个标准化的程序运行环境。在容器中开发完毕后，将应用与环境一起打包并移植到线上，这样就可以完美地解决"在我的电脑上都可以运行，但是部署后出 bug"的问题。

实践证明，容器非常适合持续集成和持续交付（CI / CD）的工作流程。

3. 灰度发布

一个互联网产品已经上线，并为上亿个用户提供服务，如支付宝。此时，产品有新功能需要上线，但是又不能中断用户对该产品的使用，因为一旦中断，可能会影响上亿人；同时，产品经理不确定该功能是否会受到用户的欢迎，因此决定先让部分用户试用，获得市场认可后再大面积推广。这种软件发布方式称为灰度发布。灰度发布技术同样可以解决前文提到的为 VIP 用户和普通用户提供服务的问题。

为满足灰度发布的需求，业内流行起了微服务。基于 Docker 容器轻量级、易管理的特点，很多产品经理都选择把 Docker 作为基础设施，将服务部署在 Docker 容器上。

4. 部署和运维

曾经，笔者所在的公司开发了一套系统，该系统共有 72 个独立进程，这些进程分布在不同的物理机上。这样分布造成的后果就是部署和运维都非常困难，无论现场人员反馈回来的问题多小，从修复到重新上线，至少需要半个月的时间。此时您可能会思考，是否有这样一个工具，能够实现一键部署、一键管理环境呢？

如您所愿，业内确实有这样的高级自动化云平台构建与管理工具。目前，其中最流行的就是 Kubernetes。

2.1.3 Docker 引擎

Docker 引擎的各个组成部分如图 2-2 所示。可以看到 Docker 引擎是一个 Client-Server 结构的应用程序，这里将其中几个重要概念介绍如下。

Docker Daemon：它是一个服务器，是一种长期运行的程序，被称为守护程序。守护程序创建和管理 Docker 对象，如镜像、容器、网络和卷。

REST API：普通应用程序，可以通过调用 REST API 来与守护程序进行通信。

Docker CLI：CLI 全称是 Command Line Interface，指 Docker 命令行接口。

用户可以通过 REST API 和 Docker CLI 这两种相对简单的方式来实现与守护程序的交互。

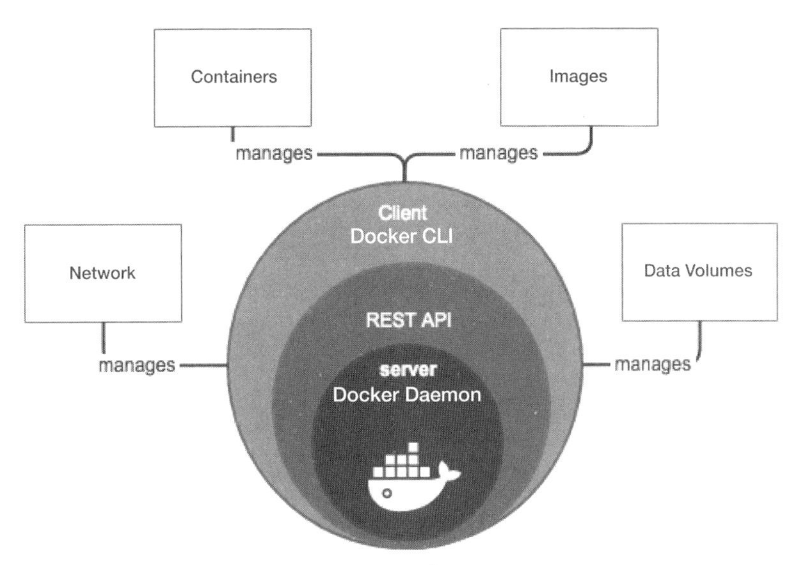

图 2-2　Docker 引擎各组成部分

温馨提示

调用 REST API 和执行 Docker CLI 命令行程序，本质上都是调用了 Docker 引擎的相关接口，因此有的应用是直接调用最底层的 API 来实现与守护程序的交互。

2.1.4 Docker 架构

Docker 使用 Client-Server 架构。Docker 客户端发送命令给 Docker 守护程序，守护程序收到命令后执行构建、运行和分发 Docker 容器的繁重工作。 Docker 客户端和守护程序可以在同一系统上运行，也可以将 Docker 客户端连接到远程 Docker 守护程序。Docker 客户端和守护程序使用 REST API 进行通信。

Docker 的体系架构如图 2-3 所示，介绍如下。

1. Client

Docker CLI 即 Client 客户端。用户通过 CLI 将 build（构建镜像）、pull（拉取镜像）、run（创建并运行容器）等命令发送给守护程序。

2. DOCKER_HOST

Docker 守护程序运行在 Docker 主机之中。Docker 守护程序收到客户端的命令后，负责与镜像仓库进行交互，以执行相关命令。

3. Registry

Registry 实际上就是镜像仓库。默认的镜像仓库是 Docker 的官方仓库 Docker Hub，用户还可以配置自己的私有仓库。仓库地址通过 URL 进行指定。Docker Hub 内放置了大量的镜像，有些是官方的基础镜像，有些是开发者自己构建并上传的镜像。

守护程序操作的两个重要对象是镜像（Images）和容器（Containers）。

镜像包含了一个操作系统，或者一个应用及其运行环境。容器是基于某个镜像创建的实例。基于某个镜像可以创建多个容器。这个概念类似面向对象中类与实例之间的关系。

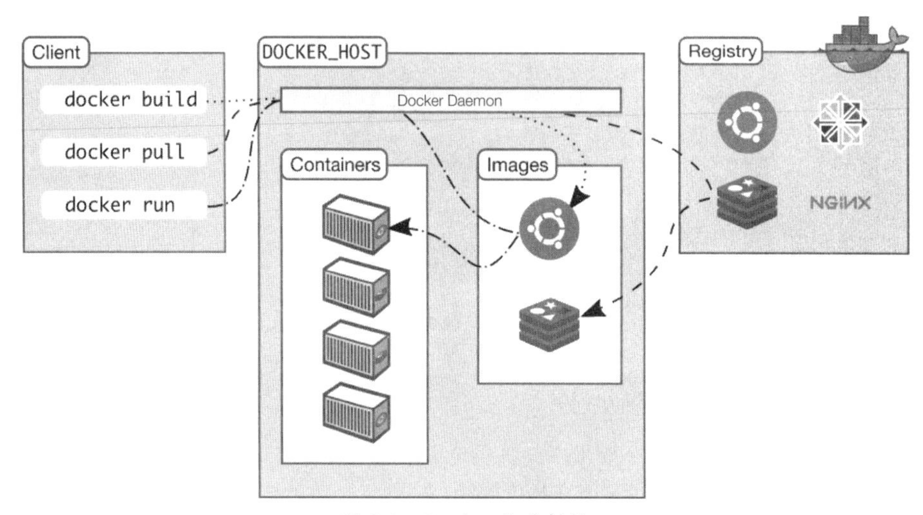

图 2-3　Docker 体系架构

2.2 搭建 Docker 运行环境

Docker 是一个开源的容器引擎。由于各种原因，现在形成了 3 个版本分支。最初的开源版本在 2017 年改名为 Moby，完全由社区维护。之后 Docker 公司发布了一个开源版的 Docker-CE 和一个商业版本 Docker-EE。本书使用的就是 Docker-CE 版本。Docker 最初只能部署在 Linux 系统上，尽管现在已经可以在 Windows 和 macOS 上安装了，但是在生产环境中，服务器操作系统多为 Linux，因此本书将主要介绍如何在 CentOS 系统上安装 Docker。

所需组件如下。

（1）虚拟机：VMware-workstation-full-15.5.0.exe。

（2）操作系统：CentOS-7-x86_64-Minimal-1908.iso。

（3）Shell 工具：Xshell6.exe。

（4）远程工具：WinSCP.exe。

以上组件在网上都能自由下载。

2.2.1 安装虚拟机

在 Windows 平台上使用 CentOS，需要安装虚拟机，因此需要将 VMware-workstation-full-15.5.0.exe 从网上下载到本地，具体安装步骤如下。

步骤 01 选中 VMware-workstation-full-15.5.0.exe 并右击，选择以管理员身份运行。如果系统没有安装 VC++ 运行库，则会提示安装“Microsoft VC Redistributable”，如图 2-4 所示。

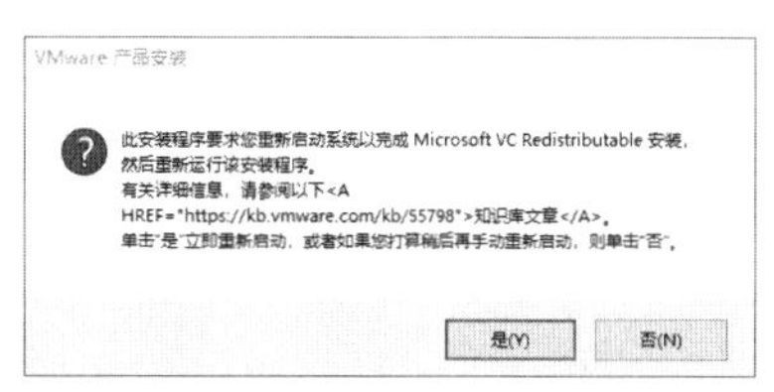

图 2-4 提示安装 Microsoft VC Redistributable

接下来就需要下载“VC_redist.x64.exe”小工具，单击【是】按钮重启并安装。再次运行 VMware-workstation-full-15.5.0.exe，就会打开安装向导界面，如图 2-5 所示。在当前界面单击【下一步】按钮，进入安装流程。

图 2-5 安装向导欢迎界面

步骤 02 VMware 的用户许可协议确认界面如图 2-6 所示。在当前界面勾选【我接受许可协议中的条款】复选框，单击【下一步】按钮。

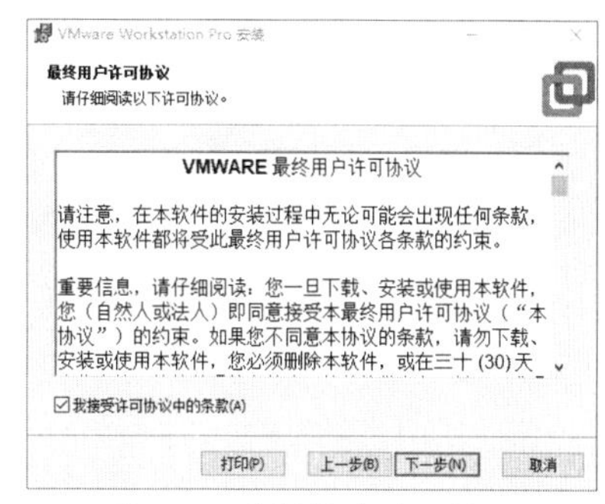

图 2-6 选择接受许可协议

步骤 03 自定义安装界面如图 2-7 所示。这里通过单击【更改】按钮，为 VMware 选择一个安装位置，其余保持默认，然后单击【下一步】按钮。

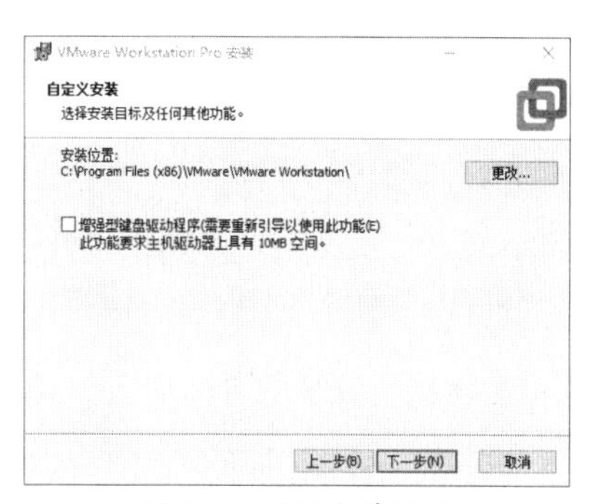

图 2-7 设置安装路径

温馨提示

安装 VMware 及后续安装操作系统的过程中，涉及的安装路径都不能有中文和特殊符号，否则可能会发生系统不能正常启动等意外情况。

步骤 04 设置软件更新方式和用户体验的页面如图 2-8 所示，选择是否让软件开发商收集用户行为数据和是否在软件启动时自动更新。这两个复选框根据需要进行勾选，然后单击【下一步】按钮。

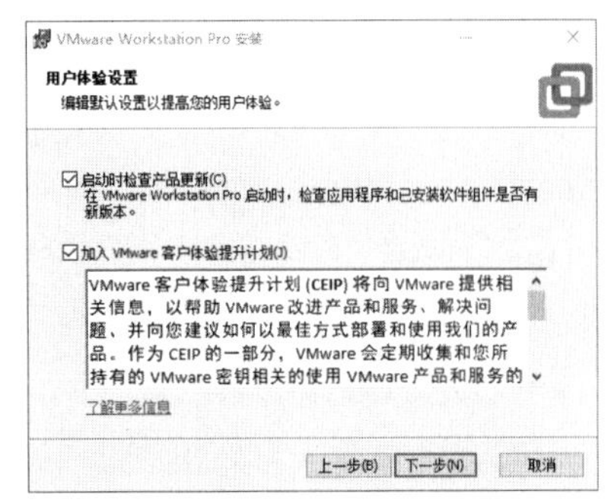

图 2-8　用户体验设置

步骤 05 设置快捷方式的创建位置的界面如图 2-9 所示，这里保持默认，然后单击【下一步】按钮。

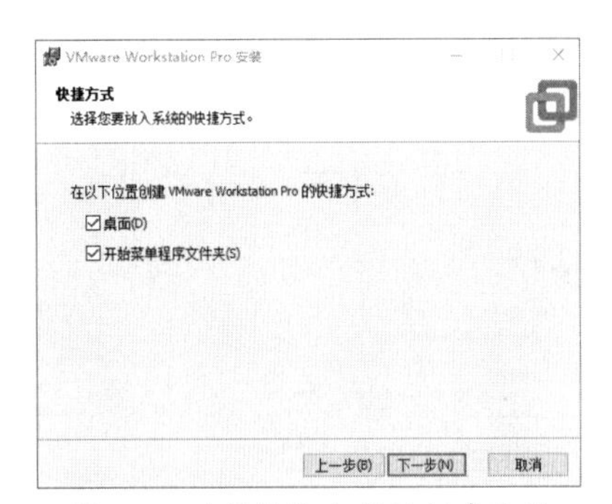

图 2-9　选择快捷方式的创建位置

步骤 06 确认准备安装的界面如图 2-10 所示。若用户不确定前面的操作是否正确，可以单击【上一步】按钮返回修改；若是确认没有错误，则直接单击【安装】按钮开始安装。

安装过程如图 2-11 所示。

步骤 07 安装完成的界面如图 2-12 所示，单击【完成】按钮，关闭窗口。

步骤 08 最终在桌面看到如图 2-13 所示的图标，该图标是 VMware 的快捷方式，双击该图标打开 VMware 软件。

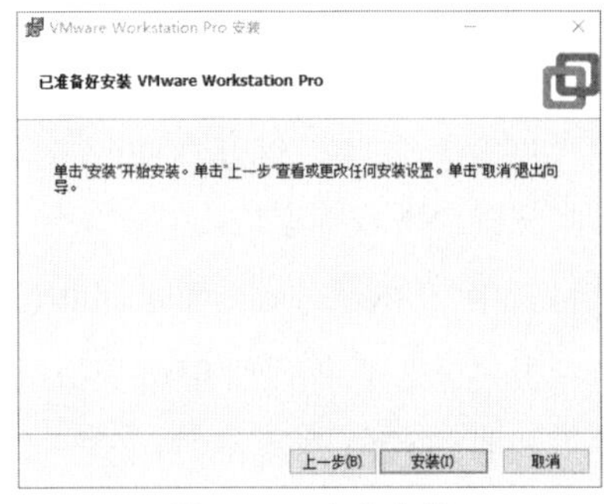

图 2-10　准备安装

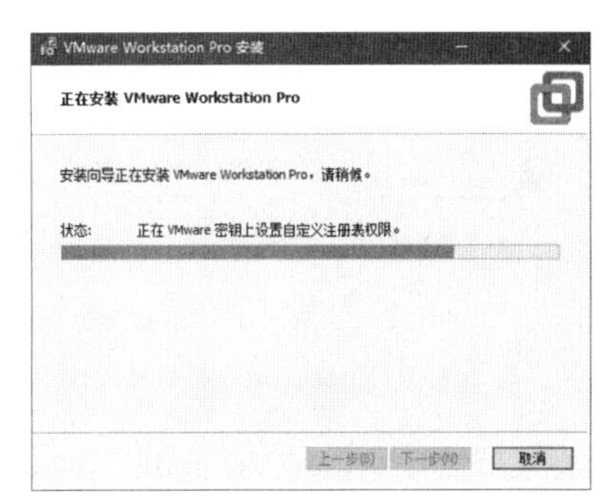

图 2-11　正在安装

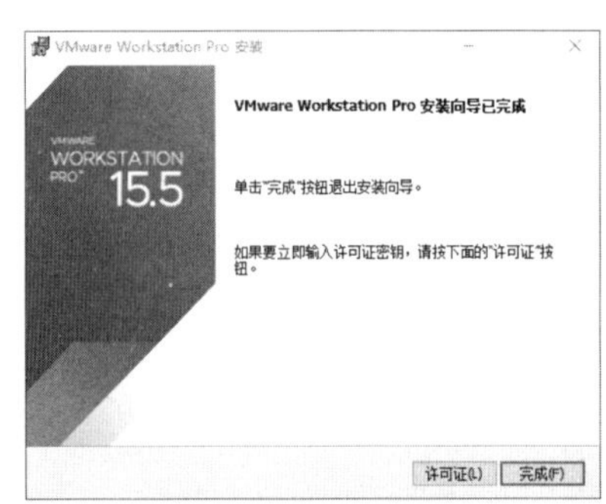

图 2-12　安装完成

图 2-13　桌面图标

步骤 09 打开 VMware 软件后，主界面如图 2-14 所示。

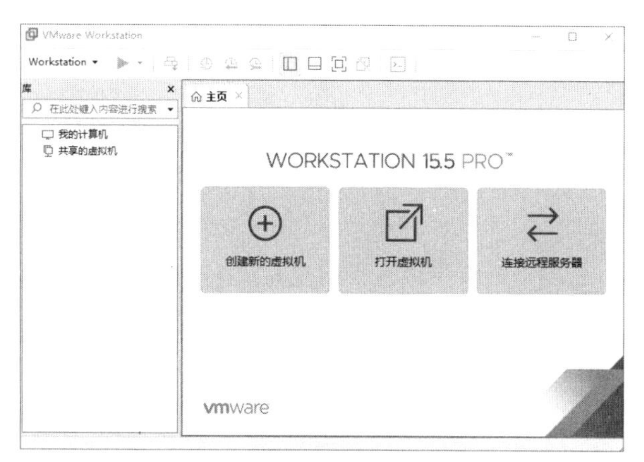

图 2-14　VMware 软件主界面

到这里，VMware 安装完成。

温馨提示

由于大多数读者常用的操作系统是 Windows，为了使用 CentOS 系统，需要在 Windows 平台上安装 VMware 软件来创建虚拟机。在生产环境中，大多是直接在物理机上安装 CentOS 系统或者购买阿里云、华为云等。

2.2.2　安装 Linux 系统和客户端工具

下载 CentOS 7，下载完毕后开始在 VMware 中安装操作系统，步骤如下。

步骤 01 打开虚拟机后，可以直接单击主界面的【创建新的虚拟机】按钮，也可以单击虚拟机左上角的【文件】选项，然后单击【新建虚拟机】选项，弹出新建虚拟机向导对话框，如图 2-15 所示。在此界面选中【自定义（高级）】单选按钮，单击【下一步】按钮。

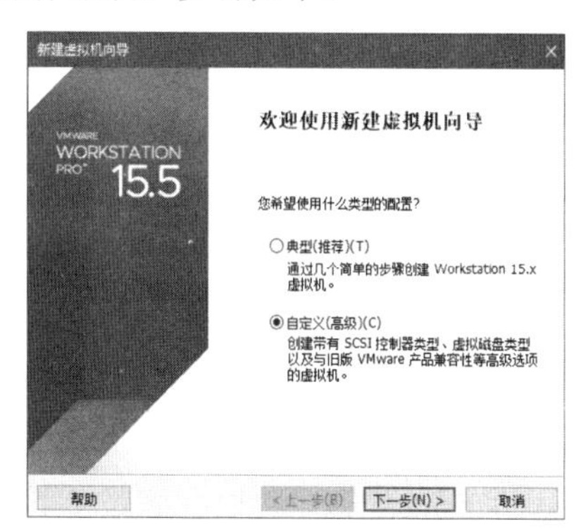

图 2-15　新建虚拟机向导

步骤 02 如图 2-16 所示，在选择虚拟机硬件兼容性界面的【硬件兼容性】下拉列表中选择【Workstation 15.x】选项，然后单击【下一步】按钮。

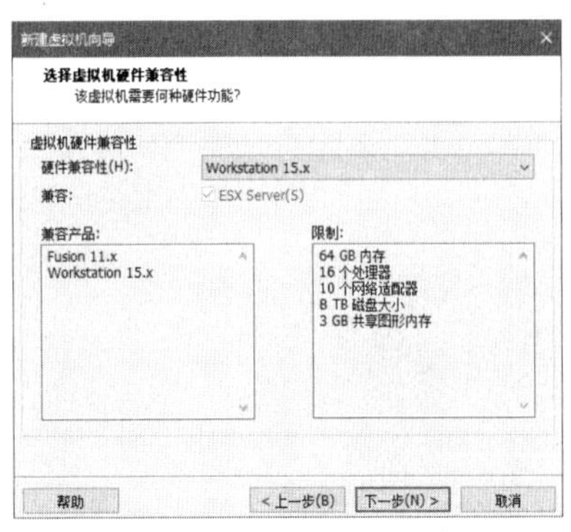

图 2-16　选择虚拟机硬件兼容性

步骤 03 如图 2-17 所示，在安装客户机操作系统界面，选中【安装程序光盘映像文件】单选按钮，然后单击【浏览】按钮，选择 CentOS 镜像文件后，单击【下一步】按钮。

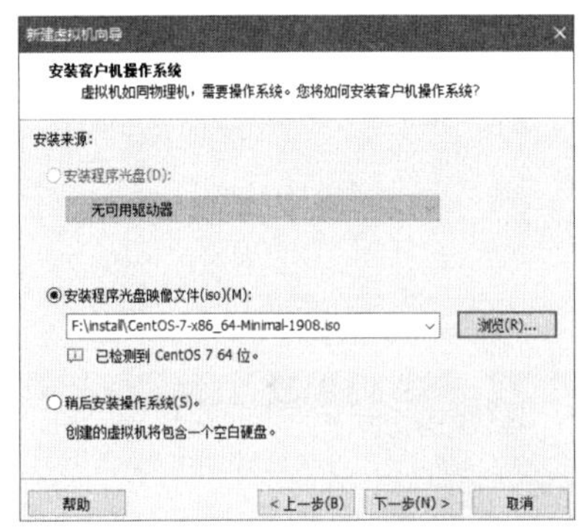

图 2-17　选择镜像

步骤 04 如图 2-18 所示，在命名虚拟机界面，可以修改虚拟机名称。单击【浏览】按钮选择虚拟机的安装路径，VMware 创建的虚拟机可以在该路径下找到。设置好路径后单击【下一步】按钮。

步骤 05 如图 2-19 所示，在处理器配置界面，【处理器数量】和【每个处理器的内核数量】需要读者根据计算机的实际情况进行选择，建议不要设置得太低，因为太低可能会导致虚拟机不能正常启动操作系统。配置好后单击【下一步】按钮。

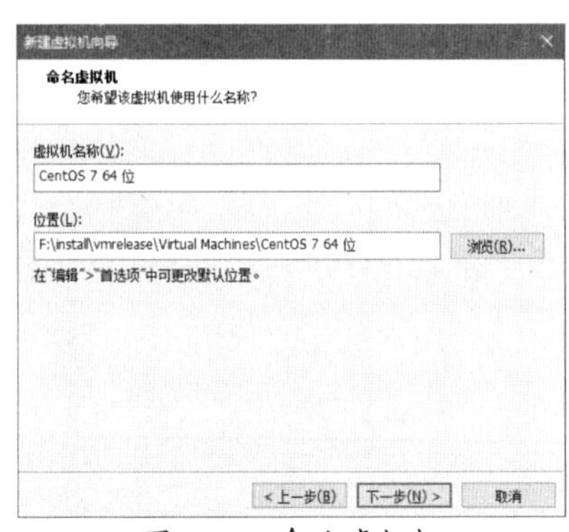

图 2-18　命名虚拟机

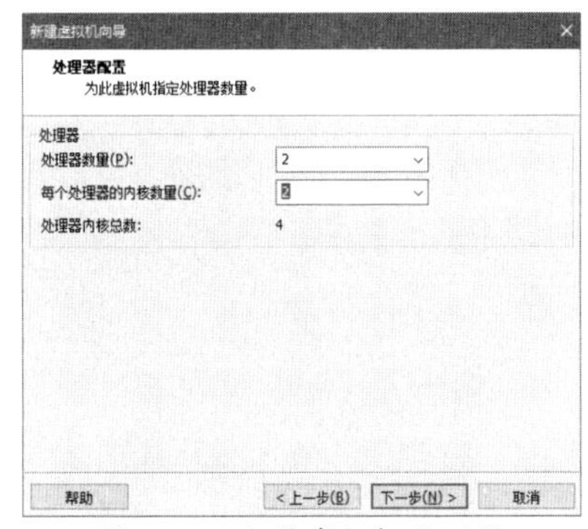

图 2-19　配置虚拟机处理器

步骤 06 如图 2-20 所示，在虚拟机内存配置界面，可以在【此虚拟机的内存】文本框中输入合适的内存值，也可以勾选【最大推荐内存】复选框自动分配。内存也不能太低，否则虚拟机运行会非常卡顿。配置完成后单击【下一步】按钮。

步骤 07 如图 2-21 所示，在网络类型配置界面，选中【使用网络地址转换】单选按钮，此选项使得虚拟机可以在宿主机没有独立 IP 和专用网络的情况下上网。选择好网络类型后单击【下一步】按钮。

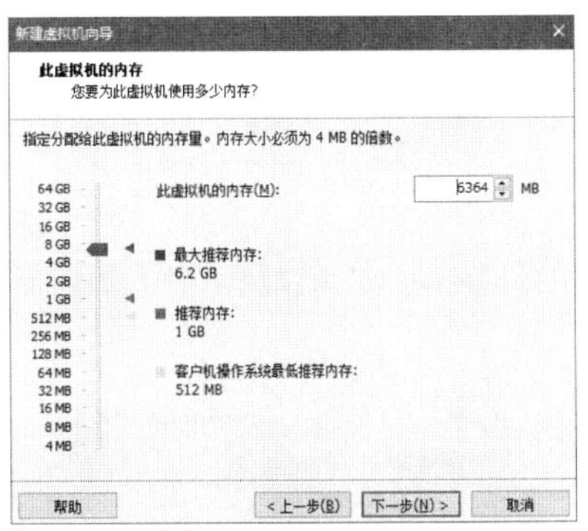

图 2-20　配置虚拟机内存

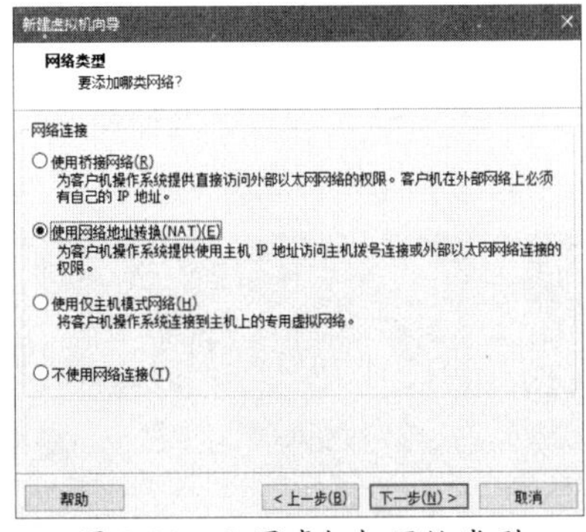

图 2-21　配置虚拟机网络类型

步骤 08 如图 2-22 所示，在选择 I/O 控制器类型界面，【SCSI 控制器】使用默认值，这个配置主要用来控制硬盘、扫描仪、光驱等外部设备，直接单击【下一步】按钮即可。

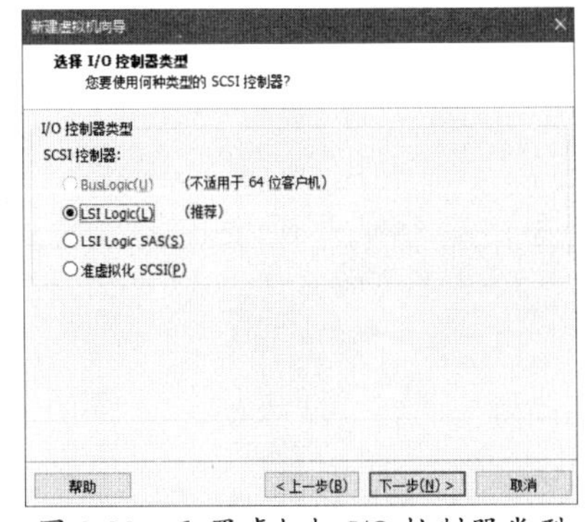

图 2-22　配置虚拟机 I/O 控制器类型

步骤 09 如图 2-23 所示，在选择磁盘类型界面，根据上一步的选择，这里依然使用默认值，继续单击【下一步】按钮。

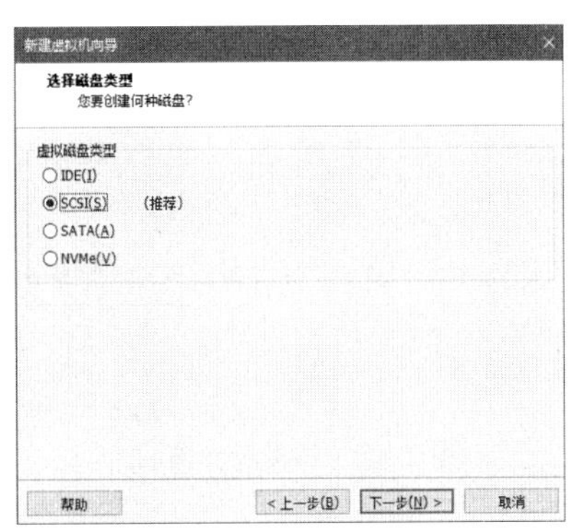

图 2-23　配置虚拟机磁盘类型

步骤 10 如图 2-24 所示，在选择磁盘界面，选中【创建新虚拟磁盘】单选按钮，此选项会为虚拟机创建一个新的空白磁盘，然后单击【下一步】按钮。

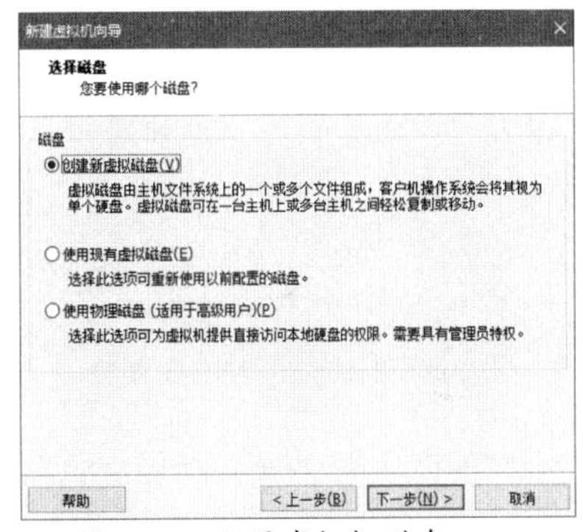

图 2-24　配置虚拟机磁盘

步骤 11 如图 2-25 所示，在指定磁盘容量界面，在【最大磁盘大小】文本框中，根据计算机的磁盘大小，输入一个合适的值。建议最小 60GB，因为在后期做大数据分析时很占用磁盘空间。勾选【立即分配所有磁盘空间】复选框并选中【将虚拟磁盘存储为单个文件】单选按钮以提高性能。配置完毕后单击【下一步】按钮。

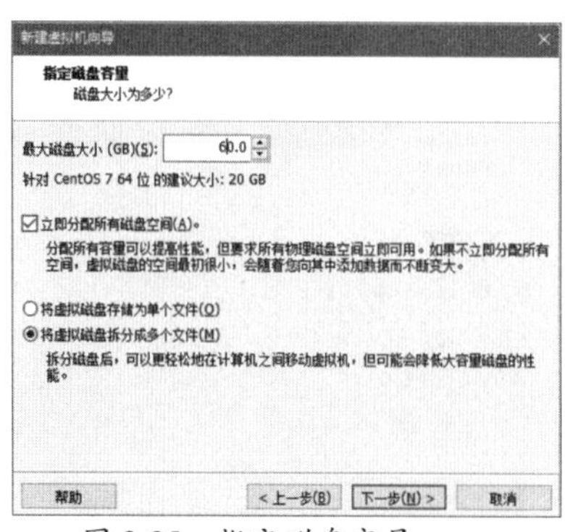

图 2-25　指定磁盘容量

步骤 12 如图 2-26 所示，在指定磁盘文件界面单击【浏览】按钮，选择磁盘的存储位置，选择完毕后单击【下一步】按钮。

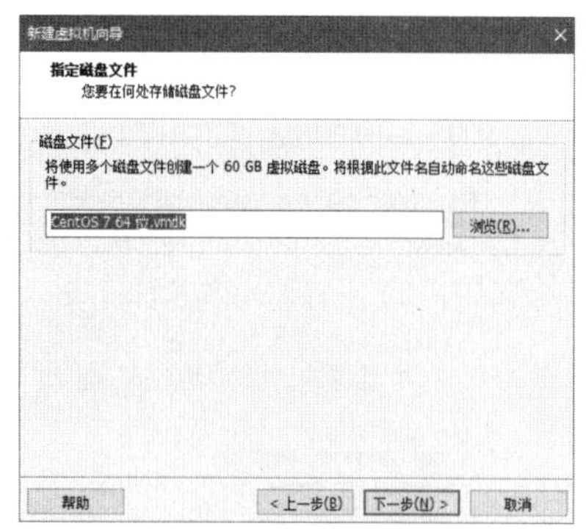

图 2-26　指定磁盘文件

步骤 13 如图 2-27 所示，在已准备好创建虚拟机界面，勾选【创建后开启此虚拟机】复选框，然后单击【完成】按钮。

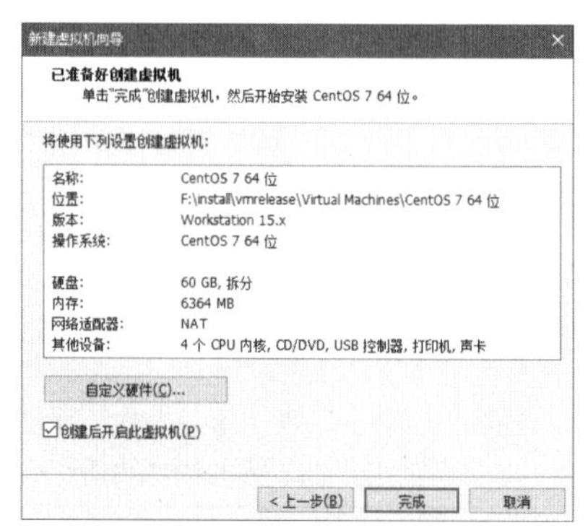

图 2-27　创建虚拟机准备工作完成确认

步骤 14 如图 2-28 所示，虚拟机创建完成后开始安装操作系统。

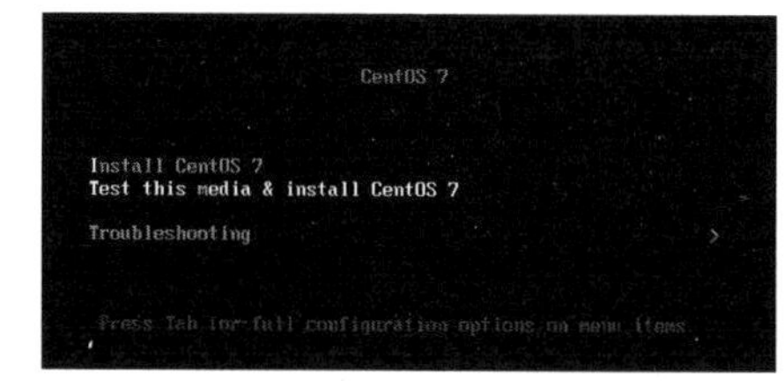

图 2-28　开始安装操作系统

步骤 15 如图 2-29 所示，在 CentOS 7 的语言选择界面，配置安装过程的语言环境，在此界面左侧窗口选择【中文】，右侧窗口选择【简体中文（中国）】，然后单击【继续】按钮。

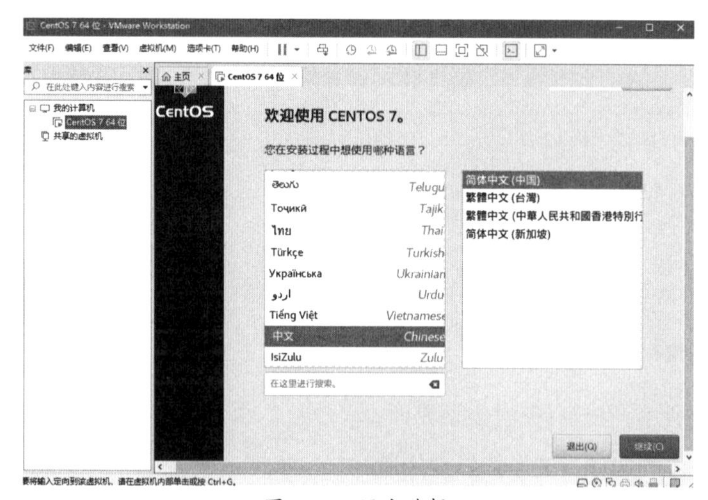

图 2-29　语言选择

步骤 16 ▸ 安装信息摘要界面如图 2-30 所示，安装源、软件选择的图标都是可以选择的，初始化完成之前，这些图标上面会有黄色标记，在此界面稍等片刻，黄色图标有一部分会自动消失，没有消失的需要手动配置。

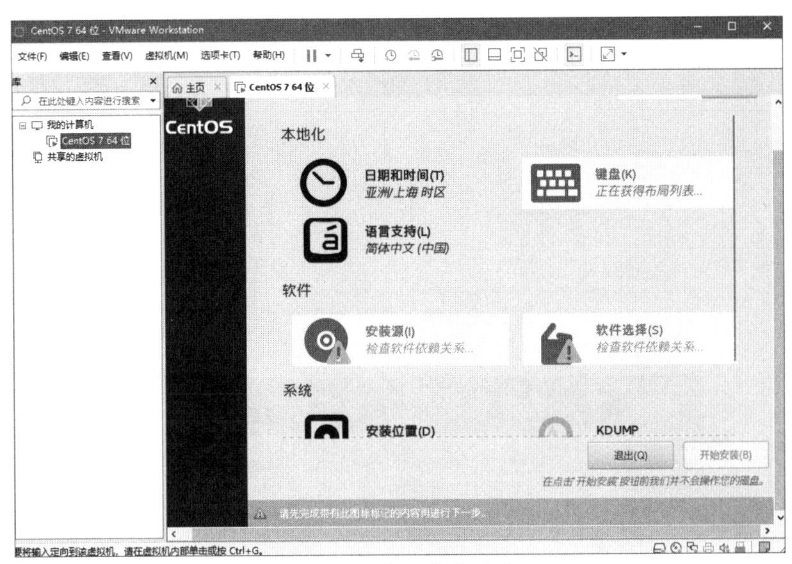

图 2-30　安装信息摘要界面

在信息摘要界面向下拖动滚动条，可以看到【网络和主机名】图标，默认是未连接状态，如图 2-31 所示。单击【网络和主机名】图标。

图 2-31　配置网络和主机名

步骤 17 ▸ 如图 2-32 所示，在网络和主机名配置界面，单击界面右上角的打开或关闭按钮，虚拟机会自动尝试连接网络。在此界面稍等片刻，【以太网】下面的状态就会变为已连接，同时虚拟机也会获取到 IP 地址。单击左上角【完成】按钮，回到如图 2-30 所示的安装信息摘要界面。

步骤 18 ▸ 在安装信息摘要界面，单击【安装位置】图标，进入如图 2-33 所示的界面，配置系统安装位置，保持默认设置，单击【完成】按钮，回到如图 2-30 所示的安装信息摘要界面。

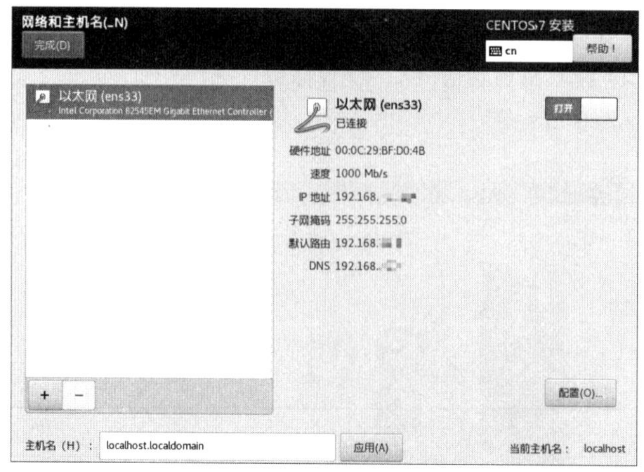

图 2-32　配置网络和主机名

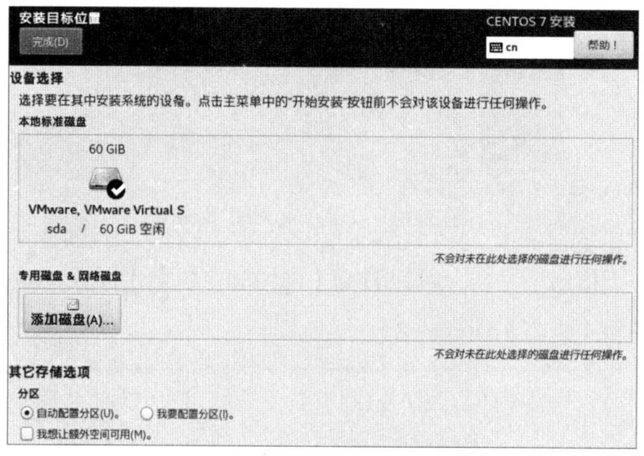

图 2-33　配置系统安装位置

步骤 19 在安装信息摘要界面，单击【开始安装】按钮，切换到用户设置界面，如图 2-34 所示。单击【ROOT 密码】图标，在新窗口中为 root 账户创建密码。单击【创建用户】图标，在新窗口中为将要创建的账户输入用户名和密码。账户信息设置完成后，会停留在当前界面。等待系统安装完成，安装完毕后需要单击【重启】按钮。

图 2-34　用户设置

步骤 20 安装完成后重启系统，登录系统需要输入用户名和密码，如图 2-35 所示。输入信息后进入系统，如图 2-35 所示。“@”符号前是当前系统使用者的用户名，“@”符号后的“localhost”代指本机。

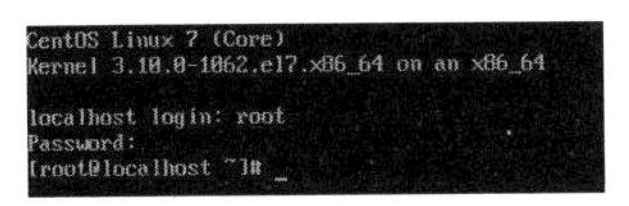

图 2-35　登录系统

步骤 21 ▶ 由于 VMware 自带的命令行工具不方便操作，如不能从主机复制、粘贴文本到虚拟机，因此需要使用 Xshell 6 软件来提高工作效率。下载 Xshell 6 软件，选中该软件并右击，选择以管理员身份运行，打开 Xshell 6 欢迎界面，如图 2-36 所示。单击【下一步】按钮。

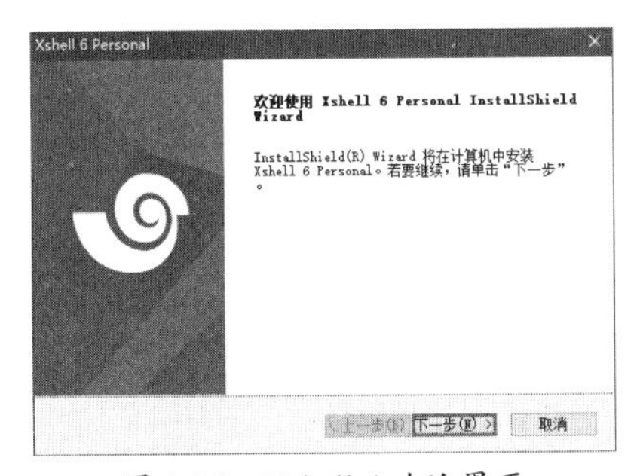

图 2-36　Xshell 6 欢迎界面

步骤 22 ▶ 如图 2-37 所示，在许可证协议界面，选中【我接受许可证协议中的条款】单选按钮，单击【下一步】按钮。

图 2-37　Xshell 许可证协议选择

步骤 23 ▶ 在客户信息界面，输入用户名和公司名称，如图 2-38 所示。用户名和公司名称没有特别要求，任意填写。填写完毕后单击【下一步】按钮。

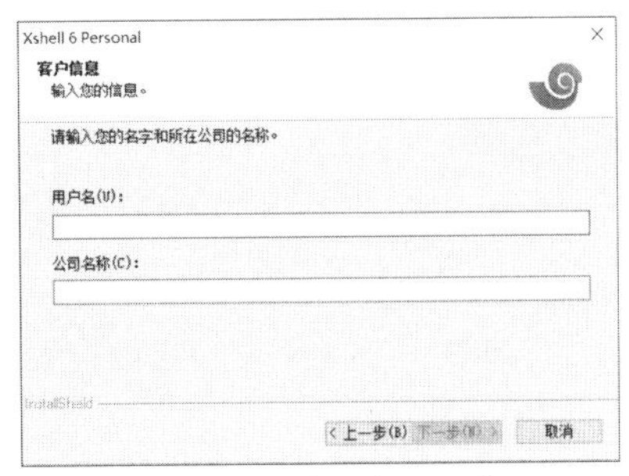

图 2-38　填写客户信息

步骤 24 ▶ 进入选择目的地位置界面，如图 2-39 所示，单击【浏览】按钮，选择一个合适的路径，单击【下一步】按钮。

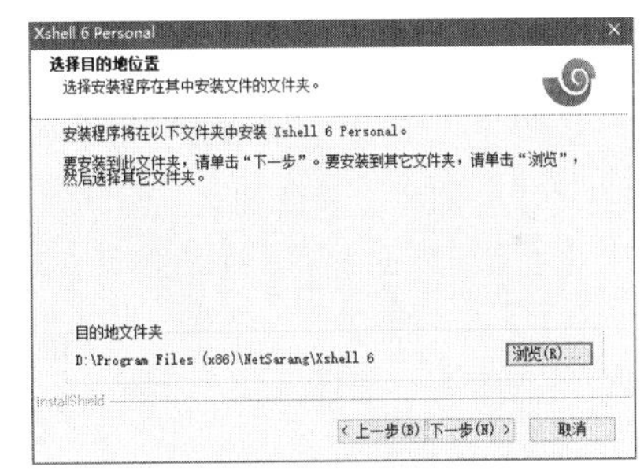

图 2-39　选择安装位置

步骤 25 ▶ 在选择程序文件夹界面，保持默认，单击【安装】按钮，如图 2-40 所示。

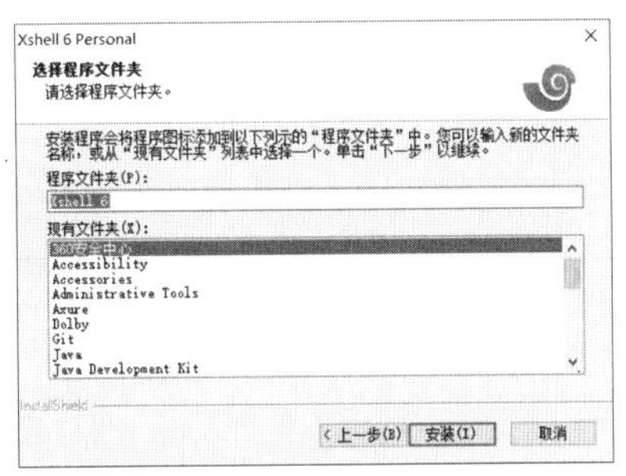

图 2-40　选择程序文件夹

步骤 26 ▶ 如图 2-41 所示，在安装完成界面单击

【完成】按钮。

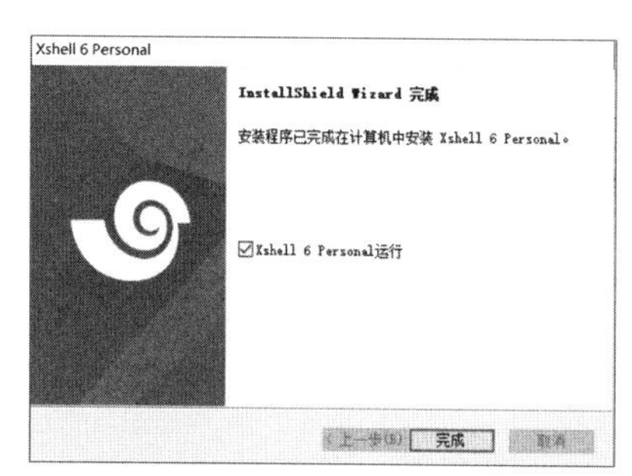

图 2-41　安装完成

至此，Xshell 6 安装完毕，桌面出现快捷方式图标，如图 2-42 所示。

图 2-42　Xshell 6 快捷方式

步骤 27 双击此快捷方式图标，弹出会话列表界面，如图 2-43 所示。在界面中单击【新建】按钮，弹出新建会话属性窗口。

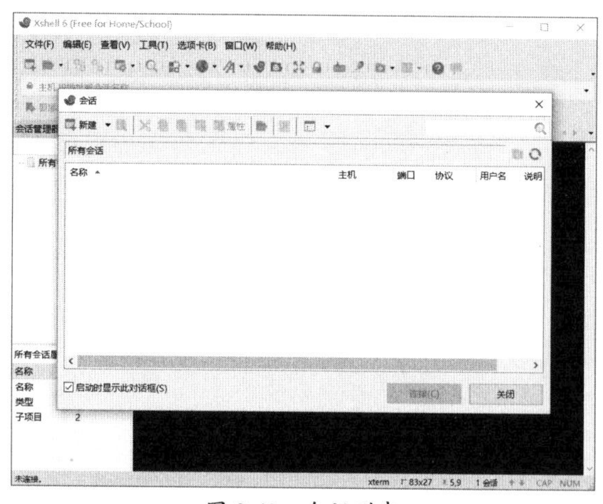

图 2-43　会话列表

步骤 28 在新建会话属性窗口输入虚拟机 IP，其余内容保持默认，如图 2-44 所示，完成后单击【确定】按钮。

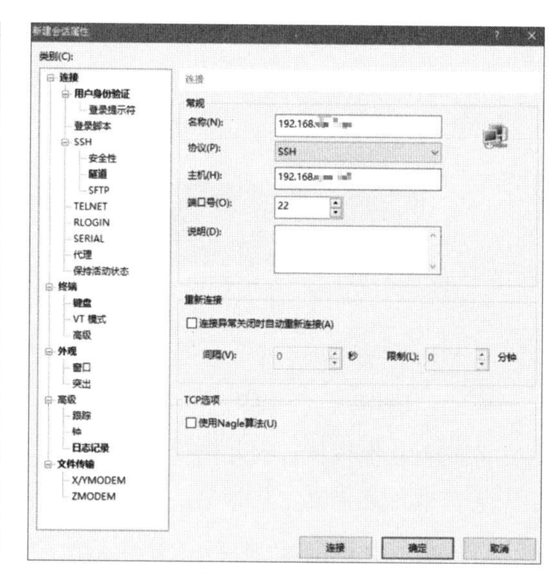

图 2-44　配置会话

步骤 29 如图 2-45 所示，单击类别下的【用户身份验证】选项，在【方法】下拉列表选择 Password，然后输入用户名和密码，单击【确定】按钮，关闭会话属性配置窗口。

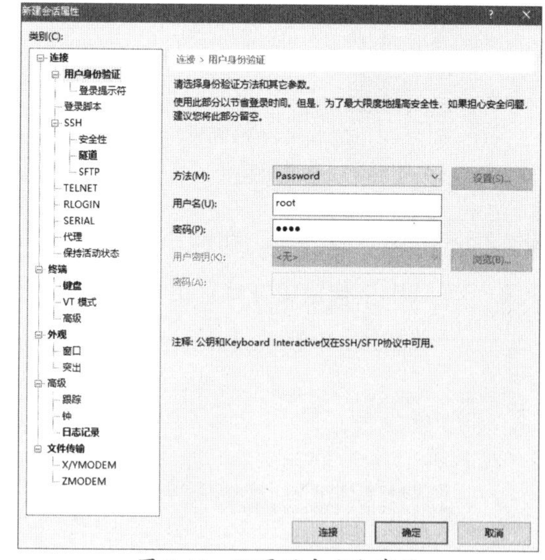

图 2-45　配置用户名和密码

步骤 30 配置完毕后，会弹出会话列表，如图 2-46 所示。

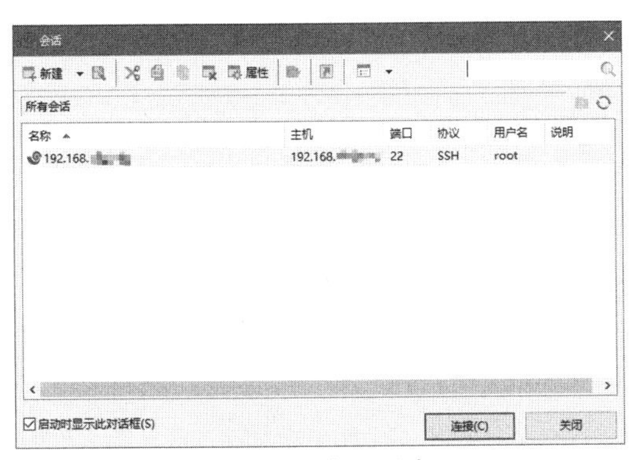

图 2-46 会话列表

在会话列表界面，双击会话名称，会自动进入虚拟机，如图 2-47 所示。

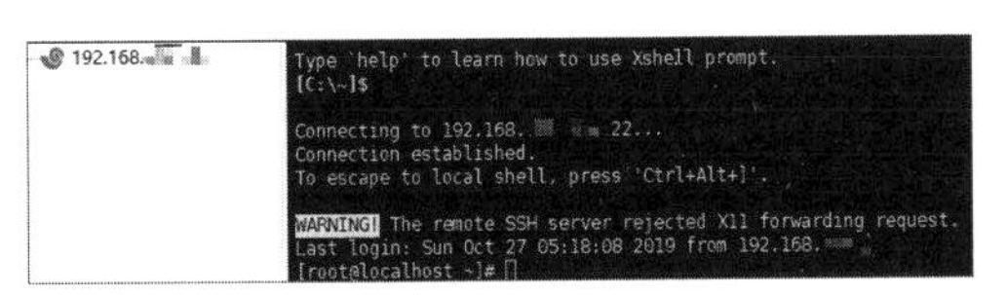

图 2-47 进入虚拟机

温馨提示

本书后续章节，若未作特别说明，在命令行窗口中对虚拟机的操作，都是在 Xshell 中进行。

步骤 31 WinSCP.exe 是主机和虚拟机操作系统共享文件的一个工具。本书采用的是 WinSCP 绿色版，不用安装。下载 WinSCP 绿色免安装包，解压后启动 WinSCP.exe 弹出如图 2-48 所示窗口。在登录窗口中，输入虚拟机 IP、账户密码后单击【登录】按钮。

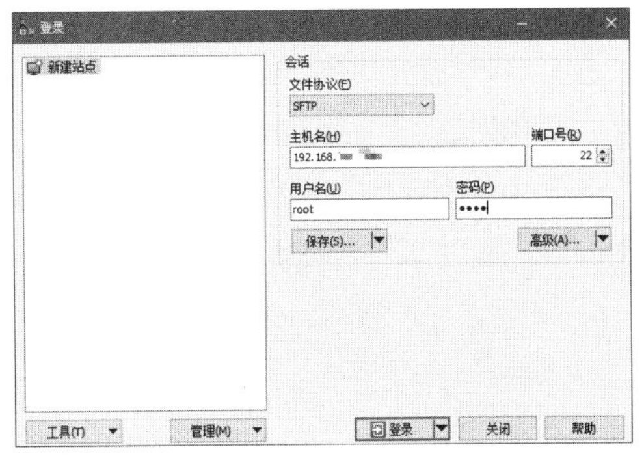

图 2-48 WinSCP 登录界面

步骤 32 成功进入虚拟机后的界面如图 2-49 所示。其中左侧为主机的目录结构，右侧为虚拟机的目录结构。在左侧方框内选中本地文件，拖曳到右侧方框内，即可完成上传。

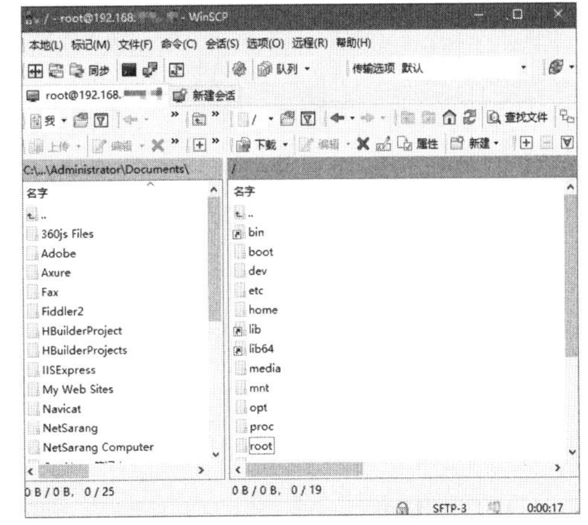

图 2-49 WinSCP 主界面

2.2.3 在 Cent OS 上安装 Docker

要安装 Docker-CE（Docker-CE 是指社区发行版，Docker-EE 是企业版，本书采用 Docker-CE 进行讲解），用户需要一个 CentOS 7 及以上的维护版本，本章采用的是 CentOS 8 维护版本。

安装 Docker-CE 有如下 3 种方式，可以根据需要进行选择。

（1）设置 Docker 的存储库并从中安装，以简化安装和升级步骤。

（2）下载并手动安装 RPM 软件包，并完成手动管理升级，在无法访问互联网的空白系统上安装 Docker 时非常有用。

（3）在测试和开发环境中，可以使用自动便利脚本来安装 Docker。

这里采用第一种方式进行安装。

在新主机上首次安装 Docker-CE 之前，需要先设置 Docker 仓库，之后可以从存储库安装和更新 Docker。接下来开始安装。

步骤 01 使用如下命令安装依赖包。

```
[root@localhost ~]# yum install -y yum-utils device-mapper-persistent-data lvm2
```

步骤 02 使用如下命令设置存储库。

```
[root@localhost ~]# yum-config-manager --add-repo https://download.docker.com/linux/
centos/Docker-CE.repo
```

步骤 03 为避免 Docker-CE 安装失败，需要安装当前最新版本的 containerd.io，命令如下。

```
[root@localhost ~]# yum -y install https://download.docker.com/linux/centos/7/
x86_64/stable/Packages/containerd.io-1.2.10-3.2.el7.x86_64.rpm
```

步骤 04 安装完 containerd.io 后再使用如下命令安装 Docker 引擎。

```
[root@localhost ~]# yum install Docker-CE -y
```

步骤 05 安装完毕后输入如下指令，将 Docker 设置为随机启动。

```
[root@localhost ~]# systemctl enable docker
[root@localhost ~]# systemctl start docker
```

步骤 06 输入如下指令，查看 Docker 状态。

```
[root@localhost ~]# docker version
```

执行结果如图 2-50 所示。“Client”指客户端，“Server”指 Docker 引擎，两个都是最新版本，为 19.03.5。“Docker Engine - Community”表示该 Docker 是社区版。

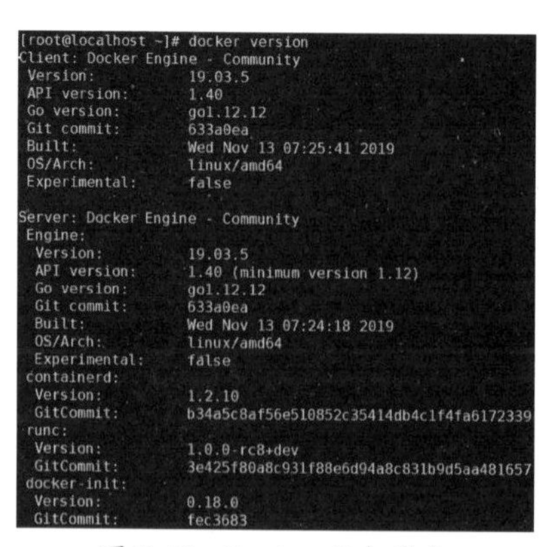

图 2-50　Docker 版本信息

2.3 Docker 操作镜像

从根本上说，一个容器不过是一个正在运行的进程，Docker 引擎为了使容器与主机及其他容器隔离，给容器封装了一些附加的功能。容器隔离最重要的方面是每个容器都可以与自己的私有文件系统进行交互，该文件系统由 Docker 镜像提供。镜像包括运行应用程序所需的所有内容，包括代码或二进制文件、依赖项及所需的任何其他文件系统对象。镜像是容器的基础，因此本小节将介绍如何操作镜像。

2.3.1 查找镜像

下载镜像前需要先确认镜像仓库是否存在该镜像，使用 search 命令查找镜像。

命令格式：docker search 镜像名称

查找名称中包含 centos 关键字的镜像，示例如下。

```
[root@localhost ~]# docker search centos
```

执行结果如图 2-51 所示，控制台中输出了名称中包含 centos 关键字的镜像列表，具体解释如下。

NAME：表示镜像名称。镜像名称有两种格式，官方维护的镜像名就是镜像列表中呈现的名称，如第一行的“centos”，这种镜像一般称为根镜像或基础镜像。非官方维护的镜像名称中包含“/”，如“ansible/centos 7-ansible”，“ansible”表示 Docker Hub 的账户名称。

DESCRIPTION：表示镜像的描述信息。

STARS：表示镜像受欢迎的星级，星级越高，表示镜像越受用户欢迎，镜像列表默认按星级降序排列。

OFFICIAL：该列显示 [OK] 表示其是官方提供的镜像，该镜像是基础镜像。

AUTOMATED：表示是否主动创建，是否允许用户验证镜像内容。

```
[root@localhost ~]# docker search centos
NAME                              DESCRIPTION                                     STARS   OFFICIAL   AUTOMATED
centos                            The official build of CentOS.                   5649    [OK]
ansible/centos7-ansible           Ansible on Centos7                              125                [OK]
jdeathe/centos-ssh                OpenSSH / Supervisor / EPEL/IUS/SCL Repos - …   114                [OK]
consol/centos-xfce-vnc            Centos container with "headless" VNC session…   100                [OK]
centos/mysql-57-centos7           MySQL 5.7 SQL database server                   64
imagine10255/centos6-lnmp-php56   centos6-lnmp-php56                              57                 [OK]
tutum/centos                      Simple CentOS docker image with SSH access      44
centos/postgresql-96-centos7      PostgreSQL is an advanced Object-Relational …   39
kinogmt/centos-ssh                CentOS with SSH                                 29                 [OK]
pivotaldata/centos-gpdb-dev       CentOS image for GPDB development. Tag names…   10
guyton/centos6                    From official centos6 container with full up…   9                  [OK]
drecom/centos-ruby                centos ruby                                     6                  [OK]
centos/tools                      Docker image that has systems administration…   4                  [OK]
darksheer/centos                  Base Centos Image -- Updated hourly             3                  [OK]
mamohr/centos-java                Oracle Java 8 Docker image based on Centos 7    3                  [OK]
pivotaldata/centos                Base centos, freshened up a little with a Do…   3
pivotaldata/centos-mingw          Using the mingw toolchain to cross-compile t…   2
miko2u/centos6                    CentOS6 日本語環境                                      2                  [OK]
pivotaldata/centos-gcc-toolchain  CentOS with a toolchain, but unaffiliated wi…   2
indigo/centos-maven               Vanilla CentOS 7 with Oracle Java Developmen…   1                  [OK]
blacklabelops/centos              CentOS Base Image! Built and Updates Daily!     1                  [OK]
mcnaughton/centos-base            centos base image                               1                  [OK]
pivotaldata/centos7-dev           CentosOS 7 image for GPDB development           0
smartentry/centos                 centos with smartentry                          0                  [OK]
pivotaldata/centos6.8-dev         CentosOS 6.8 image for GPDB development         0
```

图 2-51 名称中包含 centos 关键字的镜像

2.3.2 拉取镜像

使用 pull 命令拉取（下载）镜像。

命令格式：docker pull 仓库名称 [: 标签]

其中，标签是指镜像的版本，在执行命令时，如果不指定标签，则下载该镜像的最新版本。

下载 centos 镜像的最新版本，示例如下。

```
[root@localhost ~]# docker pull centos
```

执行结果如图 2-52 所示，显示了镜像的下载过程。

```
[root@localhost ~]# docker pull centos
Using default tag: latest
latest: Pulling from library/centos
729ec3a6ada3: Pull complete
Digest: sha256:f94c1d992c193b3dc09e297ffd54d8a4f1dc946c37cbeceb26d35ce1647f88d9
Status: Downloaded newer image for centos:latest
docker.io/library/centos:latest
```

图 2-52 镜像下载过程

温馨提示

有时候，仓库名称和镜像名称类似，容易引起混淆，如 centos 是镜像的名称，也是仓库名称。

2.3.3 查看镜像

使用 images 命令查看本地镜像。

命令格式：docker images 仓库名称 [: 标签]

如果 docker images 后面不接仓库名称，则显示本地所有镜像，否则输出指定镜像。

输出本地所有镜像的示例如下。

```
[root@localhost ~]# docker images
```

执行结果如图 2-53 所示，输出本地镜像列表，具体解释如下。

REPOSITORY：镜像所属仓库。

TAG：镜像标签，表示镜像版本。

IMAGE ID：镜像 ID。

CREATED：镜像创建时间。

SIZE：镜像大小。

```
[root@localhost ~]# docker images
REPOSITORY          TAG                 IMAGE ID            CREATED             SIZE
centos              latest              0f3e07c0138f        4 weeks ago         220MB
```

图 2-53 本地镜像列表

如果需要为镜像添加新的名称，则需要使用 tag 命令。

命令格式：docker tag 名称 [: 标签] 新的名称 [: 新的标签]

为 centos 镜像设置新名称为 local_centos，标签为 v1，示例如下。

```
[root@localhost ~]# docker tag centos local_centos:v1
```

再次使用 images 命令查看镜像，执行结果如图 2-54 所示。注意，尽管输出列表显示了两行数据，但是镜像 ID 是一样的。在后续创建容器时，可以基于这两个名称中的任意一个进行操作。

```
[root@localhost ~]# docker images
REPOSITORY          TAG                 IMAGE ID            CREATED             SIZE
centos              latest              0f3e07c0138f        4 weeks ago         220MB
local_centos        v1                  0f3e07c0138f        4 weeks ago         220MB
```

图 2-54　输出新的镜像列表

2.3.4 保存镜像

有时候需要将某个镜像迁移到另一台服务器上，如研发部门在容器中将应用开发完毕后，将应用和运行时一起打包成镜像。如果该镜像没有存放到镜像仓库内，就需要将该镜像保存为文件，复制给测试部门进行部署测试。

命令格式：docker save 文件名称 镜像 ID 或者镜像名称

将 ID 为 0f3e07c0138f 和镜像名称为 local_centos 的镜像保存为文件，文件名分别为 local_centos.tar 和 local_centos1.tar。

```
[root@localhost ~]# docker save -o /opt/local_centos.tar 0f3e07c0138f
[root@localhost ~]# docker save -o /opt/local_centos1.tar local_centos
```

进入 /opt 目录，查看文件列表，可以看到保存的文件，如图 2-55 所示。

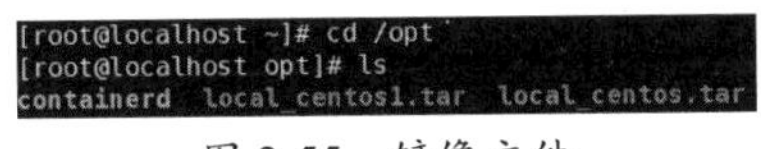

[root@localhost ~]# cd /opt
[root@localhost opt]# ls
containerd local_centos1.tar local_centos.tar

图 2-55　镜像文件

2.3.5 删除镜像

Docker 引擎允许用户创建自己的镜像。根镜像体积一般比较小，但是大多数情况下用户自行创建的镜像体积都比较大，因此可以通过 rmi 命令删除镜像，以节省空间。

命令格式：docker rmi 镜像名称 : 标签 或者 镜像 ID

删除 local_centos 镜像的示例如下。

```
[root@localhost ~]# docker rmi local_centos:v1
[root@localhost ~]# docker rmi 0f3e07c0138f
```

温馨提示

Docker 的镜像是分层构造的，称为联合文件系统（AUFS）。因此在删除镜像的时候，如果镜像 B 是基于镜像 A 构造的，就需要先删除镜像 B，才能再删除镜像 A。还需要注意，如果一个镜像有多个标签，那么 rmi 命令只会删除该镜像指定的标签，直到只有一个标签的时候，才会真正删除镜像。

2.3.6 载入镜像

镜像文件可以通过 load 命令加载成一个镜像。

命令格式：docker load -i 镜像文件 或者 docker load < 镜像文件

载入 local_centos1.tar 文件的示例如下。

```
[root@localhost opt]# docker load -i local_centos1.tar
```

载入之后输入 docker images 命令，查看镜像列表，如图 2-56 所示。

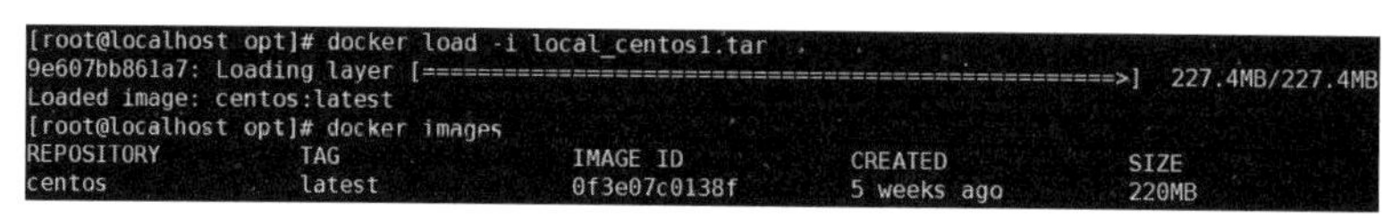

图 2-56 镜像列表

2.3.7 创建镜像

创建镜像有 3 种方式，其一是通过 commit 指令基于容器进行创建，其二是基于现有镜像文件创建新的镜像，其三是通过编写 Dockerfile 文件来创建。

1. 基于容器进行创建

步骤 01 使用 docker create 命令创建一个容器，docker create 的更多信息将在下一小节介绍。

```
[root@localhost opt]# docker create -it 0f3e07c0138f
```

步骤 02 使用 docker ps 命令输出容器列表。

```
[root@localhost opt]# docker ps -a
```

执行结果如图 2-57 所示。

```
[root@localhost opt]# docker ps -a
CONTAINER ID        IMAGE               COMMAND             CREATED
78f5e91eda2f        0f3e07c0138f        "/bin/bash"         4 seconds ago
```

图 2-57 容器列表

步骤 03 使用 docker commit 命令将容器提交为镜像。

命令格式：docker commit 容器 ID 镜像名称 [: 标签]

以下示例表示基于镜像 ID 为 78f5e91eda2f 的容器创建一个新的镜像，名称为 centos:v3。

```
[root@localhost opt]# docker commit 78f5e91eda2f centos:v3
```

执行结果如图 2-58 所示，centos:v3 即为新创建的镜像。

```
[root@localhost opt]# docker commit 78f5e91eda2f centos:v3
sha256:757b8c4e0ad0246f66f98ca28372558299a9e8574a4b80e7fd2840cf072000d4
[root@localhost opt]# docker images
REPOSITORY          TAG                 IMAGE ID            CREATED             SIZE
centos              v3                  757b8c4e0ad0        4 seconds ago       220MB
centos              v2                  261248a7388b        17 minutes ago      227MB
centos              latest              0f3e07c0138f        5 weeks ago         220MB
```

图 2-58 查看新创建的镜像 v3

2. 基于镜像文件进行创建

将 centos 镜像保存为文件后，通过 import 命令，可以基于该文件创建新的镜像。

命令格式：docker import 文件名称 镜像名称 [: 标签]

基于 local_centos1.tar 文件创建一个新的镜像，名称为 centos:v4，示例如下。

```
[root@localhost opt]# docker import local_centos1.tar centos:v4
```

执行结果如图 2-59 所示，centos:v4 即为新创建的镜像。

图 2-59　查看新创建的镜像 centos:v4

3. 基于 Dockerfile 文件进行创建

用户使用 docker build 命令，可以通过读取 Dockerfile 中的指令自动构建镜像。Dockerfile 是一个文本文档，其中包含用户可以在命令行上调用组装镜像的所有指令。Dockerfile 每一行表示一条指令，每一条指令可以有一到多个参数。为方便区分参数和指令，所有的指令统一约定为大写。

Docker 会将以 # 开头的行视为注释，除非该行是有效的解析器指令。一行中其他任何地方的 # 标记均被视为参数。

Dockerfile 常用指令如表 2-1 所示。

表 2-1　Dockerfile 常用指令

指令	指令格式	描述
FROM	FROM 镜像名称 FROM 镜像名称 [: 标签] FROM 镜像名称 [@ 摘要]	Dockerfile 必须以“FROM”指令开头。FROM 指令指定要从中构建根镜像。标签或摘要值是可选的。如果忽略其中任何一个，那么在缺省的情况下构建器会采用最新标签
RUN	RUN <command> RUN ["executable", "param1", "param2"]	RUN 指令将在当前镜像顶部的新层中执行命令，并将结果提交到新的镜像中。RUN 指令在构建镜像的过程中执行
CMD	CMD ["executable","param1","param2"] CMD ["param1","param2"] CMD command param1 param2	• CMD 的主要目的是为执行中的容器提供默认值 • CMD 中的指令在容器启动过程中执行 • 如果 Dockerfile 中有多条 CMD 指令，则只有最后一条指令会生效
LABEL	LABEL <key>=<value> <key>=<value>	LABEL 指令用于为镜像添加元数据，如添加对当前镜像的描述内容
EXPOSE	EXPOSE 端口 /tcp 或 udp	EXPOSE 指令用于指定容器在运行时需要监听的端口
ENV	ENV <key> <value> ENV <key>=<value>	设置构建容器过程中需要使用的环境变量

续表

指令	指令格式	描述
ADD	ADD 源文件 目标目录 ADD [" 源文件 "," 目标目录 "]	将源文件复制到镜像的文件系统的目标目录中
COPY	COPY 源文件 目标目录 COPY [" 源文件 "," 目标目录 "]	将源文件复制到容器的文件系统的目标目录中
ENTRYPOINT	ENTRYPOINT ["executable", "param1", "param2"] ENTRYPOINT command param1 param2	• ENTRYPOINT 与 RUN、CMD 一样可以执行程序 • 如果 Dockerfile 中有多条 ENTRYPOINT 指令，则只有最后一条指令会生效 • ENTRYPOINT 指令用于设定容器启动时第一个运行的命令及其参数
VOLUME	VOLUME ["/data"]	VOLUME 指令用于设定容器与主机、容器与容器共享的一个目录
USER	USER <user>[:<group>] USER <UID>[:<GID>]	USER 指令设置运行镜像时要使用的用户名及其用户组，或者要使用的用户 ID
WORKDIR	WORKDIR /path/to/workdir	WORKDIR 指令用来给 RUN、CMD、ENTRYPOINT、COPY 和 ADD 指令设置工作目录

尽管指令较多，但是编写 Dockerfile 有一个固定的模式。按照以下步骤，创建一个运行 Flask Web 应用程序的镜像。

步骤 01 使用如下命令，创建一个新目录。

```
[root@localhost ~]# cd /opt/
[root@localhost opt]# mkdir flask
[root@localhost opt]# cd flask/
```

步骤 02 在 Windows 上创建一个文本文件，文件名为 Dockerfile，删除后缀名，并添加如示例 2-1 所示的内容。一个简单的 Dockerfile 文件主要有以下几个部分。

（1）通过 FROM 指令指定根镜像。

（2）添加维护者信息，使用 yum update 指令更新系统。

（3）安装 Python 36 和 Flask 框架。

（4）设置工作目录和容器监听端口，至此 Flask Web 程序的运行环境设置完毕。

（5）通过 COPY 指令将本地文件复制到容器中，并通过 ENTRYPOINT 指令设置容器启动后立即运行 Flask Web 程序。

示例 2-1　使用 Dockerfile 部署 Flask 项目

```
# 指定根镜像为 centos，若是本地没有该镜像，在构建时会下载最新版本
FROM centos:7
# 添加维护者信息
```

```
MAINTAINER my first image sky@hotmail.com
# 更新系统及配置
RUN yum update -y
# 安装 Python 解释器
RUN yum install Python 36 -y
# 安装 Flask
RUN pip3 install flask
# 设置工作目录
WORKDIR /flaskapp
# 设置容器监听端口
EXPOSE 5000
# 复制当前目录的本地文件到容器的 /flaskapp 目录下
COPY . /flaskapp/
# 设置启动容器时需要执行的脚本
# 等同于执行：Python 3 ./firstflask/app.py
# 表示启动 Flask Web 程序
ENTRYPOINT ["Python 3", "./firstflask/app.py"]
```

步骤 03 ▶ 将 Dockerfile 文件和 firstflask 目录上传到步骤 01 创建的目录中。Dockerfile 文件和 firstflask 文件夹在随书源代码对应章节内，上传后的结果如图 2-60 所示。

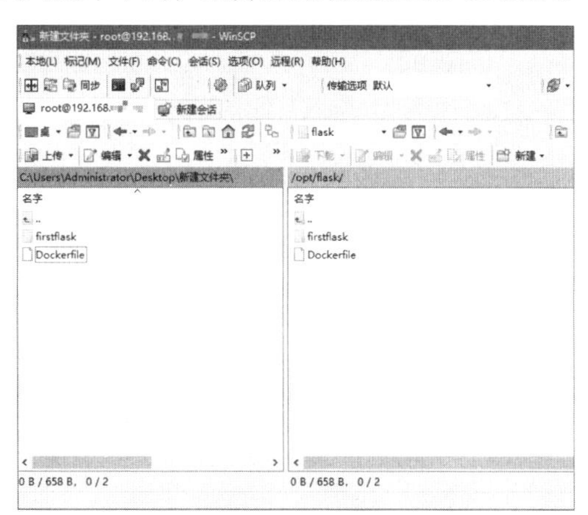

图 2-60　上传文件到虚拟机

步骤 04 ▶ 使用 build 命令构建镜像。

命令格式：docker build -t 镜像名称 Dockerfile 文件所在目录

以下示例表示搜索当前目录下的 Dockerfile 文件，根据其中的指令，docker 构建器会创建名为 py/flaskimage 的镜像。

```
[root@localhost flask]# docker build -t py/flaskimage
```

构建过程如图 2-61 所示，可以看到构建器创建镜像的过程与 Dockerfile 指令的书写顺序一致。

```
[root@localhost flask]# docker build -t py/flaskimage .
Sending build context to Docker daemon 15.87 kB
Step 1/9 : FROM centos
Trying to pull repository docker.io/library/centos ...
latest: Pulling from docker.io/library/centos
729ec3a6ada3: Pull complete
Digest: sha256:f94c1d992c193b3dc09e297ffd54d8a4f1dc946c37cbeceb26d35ce1647f88d9
Status: Downloaded newer image for docker.io/centos:latest
 ---> 0f3e07c0138f
Step 2/9 : MAINTAINER my first image sky@hotmail.com
 ---> Running in 1600999b76a6
 ---> e1c28103aa8a
Removing intermediate container 1600999b76a6
Step 3/9 : RUN yum update -y
 ---> Running in eb6af08dcf3c
```

图 2-61　镜像构建过程（部分截图）

镜像构建完毕后，使用 images 命令查看镜像列表，如图 2-62 所示。

```
[root@localhost flask]# docker images
REPOSITORY          TAG                 IMAGE ID            CREATED              SIZE
py/flaskimage       latest              5f8ca865e0f8        About a minute ago   398 MB
docker.io/centos    latest              0f3e07c0138f        5 weeks ago          220 MB
```

图 2-62　镜像列表

温馨提示

在镜像构建过程中，常常会因为网速太慢导致构建失败。解决此问题的方法是在 /etc/docker（docker 默认安装路径）下修改或创建 daemon.json 文件，并添加国内的镜像仓库，格式如下。

```
{
"registry-mirrors": ["https://zlwmp571.mirror.aliyuncs.com"]
}
```

其中网址为笔者在阿里云上申请的加速器地址，读者可以参考官方指引自行申请，也可以直接使用网易云等加速器。

配置完毕后使用如下命令重启 Docker 引擎即可。

```
systemctl restart docker
```

2.4 Docker 操作容器

容器是建立在镜像之上的。与把一个 CentOS 镜像安装在多台物理机上相比，容器就是安装了操作系统的虚拟机。应用部署、开发相关的所有操作都是在容器内完成，如在容器内部署好 Hadoop 组件（Hadoop 的具体内容将在后续章节详细介绍）后，就可以将该容器打包成镜像，然后将镜像分发到不同的物理机上，通过工具在各物理机上一键创建容器，这样就可以轻松拉起 Hadoop 集群。

2.4.1 创建容器

镜像准备好后使用 create 命令创建容器。

命令格式：docker create 参数 镜像 ID 或者镜像名称 程序名称

基于 docker.io/centos 镜像创建容器的示例及其中各参数的含义如下。

-i：表示将标准输入设置为始终打开状态。

-t：表示附加一个伪终端，-i 和 -t 可以合并在一起写。

--name：表示容器名称。

/bin/bash：表示容器启动后需要自动执行的一个程序。

```
[root@localhost /]# docker create -it --name test docker.io/centos /bin/bash
```

容器创建成功后会输出对应的容器 ID，如图 2-63 所示。

```
[root@localhost /]# docker create -it --name test docker.io/centos /bin/bash
195ed7e2b423e37732f29e81ced736b8d90a7165dbc5837988149fafdf270a58
```

图 2-63　容器创建成功后输出 ID

使用 create 命令创建的容器默认是 Created（已创建）状态。如果希望创建完成后立即进入容器，需要使用 run 命令。如图 2-64 所示，进入容器 d8fad52f46c1 后输入 ls -l 命令，显示当前路径下的子目录。

```
[root@localhost ~]# docker run -it --name mycontainer docker.io/centos  /bin/bash
[root@d8fad52f46c1 /]# ls -l
total 0
lrwxrwxrwx.   1 root root   7 May 11  2019 bin -> usr/bin
drwxr-xr-x.   5 root root 360 Nov 11 12:29 dev
drwxr-xr-x.   1 root root  66 Nov 11 12:29 etc
drwxr-xr-x.   2 root root   6 May 11  2019 home
lrwxrwxrwx.   1 root root   7 May 11  2019 lib -> usr/lib
lrwxrwxrwx.   1 root root   9 May 11  2019 lib64 -> usr/lib64
drwx------.   2 root root   6 Sep 27 17:13 lost+found
drwxr-xr-x.   2 root root   6 May 11  2019 media
drwxr-xr-x.   2 root root   6 May 11  2019 mnt
```

图 2-64　进入 d8fad52f46c1 容器后的状态

2.4.2 查看容器列表

容器创建完毕后，可以通过 ps 命令查看运行中的容器。

命令格式：docker ps 参数

显示当前正在运行的容器示例如下。

```
[root@localhost ~]# docker ps
```

执行结果如图 2-65 所示，各列的含义解释如下。

CONTAINER ID：容器 ID 的缩写，只显示 12 个字符。

IMAGE：镜像名称，这里表示当前容器是基于哪一个镜像创建。

COMMAND：容器创建完毕后启动时需要执行的程序，这里表示执行 /bin/bash 程序。

CREATED：容器创建时间。

STATUS：容器的状态，Up 表示正在运行。

PORTS：宿主机与容器间映射的端口。

NAMES：容器的名称，在创建容器时使用 --name 参数指定。

```
[root@localhost /]# docker ps
CONTAINER ID        IMAGE         COMMAND        CREATED          STATUS         PORTS    NAMES
d8fad52f46c1        centos        "/bin/bash"    2 minutes ago    Up 2 minutes            mycontainer
```

图 2-65　显示运行中的容器

如果需要查看所有容器，使用如下命令。

```
[root@localhost /]# docker ps -a
```

执行结果如图 2-66 所示，可以看到使用 create 命令创建的容器 195ed7e2b423 状态为 Created，使用 run 命令创建的容器状态为 Up。

```
[root@localhost /]# docker ps -a
CONTAINER ID        IMAGE         COMMAND        CREATED           STATUS          PORTS    NAMES
195ed7e2b423        centos        "/bin/bash"    4 minutes ago     Created                  test
d8fad52f46c1        centos        "/bin/bash"    33 minutes ago    Up 33 minutes            mycontainer
```

图 2-66　显示所有容器

2.4.3　启动容器

使用 start 命令启动容器。

命令格式：docker start 容器 ID/ 容器名

启动 ID 为 195ed7e2b423 的容器，示例如下。

```
[root@localhost /]# docker start 195ed7e2b423
```

执行结果如图 2-67 所示，可以看到容器 195ed7e2b423 状态变为 Up。

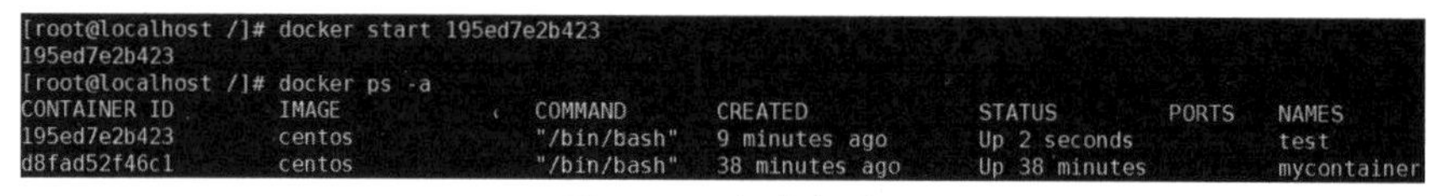

```
[root@localhost /]# docker start 195ed7e2b423
195ed7e2b423
[root@localhost /]# docker ps -a
CONTAINER ID        IMAGE         COMMAND        CREATED           STATUS          PORTS    NAMES
195ed7e2b423        centos        "/bin/bash"    9 minutes ago     Up 2 seconds             test
d8fad52f46c1        centos        "/bin/bash"    38 minutes ago    Up 38 minutes            mycontainer
```

图 2-67　启动容器

如果需要批量启动容器，则使用如下命令。其中 -q 表示只显示容器 ID，整句命令的含义为启动查询到的所有容器。

```
[root@localhost /]# docker start $(docker ps -a -q)
```

2.4.4　停止容器

使用 stop 命令，可以停止容器。

命令格式：docker stop 容器 ID/ 容器名

停止 195ed7e2b423 容器的示例如下。

```
[root@localhost /]# docker stop 195ed7e2b423
```

使用如下命令可以停止所有容器。

```
[root@localhost /]# docker stop $(docker ps -a -q)
```

执行结果如图 2-68 所示，可以看到所有容器已经变为 Exited 状态。

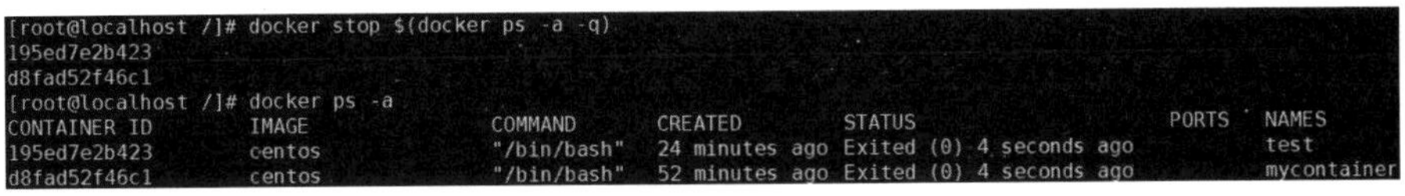

```
[root@localhost /]# docker stop $(docker ps -a -q)
195ed7e2b423
d8fad52f46c1
[root@localhost /]# docker ps -a
CONTAINER ID        IMAGE               COMMAND         CREATED          STATUS                    PORTS   NAMES
195ed7e2b423        centos              "/bin/bash"     24 minutes ago   Exited (0) 4 seconds ago          test
d8fad52f46c1        centos              "/bin/bash"     52 minutes ago   Exited (0) 4 seconds ago          mycontainer
```

图 2-68　停止后的容器

2.4.5 重启容器

使用 restart 命令，可以重启容器。

命令格式：docker restart 容器 ID/ 容器名

重启 195ed7e2b423 容器的示例如下。

```
[root@localhost /]# docker restart 195ed7e2b423
```

2.4.6 进入容器

通过 Docker 自带的 attach 命令和 exec 命令都可以进入容器。但 attach 命令的问题在于若是同时有多个终端进入该容器，那么命令操作过程将会在所有终端同步显示，若是其中一个终端的命令阻塞，则会导致所有终端全部被阻塞。通过 exec 命令进入容器，各终端都是独立的，互不影响，因此推荐使用 exec 命令进入容器。

命令格式：docker exec 容器 ID/ 容器名

进入 ID 为 195ed7e2b423 的容器，示例如下。

```
[root@localhost ~]# docker exec -it 195ed7e2b423 /bin/bash
```

温馨提示

可以通过在容器内安装 SSH 服务器和在宿主机上安装额外的工具 nsenter 进入容器，这两种方法在使用上相对烦琐，这里不再赘述。

2.4.7 退出容器

使用 exec 命令进入容器后，可以在其内部使用 exit 命令退出。退出后使用命令查看容器，可以看到容器仍为 Up 状态，如图 2-69 所示。

```
[root@195ed7e2b423 /]# exit
exit
[root@localhost ~]# docker ps -a
CONTAINER ID    IMAGE            COMMAND                  CREATED          STATUS                       PORTS   NAMES
b22c07803cad    centos           "/bin/bash"              32 minutes ago   Up 32 minutes                        my_data_volumes3
14dd60a5d430    centos           "/bin/bash"              12 hours ago     Exited (255) 43 minutes ago          my_data_volumes2
3e58a9392dd1    centos           "/bin/bash"              13 hours ago     Up 17 minutes                        my_data_volumes1
06d55fe7d1d3    py/flaskimage    "python3 ./firstflas…"   23 hours ago     Exited (1) 23 hours ago              myflaskcontainer
195ed7e2b423    centos           "/bin/bash"              23 hours ago     Up 10 minutes                        test
d8fad52f46c1    centos           "/bin/bash"              24 hours ago     Exited (0) 22 hours ago              mycontainer
```

图 2-69　退出容器

2.4.8 添加端口映射

在创建 py/flaskimage 镜像时，在 Dockerfile 中通过 EXPOSE 指令指定了容器监听端口为 5000。但是在容器外并不能通过 5000 端口访问容器内的 Web 应用。为此，在创建容器的时候，需要通过 -p 指令为容器与宿主机之间添加端口映射。

将宿主机端口 5000 映射到容器端口 5000 的示例如下。

```
[root@localhost ~]# docker run -it -p 5000:5000 --name myflaskcontainer
py/flaskimage:latest
```

命令执行完毕后打开浏览器，通过宿主机 IP:5000 访问容器中的应用，如图 2-70 所示。

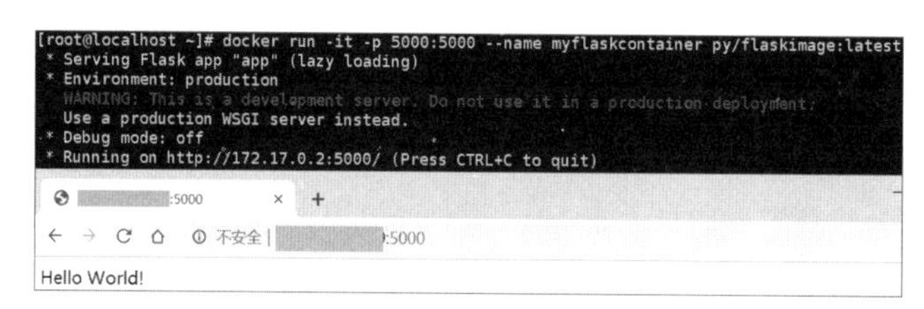

图 2-70　访问容器中的应用

2.4.9 挂载卷

卷主要用来管理数据。挂载卷有两种方式，一种方式是挂载一个目录，另一种方式是挂载另一个容器。

1. 挂载目录

在创建容器时，指定参数 -v 即可在容器内部挂载一个目录作为数据卷。

容器创建成功后，会在 “/” 根目录下创建一个名为 data_volumes_1 的子目录，容器内部的数据、文件等就可以使用这个目录进行单独管理，示例如下。

```
[root@localhost ~]# docker run --name my_data_volumes1 -v /data_volumes_1  -it
docker.io/centos /bin/bash
```

执行结果如图 2-71 所示，可以看到在根目录下已存在 data_volumes_1 目录。

```
[root@localhost ~]# docker run --name my_data_volumes1 -v /data_volumes_1  -it
[root@3e58a9392dd1 /]# ls -l
total 0
lrwxrwxrwx.   1 root root   7 May 11  2019 bin -> usr/bin
drwxr-xr-x.   2 root root   6 Nov 11 23:12 data_volumes_1
drwxr-xr-x.   5 root root 360 Nov 11 23:12 dev
drwxr-xr-x.   1 root root  66 Nov 11 23:12 etc
drwxr-xr-x.   2 root root   6 May 11  2019 home
```

图 2-71 容器内的数据卷

为了方便在容器和宿主机之间共享数据，可以将宿主机的目录挂载到容器上。

将宿主机的 /data_volumes_2 目录（：左边）挂载到容器的 /data_volumes_2 目录（：右边），示例如下。

```
[root@localhost ~]# docker run --name my_data_volumes2 -v /data_volumes_2:/data_
volumes_2  -it docker.io/centos /bin/bash
```

执行结果如图 2-72 所示。

```
[root@f64c7a5976b5 /]# ls -l
total 0
lrwxrwxrwx.   1 root root   7 May 11  2019 bin -> usr/bin
drwxr-xr-x.   2 root root   6 Jul 12 08:37 data_volumes_2
drwxr-xr-x.   5 root root 360 Jul 12 08:37 dev
drwxr-xr-x.   1 root root  66 Jul 12 08:37 etc
drwxr-xr-x.   2 root root   6 May 11  2019 home
lrwxrwxrwx.   1 root root   7 May 11  2019 lib -> usr/lib
lrwxrwxrwx.   1 root root   9 May 11  2019 lib64 -> usr/lib64
drwx------.   2 root root   6 Jun 11 02:35 lost+found
drwxr-xr-x.   2 root root   6 May 11  2019 media
```

```
[root@master /]# ls -l
total 20
lrwxrwxrwx.   1 root root    7 七月  3 08:44 bin -> usr/bin
dr-xr-xr-x.   5 root root 4096 七月  3 08:56 boot
drwxr-xr-x.   2 root root    6 七月 12 16:37 data_volumes_2
drwxr-xr-x.  20 root root 3100 七月 12 15:58 dev
drwxr-xr-x.  84 root root 8192 七月 12 16:31 etc
drwxr-xr-x.   3 root root   17 七月  3 08:48 home
lrwxrwxrwx.   1 root root    7 七月  3 08:44 lib -> usr/lib
lrwxrwxrwx.   1 root root    9 七月  3 08:44 lib64 -> usr/lib64
drwxr-xr-x.   2 root root    6 四月 11  2018 media
```

图 2-72 将宿主机目录挂载到容器

2. 挂载容器

在生产环境中，有时候需要容器间共享数据，这时就需要先创建一个已经挂载了卷的容器，然后把这个容器作为专门的数据卷容器提供给其他容器挂载。挂载容器需要使用 --volumes-from 参数。

根据以下步骤，创建并验证可以通过挂载容器的方式来实现数据同步。

步骤 01 将 my_data_volumes1 容器的卷 /data_volumes_1 挂载到 my_data_volumes3 容器上。

```
[root@localhost ~]# docker run --name my_data_volumes3 --volumes-from my_data_
volumes1  -it docker.io/centos /bin/bash
```

步骤 02 打开新的 Shell 窗口，使用 exec 命令进入容器 data_volumes_1，并在 /data_volumes_1 目录内创建一个文件 my_first_volumes.txt，操作过程如图 2-73 所示。

步骤 03 进入 my_data_volumes3 容器的 /data_volumes_1 目录查看文件，如图 2-74 所示。

```
[root@localhost ~]# docker exec -it my_data_volumes1 /bin/bash ①
[root@3e58a9392dd1 /]# cd /data_volumes_1 ②
[root@3e58a9392dd1 data_volumes_1]# touch my_first_volumes.txt ③
[root@3e58a9392dd1 data_volumes_1]# ls ④
my_first_volumes.txt
```

图 2-73 创建文件

[root@localhost ~]# docker exec -it my_data_volumes3 /bin/bash
[root@b22c07803cad /]# cd data_volumes_1
[root@b22c07803cad data_volumes_1]# ls -l
total 0
-rw-r--r--. 1 root root 0 Nov 12 11:51 my_first_volumes.txt

图 2-74 在 my_data_volumes3 容器中查看文件

2.4.10 删除容器

使用 rm 命令可以删除容器。

命令格式：docker rm 容器 ID/ 容器名

删除 mycontainer 容器的示例如下。

```
[root@localhost ~]# docker rm mycontainer
```

如果需要同时删除所有容器，则使用如下命令。

```
[root@localhost ~]# docker rm $(docker ps -a -q)
```

如果容器正在运行，在删除时需要加 -f 参数。

```
[root@localhost ~]# docker rm -f mycontainer
```

2.4.11 查看容器信息

使用 inspect 命令可以查看容器的详细信息，如容器 ID、原始镜像、IP 地址、网关等，这些信息在对容器进行运维时非常有用。

命令格式：docker inspect 容器 ID/ 容器名

查看 my_data_volumes2 容器信息的示例如下。

```
[root@localhost ~]# docker inspect my_data_volumes2
```

执行结果如图 2-75 所示，可以看到容器挂载的目录、创建的容器所使用的镜像等信息。

```
"Mounts": [
    {
        "Type": "bind",
        "Source": "/data_volumes_2",
        "Destination": "/data_volumes_2",
        "Mode": "",
        "RW": true,
        "Propagation": "rprivate"
    }
],
"Config": {
    "Hostname": "14dd60a5d430",
    "Domainname": "",
    "User": "",
    "AttachStdin": true,
    "AttachStdout": true,
    "AttachStderr": true,
    "Tty": true,
    "OpenStdin": true,
    "StdinOnce": true,
    "Env": [
        "PATH=/usr/local/sbin:/usr/local/bin:/usr/sbin:/usr/bin:/sbin:/bin"
    ],
    "Cmd": [
        "/bin/bash"
    ],
    "Image": "docker.io/centos",
```

容器与宿主机的目录映射

创建容器的镜像

图 2-75　容器详情（部分截图）

2.4.12 连接容器

容器之间是相互隔离的，可以使用 link 命令，在两个容器之间建立一条信道，使容器内的应用实现通信。

命令格式：--link 要连接的容器名称 : 连接自身的名称

根据以下步骤，构建容器通信网络。

步骤 01 ▸ 使用如下命令创建名为 server 的容器。

```
[root@localhost ~]# docker run --name server -it docker.io/centos /bin/bash
```

步骤 02 ▸ 创建名为 client 的容器，同时指定 --link 参数。这里连接 server 容器，并指定连接名称为 server。

```
[root@localhost ~]# docker run --name client --link server:server -it docker.io/
centos /bin/bash
```

步骤 03 ▸ 在 client 容器中的 ping server 容器里可以看到，client 容器已经收到 server 容器的数据反馈，证明二者已经连通，如图 2-76 所示。

```
[root@localhost ~]# docker run --name client --link server:server -it docker.io/centos /bin/bash
[root@e8ce1bdcb1bd /]# ping server
PING server (172.17.0.2) 56(84) bytes of data.
64 bytes from server (172.17.0.2): icmp_seq=1 ttl=64 time=0.472 ms
64 bytes from server (172.17.0.2): icmp_seq=2 ttl=64 time=0.141 ms
64 bytes from server (172.17.0.2): icmp_seq=3 ttl=64 time=0.142 ms
64 bytes from server (172.17.0.2): icmp_seq=4 ttl=64 time=0.142 ms
64 bytes from server (172.17.0.2): icmp_seq=5 ttl=64 time=0.142 ms
```

图 2-76 ping server 容器

2.4.13 容器网络

在上一小节，client 容器使用 link 参数连接上了 server 容器，但是，server 容器却不能连通 client 容器。如图 2-77 所示，可以看到在 server 容器中是不能 ping 通 client 容器的。

```
[root@localhost ~]# docker exec -it server /bin/bash
[root@3cf02aac5334 /]# ping client
ping: client: Name or service not known
```

图 2-77 在 server 端 ping client

如果需要在 server 容器中连接 client 容器，就需要在 server 端做额外的配置。然而在生产环境中，由于承载不同服务的容器很多，使用 link 参数构建网络就不可取了，这会导致配置增多，加大运维的难度，因此推荐使用 network 来实现网络的互联互通。

建立一个使容器互联互通的连接网络，操作步骤如下。

步骤 01 ▸ 使用如下命令，创建自定义网桥。

```
[root@localhost ~]# docker network create -d bridge customize_bridge
```

步骤 02 ▸ 查看网络列表。

```
[root@localhost ~]# docker network ls
```

如图 2-78 所示，可以看到 4 个网络，解释如下。

（1）网络名为“bridge”的网络驱动（DRIVER）是 bridge 模式，这是 Docker 默认的网络，通过这个默认的 bridge，容器可以通过主机网卡访问外网。

（2）网络名为“customize_bridge”的网络，同样使用的是 bridge 模式，但这是自定义网络。

如果需要访问外网，需要通过如下命令配置网络转发。

```
[root@localhost ~]# sysctl net.ipv4.conf.all.forwarding=1
[root@localhost ~]# iptables -P FORWARD ACCEPT
```

由于自定义网络网桥比默认的网络网桥隔离性好，因此在设计容器网络时应优先选择自定义的网络。

（3） 网络名为“host”的网络驱动是 host 模式，和宿主机共享网络，容器和主机之间没有网络隔离。

（4）网络名为“none”的网络表示没有网络，不能联网。

```
[root@localhost ~]# docker network ls
NETWORK ID          NAME                DRIVER              SCOPE
517f4cdf2156        bridge              bridge              local
dac1bb6431cc        customize_bridge    bridge              local
3de19b7f84a1        host                host                local
d4ed33cdab57        none                null                local
```

图 2-78 网络列表

步骤 03 ▸ 创建容器 client1 并使用 customize_bridge 网络。

```
[root@localhost ~]# docker run --name client1 --network customize_bridge  -it
docker.io/centos /bin/bash
```

步骤 04 ▸ 将容器 client 添加到 customize_bridge 网络。

```
[root@localhost ~]# docker network connect customize_bridge client
```

通过如下命令查看 customize_bridge 内的容器。

```
[root@localhost ~]# docker inspect customize_bridge
```

执行结果如图 2-79 所示，可以看到 client1 容器和 client 容器都在 customize_bridge 网络内。

```
"Containers": {
    "048fc0f608499ce58adb7313bd34d7055d0901fcca534e3ee32e786a0e9b8e71": {
        "Name": "client1",
        "EndpointID": "4546c2aec204ba1c0b54f5c09af8aef2a3c59d39e5507f9ed461bd8beaa541a1",
        "MacAddress": "02:42:ac:12:00:02",
        "IPv4Address": "172.18.0.2/16",
        "IPv6Address": ""
    },
    "e8ce1bdcb1bd9d0f912be31bae9d8650973431cf6d0e15a32cef625a87600f22": {
        "Name": "client",
        "EndpointID": "df205fe1f7e6d8253b3eac61b747b886645413d34cea8dad7bd1af323573b71f",
        "MacAddress": "02:42:ac:12:00:03",
        "IPv4Address": "172.18.0.3/16",
        "IPv6Address": ""
    }
},
```

图 2-79 customize_bridge 内的容器

步骤 05 ▸ 打开两个 Shell 窗口，分别进入 client 容器和 client1 容器，相互 ping 对方。如图 2-80 所示，可以看到 client 和 client1 都收到了对方的响应。

```
[root@localhost ~]# docker run --name client1 --network customize_bridge  -it docker.io/centos /bin/bash
[root@048fc0f60849 /]# ping client
PING client (172.18.0.3) 56(84) bytes of data.
64 bytes from client.customize_bridge (172.18.0.3): icmp_seq=1 ttl=64 time=0.085 ms
64 bytes from client.customize_bridge (172.18.0.3): icmp_seq=2 ttl=64 time=0.154 ms
来自client容器的响应

[root@localhost ~]# docker exec -it client /bin/bash
[root@e8ce1bdcb1bd /]# ping client1
PING client1 (172.18.0.2) 56(84) bytes of data.
64 bytes from client1.customize_bridge (172.18.0.2): icmp_seq=1 ttl=64 time=0.151 ms
64 bytes from client1.customize_bridge (172.18.0.2): icmp_seq=2 ttl=64 time=0.151 ms
64 bytes from client1.customize_bridge (172.18.0.2): icmp_seq=3 ttl=64 time=0.151 ms
来自client1容器的响应
```

图 2-80 响应数据

2.5 Docker 私有仓库

在之前的示例中，拉取的镜像来自官方的镜像仓库 Docker Hub，用户也可以配置阿里云、网易云的镜像仓库，这些仓库都是公用的，或是托管在第三方平台上的。商业软件出于保密的需求，需要建立一个私有仓库。

2.5.1 获取 registry 镜像

用户可以使用 Docker 官方提供的镜像 registry 来搭建私有仓库。

将 registry 镜像拉取到本地的示例如下。

```
[root@localhost ~]# docker pull registry
```

成功拉取镜像后如图 2-81 所示。

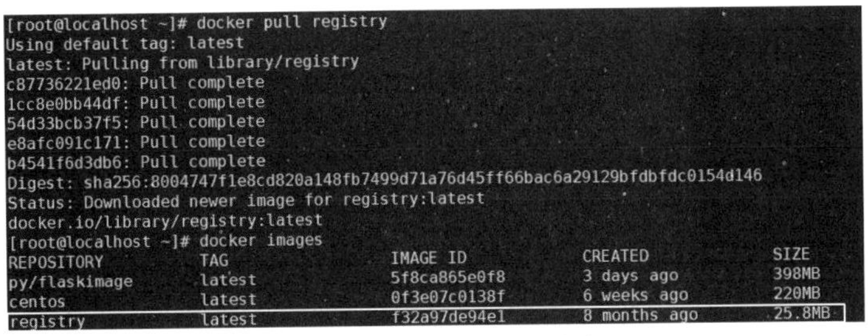

```
[root@localhost ~]# docker pull registry
Using default tag: latest
latest: Pulling from library/registry
c87736221ed0: Pull complete
1cc8e0bb44df: Pull complete
54d33bcb37f5: Pull complete
e8afc091c171: Pull complete
b4541f6d3db6: Pull complete
Digest: sha256:8004747f1e8cd820a148fb7499d71a76d45ff66bac6a29129bfdbfdc0154d146
Status: Downloaded newer image for registry:latest
docker.io/library/registry:latest
[root@localhost ~]# docker images
REPOSITORY          TAG                 IMAGE ID            CREATED             SIZE
py/flaskimage       latest              5f8ca865e0f8        3 days ago          398MB
centos              latest              0f3e07c0138f        6 weeks ago         220MB
registry            latest              f32a97de94e1        8 months ago        25.8MB
```

图 2-81　获取 registry 镜像

2.5.2 创建仓库容器

创建一个存放镜像的容器，其中各参数的含义如下。

-d：表示容器将以后台服务的形式运行。

-p 5000:5000：registry 镜像默认监听了 5000 端口，因此在创建容器时需要使用 -p 指定端口映射。

--restart=always：表示容器在退出时总是重启。

--privileged=true：表示获取容器的特权，类似 CentOS 系统的普通账户获取了 root 权限。

-v /opt/dockerimages:/var/lib/registry：表示将镜像上传到 local_registry 容器，local_registry 会将镜像保存到 /var/lib/registry 目录下。通过 -v 在宿主机与容器之间建立映射，就可以将镜像保存到宿主机 /opt/dockerimages 目录下。

```
[root@localhost ~]# docker run -d -p 5000:5000 --name=local_registry
--restart=always --privileged=true -v /opt/dockerimages:/var/lib/registry
registry:latest
```

2.5.3 上传镜像到仓库

使用 push 命令上传本地镜像。

命令格式：docker push 仓库地址 / 镜像名称 : 标签

将 py/flaskimage:latest 镜像上传到 local_registry 仓库的示例如下。

```
[root@localhost ~]# docker tag py/flaskimage:latest localhost:5000/py/
flaskimage:latest
[root@localhost ~]# docker push localhost:5000/py/flaskimage:latest
```

执行过程如图 2-82 所示。可以看到，由于镜像本身是分层构建的，因此在上传的时候，会一层一层挨着上传。

```
[root@localhost ~]# docker push localhost:5000/py/flaskimage:latest
The push refers to repository [localhost:5000/py/flaskimage]
788e818a17a4: Pushed
7f6e3da4f8ee: Pushed
3f280a22a64f: Pushed
09df88724358: Pushed
0428bd465100: Pushed
9e607bb861a7: Pushed
latest: digest: sha256:f64379f44325b127c780747363b3a6dd1ede89c54d4fa947d8766c1a59da72e5 size: 1579
```

图 2-82　上传镜像

上传完毕后打开浏览器，输入如下地址。

```
宿主机 IP:5000/v2/_catalog
```

访问镜像仓库，可以看到刚才上传的镜像，如图 2-83 所示。

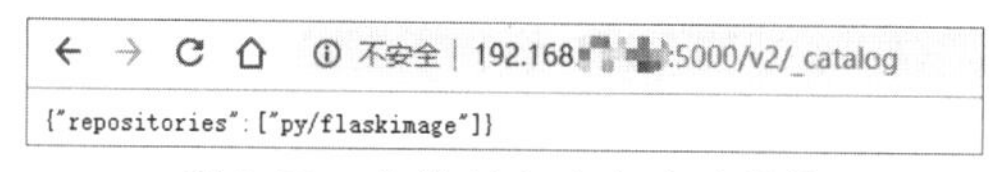

图 2-83　上传到本地仓库的镜像

温馨提示

1. 如果不能正常打开网页，请尝试使用 systemctl stop firewalld 命令关闭防火墙。
2. 拉取私有仓库的镜像，命令也使用 pull，与拉取外网上的镜像没有区别。

2.6 Docker Compose 编排容器

如果一个软件项目规模比较小，容器比较少，手动管理容器是可行的。但是在生产环境中，开发一个项目一般都会用到几个到几十个不等的容器，有的规模甚至更大，手动管理效率很低。因此，使用一个容器编排工具，实现容器的自动化管理很有必要。

2.6.1 安装 Docker Compose

Docker Compose 是用于定义和运行多 Docker 容器应用程序的工具。通过 Docker Compose，用户可以使用 yaml 文件来配置应用程序，一个 yaml 文件代表一个 Compose 项目，一个项目可以有多个服务。创建 yaml 文件后使用一个命令，Compose 就可以根据文件配置创建并启动所有服务。一个服务可以是一到多个容器，如一个名为 web 的服务，通过 scale 命令可以自动创建多个容器来承载。编写 yaml 文件的过程就是在组织服务，服务再对应到容器，因此编写 yaml 文件最终是在编排容器。

安装 Docker Compose 有两种方式，分别介绍如下。

1. 从 GitHub 下载二进制文件安装

步骤 01 下载 Docker Compose 稳定版本，指令如下。

```
[root@localhost ~]# curl -L "https://github.com/docker/compose/releases/download/1.24.1/docker-compose-$(uname -s)-$(uname -m)" -o /usr/local/bin/docker-compose
```

步骤 02 Docker Compose 下载完毕后进入“/usr/local/bin/”目录，执行以下命令，输出 Compose 版本信息。

```
[root@localhost bin]# ./docker-compose -v
```

步骤 03 如果需要在任意目录使用 docker-compose 命令，则需要创建软链接。

```
[root@localhost ~]# ln -s /usr/local/bin/docker-compose /usr/bin/docker-compose
```

2. 通过 pip 工具安装

使用 Python 的软件包管理工具 pip 也可以安装 Docker Compose，安装步骤如下。

步骤 01 安装 Python 36。

```
[root@localhost ~]# yum install Python 36 -y
```

步骤 02 安装 Docker Compose。

```
[root@localhost ~]# pip3 install docker-compose
```

步骤 03 验证安装。

```
[root@localhost ~]# docker-compose -v
```

两种安装方式执行结果都如图 2-84 所示，正常输出版本信息表示安装成功。

```
[root@localhost ~]# docker-compose -v
docker-compose version 1.24.1, build 4667896
```

图 2-84 输出 Docker Compose 版本信息

温馨提示

Python 2 在 2020 年年初已停止支持 Docker Compose，建议安装 Python 3 以上任意版本。

2.6.2 Docker Compose 使用方式

整体来说，使用 Docker Compose 需要经历以下 3 步。

步骤 01 使用 Dockerfile 定义应用程序的环境。

步骤 02 在 docker-compose.yml 文件中定义组成应用程序的服务，以便使这些服务可以在隔离的环境中一起运行。

步骤 03 运行 docker-compose up 命令，Docker Compose 会启动并运行整个应用程序。

接下来介绍 docker-compose.yml 文件的基本编写方式与 docker-compose 常用命令。

1. docker-compose.yml 常用字段

docker-compose.yml 文件支持非常多的字段，满足了不同场景下对容器的管理需求。一些常用的字段描述如表 2-2 所示。

表 2-2 docker-compose.yml 文件常用字段

字段名称	描述
version	标明当前 docker-compose.yml 文件的版本，不同版本的 YML 文件兼容不同版本的 Docker 引擎
services	用于定义服务信息
build	用于指定构建容器的 Dockerfile 的文件路径
context	包含 Dockerfile 的目录路径或 Git 仓库的地址
dockerfile	指定 context 对应路径下的 Dockerfile 文件的名称
depends_on	用于指定服务间的依赖关系
image	用于指定创建容器所依赖的镜像
networks	用于指定要引用的网络
restart	定义容器重启策略。no 是默认的重新启动策略，在任何情况下都不会重新启动容器；如果指定为 always，则容器将始终重新启动
volumes	挂载卷
ports	用于指定端口映射
hostname	容器主机名
domainname	容器主机域名

2. YML 文件编写规则

docker-compose.yml 文件使用的 yaml 标记语言的主要书写规则如下。

（1）yaml 标记语言通过两个空格缩进来表示文件结构。以下示例表示 services 节点下有一个

续表

服务名为 web。

```
services:
  web:
    hostname: my_nginx_server
    domainname: my_nginx_domainname
```

（2）键值对形式的一行命令，语法如下，注意冒号后面有一个空格。

```
hostname: my_server
```

（3）字符串需要使用 "" 引起来，如下所示，表示设置镜像名称为 centos。

```
image: "centos"
```

（4）使用“#”设置注释。

```
# 定义服务
services:
  web:
    hostname: my_web_service
```

（5）数组使用 [] 表示，如下所示，表示服务 web 这个容器挂载了 vol1、vol2、vol3 这 3 个卷。

```
services:
  web:
    image: myapp/web:latest
    volumes: ["vol1", "vol2", "vol3"]
```

（6）连续的项目使用 -，如下所示，表示服务 web 依赖于 db 和 redis 服务。

```
services:
  web:
    build: .
    depends_on:
      - db
      - redis
  redis:
    image: redis
  db:
    image: postgres
```

3. docker-compose 工具常用命令

与 Docker 一样，docker-compose 工具也提供了许多命令，其中常用命令及其基本用法如表 2-3

所示。

表 2-3　docker-compose 常用命令

字段名称	使用示例	描述
build	docker-compose build 服务名称	构建或重构服务
up	docker-compose up -d 服务名称	创建和启动服务
start	docker-compose start 服务名称	启动服务
stop	docker-compose stop 服务名称	停止服务
down	docker-compose down	停止并移除容器、网络、镜像和挂载的卷
config	docker-compose config	验证并查看 docker-compose.yml 文件配置
exec	docker-compose exec 服务名称	在容器中执行命令
kill	docker-compose kill 服务名称	强制关闭服务
logs	docker-compose logs 服务名称	查看容器日志
pause	docker-compose pause 服务名称	暂停服务
unpause	docker-compose unpause 服务名称	恢复暂停的服务
images	docker-compose images	显示相关的镜像列表
pull	docker-compose pull	拉取服务镜像
push	docker-compose push	推送服务镜像
ps	docker-compose ps	显示相关的容器列表
restart	docker-compose restart 服务名称	重启服务
rm	docker-compose rm 服务名称	移除已停止的服务
scale	docker-compose scale 服务名称 = 数量	设置服务的数量

2.6.3 Docker Compose 编排容器

了解 docker-compose.yml 文件编写规则和 docker-compose 工具的基本用法后，就可以使用 docker-compose 来编排容器了。

接下来构建一个运行在 Docker Compose 上的简单的 Python Web 应用程序，该应用程序使用 Flask 框架，并在 Redis 中维护一个计数器，具体功能是每刷新一次页面，数字就增加 1。

步骤 01 创建一个空目录，用于存放 Flask 源代码。

```
[root@localhost opt]# mkdir /opt/myflask
[root@localhost opt]# cd myflask/
```

步骤 02 在 myflask 目录下创建一个格式为 app.py 的 Python 文件，并添加如下内容。此内容表示在 Flask 程序中每过 0.5 秒修改一次 Redis 中的计数。

```
import time

import redis
from flask import Flask

app = Flask(__name__)
```

```
cache = redis.Redis(host='redis', port=6379)

def get_hit_count():
    retries = 5
    while True:
        try:
            return cache.incr('hits')
        except redis.exceptions.ConnectionError as exc:
            if retries == 0:
                raise exc
            retries -= 1
            time.sleep(0.5)

@app.route('/')
def hello():
    count = get_hit_count()
    return 'Hello World! I have been seen {} times.\n'.format(count)
```

步骤 03 ▸ 仍然在 myflask 目录下创建一个名为 requirements.txt 的文件，里面定义了程序运行所需的环境，内容如下。

```
flask
redis
```

步骤 04 ▸ 在 myflask 目录下创建 Dockerfile 文件，并添加如下内容。基于 docker.io/centos 镜像创建容器，在容器构建过程中安装 requirements.txt 文件所指定的应用程序依赖，最终在容器启动后运行 Flask 程序。

```
FROM docker.io/centos
WORKDIR /code
ENV FLASK_APP app.py
ENV FLASK_RUN_HOST 0.0.0.0
RUN yum update -y
RUN yum install Python 36 -y
COPY requirements.txt requirements.txt
RUN pip3 install -r requirements.txt
COPY . .
CMD ["flask", "run"]
```

步骤 05 ▸ 创建 docker-compose.yml 文件，并添加如下内容，解释如下。

services：该字段用于定义服务。

web：指服务的名称。

build：指定了构建该服务（一个容器）的 Dockerfile 路径。

ports：指定了容器的端口映射。Flask 框架默认监听 5000 端口。

redis：是 Redis 服务的名称，构建这个 Redis 服务（容器）需要使用 redis:alpine 镜像。

```
version: '3'
services:
  web:
    build: .
    ports:
      - "5001:5000"
  redis:
    image: "redis:alpine"
```

步骤 06 ▸ 在 myflask 目录下执行如下命令，构建服务。

```
[root@localhost myflask]# docker-compose up
```

步骤 07 ▸ 服务构建完毕后使用如下命令查看相关容器。

```
[root@localhost myflask]# docker-compose ps
```

执行结果如图 2-85 所示，可以看到 docker-compose 创建的两个服务（容器）myflask_redis_1 和 myflask_web_1。

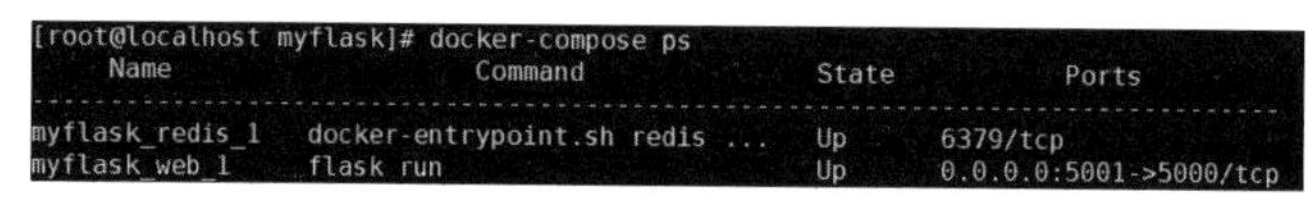

图 2-85　容器列表

然后在宿主机打开浏览器输入如下地址。

```
宿主机 IP:5001
```

执行结果如图 2-86 所示。

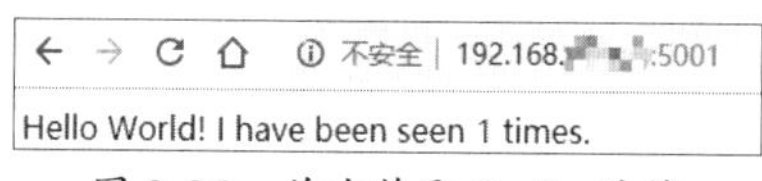

图 2-86　首次获取 Redis 的值

0.5 秒后再次刷新页面，执行结果如图 2-87 所示。

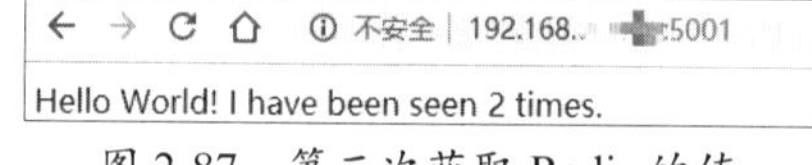

图 2-87　第二次获取 Redis 的值

在此对比一下，如果直接使用 docker 命令，将会手动创建两个容器，通过设置一个公共网络或者使用 link，才能顺利完成本示例。若是使用 docker-compose，只需要编写一个 docker-compose.yml 文件和一条指令即可达成目标。

2.7 Portainer 可视化工具

使用命令来管理容器是非常高效的，但是对于新手来说这不是一件容易的事。工欲善其事，必先利其器，因此本节将介绍一个可视化的容器运维工具 Portainer。

2.7.1 安装 Portainer

Portainer 提供了一个 Web 版的页面，通过该页面可以创建、停止、删除容器，也可以对镜像、Swarm 集群进行管理，同时还可以通过 Web 页面直接连入容器命令行，调试操作命令，其功能非常丰富，足以满足大多数情况下对容器的管理要求。

Portainer 官方提供了一个镜像，简化了部署过程，具体安装步骤如下。

步骤 01 使用如下命令，拉取 Portainer 容器。

```
[root@localhost ~]# docker pull portainer/portainer
```

步骤 02 创建容器。

```
docker run -d --privileged=true -p 9000:9000 -v /var/run/docker.sock:/var/run/
docker.sock -v portainer_data:/data portainer/portainer
```

如此，Portainer 安装完毕。

2.7.2 Portainer 页面介绍

打开浏览器，输入如下地址，打开 Portainer 页面。

```
宿主机 IP:9000
```

执行结果如图 2-88 所示，是 Portainer 登录页面。在密码框输入至少 8 位密码，然后单击【Create user】按钮即可进入功能选择界面。

图 2-88 Portainer 登录页面

功能选择界面如图 2-89 所示。可以看到 Portainer 提供了 4 种不同的功能选择，由于本章使用的是单机操作 Docker，所以选择【Local】面板，单击【Connect】按钮进入主界面。

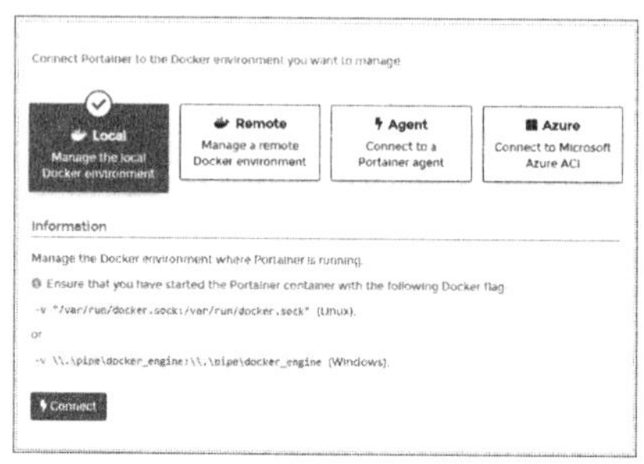

图 2-89　功能选择界面

如图 2-90 所示，可以看到黑色方框中显示了 10 个容器，2 个正在运行，8 个已经退出。

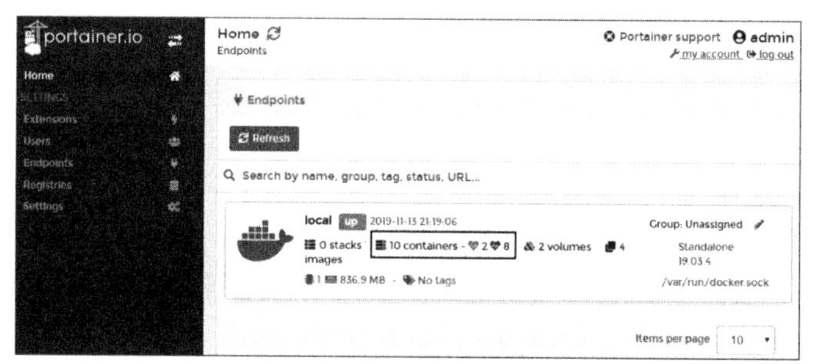

图 2-90　Portainer 管理页面

单击图 2-90 中黑色方框所在的面板，进入仪表盘页面，如图 2-91 所示。这里显示的信息比上一页面更为丰富、直观，如可以看到 Docker 引擎管理着 4 个镜像，占用了 724.2MB 空间。

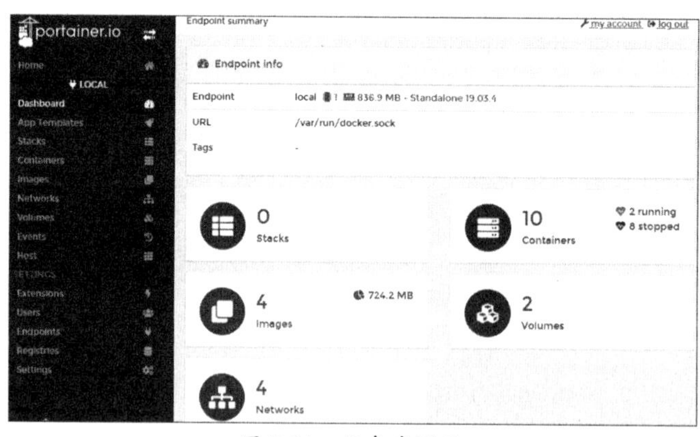

图 2-91　仪表盘页面

单击图 2-91 中的【Containers】面板，进入容器列表页面，如图 2-92 所示。在该页面，可以通过【Start】按钮启动容器，通过【Add container】按钮添加容器。这些按钮功能明确，在此不再赘述。

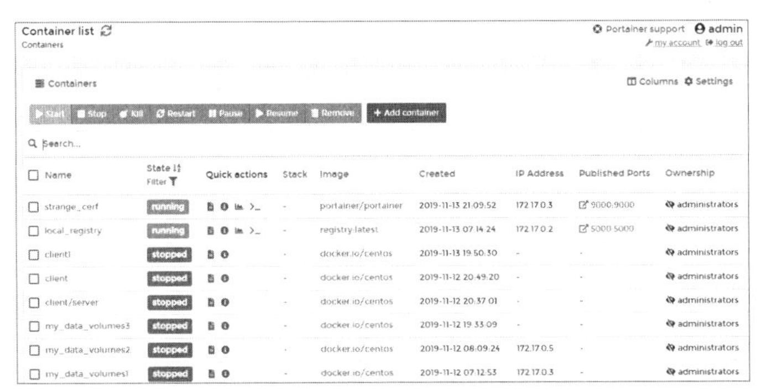

图 2-92　容器列表

2.8 实训：构建 Nginx 镜像并创建容器

Nginx 是一个非常流行的 Web 服务器软件，它提供了大量配置以应对不同场景下的需求。某研发部门为了建立统一的开发环境，需要构建一个 Nginx 镜像以便移植，然后基于该镜像在单机上创建容器，对镜像进行测试。

1. 实现思路

首先，编写 Dockerfile 文件，在文件中安装 Nginx 服务器，同时暴露 80 端口。通过 CMD 指令，在容器创建后立即运行 Nginx 服务器。

然后基于 Dockerfile 文件构建镜像，最后基于该镜像创建一个容器，并指定宿主机和容器暴露的端口间的映射。容器创建完毕后，通过宿主机能正常访问 Nginx 主页，表示镜像正常构建。

2. 具体实现

实现以上功能需要 4 步，具体如下。

步骤 01 ▸ 编写 Dockerfile 文件，内容如示例 2-2 所示。

示例 2-2　编写 Dockerfile 文件

```
FROM centos:7
# 安装必备的工具
RUN yum install wget gcc-c++ pcre-devel openssl openssl-devel net-tools make -y
# 下载 Nginx 源代码
RUN wget http://nginx.org/download/nginx-1.9.9.tar.gz
# 解压文件
RUN tar -zxvf nginx-1.9.9.tar.gz
# 设定工作目录
```

```
WORKDIR nginx-1.9.9
# 编译源代码
RUN ./configure --prefix=/usr/local/nginx && make && make install
    # 暴露 80 端口
EXPOSE 80
    # 启动 Nginx
WORKDIR /usr/local/nginx/sbin/
CMD ./nginx -g "daemon off;"
```

步骤 02 在 /opt 下创建目录 nginx_docker，将 Dockerfile 文件上传到 nginx_docker 目录下，然后使用 build 命令创建镜像。

```
[root@localhost ~]# mkdir /opt/nginx_docker
[root@localhost ~]# cd /opt/nginx_docker
[root@localhost nginx_docker]# docker build -t ng/nginximage .
```

执行结果如图 2-93 所示，表示镜像创建成功。

```
Step 8/8 : CMD ["/usr/local/nginx/sbin/nginx"]
 ---> Running in f08a4aa078b1
Removing intermediate container f08a4aa078b1
 ---> db7f2fb14cd6
Successfully built db7f2fb14cd6
Successfully tagged ng/nginximage:latest
```

图 2-93　构建镜像

步骤 03 创建容器，并指定端口映射。

```
 [root@localhost nginx_docker]# docker run -d -p 8000:80 --name mynginxcontainer
ng/nginximage
```

步骤 04 打开浏览器输入宿主机 IP:8000 访问 Nginx 主页。Nginx 的欢迎页面如图 2-94 所示。

图 2-94　Nginx 欢迎页面

本章小结

本章介绍了容器操作、镜像操作等内容。在需要多容器进行协调工作时，用户可以使用 Docker Compose 来编排容器。对于不熟悉 Linux 命令的用户，还可以使用 Portainer 可视化界面管理容器。整体来说，本章的内容略有难度，在学习本章之前，建议读者先了解一些基本的 Linux 知识，以便灵活操作相关命令和编写 Dockerfile 文件。本章所介绍的都是 Docker 和 Docker Compose 的基本内容，欲了解更多信息，最好的方式是阅读官方文档。

第 3 章

团队合作好，使用 Kubernetes 来协调

★本章导读★

本章先介绍 Kubernetes 的体系架构，然后介绍 Kubernetes 的安装与使用。学习本章内容的主要目的是使用 Kubernetes 来构建集群和编排容器，未来大数据开发平台将会部署到该集群上。

★知识要点★

通过对本章内容的学习，读者将掌握以下知识技能。

- ◆ 了解 Kubernetes 体系架构
- ◆ 了解 Kubernetes 常用对象
- ◆ 掌握 Kubernetes 基本操作
- ◆ 掌握在 Kubernetes 集群上部署应用的方法
- ◆ 了解 Kubernetes 的可视化管理

3.1 初识 Kubernetes

Google 所有的应用都运行在容器上，于 2014 年启动了 Kubernetes 项目。Kubernetes 用于容器化应用的自动化部署、扩展和管理。Kubernetes 源于希腊语，意为“舵手”或“飞行员”。K8S 是通过将 8 个字母“ubernete”替换为 8 而导出的缩写。

3.1.1 Kubernetes 简介

Kubernetes 有以下优点。

（1）快速、可预测地部署应用程序。

（2）拥有即时扩展应用程序的能力。

（3）在不影响现有业务的情况下，无缝发布新功能，即滚动更新。

（4）优化硬件资源，降低成本。

这些优点可以让用户高效地满足客户需求。

通过 Kubernetes，用户可以自行构建容器云平台，减轻运行应用程序的负担。Kubernetes 具有如下特点。

便携性：无论公有云、私有云、混合云还是多云架构都全面支持。

可扩展：它是模块化、可插拔、可挂载、可组合的，支持各种形式的扩展。

自修复：它可以自保持应用状态，可自重启、自复制、自缩放，通过声明式语法提供了强大的自修复能力。

那么 Kubernetes 具体能做什么呢？

Kubernetes 可以在物理或虚拟机集群上调度和运行应用程序容器，并且，Kubernetes 还允许开发人员把它从物理机和虚拟机上“脱离”，从以主机为中心的基础架构转移到以容器为中心的基础架构，这样可以提供容器固有的全部优势。Kubernetes 提供了基础设施来构建一个真正以容器为中心的开发环境。

Kubernetes 可以满足生产中运行应用程序的许多常见需求。

Kubernetes 可以实现基于 Pod 的容器管理、挂载外部存储、Secret 管理、应用健康检查、副本应用实例、横向自动扩缩容、服务发现、负载均衡、滚动更新、资源监测、日志采集和存储、自检和调试、认证和鉴权。这些机制提供了平台即服务（PaaS）的简单性、基础架构即服务（IaaS）的灵活性、跨基础设施的可移植性。

Docker-compose 适合在单机上编排容器，与之相比，Kubernetes 的功能丰富，更适合多机集群的生产环境。如果把一个多机集群比作一个“公司”，硬件资源就是“办公设备”，容器就是公司“员工”，镜像封装的应用程序就是“员工的任务”，那么 Kubernetes 就是“总经理”“部门经理”“组长”这一系列角色的集合，负责整个“公司”的“资源”安排和“员工”协调。

3.1.2 Kubernetes 架构

部署 Kubernetes 时，用户将获得一个集群，这个集群是一组计算机，称为节点，它们运行由 Kubernetes 管理的容器化应用程序。集群至少具有一个主节点和一个工作节点。主节点管理集群中的工作节点和 Pod，工作节点托管作为应用程序组件的 Pod。多个主节点用于为集群提供故障转移和高可用性。

Kubernetes 集群如图 3-1 所示。

从整体上看，Kubernetes 集群包含 Kubernetes Master 和 Kubernetes Node 两大组件，这里分别介绍如下。

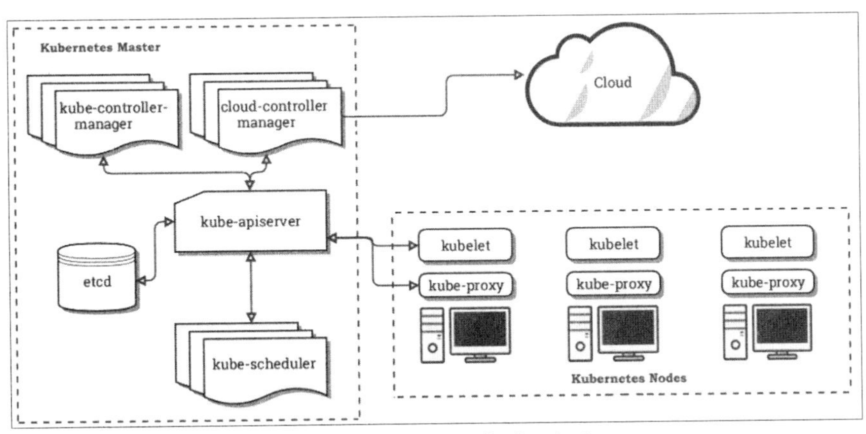

图 3-1　Kubernetes 集群示意图

1. Master 组件

Master 组件提供了对集群的控制能力。Master 组件可以对集群做出全局性决策（如资源调度），以及检测和响应集群事件（当副本个数不满足 replicas 字段时，就会启动新的副本）。Master 组件可以在集群中的任何节点上运行，但建议与工作节点分开，单独部署在一台服务器上。Master 组件是集群控制中心，运行相关程序的节点宕机会导致整个集群失效，因此在实践中应将 Master 组件配置成高可用。

运行 Master 组件的节点称为 Master 节点，Master 组件是一个组件集合，其中关键组件介绍如下。

（1）kube-apiserver：集群的前端入口，提供了一系列 REST API，用于客户端管理集群对象和资源。

（2）etcd：集群的数据存储中心，集群的状态将保存到 etcd 中。若是集群状态发生变化，etcd 会将新的状态信息通知到其他组件。

（3）kube-scheduler：用于调度集群资源，负责安排哪些节点来运行 Pod。

（4）kube-controller-manager：用于管理集群资源，并保证集群资源处理预期的状态。从逻辑上讲，每个控制器都是一个单独的进程，这些控制器包括如下内容。

① 节点控制器（Node Controller）：负责在节点出现故障时进行通知和响应。

② 副本控制器（Replication Controller）：负责维护系统中每个 Pod 的副本数量。

③ 端点控制器（Endpoints Controller）：对于 Kubernetes 来说，Endpoints 是一种资源对象。端点控制器的作用就是将这种对象加入 Service 和 Pod。

④ 服务账户和令牌控制器（Service Account & Token Controller）：为新的名称空间创建默认账户和 API 访问令牌。

⑤ 云控制管理器（Cloud-Controller-Manager）：用于将集群扩展到第三方云服务平台，仅运行云供应商的控制器。

2. Node 组件

Node 组件在每个节点上运行，维护运行中的 Pod，并提供 Kubernetes 运行时的环境。Node 组件同样是一个组件集合，其中几个关键组件介绍如下。

（1）kubelet：运行在集群的工作节点上，用以确保容器运行在 Pod 中。需要注意的是，kubelet 只管理由 Kubernetes 创建的容器，使用 Docker 等其他工具创建的容器，不受 kubelet 影响。

（2）kube-proxy：网络代理，它在集群中的每个节点上运行。kube-proxy 维护节点上的网络规则。这些网络规则允许集群内部或外部的网络会话与 Pod 进行网络通信。

（3）Container Runtime：负责运行容器的软件。

3.1.3 Kubernetes 基本对象

Kubernetes 对象是 Kubernetes 系统中的持久性实体。Kubernetes 使用这些实体来表示集群的状态。具体来说，它们可以描述以下内容。

（1）哪些容器化应用程序正在运行及在哪些节点上运行。

（2）这些应用程序可用的资源有哪些。

（3）有关这些应用程序行为的策略，如重新启动策略，升级和容错策略。

（4）对象创建后，Kubernetes 系统将持续运行以确保该对象存在并且按预定方式运行。

这里主要介绍 Kubernetes 基本对象。

1. Pod

Pod 是 Kubernetes 应用程序的基本执行单元，是用户创建或部署的 Kubernetes 对象模型中最小和最简单的单元。Pod 表示在集群上运行的进程。Pod 封装了应用程序的容器、存储资源、唯一的网络 IP 和控制容器运行方式的配置。Pod 表示部署的单位，它是 Kubernetes 中应用程序的单个实例。Pod 可由单个容器或紧密耦合并共享资源的少量容器组成。

Docker 是 Kubernetes Pod 中最常用的容器运行时，而且 Pod 也支持其他容器运行时，如 containerd、cri-O、rktlet 以及任何实现了 CRI（Container Runtime Interface，容器运行时接口）的容器。

Kubernetes 集群中的 Pod 可以通过以下两种方式使用。

（1）一个 Pod 运行一个容器

“一个 Pod 对应一个容器”的模型是最常见的 Kubernetes 用法。在这种情况下，用户可以将 Pod 视为单个容器的包装，Kubernetes 则直接管理 Pod，而不是直接管理容器。

（2）一个 Pod 运行多个容器

一个 Pod 封装了一个应用程序，该程序由紧密耦合且需要共享资源的多个位于同一地点的容器组成。此时一个 Pod 会运行多个容器，如图 3-2 所示。该 Pod 包含两个容器：File Puller 和 Web Server。File Puller 容器负责从远程数据源更新文件并将文件存入共享卷中，然后 Web Server 容器从共享卷中获取数据，并反馈给 Consumers。

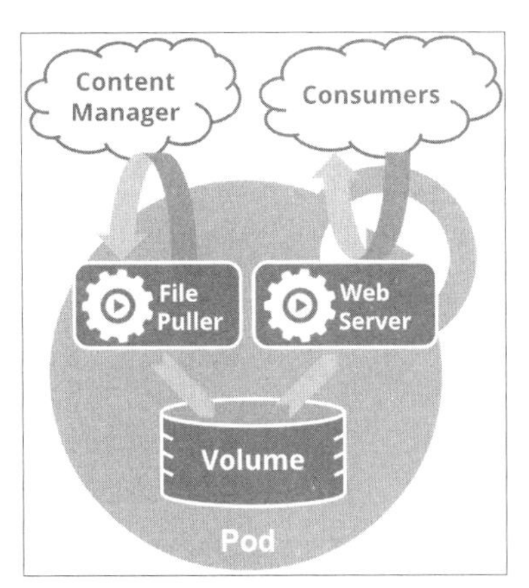

图 3-2　一个 Pod 运行多个容器

另外，在网络资源方面，每个 Pod 分配有一个唯一的 IP 地址。Pod 中的每个容器都共享网络名称空间，包括 IP 地址和网络端口。Pod 中的容器可以使用 localhost 相互通信。

在数据存储方面，每个 Pod 可以指定一组共享存储卷。Pod 中的所有容器都可以访问共享卷，从而使这些容器可以共享数据。共享存储卷还允许 Pod 中的持久数据保留下来，以防其中的容器需要重新启动。

2. Service

Pod 会经历一个生命周期，能被创建，自然也能被销毁。如果一个 Pod 正在对外提供服务，但是被销毁掉了，应用程序就需要重新部署。此时新创建的 Pod IP 地址就可能改变，那么就需要建立一种机制，使客户端感知不到后端 Pod 的变化。

Kubernetes 提供了一种名为“服务”的抽象来解决以上问题。服务定义了 Pods（多个 Pod）的逻辑集合及访问它们的策略（有时将此模式称为微服务）。

3. Volume

容器中的磁盘文件是临时的。当容器崩溃时，kubelet 将重新启动它，这会使容器以“干净”的状态启动，容器内的文件将丢失。另外在 Pod 中同时运行多个容器时，通常有必要在这些容器之间共享文件。Kubernetes 提供了 Volume 抽象解决了这两个问题。

Kubernetes 卷具有明确的生存期，这与封装它的 Pod 相同。容器运行在 Pod 中，Pod 的生命周期比容器的生命周期长。卷的寿命超过了在 Pod 中运行的所有容器的寿命，并且在容器重新启动时保留了数据。Kubernetes 支持多种类型的卷，并且 Pod 可以同时使用任意数量的卷。

卷的核心只是一个目录，其中可能包含一些数据，Pod 中的容器可以访问该目录。至于如何访问，取决于卷的类型。容器中的进程可以看到由其 Docker 镜像和卷组成的文件系统视图。Docker 镜像位于文件系统层次结构的根目录中，所有卷均安装在镜像中的指定路径上。卷不能装载到其他卷上，也不能有到其他卷的硬链接。Pod 中的每个容器必须独立指定每个卷的安装位置。

4. Namespaces

Kubernetes 支持在同一物理集群上构建多个虚拟集群，这些虚拟集群被称为名称空间。Kubernetes 拥有 4 个初始的名称空间。

（1）default：是没有其他名称空间对象的默认名称空间，即在创建对象时，没有指定其他名称空间，则自动将对象划分到 default 空间下。

（2）kube-system：Kubernetes 系统创建对象的名称空间。

（3）kube-public：此名称空间主要留给集群使用，对所有用户（包括未经身份验证的用户）可读，以防某些资源在整个集群中公开可见。

（4）kube-node-lease：Kubernetes 通过发送心跳来确定节点的可用性。当集群在扩展时，为了提高节点心跳的性能，就会更新 lease 对象，与每个节点关联的 lease 对象都会放在 kube-node-lease 名称空间中。

实际上，名称空间的作用就是做资源隔离。

3.1.4 Kubernetes 控制器

控制器的作用是控制 Pod 运行，如哪些 Pod 运行在哪些节点上，哪些 Pod 需要运行多少个副本，哪些 Pod 需要作为服务长期运行等。根据不同的业务场景，Kubernetes 提供了相应的控制器，这里将几个常用控制器介绍如下。

1. Deployment

Deployment 是一种常用的控制器，用以管理 Pod 并使之按期望的状态运行。以下是 Deployment 控制器的典型使用场景。

（1）Deployment 可以部署 Pod，并检查 Pod 部署状态。

（2）通过 Deployment 可以更新 Pod 状态。

（3）如果部署的 Pod 当前状态不稳定，则回滚到早期的部署版本。

（4）可以通过缩放对 Pod 数量进行控制。

（5）可以在不停止服务的情况下实现滚动更新。

（6）清理不再需要的副本。

2. DaemonSet

DaemonSet 确保某个或某些节点只运行一个 Pod 副本。当新的节点被添加到集群时，会在该节点上运行 DaemonSet 创建的 Pod，当节点从集群中删除时，会清除这些 Pod。删除 DaemonSet 也将清除其创建的 Pod。

3. StatefulSet

StatefulSet 用于管理有状态的应用程序，其管理一组 Pod 的部署和扩展，并保证这些 Pod 的顺序和唯一性。

StatefulSet 管理基于相同容器规范的 Pod。与 Deployment 不同，StatefulSet 为每个 Pod 维护一个永久性标识符，这个标识符在任何更新中都不会改变。

4. ReplicaSet

ReplicaSet（RS）实现了 Pod 副本控制。使用 Deployment 时会自动创建 ReplicaSet，Deployment 实际上是通过创建 ReplicaSet 来对 Pod 副本进行管理的。

5. Job

Job 创建一个或多个 Pod，这些 Pod 用以运行特定的任务。Job 会指定这些 Pod 运行一次或者多次，Job 会跟踪这些 Pod 的运行情况。当一个 Pod 发生故障时，它就会被删除，然后重新建立一个 Pod 来执行任务。当 Pod 按 Job 的要求运行完毕后，Job 会删除这些 Pod。

3.2 搭建集群

在对 Kubernetes 有了宏观认识之后，就可以着手安装 Kubernetes，并使用 Kubernetes 建立多机集群。

3.2.1 安装 Kubernetes

Kubernetes 可以在多机上轻松管理 Docker 集群，在进行更多操作前，先准备 3 台虚拟机。如表 3-1 所示，master 用于运行 Kubernetes 主节点，node1 和 node2 负责运行工作节点。

表 3-1 主机信息

主机名称	IP	角色
master	192.168.70.130	master
node1	192.168.70.131	work node
node2	192.168.70.132	work node

规划好集群后，开始安装 Kubernetes。

步骤 01 在 3 台虚拟机上安装 Docker 引擎。

步骤 02 在 3 台虚拟机上使用如下命令安装 Kubernetes。

```
[root@master ~]# cat <<EOF > /etc/yum.repos.d/Kubernetes.repo
[Kubernetes]
name=Kubernetes
baseurl=https://mirrors.aliyun.com/Kubernetes/yum/repos/Kubernetes-el7-x86_64/
enabled=1
gpgcheck=1
repo_gpgcheck=1
gpgkey=https://mirrors.aliyun.com/Kubernetes/yum/doc/yum-key.gpg https://mirrors.
aliyun.com/Kubernetes/yum/doc/rpm-package-key.gpg
EOF

[root@master ~]# setenforce 0
[root@master ~]# sed -i 's/^SELINUX=enforcing$/SELINUX=permissive/' /etc/selinux/
config

[root@master ~]# yum install -y kubelet kubeadm kubectl --disableexcludes=Kubernetes

[root@master ~]# systemctl enable --now kubelet
```

步骤 03 ▸ 安装完毕，使用如下命令进行验证。

```
[root@master ~]# kubeadm version
[root@master ~]# kubectl version
```

执行结果如图 3-3 所示，输出 Kubernetes 版本信息，表示安装正常。

```
[root@master ~]# kubeadm version
kubeadm version: &version.Info{Major:"1", Minor:"16", GitVersion:"v1.16.3", G
11-13T11:20:25Z", GoVersion:"go1.12.12", Compiler:"gc", Platform:"linux/amd64
[root@master ~]# kubectl version
Client Version: version.Info{Major:"1", Minor:"16", GitVersion:"v1.16.3", Git
-13T11:23:11Z", GoVersion:"go1.12.12", Compiler:"gc", Platform:"linux/amd64"}
```

图 3-3 Kubernetes 版本信息

3.2.2 搭建集群

Kubernetes 安装完毕后开始搭建集群。

步骤 01 ▸ 分别关闭 3 台虚拟机的防火墙。

```
[root@master ~]# systemctl stop firewalld
```

步骤 02 ▸ 分别关闭 3 台虚拟机的 Swap 分区。

```
[root@master ~]# vi /etc/fstab
```

在编辑器中最后一行前面加一个“#”表示禁用，如图 3-4 所示。

图 3-4 关闭 Swap 分区

步骤 03 ▸ 使用如下命令在 master 节点上初始化集群。

```
[root@master ~]# kubeadm init --apiserver-advertise-address 192.168.70.130 --pod-network-cidr=10.244.0.0/16
```

参数 --apiserver-advertise-address 指明了主节点的地址，--pod-network-cidr 指定了 Pod 的网络范围。Kubernetes 可以支持多种不同的网络，本章将采用 Flannel 来组网，因此网络范围设置为 10.244.0.0/16。

正常情况下的执行结果如图 3-5 所示，字符“initialized successfully!”表示集群初始化成功。

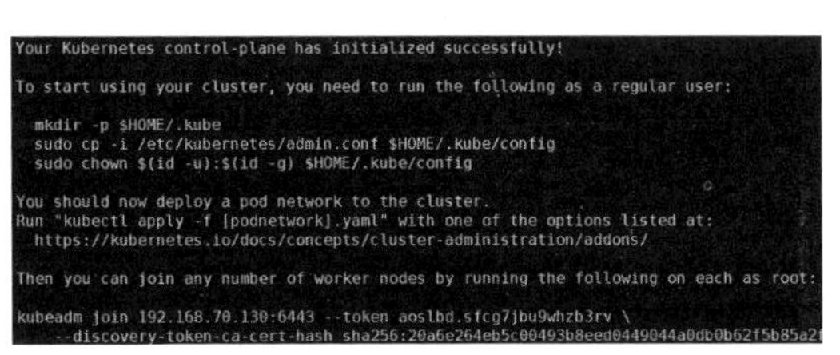

图 3-5 初始化集群

温馨提示

使用 kubeadm config images list 命令，可以看到 Kubernetes 初始化集群需要用到的镜像。

镜像列表如下。

k8s.gcr.io/kube-apiserver:v1.16.3

k8s.gcr.io/kube-controller-manager:v1.16.3

k8s.gcr.io/kube-scheduler:v1.16.3

k8s.gcr.io/kube-proxy:v1.16.3

k8s.gcr.io/pause:3.1

k8s.gcr.io/etcd:3.3.15-0

k8s.gcr.io/coredns:1.6.2

这些镜像默认在国外的网站，由于网络的原因可能无法正常下载，建议读者下载国内同步的镜像进行试验。

另外，在执行初始化集群、创建资源等命令后需要稍等一会儿，这些对象才会到达期望的状态。这种时延一般与硬件配置、网络等因素有关系。

步骤 04 ▸ 接下来配置 kubectl，指令如下。

```
[root@master ~]# mkdir -p $HOME/.kube
[root@master ~]# cp -i /etc/Kubernetes/admin.conf $HOME/.kube/config
[root@master ~]# chown $(id -u):$(id -g) $HOME/.kube/config
```

步骤 05 ▸ 图 3-5 中的信息“You should now deploy a pod network to the cluster.”表示还需要为 Pod 部署网络。“kubectl apply -f [podnetwork].yaml”是部署的命令，[podnetwork] 是网络的名称。由于使用的是 Flannel 网络，因此这里使用如下命令进行配置。

```
[root@master ~]# kubectl apply -f https://raw.githubusercontent.com/coreos/flannel/
master/Documentation/kube-flannel.yml
```

执行结果如图 3-6 所示。

```
[root@master udocker]# kubectl apply -f kube-flannel.yml
podsecuritypolicy.policy/psp.flannel.unprivileged created
clusterrole.rbac.authorization.k8s.io/flannel created
clusterrolebinding.rbac.authorization.k8s.io/flannel created
serviceaccount/flannel created
configmap/kube-flannel-cfg created
daemonset.apps/kube-flannel-ds-amd64 created
daemonset.apps/kube-flannel-ds-arm64 created
daemonset.apps/kube-flannel-ds-arm created
daemonset.apps/kube-flannel-ds-ppc64le created
daemonset.apps/kube-flannel-ds-s390x created
```

图 3-6　部署 Flannel 网络

步骤 06 ▸ 使用 get nodes 命令查看集群中的节点。

```
[root@master ~]# kubectl get nodes
```

执行结果如图 3-7 所示，可以看到集群中只有 master 节点，并且是 Ready 状态。

```
[root@master ~]# kubectl get nodes
NAME     STATUS   ROLES    AGE   VERSION
master   Ready    master   68m   v1.16.3
```

图 3-7　集群节点

使用 get pod 命令查看集群中的 pod。

```
[root@master ~]# kubectl get pod --all-namespaces
```

执行结果如图 3-8 所示，可以看到所有的 Pod 已经是 Running 状态，表示集群非常“健康”。

```
[root@master ~]# kubectl get pods --all-namespaces
NAMESPACE     NAME                              READY   STATUS    RESTARTS   AGE
kube-system   coredns-5644d7b6d9-bfghk          1/1     Running   2          17h
kube-system   coredns-5644d7b6d9-bm9hj          1/1     Running   2          17h
kube-system   etcd-master                       1/1     Running   2          17h
kube-system   kube-apiserver-master             1/1     Running   2          17h
kube-system   kube-controller-manager-master    1/1     Running   2          17h
kube-system   kube-flannel-ds-amd64-qgt49       1/1     Running   2          16h
kube-system   kube-proxy-ljlq2                  1/1     Running   2          17h
kube-system   kube-scheduler-master             1/1     Running   2          17h
```

图 3-8　集群状态

在 node1 和 node2 节点，使用 join 命令加入集群。

```
[root@node2 ~]# kubeadm join 192.168.70.130:6443 --token aoslbd.sfcg7jbu9whzb3rv \
    --discovery-token-ca-cert-hash
sha256:20a6e264eb5c00493b8eed0449044a0db0b62f5b85a2f125ce1d60b16d06630a
```

步骤 07 ▸ 再次使用 get nodes 命令查看集群节点，执行结果如图 3-9 所示。

```
[root@master ~]# kubectl get nodes
NAME     STATUS   ROLES    AGE     VERSION
master   Ready    master   17h     v1.16.3
node1    Ready    <none>   4m10s   v1.16.3
node2    Ready    <none>   97s     v1.16.3
```

图 3-9　集群节点状态

温馨提示

使用 kubeadm init /join 命令后，立即执行 get nodes 命令，可能节点并未到达 Ready 状态。这是因为 Kubernetes 需要进行必要的配置，一般需要等待十几秒，节点状态就正常了。

3.3 部署应用

集群搭建完成之后，就可以根据各控制器的特点来部署应用。尽管 Kubernetes 提供了多种控制器，但在生产实践中，使用较多的是 Deployment、DaemonSet、Job 和 StatefulSet。为了让外界能访问到 Pod 中的应用，为集群提供负载均衡的能力，还需要用到 Service。

3.3.1 Deployment 控制器

使用 Deployment 部署 Pod 有两种方式，一种方式是直接使用命令，另一种方式是使用 yaml/yml 文件部署。这里分别通过命令和 yml 文件来部署 Pod。

1. 使用命令部署 Pod

创建一个名为 deploy-httpd 的 Deployment，使用的镜像是 httpd:latest，命令如下。

```
[root@master ~]# kubectl run deploy-httpd --image=httpd:latest
```

执行结果如图 3-10 所示，可以看到 deploy-httpd 已经被创建。

图 3-10 创建 deploy-httpd

使用 get deployments 命令可以查看 Deployment 列表。在 get deployment 命令后面还可以接 Deployment 名称，用于查看对应的 Deployment。

```
[root@master ~]# kubectl get deployments
[root@master ~]# kubectl get deployment deploy-httpd
```

执行结果如图 3-11 所示，READY 列表示“实际 Ready 的个数 / 期望 Ready 的个数”，AVAILABLE 列表示可用的个数。从图中可以看到，有一个进入 Ready 状态并且可用。由于默认只会创建 1 个副本，因此，该副本现在已经可用，表示 deploy-httpd 控制器是正常的。

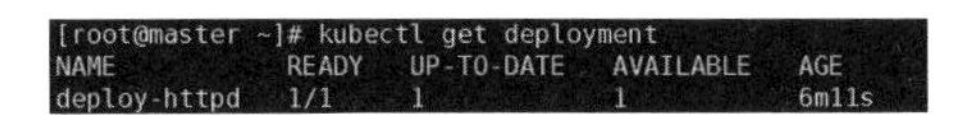

图 3-11 Deployment 列表

如果需要查看 deploy-httpd 更详细的信息，可以使用 describe 命令。

```
[root@master ~]# kubectl describe deployment deploy-http
```

执行结果如图 3-12 所示，这里将几个关键信息解释如下。

Name：表示 Deployment 的名称。

Namespace：是 deploy-http 所在的名称空间，默认值为 default。

Labels：是指标注，类似电影标签，如武侠剧、偶像剧。Labels 是键值对形式的数据，Deployment 或 Pod 可以有一到多个标签，每个键对于给定对象必须是唯一的。标签可用于对对象进行分组。

Annotations：对象的注解。

Selector：标签选择器，Kubernetes 通过该字段来对对象进行分组。

Replicas：描述副本信息。

StrategyType：副本更新策略的类型。

Pod Template：创建 Pod 的模板。

Containers：Pod 中的容器信息。

Events：描述 Deployment 的创建过程。

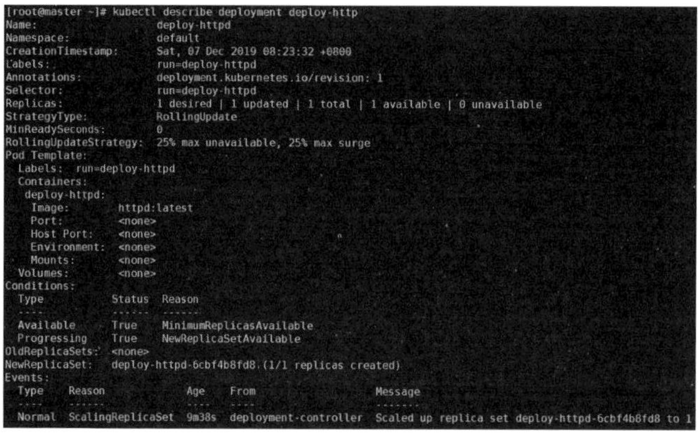

```
[root@master ~]# kubectl describe deployment deploy-http
Name:                   deploy-httpd
Namespace:              default
CreationTimestamp:      Sat, 07 Dec 2019 08:23:32 +0800
Labels:                 run=deploy-httpd
Annotations:            deployment.kubernetes.io/revision: 1
Selector:               run=deploy-httpd
Replicas:               1 desired | 1 updated | 1 total | 1 available | 0 unavailable
StrategyType:           RollingUpdate
MinReadySeconds:        0
RollingUpdateStrategy:  25% max unavailable, 25% max surge
Pod Template:
  Labels:  run=deploy-httpd
  Containers:
   deploy-httpd:
    Image:        httpd:latest
    Port:         <none>
    Host Port:    <none>
    Environment:  <none>
    Mounts:       <none>
  Volumes:        <none>
Conditions:
  Type           Status  Reason
  ----           ------  ------
  Available      True    MinimumReplicasAvailable
  Progressing    True    NewReplicaSetAvailable
OldReplicaSets:  <none>
NewReplicaSet:   deploy-httpd-6cbf4b8fd8 (1/1 replicas created)
Events:
  Type    Reason             Age    From                   Message
  ----    ------             ----   ----                   -------
  Normal  ScalingReplicaSet  9m38s  deployment-controller  Scaled up replica set deploy-httpd-6cbf4b8fd8 to 1
```

图 3-12　deploy-http 详细信息

如果 Deployment 创建有误，可以将其删除，命令如下。

```
[root@master ~]# kubectl delete deployment deploy-httpd
```

通过 Deployment 控制器还可以控制 Pod 的副本数，命令如下。

```
[root@master ~]# kubectl run deploy-httpd --image=httpd:latest --replicas=2
```

使用 get pods 命令查看 Pod。

```
[root@master ~]# kubectl get pods -o wide
```

执行结果如图 3-13 所示。可以看到创建了两个 deploy-httpd-* 的 Pod，一个运行在 node1 上，另一个运行在 node2 上。

```
[root@master ~]# kubectl get pods -o wide
NAME                              READY   STATUS    RESTARTS   AGE   IP            NODE
deploy-httpd-6cbf4b8fd8-5q9l4     1/1     Running   0          58s   10.244.1.3    node1
deploy-httpd-6cbf4b8fd8-lgnq6     1/1     Running   0          58s   10.244.2.5    node2
```

图 3-13　获取 Pods

如果在创建的时候未指定副本数，可以通过 scale 来对 Pod 进行缩放。为 deploy-httpd 设置 10 个副本的命令如下。

```
[root@master ~]# kubectl scale deployment deploy-httpd --replicas=10
```

执行结果如图 3-14 所示。

```
[root@master ~]# kubectl get pods -o wide
NAME                              READY   STATUS    RESTARTS   AGE    IP            NODE
deploy-httpd-6cbf4b8fd8-5cdzm     1/1     Running   0          72s    10.244.1.6    node1
deploy-httpd-6cbf4b8fd8-5q9l4     1/1     Running   0          9m7s   10.244.1.3    node1
deploy-httpd-6cbf4b8fd8-6n2cp     1/1     Running   0          72s    10.244.2.7    node2
deploy-httpd-6cbf4b8fd8-9t98b     1/1     Running   0          72s    10.244.2.9    node2
deploy-httpd-6cbf4b8fd8-ftvqm     1/1     Running   0          72s    10.244.1.7    node1
deploy-httpd-6cbf4b8fd8-j4cf5     1/1     Running   0          72s    10.244.1.4    node1
deploy-httpd-6cbf4b8fd8-l5zps     1/1     Running   0          72s    10.244.2.6    node2
deploy-httpd-6cbf4b8fd8-lgnq6     1/1     Running   0          9m7s   10.244.2.5    node2
deploy-httpd-6cbf4b8fd8-rsggn     1/1     Running   0          72s    10.244.1.5    node1
deploy-httpd-6cbf4b8fd8-wr2v4     1/1     Running   0          72s    10.244.2.8    node2
```

图 3-14　Pod 列表

2. 使用 yml 文件部署 Pod

创建一个 yml 文件：httpd-deployment.yml，并添加如示例 3-1 所示的内容，其主要字段介绍如下。

apiVersion：当前 yml 文件的格式所对应的版本。

kind：表示 Deployment 类型控制器。

metadata：表示该对象的元数据。

spec：对当前 Deployment 的描述。

replicas：指定有 3 个 Pod 副本。

matchLabels：匹配标签，与 labels 类似，同样是键值对形式。在本示例中的意思是匹配标签名为 app，且值为 myhttpd 的 Pod。

template：创建 Pod 的模板。

metadata：Pod 的元数据。

metadata labels：Pod 的标签，与 matchLabels 保持一致。

template spec：是对当前 Pod 的描述。

containers：是对当前 Pod 中容器的描述。

示例 3-1　使用 Deployment 控制器部署 Pod

```
apiVersion: apps/v1
kind: Deployment
metadata:
  name: httpd-deployment
  labels:
    app: myhttpd
```

```
spec:
  replicas: 3
  selector:
   matchLabels:
     app: myhttpd
 template:
   metadata:
     labels:
       app: myhttpd
    spec:
      containers:
      - name: httpd-container
        image: docker.io/library/httpd:2.4.17
        ports:
      - containerPort: 80
```

文件创建好后上传到虚拟机，这里创建 /opt/k8s 目录，并上传 httpd-deployment.yml 文件至该目录。之后执行 kubectl apply –f 命令，具体如下。

```
[root@master ~]# kubectl apply -f /opt/k8s/httpd-deployment.yml
```

执行结果如图 3-15 所示，表示 httpd-deployment 已创建。

```
[root@master ~]# kubectl apply -f /opt/k8s/httpd-deployment.yml
deployment.apps/httpd-deployment created
```

图 3-15　创建 httpd-deployment

通过如下命令，查找标签名称为 app，且值为 myhttpd 的 Pod。

```
[root@master ~]# kubectl get pods -l app=myhttpd
```

执行结果如图 3-16 所示，可以看到创建了 3 个 Pod。

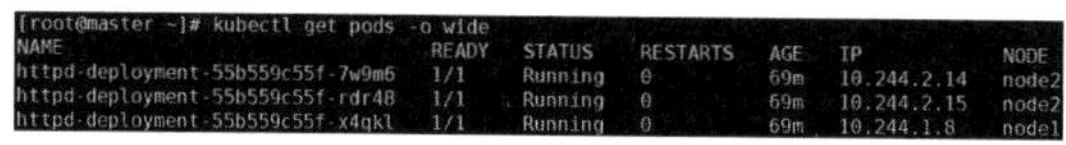

[root@master ~]# kubectl get pods -o wide
NAME READY STATUS RESTARTS AGE IP NODE
httpd-deployment-55b559c55f-7w9m6 1/1 Running 0 69m 10.244.2.14 node2
httpd-deployment-55b559c55f-rdr48 1/1 Running 0 69m 10.244.2.15 node2
httpd-deployment-55b559c55f-x4qkl 1/1 Running 0 69m 10.244.1.8 node1

图 3-16　查看创建的 Pod 列表

Pod 创建完毕后发现镜像有更新，可以使用如下命令替换现在 Pod 的镜像并查看详细信息。

```
[root@master ~]# kubectl set image deployment/httpd-deployment httpd-
container=docker.io/library/httpd:2.4.41 -record
[root@master ~]# kubectl describe deployment.apps/httpd-deployment
```

执行结果如图 3-17 所示，可以看到 Pod 的镜像已经被修改了。

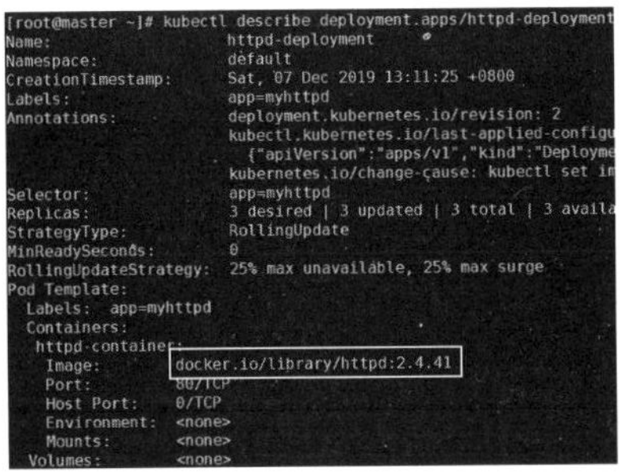

```
[root@master ~]# kubectl describe deployment.apps/httpd-deployment
Name:                   httpd-deployment
Namespace:              default
CreationTimestamp:      Sat, 07 Dec 2019 13:11:25 +0800
Labels:                 app=myhttpd
Annotations:            deployment.kubernetes.io/revision: 2
                        kubectl.kubernetes.io/last-applied-configu
                          {"apiVersion":"apps/v1","kind":"Deployme
                        kubernetes.io/change-cause: kubectl set im
Selector:               app=myhttpd
Replicas:               3 desired | 3 updated | 3 total | 3 availa
StrategyType:           RollingUpdate
MinReadySeconds:        0
RollingUpdateStrategy:  25% max unavailable, 25% max surge
Pod Template:
  Labels:  app=myhttpd
  Containers:
   httpd-container:
    Image:        docker.io/library/httpd:2.4.41
    Port:         80/TCP
    Host Port:    0/TCP
    Environment:  <none>
    Mounts:       <none>
  Volumes:        <none>
```

图 3-17　httpd-deployment 详情

3.3.2 DaemonSet 控制器

DaemonSet 用于确保集群中所有节点都运行 Pod 副本，并且只有一个。几个典型的场景如下。

（1）数据存储：在 Hadoop 集群中，需要在每个节点运行一个 DataNode 进程用以存储数据。

（2）日志采集：在每个节点运行一个 logstash 工具用以搜集日志。

（3）集群监控：在每个节点运行一个 Prometheus Node Exporter（集群环境可视化工具）用以监控节点状态。

（4）负载均衡：在每个节点运行一个 Web 服务器对外提供服务。

这里仍然以 httpd 镜像为例，在每个节点上运行一个 httpd 服务器。

创建一个 yml 文件，名为 httpd-daemonset.yml，并添加如示例 3-2 所示的内容。

示例 3-2　使用 DaemonSet 部署 Pod

```
apiVersion: apps/v1
kind: DaemonSet
metadata:
  name: httpd-daemonset
  namespace: my-daemonset
  labels:
    app: mydaemonsethttpd
spec:
  selector:
    matchLabels:
      app: mydaemonsethttpd
  template:
    metadata:
      labels:
        app: mydaemonsethttpd
    spec:
      containers:
      - name: httpd-daemonset-container
        image: docker.io/library/httpd:2.4.41
        ports:
```

```
        - containerPort: 80
```

文件创建好后上传到 /opt/k8s 目录。

首先需要创建一个名称空间 my-daemonset。

```
[root@master ~]# kubectl create namespace my-daemonset
```

创建 DaemonSet 控制器。

```
[root@master ~]# kubectl apply -f /opt/k8s/httpd-daemonset.yml
```

查看创建结果以及对应的 Pod 状态。注意，由于默认返回的是 default 名称空间下的对象，因此这里需要使用 --namespace 参数或 -n 参数指定空间名称 my-daemonset。

```
[root@master ~]# kubectl get daemonset --namespace=my-daemonset
[root@master ~]# kubectl get pod -n my-daemonset
```

执行结果如图 3-18 所示，可以看到 httpd-daemonset 已经被创建并且 Pod 状态为 Running，表示 Pod 创建成功。同时还可以看到，两个 Pod 分别运行在不同的节点上。

```
[root@master ~]# kubectl get daemonset --namespace=my-daemonset
NAME              DESIRED   CURRENT   READY   UP-TO-DATE   AVAILABLE   NODE SEL
httpd-daemonset   2         2         2       2            2           <none>
[root@master ~]# kubectl get pod -n my-daemonset -o wide
NAME                    READY   STATUS    RESTARTS   AGE   IP            NODE
httpd-daemonset-9m88p   1/1     Running   0          37m   10.244.1.11   node1
httpd-daemonset-zzzvr   1/1     Running   0          37m   10.244.2.17   node2
```

图 3-18 httpd-daemonset 创建结果

3.3.3 Job 控制器

在实践中，Pod 一般分为两类，一类是长期运行的，如 Tomcat、Apache 等 Web 服务器；另一类是短暂运行的，如执行一次运算。DaemonSet 和 Deployment 一般用于创建长期运行的 Pod，Job 则用于创建临时运行的 Pod。Job 是任务、工作的抽象。Job 的运行方式又分 3 种情况，一是只运行一次的任务，二是并行运行的任务，三是周期性的、定时运行的任务，下面将分别进行讲解。

1. 普通 Job

创建一个 yml 文件，命名为 hello-my-first-job.yml，并添加如示例 3-3 所示内容。其中 restartPolicy 字段表示重启策略，Never 表示如果容器启动失败了，不自动重启容器；backoffLimit 字段表示 Job 失败重试次数。command 是指容器创建完毕后要执行的命令，这里输出“hello my first job”。

示例 3-3 使用 Job 部署 Pod

```
apiVersion: batch/v1
kind: Job
metadata:
  name: hello-my-first-job
spec:
  template:
```

```
    spec:
      containers:
      - name: hello-my-first-job
        image: centos
        command: ["echo",  "hello my first job"]
      restartPolicy: Never
  backoffLimit: 3
```

文件创建好后上传到 /opt/k8s 目录，然后执行如下命令创建 Job。

```
[root@master ~]# kubectl apply -f /opt/k8s/hello-my-first-job.yml
```

创建完毕后使用如下命令查看 Pod 的状态和输出结果。

```
[root@master ~]# kubectl get pod
[root@master ~]# kubectl logs hello-my-first-job-44xzc
```

执行结果如图 3-19 所示，可以看到 Pod 的状态为 Completed，表示已经执行完毕。

图 3-19　查看 Pod 信息和 Job 执行结果

2. 并行的 Job

有时候为了加快任务的执行速度，就需要提高并行度。另外，若是一个任务需要运行多次，则还要指定对应的次数。创建 hello-my-second-job.yml 文件，添加如示例 3-4 所示的内容。其中 parallelism 表示每次启动两个 Pod 执行任务，completions:4 表示总共需要执行 4 次，因此会创建 4 个 Pod。

示例 3-4　创建并行运行的 Job

```
apiVersion: batch/v1
kind: Job
metadata:
  name: hello-my-second-job
spec:
  parallelism: 2
  completions: 4
  template:
    spec:
      containers:
      - name: hello-my-second-job
        image: centos
        command: ["echo",  "hello my second job"]
      restartPolicy: Never
  backoffLimit: 3
```

文件创建好后上传到 /opt/k8s 目录，然后执行如下命令创建 Job。

```
[root@master ~]# kubectl apply -f /opt/k8s/hello-my-second-job.yml
```

创建完毕后执行如下命令查看 Pod 状态和输出结果。

```
[root@master ~]# kubectl get job
[root@master ~]# kubectl get pod -o wide
```

执行结果如图 3-20 所示，可以看到 hello-my-second-job 有 4 个 Pod 完成了。这 4 个分别对应 node1 的 3 个 Pod 和 node2 的 1 个 Pod。

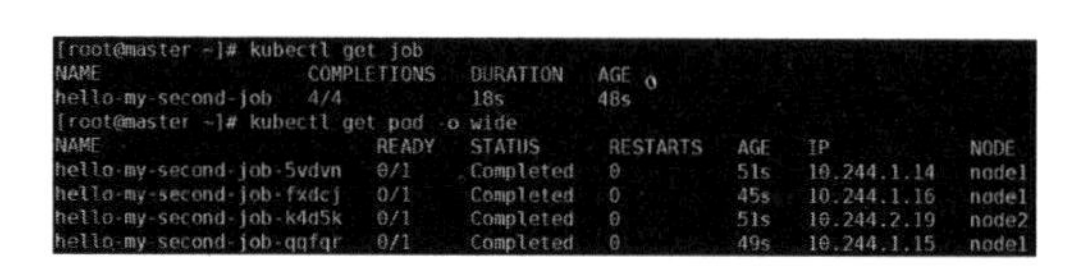

图 3-20　并行 Job

3. 定时 Job

创建 hello-my-third-job.yml 文件，并添加如示例 3-5 所示的内容。注意，这里将 kind 设置为 CronJob，表示创建定时 Job。schedule 字段表示每隔 1 分钟执行一次任务。

示例 3-5　创建定义运行的 Job

```
apiVersion: batch/v1beta1
kind: CronJob
metadata:
  name: hello-my-third-job
spec:
  schedule: "*/1 * * * *"
  jobTemplate:
    spec:
      template:
       spec:
         containers:
         - name: hello
           image: centos
           command: ["echo",  "hello my second job"]
         restartPolicy: OnFailure
```

文件创建好后上传到 /opt/k8s 目录，然后执行如下命令创建 Job。

```
[root@master ~]# kubectl apply -f /opt/k8s/hello-my-third-job.yml
```

创建完毕后，每隔 1 分钟使用如下命令查看 Job 状态。

```
[root@master ~]# kubectl get jobs
```

执行结果如图 3-21 所示，可以看到任务在持续运行。在 AGE 列，每隔 1 分钟就会启动一个新的 Pod 来执行任务。

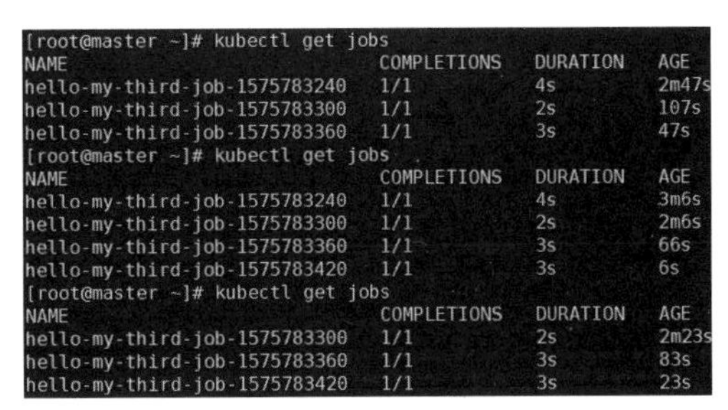

图 3-21 定时 Job

3.3.4 StatefulSet 控制器

StatefulSet 用于管理有状态的应用。StatefulSet 为 Pod 维护了一个永久性的标识符，并且 Pod 之间不能互换。部署一个应用若是有以下一个或多个要求，则可以使用 StatefulSet。

（1）具有稳定的、唯一的网络标识符。

（2）有顺序地部署和扩展。

（3）有顺序地、自动化地滚动更新。

（4）具有稳定的、持久化的存储。

从整体上看，前 3 点是对集群拓扑状态的描述，第 4 点是对数据存储的描述。那么 StatefulSet 是如何实现状态管理的呢?

首先，对于拓扑状态的管理，需要和 Headless Service（Service 的一种，其 clusterIP 字段值为 None）配合使用。StatefulSet 本身会维持 Pod 的名称不变，Headless Service 则会根据这个名称建立一个 DNS 记录，只要 Pod 名称不变，始终都能通过这条 DNS 记录访问到这个 Pod。

其次，对于存储状态的管理，需要依赖 PersistentVolume（PV）子系统，PersistentVolume 的生命周期独立于 Pod。当 Pod 被删除后，其挂载的卷依然存在。当重建 Pod 后，还可以使用之前的卷。

下面通过示例来演示 StatefulSet 控制器的操作。

创建 httpd-statefulset.yml 文件，并添加如示例 3-6 所示的内容。

示例 3-6 使用 StatefulSet 部署 Pod

```
apiVersion: v1
kind: Service
metadata:
  name: my-httpd-srv
  labels:
    app: my-httpd-srv
spec:
  ports:
  - port: 80
    name: web
 clusterIP: None
```

```
  selector:
    app: my-httpd
    ---
apiVersion: apps/v1
kind: StatefulSet
metadata:
  name: web
    spec:
  selector:
    matchLabels:
      app: my-httpd
  serviceName: "my-httpd-srv"
  replicas: 3
  template:
    metadata:
      labels:
        app: my-httpd
    spec:
      terminationGracePeriodSeconds: 10
      containers:
     - name: httpd-container
        image: httpd:2.4.41
        ports:
        - containerPort: 80
          name: web
```

本文件包含了两部分内容，前半部分的指令用于创建一个 Service，指定了服务名称为“my-httpd-srv”，clusterIP 字段的值为 None，表示该服务是 Headless Service。

后半部分用于创建 StatefulSet 对象。将 kind 值设为 StatefulSet，将 StatefulSet 的名称设置为 Web，那么 StatefulSet 中 Pod 的主机名称将会以“StatefulSet 名称 - 序号”这种格式来进行创建。例如，设置 Pod 副本数 replicas 字段为 3，那么创建的 Pod 名称将会是 web-0、web-1、web-2。为了使 StatefulSet 与 Service 关联起来，设置了 serviceName 字段值为“my-httpd-srv”。terminationGracePeriodSeconds 字段的作用是“优雅地”停止 Pod。何为优雅？就是指在应用更新的时候，会创建新的 Pod，撤销旧的 Pod。应用新接收到的请求就由新的 Pod 处理，但旧的 Pod 尚未执行完的请求又该怎么办呢？这个问题 Kubernetes 已经考虑到了。为了在撤销的时候并不立即终止 Pod，可以通过设置 terminationGracePeriodSeconds 字段，让该 Pod 继续运行 terminationGracePeriodSeconds 设置的秒后，正常处理完请求，Kubernetes 再撤销 Pod。

文件创建好后上传到 /opt/k8s 目录，然后执行如下命令创建服务和 Pod。

```
[root@master ~]# kubectl apply -f /opt/k8s/httpd-statefulset.yml
```

创建完毕后执行“[root@master ~]# kubectl get pods -o wide”命令查看 Pod，执行结果如图

3-22 所示。可以看到 Pod 的名称是以 StatefulSet 加序号的方式进行命名的。另外，从图中无法看到的是，Pod 是按顺序启动的，若是前一个 Pod 未启动，后面的 Pod 也不会启动。

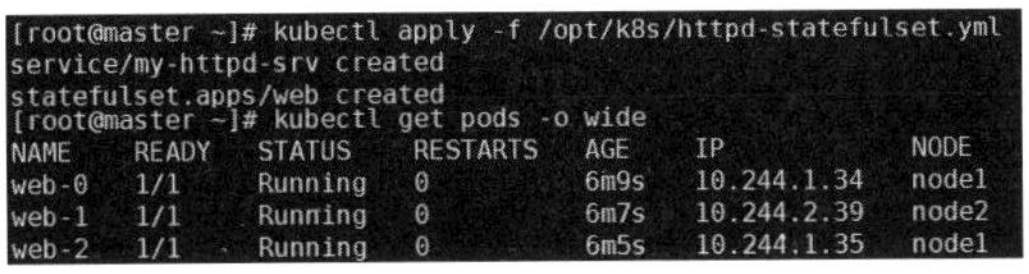

```
[root@master ~]# kubectl apply -f /opt/k8s/httpd-statefulset.yml
service/my-httpd-srv created
statefulset.apps/web created
[root@master ~]# kubectl get pods -o wide
NAME    READY   STATUS    RESTARTS   AGE    IP            NODE
web-0   1/1     Running   0          6m9s   10.244.1.34   node1
web-1   1/1     Running   0          6m7s   10.244.2.39   node2
web-2   1/1     Running   0          6m5s   10.244.1.35   node1
```

图 3-22　查看 Pod

3.3.5 Service

Pod 对外提供服务，需要 Service 来进行组织。Service 将一个或多个 Pod 按一定的逻辑组合在一起，客户端通过服务去访问 Pod 中的应用。

在上一小节，通过配置文件 httpd-statefulset.yml 创建了 Headless Service 服务。通过如下命令，可以查看该服务的详细信息。

```
[root@master ~]# kubectl describe service my-httpd-srv
```

执行结果如图 3-23 所示。可以看到，my-httpd-srv 服务监听了 80 端口，Endpoints 字段表示代理了 3 个 Pod，方框中是 Pod 的 IP 地址。但是由于 IP 为 None，因此客户端是无法访问该服务的。

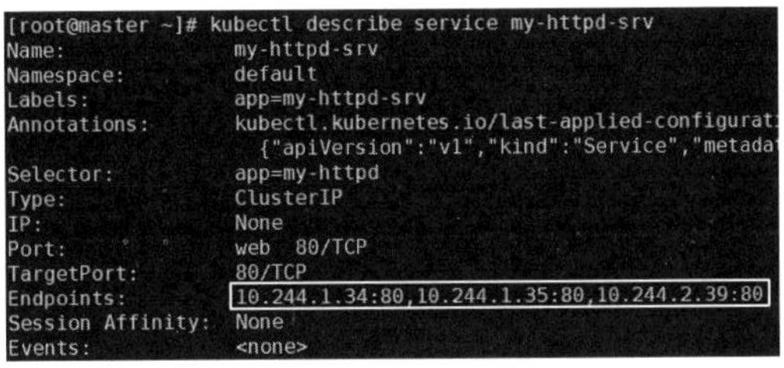

```
[root@master ~]# kubectl describe service my-httpd-srv
Name:              my-httpd-srv
Namespace:         default
Labels:            app=my-httpd-srv
Annotations:       kubectl.kubernetes.io/last-applied-configurat
                     {"apiVersion":"v1","kind":"Service","metada
Selector:          app=my-httpd
Type:              ClusterIP
IP:                None
Port:              web  80/TCP
TargetPort:        80/TCP
Endpoints:         10.244.1.34:80,10.244.1.35:80,10.244.2.39:80
Session Affinity:  None
Events:            <none>
```

图 3-23　my-httpd-srv 服务

接下来创建 httpd-mysrv.yml 文件，并添加如示例 3-7 所示的内容。

示例 3-7　创建文件

```
apiVersion: v1
kind: Service
metadata:
  name: my-httpd-service
  labels:
    app: my-httpd-service
spec:
  ports:
  - protocol: TCP
   name: web
   targetPort: 80
   port: 8080
```

```
  selector:
    app: my-httpd
```

其中 protocol 表示访问服务的协议，targetPort: 80 表示代理的 Pod 的端口，targetPort 是集群端口与 Pod 端口的映射。客户端应通过 8080 端口访问服务。selector 的选择器表示“my-httpd-service”要代理的 Pod，下一行指定 Pod 为上一小节创建的 “my-httpd” 。

文件创建好后上传到 /opt/k8s 目录，然后执行如下命令创建并查看该服务的详细信息。

```
[root@master ~]# kubectl apply -f /opt/k8s/httpd-mysrv.yml
[root@master ~]# kubectl describe service my-httpd-service
```

执行结果如图 3-24 所示，可以看到该服务的 IP 为 10.106.223.29。

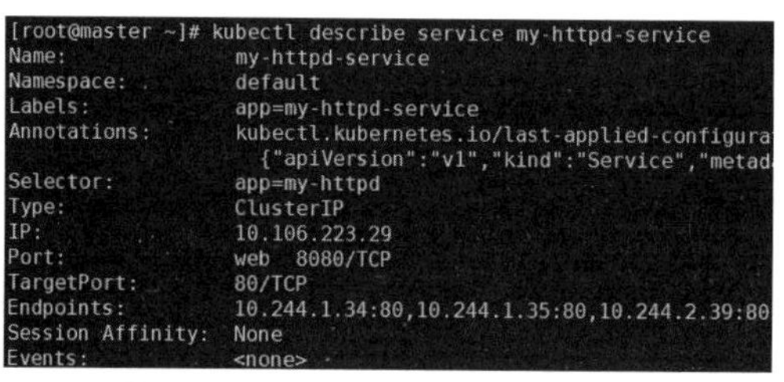

```
[root@master ~]# kubectl describe service my-httpd-service
Name:              my-httpd-service
Namespace:         default
Labels:            app=my-httpd-service
Annotations:       kubectl.kubernetes.io/last-applied-configura
                     {"apiVersion":"v1","kind":"Service","metad
Selector:          app=my-httpd
Type:              ClusterIP
IP:                10.106.223.29
Port:              web  8080/TCP
TargetPort:        80/TCP
Endpoints:         10.244.1.34:80,10.244.1.35:80,10.244.2.39:80
Session Affinity:  None
Events:            <none>
```

图 3-24　my-httpd-service 详细信息

接下来通过如下命令访问该服务。

```
[root@master ~]# curl 10.106.223.29:8080
```

执行结果如图 3-25 所示，可以看到 Pod 中的应用已经返回了内容，这是一个 HTML 片段。

```
[root@master ~]# curl 10.106.223.29:8080
<html><body><h1>It works!</h1></body></html>
```

图 3-25　访问服务

尝试在主机上打开浏览器访问 10.106.223.29:8080 地址，发现不能正常访问，原因是什么呢?在命令行输入如下命令，查看创建的服务。

```
[root@master ~]# kubectl get service my-httpd-service
```

执行结果如图 3-26 所示，可以看到 10.106.223.29 是 Kubernetes 集群的 IP，非任意一个节点的 IP，那么这个服务只有集群内部的 Pod 才能访问。

```
[root@master ~]# kubectl get service my-httpd-service
NAME               TYPE        CLUSTER-IP      EXTERNAL-IP   PORT(S)    AGE
my-httpd-service   ClusterIP   10.106.223.29   <none>        8080/TCP   30m
```

图 3-26　查看 my-httpd-service 服务

httpd-mysrv.yml 文件为如示例 3-8 所示内容，将 type 设置为 NodePort，将 nodePort 的端口设置为 30000。注意这个端口范围为 30000-32767。

示例 3-8　暴露服务端口

```
apiVersion: v1
kind: Service
```

```
metadata:
  name: my-httpd-service
  labels:
    app: my-httpd-service
spec:
  type: NodePort
  ports:
  - protocol: TCP
    name: web
    nodePort: 30000
    port: 8080
    targetPort: 80
  selector:
    app: my-httpd
```

再次执行 apply 命令，并查看 my-httpd-service 信息，如图 3-27 所示，可以看到集群的 8080 端口已经映射到了每个节点的 30000 端口上。

```
[root@master ~]# kubectl get service my-httpd-service
NAME               TYPE       CLUSTER-IP      EXTERNAL-IP   PORT(S)          AGE
my-httpd-service   NodePort   10.106.223.29   <none>        8080:30000/TCP   43m
```

图 3-27　查看 my-httpd-service 信息

尝试在每台主机上打开浏览器访问 30000 端口，执行结果如图 3-28 所示，可以看到每台主机都正常返回了页面。

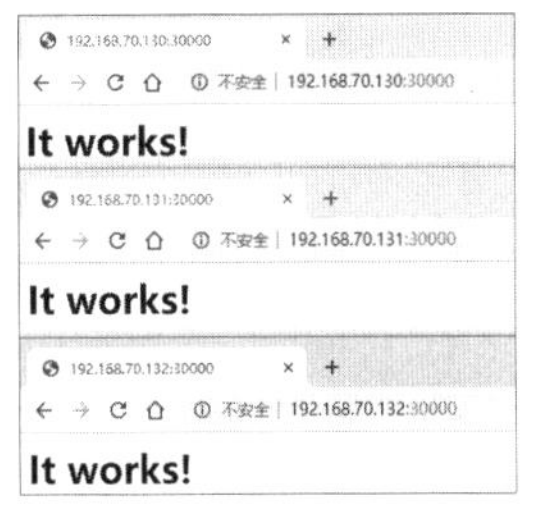

图 3-28　访问 Pod 中的应用

3.4 Kubernetes Dashboard 管理工具

Kubernetes Dashboard 是 Kubernetes 提供的基于 Web 的可视化工具。用户可以使用 Dashboard 将容器化的应用程序部署到 Kubernetes 集群，对容器化的应用程序进行故障排除及集群资源管理。Dashboard 集中反映了集群上运行的应用程序信息，同时，用户还可以通过 Dashboard 创建或修改单个 Kubernetes 资源。对于不熟悉命令的用户来说，这是一个极佳的集群管理工具。

3.4.1 安装 Dashboard

默认情况下，Kubernetes Dashboard 是没有部署的。可以根据以下步骤安装 Kubernetes Dashboard。

步骤 01 拉取镜像。注意，这里的镜像与 Kubernetes 的版本有关系。根据官方提供的信息，这里选择 dashboard:v2.0.0-beta6 与 metrics-scraper:v1.0.1。

```
[root@node2 ~]# docker pull Kubernetesui/dashboard:v2.0.0-beta6
[root@node2 ~]# docker pull Kubernetesui/metrics-scraper:v1.0.1
```

步骤 02 下载以下地址的 YAML 文件。recommended.yaml 文件信息量比较大，里面包含了运行 Kubernetes Dashboard 所需的账户、角色、镜像、Pod、Service 等各项信息。

```
https://raw.githubusercontent.com/Kubernetes/dashboard/v2.0.0-beta6/aio/deploy/
recommended.yaml
```

使用文本编辑器打开 recommended.yaml 文件，找到 kind: Service 节点，如图 3-29 所示。这样设置之后就可以在主机上通过 30001 端口访问 Dashboard。

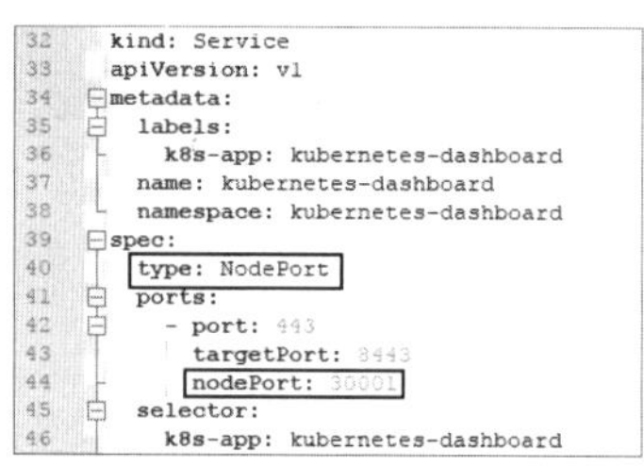

图 3-29 打开文件

步骤 03 将 recommended.yaml 文件上传到 /opt/k8s 目录，然后执行如下命令部署 Dashboard。

```
[root@master ~]# kubectl apply -f /opt/k8s/recommended.yaml
```

执行结果如图 3-30 所示，表示各项资源已创建完毕。

```
[root@master ~]# kubectl apply -f /opt/k8s/recommended.yaml
namespace/kubernetes-dashboard created
serviceaccount/kubernetes-dashboard created
service/kubernetes-dashboard created
secret/kubernetes-dashboard-certs created
secret/kubernetes-dashboard-csrf created
secret/kubernetes-dashboard-key-holder created
configmap/kubernetes-dashboard-settings created
role.rbac.authorization.k8s.io/kubernetes-dashboard created
clusterrole.rbac.authorization.k8s.io/kubernetes-dashboard created
rolebinding.rbac.authorization.k8s.io/kubernetes-dashboard created
clusterrolebinding.rbac.authorization.k8s.io/kubernetes-dashboard created
deployment.apps/kubernetes-dashboard created
service/dashboard-metrics-scraper created
deployment.apps/dashboard-metrics-scraper created
```

图 3-30 部署 Dashboard

步骤 04 创建具有访问 K8S 权限的账户。

```
[root@master ~]# kubectl create serviceaccount dashboard --namespace=default
[root@master ~]# kubectl create clusterrolebinding dashboard-admin
--namespace=default --clusterrole=cluster-admin --serviceaccount=default:dashboard
```

然后获取 Dashboard 账户的 Token。

```
[root@master ~]# kubectl describe secret $(kubectl get secret -n default |grep dashboard|awk '{print $1}') -n default
```

执行结果如图 3-31 所示，显示了 default 名称空间下 Dashboard 账户的 Token。

```
[root@master ~]# kubectl describe secret $(kubectl get secret -n default |grep dashboard|awk '{print $1}') -n default
Name:         dashboard-token-kflq6
Namespace:    default
Labels:       <none>
Annotations:  kubernetes.io/service-account.name: dashboard
              kubernetes.io/service-account.uid: 2eea771f-afa7-4888-bcc3-70cbb7eeec58

Type:  kubernetes.io/service-account-token

Data
====
ca.crt:     1025 bytes
namespace:  7 bytes
token:      eyJhbGciOiJSUzI1NiIsImtpZCI6IjNPdjZpcnV6NXBNdlJUbFZua3lhMEVZbGhfc2NOYnpIQVRDMk9nV1h1OFkifQ.eyJpc3MiOiJrdW
y9zZXJ2aWNlYWNjb3VudC9uYW1lc3BhY2UiOiJkZWZhdWx0Iiwia3ViZXJuZXRlcy5pby9zZXJ2aWNlYWNjb3VudC9zZWNyZXQubmFtZSI6ImRhc2hib2
WFjY291bnQvc2VydmljZS1hY2NvdW50Lm5hbWUiOiJkYXNoYm9hcmQiLCJrdWJlcm5ldGVzLmlvL3NlcnZpY2VhY2NvdW50L3NlcnZpY2UtYWNjb3VudC
WVjNTgiLCJzdWIiOiJzeXN0ZW06c2VydmljZWFjY291bnQ6ZGVmYXVsdDpkYXNoYm9hcmQifQ.Q5bH3ahzyzllhqssTwJo8eWcKBaE1CGFP660Xuel3kX
7f8JIQJeRvzXaiRbMYNQ6KMv0lqzujvJ6k_jnsxsFGl4uJnmjpyGdONxLC2RDfdNiDVG7WX7mxjf_vpR_I9GH8BnNO0GmqdV4B7R_5UqkJvXAregm5Zyi
gyolgg8SoPYIAFfXfpBbvwCQEkdyzON5-CGiPcU6l4etrENnke5PCDmn2S2UWCdsfqxycsBNjw21_QrA
```

图 3-31　查看 Token

在宿主机打开浏览器，输入如下地址访问服务。

```
https://192.168.70.130:30001
```

可以看到 Dashboard 的登录页面如图 3-32 所示。这里选中【Token】单选按钮，复制图 3-31 所显示的 Token，粘贴到【Enter token*】输入框中，并单击【Sign in】按钮。

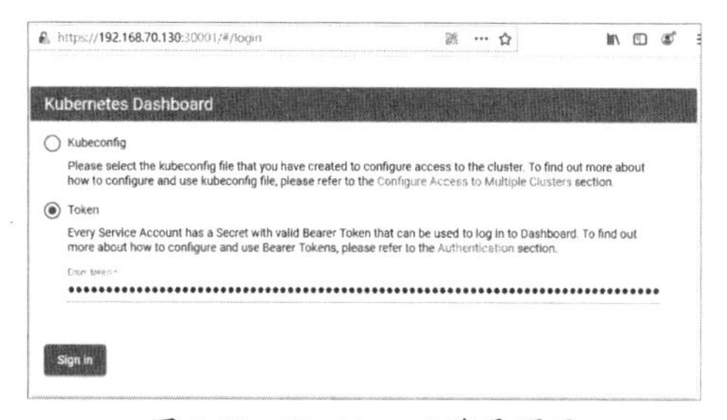

图 3-32　Dashboard 登录页面

进入 Dashboard 后的主界面如图 3-33 所示。

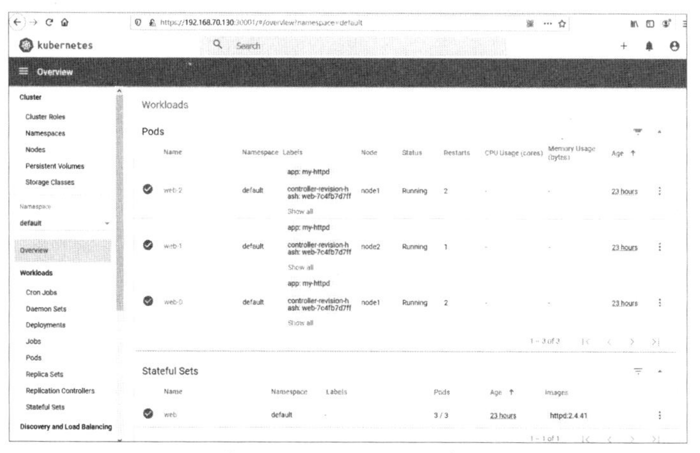

图 3-33　Dashboard 主界面

3.4.2 Dashboard 页面介绍

Kubernetes Dashboard 功能丰富，这里将几个重要的页面介绍如下。

1. Nodes 页面

进入主界面后，单击左侧【Nodes】菜单，如图 3-34 所示，显示了集群中的所有节点和这些节点的使用情况。节点左侧的图标都是绿色的，表示集群很“健康”。

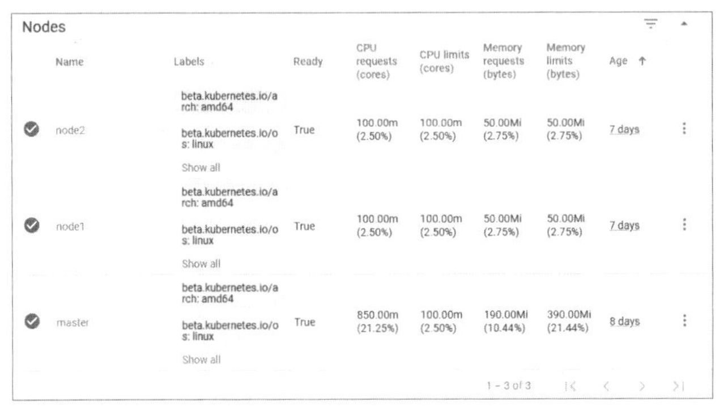

图 3-34　节点列表

单击列表右侧的【⋮】图标，会弹出相应的操作菜单，如图 3-35 所示，可以编辑节点信息和删除节点。

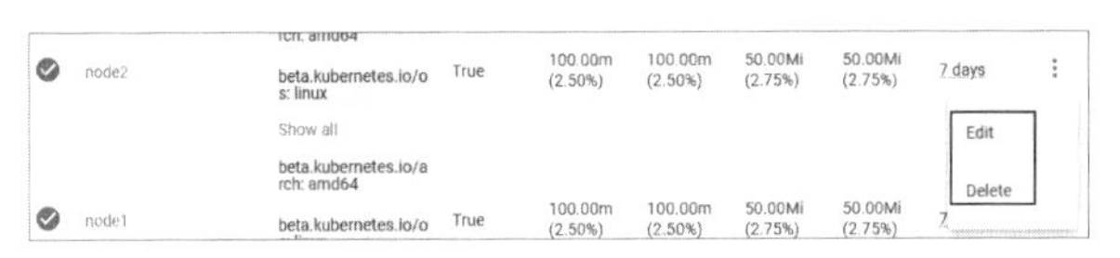

图 3-35　操作节点

2. Overview 页面

Overview 页面展示了集群中对象的运行情况。如图 3-36 所示，显示了集群中 default 名称空间下的 Pod 运行情况。

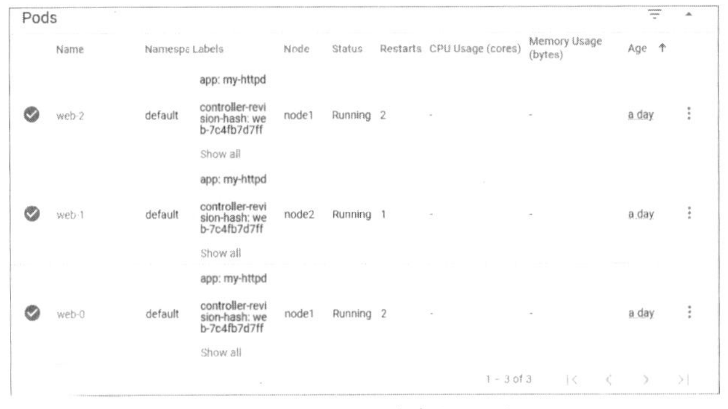

图 3-36　default 名称空间下的 Pod

单击列表右侧的【⋮】图标，如图 3-37 所示，单击【Logs】菜单可以查看 Pod 日志；单击【Exec】菜单可以进入 Pod 容器内部；单击【Edit】菜单会弹出编辑框，直接修改 yaml 内容以更新 Pod；单击【Delete】菜单可以删除对应的 Pod。

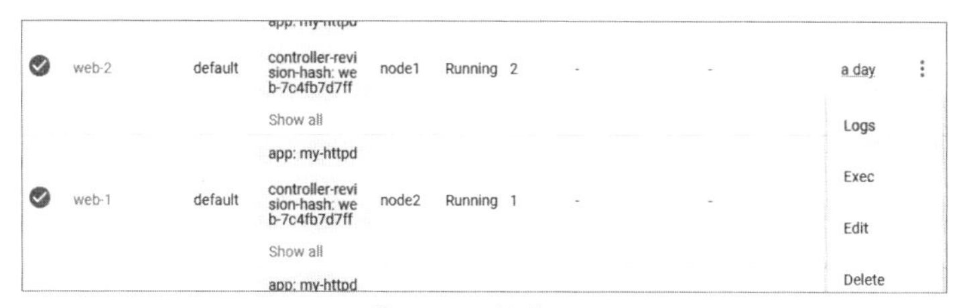

图 3-37　操作 Pod

3. 添加资源

在 Dashboard 页面可以创建新的资源，单击右上角的【＋】图标，切换页面如图 3-38 所示。这里 3 个功能分别介绍如下。

（1）Create from input：可以直接在对应的文本框中输入 yaml 文件的内容，然后单击页面底部的【upload】按钮即可创建资源，这与直接创建 yml 文件并使用 kubectl apply 命令的效果是一样的。

（2）Create from file：在该标签页下，可以上传 yml 文件以创建资源。

（3）Create from form：在该标签页下，可以直接输入应用名称、镜像地址、Pod 数量、指定服务类型和设置端口映射，完全图形化地创建服务、Pod，极大地方便了对命令不熟悉的用户。

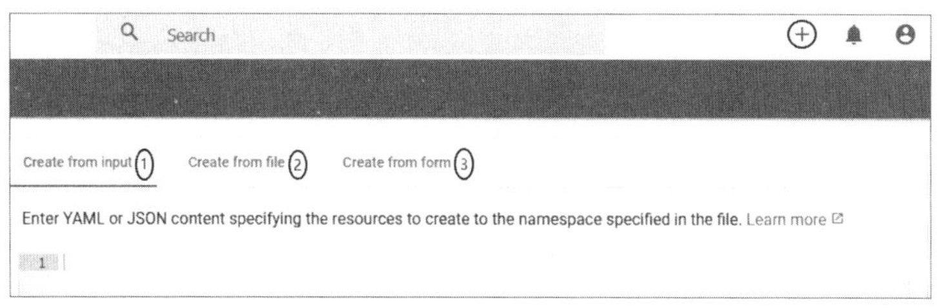

图 3-38　添加资源

温馨提示

在访问 Kubernetes Dashboard 页面的时候，建议使用火狐浏览器。其他浏览器可能会因为证书的问题不能正常打开 Kubernetes Dashboard 页面。

3.5 实训：在集群中部署 Nginx 服务器集群

在第 2 章，通过 Dockerfile 文件创建了 Nginx 镜像，并据此启动了容器，通过在宿主机上打开浏览器成功访问了对应的页面。然而这是在单机上运行的，本章实训，则需要通过 Kubernetes 构建 Nginx 多机集群，通过服务来实现负载均衡。

1. 实现思路

在集群所有节点上拉取 Nginx 镜像，使用 Deployment 控制器在集群上创建 Pod。然后创建一个服务，将不同节点上的 Pod 关联在一起。使用浏览器访问 Nginx 站点，查看各节点的请求处理情况，确认请求是否收到所有工作节点并进行了处理。

2. 具体实现

创建 my-nginx-srv.yml 文件，并添加如示例 3-9 所示内容。该内容分为两部分。前半部分用于创建一个 Service，映射了主机端口 30003，在客户端可以通过 30003 端口访问该服务。后半部分用于创建 Deployment 及相关资源。各字段含义在本章均有介绍，在此不再赘述。

示例 3-9　创建 Nginx 服务文件

```
apiVersion: v1
kind: Service
metadata:
  name: my-nginx-srv
  labels:
    app: my-nginx-srv
spec:
  type: NodePort
  ports:
 - protocol: TCP
   name: web
   nodePort: 30003
   port: 8081
   targetPort: 80
 selector:
   app: my-nginx

   ---
apiVersion: apps/v1
kind: Deployment
metadata:
 name: nginx-deployment
 labels:
```

```
    app: nginx
spec:
 replicas: 3
 selector:
   matchLabels:
     app: my-nginx
 template:
   metadata:
     labels:
       app: my-nginx
   spec:
     containers:
     - name: nginx
       image: docker.io/library/nginx:latest
       ports:
       - containerPort: 80
```

文件创建好后上传到 /opt/k8s 目录，然后执行如下命令创建并部署 Nginx 集群，再通过 get pod 命令查看 Pod 的运行位置。

```
[root@master ~]# kubectl apply -f /opt/k8s/my-nginx-srv.yml
[root@master ~]# kubectl get pods -o wide
```

执行结果如图 3-39 所示，可以看到 nginx-deployment-* 分别运行在两台工作节点上。

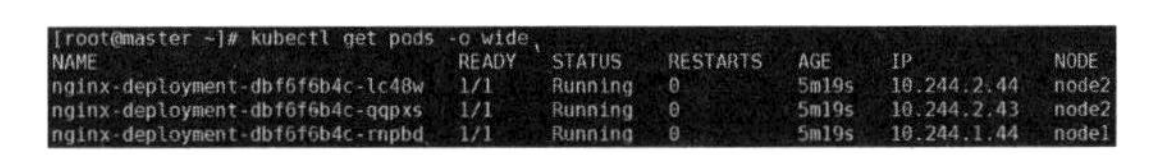

图 3-39 nginx-deployment Pod 运行位置

在宿主机打开谷歌浏览器，访问如下地址。

```
http://192.168.70.130:30003/
```

在谷歌浏览器上打开 3 个窗口，分别查看 nginx-deployment-* 3 个 Pod 的运行日志，同时不断刷新谷歌浏览器，3 个 Pod 的运行日志如图 3-40 所示。可以看到，谷歌浏览器不断在发起请求，这些请求分别有 3 个 Pod 提供了响应，这就实现了负载均衡。

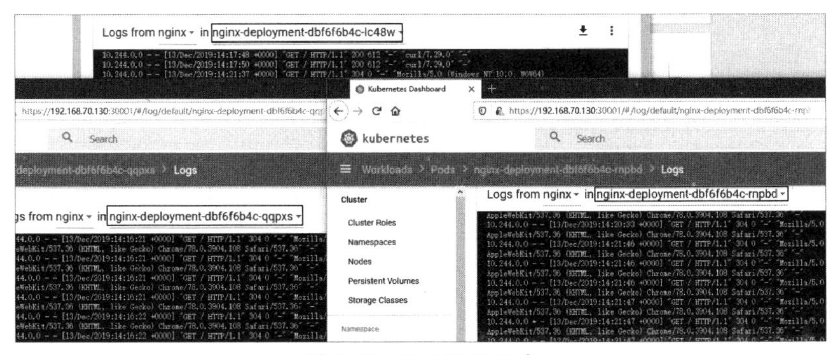

图 3-40 Pod 运行日志

本章小结

本章主要介绍了 Kubernetes 体系结构、核心对象及操作方法。对于首次接触 Kubernetes 的读者来说，本章内容稍显困难，尤其是在做实验时，可能会错误百出。因为 Kubernetes 需要的镜像都存放在国外的网站，所以读者在做实验的时候，首先需要解决网络问题。若是解决不了，也可以使用第三方机构提供的镜像。本章所涉及的 yml 文件，几乎都存放在国外站点，这些站点的访问情况是不稳定的，因此建议读者使用随书源代码对应章节下的同名文件，以保障实验能顺利进行。整体来说，使用 Kubernetes 需要了解容器、Pod、控制器、服务这几者之间的关系，理解 yml 文件各字段的含义，能够使用 kubectl 命令查看集群状态和 Pod 日志，并且能够通过日志解决对象运行异常的问题，才能将 Kubernetes 用于生产环境。

第3篇

技法篇

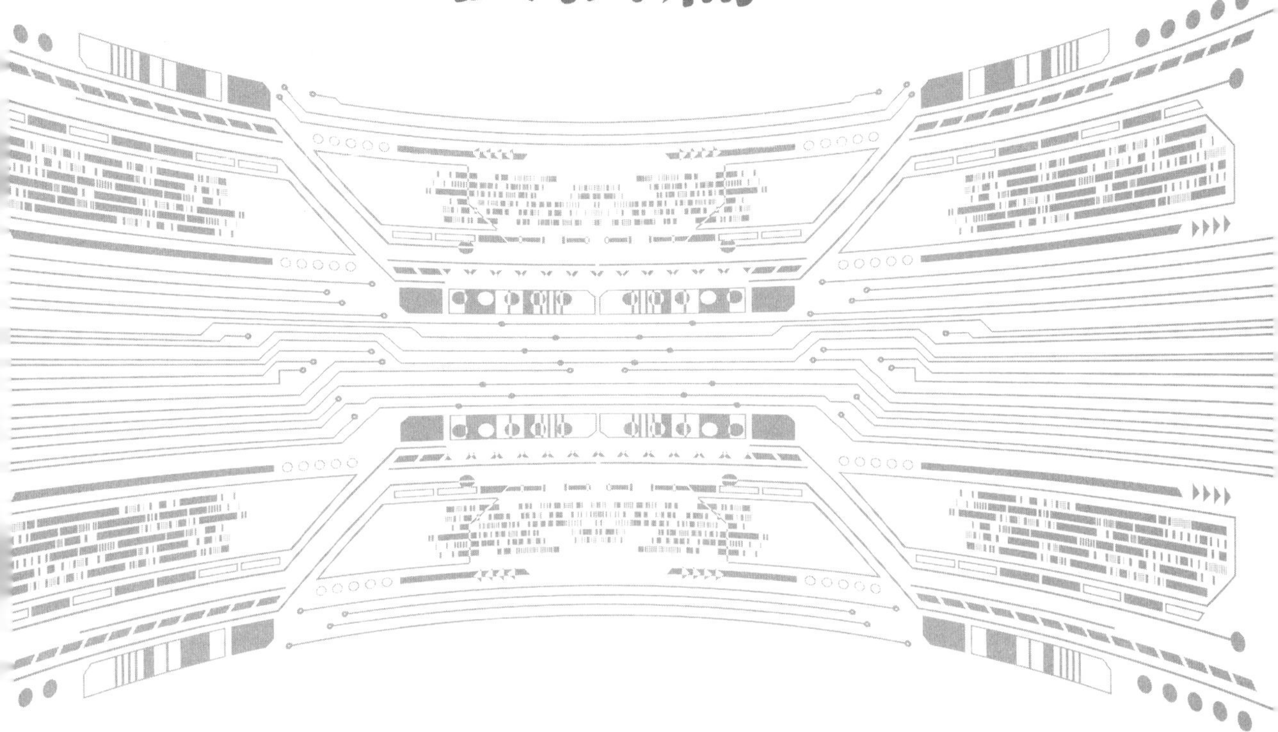

Hadoop 是大数据领域最早流行的开源工具之一。其分布式存储、分布式计算的体系架构是一大亮点。随着人们对计算的要求越来越高，在 Hadoop 的生态中诞生了一个基于谷歌“BigTable”概念的工具 HBase，不仅有效解决了 HDFS 不能随机读写的问题，还提高了查询性能。

对于复杂的分析，基于 HDFS 的存储诞生了用于构建数据仓库的工具 Hive，它可以通过编写 SQL 的方式自动生成 MapReduce 任务，使得大数据分析更加平民化。但是 Hive 的 SQL 分析还不够快，达不到互联网快速迭代更新的要求，于是便出现了分析更快的组件 Spark。

本篇主要介绍 Hadoop、HBase、Hive、Spark 工具的环境搭建及如何利用 Python 进行数据分析。Hadoop、Spark 等组件，提供了大数据处理中数据存储、数据运算方面的支撑。

第 4 章

筑高楼，需利器，使用 Hadoop 做核心

★本章导读★

本章先介绍 Hadoop 的主要模块及相关原理，然后介绍 MapReduce 编程模型和环境搭建，最后介绍常用的操作命令。Hadoop 是大数据处理最主要的工具之一，是相关生态的核心组件，掌握相关技术，就敲开了大数据的大门。

★知识要点★

通过对本章内容的学习，读者将掌握以下知识技能。

- ◆ 了解 Hadoop 的体系结构
- ◆ 了解 Hadoop 的核心原理
- ◆ 了解 MapReduce 的开发过程
- ◆ 掌握 Hadoop 的部署方式
- ◆ 掌握 Hadoop 的基本操作

4.1 Hadoop 简介

Hadoop 是一个由 Apache 软件基金会开发与托管的分布式数据存储与计算的基础平台。用户可以在完全不了解分布式技术底层细节的情况下开发分布式程序，利用集群的能力来实现稳定存储和快速运算。在大数据时代，Hadoop 可以在廉价计算机上顺利运行，从而在大量数据的存储与计算上降低成本。

4.1.1 Hadoop 概述

Hadoop（2.x 以上）主要提供了 HDFS 来实现数据存储功能，提供资源调度器 YARN 实现计算资源调度，采用 MapReduce 框架来做分布式运算。

GFS 是一个可扩展的分布式文件系统，适合开发大型的、分布式的、需要对大量数据进行访问的应用程序。它运行于廉价的普通硬件上，并提供容错功能。HDFS 最早是参考 GFS 实现的。HDFS 是被设计成适合运行在通用硬件上的分布式文件系统，是一个高度容错的系统，能提供高吞吐量的数据访问，非常适合在大规模数据集上应用，主要用来解决数据存储与管理问题。MapReduce 是面向大数据并行处理的分布式计算框架，集群资源的调度和计算任务的协调由 YARN 来完成。MapReduce 运行在集群之上，从而解决算力的问题。在 2003 年，Google 发表了 MapReduce 和 GFS 两篇论文，Nutch 的作者受到启发，开发了基于 MapReduce 思想的一个实验性项目，这就是 Hadoop 的前身。

2005 年，Hadoop 作为 Nutch 子项目被正式引入 Apache 软件基金会。

2006 年，MapReduce 和 Nutch Distributed File System（NDFS）被正式纳入 Hadoop 项目。

Hadoop 的标识是一只小黄象，如图 4-1 所示。

图 4-1　Hadoop 标识

目前，Hadoop 已经发布了 3.x 版本，本章后续章节将会基于 3.1.3 版本进行讲解。

Hadoop 2.x 以上的版本主要由 Hadoop Common、Hadoop Distributed File System、Hadoop YARN、Hadoop MapReduce 模块构成。接下来介绍各模块的作用。

4.1.2 Hadoop Common 模块

Hadoop Common 模块是一个为其他模块提供常用工具的基础模块，如网络通信、权限认证、文件系统抽象类、日志组件等。

4.1.3 Hadoop Distributed File System 模块

Hadoop Distributed File System 简称 HDFS，即 Hadoop 分布式文件系统。

温馨提示

HDFS 商标已经注册。本书后续内容非特别指明情况下，HDFS 都指 Hadoop 分布式文件系统。

HDFS 适用于大数据场景中的数据存储，因为它提供了高可靠性、高扩展性和高吞吐率的数据存储与访问服务。高可靠性是通过自身的副本机制实现的，高扩展性是通过往集群中添加机器来实现线性扩展，高吞吐率是在读文件的时候，HDFS 会将离提交任务节点最近的目标数据反馈给应用。

HDFS 的基本原理是将数据文件按指定大小（2.x 及以上版本默认 128MB）进行分块，并将数据块以副本的方式存储到集群中的多台计算机上。即使某个节点发生故障，导致数据丢失，但是在其他节点上还有相应副本。所以在读文件的时候，仍然能够获得完整的反馈。HDFS 将数据进行切割和采用冗余副本存储的方式，开发者是感知不到的，在使用时，开发者仅仅知道自己上传了一个文件到 HDFS。

HDFS 由 3 个守护进程组成：NameNode、SecondaryNameNode 和 DataNode。DataNode 负责存放数据文件的具体内容，NameNode 负责记录这些文件的元数据信息。DataNode 上数据文件越多，NameNode 存储的元数据信息就越多，这会导致 NameNode 加载速度变慢，因此 HDFS 不适合存储大量小文件，而适合存储少量大文件。

NameNode 每次启动都会将 FsImage 与 Edit Logs 加载到内存。FsImage 是文件系统的快照，Edit Logs 记录了文件的具体操作。在 NameNode 启动时，会将 Edit Logs 操作刷新到 FsImage，使得 FsImage 具有系统的最新信息。这里存在两个问题，首先，如果 Edit Logs 文件非常大，那么 NameNode 加载会非常耗时；其次，由于只有在 NameNode 启动时才会刷新 FsImage，那么在系统运行过程中出现故障，将会导致 Edit Logs 与 FsImage 中的信息不一致。因此需要一个节点来辅助 NameNode 工作，这就是 SecondaryNameNode。SecondaryNameNode 的作用就是定期从 NameNode 下载 FsImage 和 Edit Logs 到本地，将 Edit Logs 中的操作刷新到 FsImage，并将新的 FsImage 推送给 NameNode，此时 NameNode 将保持系统最新状态。同时，NameNode 也会创建新的 Edit Logs，记录之后的系统操作，这样就解决了 Edit Logs 过大的问题。

4.1.4 Hadoop YARN 模块

YARN 的全称是 Yet Another Resource Negotiator（另一种资源协调器），YARN 的基本思想是将 Hadoop 1.x 版本中 JobTracker 的资源管理功能和作业调度功能分离，目的是解决在 Hadoop 1.x 中只能运行 MapReduce 程序的限制问题。

随着 Hadoop 的发展，YARN 现在已经成为一个通用的资源调度框架，为 Hadoop 对集群资源的统一管理和数据共享带来很大优势。在 YARN 上还可以运行不同类型的作业，如目前非常流行的 Spark，当然还有 Tez 等。

YARN 由两个守护进程组成：ResourceManager 和 NodeManager。ResourceManager 主要负责资源的调度、监控任务运行状态和集群健康状态，NodeManager 主要负责任务的具体执行和监控任务的资源使用情况，并定期向 ResourceManager 汇报当前状态。

4.1.5 Hadoop MapReduce 模块

MapReduce 是一个并行计算框架，同时也是一个编程模型，主要用于大数据量的逻辑处理。MapReduce 名称也代表它的两项操作：Map（映射）和 Reduce（规约）。它的优点在于，即便没有开发分布式应用经验的程序员，也能通过实现 MapReduce 的相关接口，快速开发分布式程序，不必关注并行计算中的底层细节。

一个 MapReduce 作业（也可称为一个 MapReduce 应用），默认情况下会把输入的数据切分成多个独立的数据块，数据块也被称为分片，每读取一个分片就会产生一个 Map 任务。假设输入的文件总大小为 10TB，每个分片是 128MB（默认情况下，一个分片和 HDFS 上的一个数据块大小一致），那么将会产生 81920 个 Map 任务。用户可以使用 Configuration.set(MRJobConfig.NUM_MAPS, int) 命令去修改 Map 任务数。这里读取数据和执行 Map 任务都是并行的。

Map 输出键值对（key/value）形式的数据，在输出过程会将键（key）进行 hash，然后进行排序，并按键值进行分区存放，同一个键存放在同一个分区内。

Map 任务执行完毕后，通过设置 Combiner 提前对 Map 输出进行归并，从而减少 Map 中间结果输出量。Map 或 Combiner 执行完毕后，Reduce 会将不同的任务产生的中间结果进行统一处理，进行最后的运算，最终输出用户想要的结果。

一般情况下，Map 输出的中间结果会直接落在磁盘上，从而降低 HDFS 对文件的管理负担。Reduce 任务执行完后会删除中间数据，然后将输出结果存放到 HDFS 上。

4.1.6 Hadoop 生态

Hadoop（Apache 版本）源代码开放并且免费，每个用户都可以随意使用它。Hadoop 第三方发行版如 CDH、Hortonworks、Intel、华为等，虽然在 Apache 版本上有些改良，但它毕竟是商业版本，可能面临收费。Hadoop 社区非常活跃，因此 Hadoop 也成长为一个非常庞大的体系。只要和大数据相关的组件，或多或少都能看到 Hadoop 的影子。发展到现在，Hadoop 已经具备两层含义，一层是 Hadoop 本身，只包含 HDFS 和 YARN，以及 MapReduce；另一层是指 Hadoop 生态圈，如图 4-2 所示。

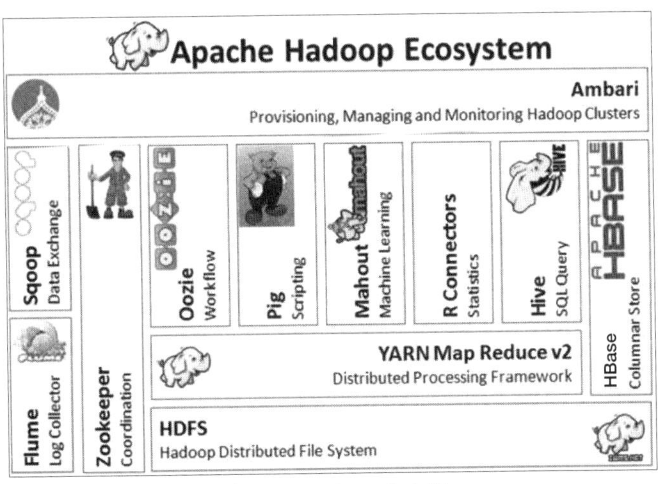

图 4-2　Hadoop 生态圈

这里对 Hadoop 生态圈进行简要说明。

（1）HDFS：作为文件存储系统放在最底层。

（2）YARN Map Reduce v2：可以作为其他组件的资源调度器。

（3）HBase: 是一个建立在 HDFS 之上，面向列的可伸缩、高可用、高性能的分布式数据库。

（4）Hive：是一个基于 HDFS 的构建数据仓库的工具，适合熟悉 SQL 但不熟悉 MapReduce 编程的开发人员，可以将 SQL 直接转换为 MapReduce 任务。

（5）R Connector：R 语言访问 Hadoop 的库。

（6）Mahout：是一个机器学习算法库，可以利用 Hadoop 的集群能力来训练算法。

（7）Pig：基于 Hadoop 的数据分析工具，提供一个类似 SQL 的语言——Pig Latin，把类似 SQL 的数据分析请求转换为一系列经过优化处理的 MapReduce 运算。

（8）Oozie：是一个基于工作流引擎的服务器，可以管理 Hadoop 的 MapReduce 作业或者 Pig 作业。

（9）ZooKeeper：是一个分布式的、开放源代码的分布式应用程序协调服务，是一个为分布式应用提供一致性服务的软件。

（10）Flume：是 Cloudera 提供的一个高可用的、高可靠的、分布式的海量日志采集、聚合和传输系统，可以监控 HDFS，自动收集文件。

（11）Sqoop：主要用于在 Hadoop（Hive）与关系型数据库如 MySQL 间进行数据传递，可以将一个关系型数据库中的数据导入 Hadoop 的 HDFS 中，也可以将 HDFS 的数据导入关系型数据库中。

4.2 HDFS 分布式文件系统

Hadoop 分布式文件系统（以下简称 HDFS）最初是作为 Apache Nutch 搜索引擎项目的基础结构而构建的。HDFS 具有高度的容错能力，旨在部署到低成本硬件上，同时提供对应用程序数据的高吞吐量访问，并且适用于具有大数据集的应用程序。

4.2.1 HDFS 体系架构

HDFS 采用主从（master/slave）架构模型。一个 HDFS 集群由一个 NameNode 和多个 DataNode 组成，这些 DataNode 可以分散在不同的 Rack（机架）上。

HDFS 系统架构如图 4-3 所示。

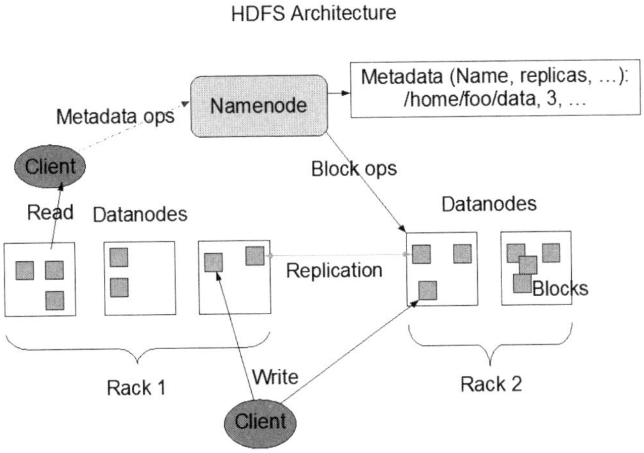

图 4-3　HDFS 系统架构

温馨提示

一般情况下，一个 HDFS 集群只有一个活动的 NameNode，但 HDFS 也支持联邦机制，即一个 HDFS 文件系统 Namespace 可以由多个 NameNode 来管理，每个 NameNode 管理一部分系统，这些 NameNode 可以通过配置运行在不同的节点上，以解决单个 NameNode 的压力并且在一定程度上解决单点故障的问题。

实际上单点故障的问题并没有完全消除，因为即便一个 NameNode 进程分成了在多个节点上运行的进程，对于每一个进程来说，仍然存在单点故障。但从实际使用情况看，联邦机制在整体上确实缓解了部分单点故障的压力。

运行 NameNode 进程的节点称为主节点，NameNode 管理文件系统的名称空间和处理客户端对文件发起的请求，如 NameNode 可以执行重命名文件、重命名目录等操作。当客户端查找数据时，NameNode 还负责确定数据块存储在哪一个 DataNode 节点。

运行 DataNode 进程的节点称为从节点，负责数据存储与数据检索工作。在系统内部，一个文件被分成一到多个块，这些块就存储在从节点中。DataNode 负责处理数据读写请求，执行创建、删除和复制文件等操作。

NameNode 维护文件系统树和树结构内的所有文件和目录信息。这些信息统称为元数据，它们以文件的形式，包括镜像文件（FsImage）和编辑日志文件（EditLog）被永久地保存在磁盘上。FsImage 文件保存了 HDFS 整个命名空间和文件块映射，editlog 文件则记录了对 HDFS 的每次操作，如在 HDFS 上创建了一个文件，或者修改了文件的副本个数。

NameNode 在整个体系中占核心地位，若是对应的服务器宕机，则整个系统无法使用，系统上的所有文件信息将会丢失，只是数据本身还在。NameNode 在启动的时候会将 FsImage 和 EditLog 加载到内存，这就导致了 NameNode 启动慢，甚至造成 NameNode 节点内存溢出。为了让系统更加可靠，Hadoop 提供了两种解决方式：一种是使用网络文件系统，将元数据备份到远程机器；另一种是使用一个辅助进程——SecondaryNameNode。这个进程的主要作用就是定期合并FsImage和EditLog。SecondaryNameNode一般运行在一台独立的计算机上，规格和NameNode相当。SecondaryNameNode会定期向NameNode发送请求，从NameNode获取FsImage和EditLog，NameNode收到请求创建一个新的editlog文件，然后向新文件中写入数据。SecondaryNameNode拿到FsImage和EditLog后，在本机合并日志，并刷新FsImage。之后将新的FsImage回传给NameNode。该流程执行完毕后，NameNode的EditLog文件变小，启动更快，FsImage得到备份，系统就更可靠。

将EditLog事务日志应用到FsImage，并将FsImage刷新到磁盘，这个过程称为检查点（checkpoint）。检查点的目的是确保FsImage和HDFS文件系统元数据是一致的。

DataNode是文件系统的工作节点，根据需要存储和查找数据块。DataNode会定期向NameNode发送心跳信号和Blockreport。NameNode收到该DataNode的心跳信号表示DataNode正常运行。Blockreport包含DataNode上所有块的列表。每个块都有指定的最小副本数。

用户通过客户端应用程序发起请求来与NameNode和DataNode进行交互，从而访问整个文件系统。用户不必知道NameNode和DataNode的更多信息，只需要在客户端运行一个命令就能使用集群。

4.2.2 HDFS存储原理

磁盘进行读写的最小单位是扇区，扇区是磁盘上真实存在的一个物理区域。操作系统对磁盘进行管理，是以块为单位，操作计算机硬件其实是操作系统，所以平时接触的概念，基本都是指数据块。

HDFS旨在在大型集群中的计算机可靠地存储非常大的文件。它将每个文件存储为一系列的块，这些块可能存储在不同的DataNode上，如图4-4所示。

Block Replication

Namenode (Filename, numReplicas, block-ids, ...)
/users/sameerp/data/part-0, r:2, {1,3}, ...
/users/sameerp/data/part-1, r:3, {2,4,5}, ...

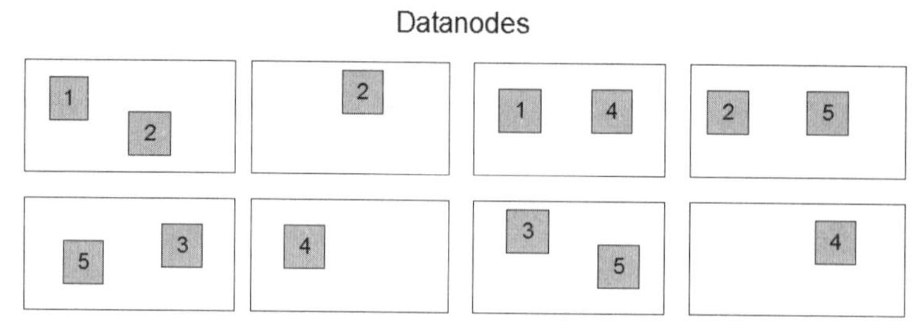

图4-4 HDFS存储块

复制文件的块是为了容错。块大小和文件副本个数（副本个数称为副本因子）都是可以配置的。

在 Hadoop 2.x 及以上版本，默认的块大小为 128MB。若一个数据，实际大小不满 128MB，就不会存满一个块空间，因此文件中除最后一个块外的所有块都具有相同的大小。而在添加了对可变长度块的支持后，用户可以在不填充满最后一个块的情况下开始新的块。

HDFS 存储文件的时候，会将每个文件块自动复制到集群中 3 台（默认是 3 台）独立的物理机上，如果其中一台机器发生故障，丢失了对应的数据块，系统会从其他机器中复制对应数据块到一台正常运行的机器上，来恢复块副本数。当在某台机器上读取文件时，若是这台机器上的块不可用，系统也会自动从另一台机器获取对应块。使用块的模式，不仅提高了系统的负载能力，也使数据更安全，系统更可靠。

在 HDFS 启动时，NameNode 会进入一个特殊的状态，这种状态称为安全模式。当 NameNode 处于安全模式状态时，客户端不能操作 HDFS 上的文件。

HDFS 支持配置最小副本数，当一个数据块被 NameNode 检测到满足最小副本数时，该块会被视为已安全复制。HDFS 支持配置安全复制百分比，HDFS 检测到数据块满足最小百分比（再加上 30 秒）后，NameNode 会退出安全模式。之后，NameNode 将数据块复制到其他 DataNode 节点上，直到满足指定的副本数。

数据块数、副本数、最小副本数、安全复制百分比之间的关系可以这样理解：假设一个文件有 100 个数据块，副本数为 5，那么集群就应该有 500 个数据块。最小副本数是指每个数据块至少应该有多个副本，如果最小副本数为 3，那么集群中最少应该有 300 个数据块。安全复制百分比是指有多少比例的数据块应当满足最小副本数，如果该比值为 0，那么 NameNode 不进入安全模式；如果该比值大于 1，则表示一直处于安全模式；如果实际副本数小于该比值，HDFS 会自动复制数据块直到满足该比例；如果实际副本数大于等于该比值，NameNode 退出安全模式，客户端就可以操作 HDFS 上的文件了。

最后注意，由于 NameNode 不允许 DataNode 具有同一块的多个副本，因此创建的副本的最大数量是当时 DataNode 的总数。

温馨提示

在 Hadoop3.x 版本，开发者为 HDFS 的数据存储提供了纠删码机制。该机制使用更少的存储空间就可以使数据达到与副本机制相同等级的可用性。

4.2.3 HDFS 文件读取流程

客户端应用通过调用 HDFS 提供的 FileSystem 对象的 open 方法来打开目标文件。FileSystem 对象是 DistributedFileSystem 的一个实例。DistributedFileSystem 通过远程过程调用（就是常说的 Remote Procedure Call，RPC）来访问 NameNode，NameNode 给客户端应用反馈文件起始块的位置

和每个块副本的 DataNode 位置（如图 4-5 所示的第 1 步、第 2 步）。在读取数据的时候，为了最大限度地减少全局带宽消耗和读取延迟，HDFS 总是尝试返回与读取器最近的副本来响应读取请求。如果与读取器同一机架上存在符合条件的副本，则优先使用该副本。如果 HDFS 跨越了多个数据中心，则优先使用本地数据中心的副本。

FileSystem 打开文件后，如果文件在 HDFS 上已经存在，那么将给客户端返回一个 FSDataInputStream 对象，否则触发异常。客户端通过该对象调用 read 方法（如图 4-5 所示的第 3 步），获取数据块。若是一个文件的多个块存放在不同 DataNode 上，那么 FSDataInputStream 对象会主动寻找下一个块的位置，然后不断调用 read 方法（如图 4-5 所示的第 4 步、第 5 步），读取完成后将结果传输到客户端应用，然后客户端应用关闭 FSDataInputStream。

FSDataInputStream 对象在读取过程中，遇到有故障的 DataNode 时，将自动记录这些节点，然后从其他邻近节点读取数据，同时确保以后不会再从故障节点读取数据；若是发现有损坏的数据块，也会尝试从其他节点读取副本。

在读取流程中，NameNode 主要给客户端应用提供文件位置信息。若是 HDFS 存放的文件特别多，那么 NameNode 查找文件位置的速度势必会减慢，因此在实际应用中 HDFS 一般存储相对较大的文件。

HDFS 读取文件的整个流程如图 4-5 所示。

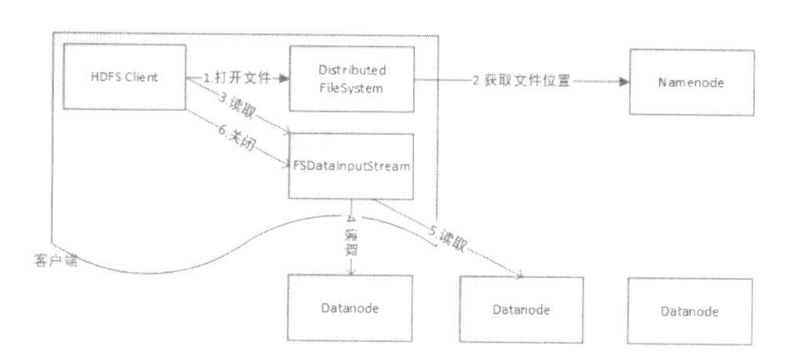

图 4-5　HDFS 文件读取流程

4.2.4 HDFS 文件写入流程

客户端应用通过调用 FileSystem 对象的 create 方法来创建文件。DistributedFileSystem 通过远程调用访问 NameNode，NameNode 会检查各节是否有这个文件和客户端是否有权限进行创建，若检查未通过则触发异常。检查通过后，NameNode 在 HDFS 的命名空间中新建一个文件，但并没有生成对应的数据块（如图 4-6 所示的第 1 步、第 2 步）。这时，DistributedFileSystem 给客户端返回 FSDataOutputStream 对象，客户端通过此对象开始向 HDFS 中写入数据（如图 4-6 所示的第 3 步）。在写入文件的过程中，FSDataOutputStream 对象会将数据分成数据包写入队列，由 DataStreamer 对象从队列中取出数据，并负责选择合适的 DataNode 来存储数据。默认情况下，存储数据的副本数是 3，这时，DataStreamer 将数据写入一个 DataNode 后，就由这个 DataNode 继续向后传递，直到生成 3

个副本。当 FSDataOutputStream 收到 DataNode 写完的确认消息后，就从队列中移除该数据。整个过程结束后，客户端应用关闭 FSDataOutputStream。

HDFS 写入文件的整个流程如图 4-6 所示。

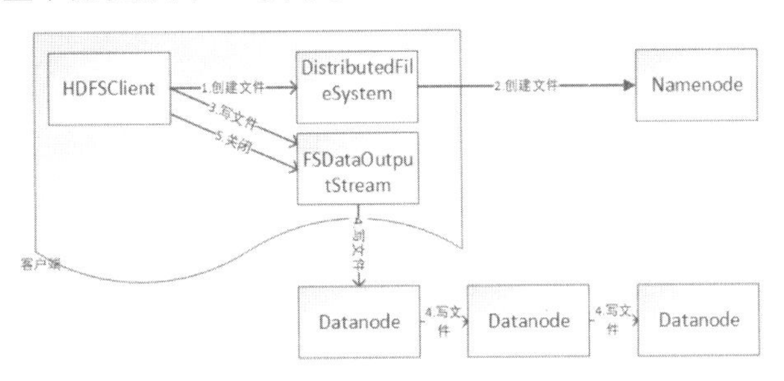

图 4-6 HDFS 文件写入流程

4.3 任务调度与资源管理器 YARN

YARN 是 Hadoop 的任务调度与集群资源管理器，用户可以将 MapReduce、Spark 等应用部署到 YARN 上，由 YARN 统一进行资源分配和调度。考虑到框架的扩展性，YARN 被设计为独立的两部分：一部分用于管理应用程序的运行，具体由 ApplicationsMaster（AM）组件负责；另一部分用于管理系统的资源，具体由 ResourceManager（RM）负责。

4.3.1 YARN 体系架构

在拓扑结构上，YARN 由一个 ResourceManager 和至少一个 NodeManager（NM）组成。如图 4-7 所示，集群中有一个 ResourceManager 节点和 3 个 NodeManager 节点。

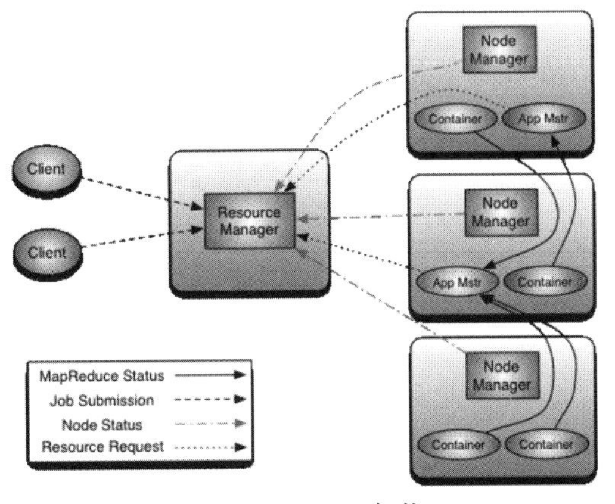

图 4-7 YARN 架构

温馨提示

与 HDFS 类似，YARN 集群也支持联邦机制。基于该机制可以通过联合多个 YARN 子集群将单个 YARN 集群扩展到成千上万个节点。每个子集群中都有自己的 ResourceManager 和 NodeManager。联合系统会将这些子集群缝合在一起，形成一个大型 YARN 集群。

ResourceManager 和 NodeManager 都是长期运行的守护进程，接下来将分别进行介绍。

（1）ResourceManager

ResourceManager 是整个集群资源的管理者，负责为正在运行的应用程序分配资源，一般单独运行在一台服务器上。ResourceManager 具有两个主要组件：ApplicationsManager 和 Scheduler。

① ApplicationsManager 负责接收客户端提交的应用程序。ApplicationsManager 会找到一个 NodeManager，该 NodeManager 会为该应用程序启动一个容器，并在其中运行一个 ApplicationsMaster（对照图 4-7 中 App Mstr）进程。

② Scheduler 负责将资源分配给正在运行的应用程序。Scheduler 只负责纯粹的资源调度，并不监控任务的执行过程和结果。Scheduler 根据应用程序的资源需求执行调度功能，资源被封装到容器中，包含内存、CPU、磁盘、网络等元素。

（2）NodeManager

NodeManager 运行在集群中的每个节点上，负责启动和管理节点上的容器。NodeManager 通过心跳向 ResourceManager 注册自己。NodeManager 会检查节点的运行状况并执行用户给定的测试任务，如果检测到失败，NodeManager 则会将节点标记为运行状况不佳，并将标记信息传达给 ResourceManager，ResourceManager 停止为该节点分配容器。NodeManager 节点上运行着两个重要对象：Container 和 ApplicationsMaster。

① ApplicationsMaster：每个应用都会有一个自己的 App Mstr。该对象的主要工作就是根据应用运行条件，与 Scheduler 协商资源，并监控任务的运行。ApplicationsMaster 收到资源，请求 NodeManager 据此启动容器。

② Container：NodeManager 会在容器中设置好应用运行的环境并将应用的代码复制到本地，并在容器中运行任务。任务只能使用该容器内的资源。ApplicationsMaster 监视容器内任务的运行情况，并在任务失败时进行重启。任务执行完毕，ApplicationsMaster 向 ApplicationsManager 注销自己，释放资源。

4.3.2 MapReduce 应用在 YARN 上的执行过程

运行 MapReduce 应用的过程主要涉及如下 5 个对象。

（1）客户端程序：负责提交 MapReduce 作业。

（2）ResourceManager：负责集群上计算资源的分配。

（3）NodeManager：负责启动、监控、停止工作节点上的容器。

（4）Container：负责运行任务。

（5）ApplicationMaster：负责监控运行的 MapReduce 作业。

MapReduce 应用在 YARN 上的执行过程如图 4-8 所示。

客户端程序提交作业 Job（如图 4-8 所示的第 1 步），会向资源管理器申请一个应用 ID（如图 4-8 所示的第 2 步），这个 ID 用来标识 MapReduce 作业，此时客户端也会执行检查目标数据是否存在、目标输出路径是否存在等操作。客户端检查完毕后，就将作业资源（编译后的代码文件、目标数据的分片信息、配置文件）复制到 HDFS 的共享目录中（如图 4-8 所示的第 3 步）。之后客户端应用就以新的应用 ID 去提交一个 MapReduce 应用（如图 4-8 所示的第 4 步）。

资源管理器收到应用提交的请求后，就由资源调度器寻找一台合适的节点管理器，去启动一个容器（如图 4-8 所示的第 5 步、第 6 步）。这个容器里面运行一个 ApplicationsMaster，它可以从共享目录中获取代码文件、分片、配置文件。之后针对每一个分片（如图 4-8 所示的第 7 步），启动一个 Map 任务，同时确认有几个 Reduce 任务（Reduce 任务个数可以自由配置）。

ApplicationMaster 查看本机资源是否能正常完成任务，当资源不够时，向资源管理器再申请资源（如图 4-8 所示的第 8 步）。ApplicationMaster 拿到资源后会寻找一台合适的节点，在新的节点上启动容器（如图 4-8 所示的第 9 步）。新的节点收到命令后仍然到共享目录下获取代码文件、分片信息等（如图 4-8 所示的第 10 步），在当前节点运行另一部分 Map 任务。

Map 任务都有一个环形内存缓冲区，用于存储 Map 的输出。在默认情况下，缓冲区大小为 100MB，Map 输出结果占到缓冲区 80% 的时候，一个后台线程就会将缓冲区的数据写到磁盘上。在数据写到磁盘之前，线程会根据 Reduce 的个数对 Map 输出进行分区。后台线程把 Map 输出的 key 在内存中进行排序，因此输出的分区文件是已经排序好的。如果设置了 Combiner 功能，那么 Combiner 就会在排序后的 Map 输出上运行。Combiner 的功能一般和 Reduce 的功能是一样的，目的是在把任务给 Reduce 之前，就进行一次归并，这样实际给 Reduce 的数据就会减少，从而提高整个 MapReduce 应用的运行性能。Map 任务之后、Reduce 任务之前的过渡阶段被称为 shuffle。

Map 产生的每个分区文件，都会对应运行一个 Reduce 任务。Reduce 任务会开启线程（默认 5 个）去加载这些分区文件，在内存中合并相同 key 的数据，并维持其排序，然后将合并后的结果数据输出到磁盘。针对这些结果文件，对每个 key 调用 Reduce 函数。Reduce 函数将计算结果输出到文件系统（一般情况下是 HDFS）。

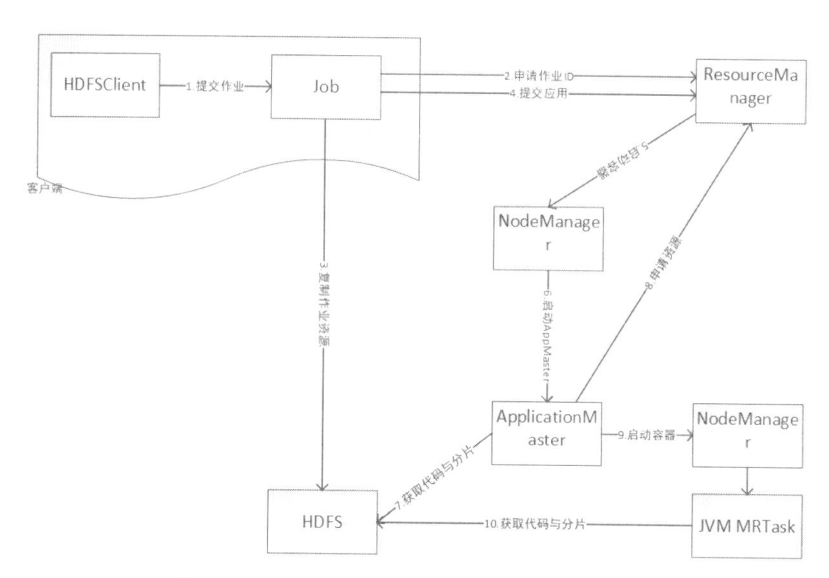

图 4-8　MapReduce 应用在 YARN 上的执行过程

4.3.3　YARN 调度方式

如果有多个 MapReduce 应用被提交到 YARN 上运行，就需要 YARN 进行合理的调度。YARN 提供了 3 种调度方式：FIFO Scheduler（先进先出调度）、Capacity Scheduler（容量调度）、Fair Scheduler（公平调度）。这 3 种调度方式各有特点，具体介绍如下。

1. FIFO Scheduler（先进先出调度）

先进先出是默认的调度方式，无须任何配置，但不适合多个应用共享集群资源的场景。

多个应用提交到集群，如将应用 1 提交到集群还未执行完，应用 2 又被提交到集群，YARN 就会给其排队，先提交的应用先执行，并且需要等到前一个应用执行完才能执行后一个应用。这样的问题就是，若是某个应用长时间占用集群资源，会导致后续应用迟迟无法执行，即使后续的应用需要运行的时间非常短，这样就会降低集群的整体工作效率。

2. Capacity Scheduler（容量调度）

容量调度，旨在多应用共享集群资源时能最大限度地提高集群的吞吐量和利用率，需要单独进行配置。在使用容量调度器时，会为小的应用保留一个专属队列，以保证小的应用一旦被提交就能运行。这样就会导致大的应用运行时间会更长。这里的“小应用”一般是指 Mapper 少于 10 个，Reducer 只有 1 个，输入分片小于一个 HDFS 块。

CapacityScheduler 支持多个特性，这里简要介绍如下。

（1）可分层的队列：在分层的队列结构中，子队列之间可以共享集群资源。在提交应用的时候，可以指定提交到某个队列。当把应用提交到某个子队列时，该应用可以共享其他队列的资源。

（2）容量保证：创建队列后，可以对其容量进行配置。提交到该队列的应用都可以使用给该队列分配的容量。

（3）安全：如果集群是多租户的，这些租户可以创建自己的队列，在提交应用时可以指定该队列。队列之间有严格的访问控制，可以确保一个用户不能查看或修改其他用户的应用程序。

（4）资源弹性管理：某些队列在运行应用时，资源可能不够，而另外一些应用运行完毕，不再需要资源，那么这些空出来的资源可以分配到容量不够的队列，以最大限度提高资源利用率。

（5）基于资源的调度：通过 CapacityScheduler，可以为不同的应用灵活划分资源。

（6）优先级：CapacityScheduler 支持给应用设置优先级。优先级使用整数表示，值越大优先级越高，该应用就越先被运行。

下面根据以下步骤创建一个分层的 CapacityScheduler 队列，并配置容量。

步骤 01 在解压后的 Hadoop 的子目录 etc\hadoop 下找到 capacity-scheduler.xml 文件。在 <configuration> 节点内添加如下内容，表示启用 CapacityScheduler。

```
<property>
      <name>yarn.resourcemanager.scheduler.class</name>
<value>org.apache.hadoop.yarn.server.resourcemanager.scheduler.capacity.
CapacityScheduler</value>
</property>
```

步骤 02 CapacityScheduler 有一个如下所示的预定义队列，称为 root，是系统中所有队列的根队列。默认情况下 root 有一个子队列 default。default 队列的容量为 100，表示百分之百。如果使用百分比，那么各层的子队列的数值之和需要为 100。如果配置了绝对资源，如将 yarn.scheduler.capacity.root.default.capacity 的值设置为 [memory=10240,vcores=12]，则子队列的资源总和可以小于父队列的绝对资源量。

```
<property>
    <name>yarn.scheduler.capacity.root.queues</name>
    <value>default</value>
</property>
<property>
    <name>yarn.scheduler.capacity.root.default.capacity</name>
    <value>100</value>
</property>
```

可以给 root 多添加一个子队列：myqueue，修改文件如下，表示 default 队列占 root 资源总量的 60%，myqueue 队列占 40%。

```
<property>
    <name>yarn.scheduler.capacity.root.queues</name>
    <value>default,myqueue</value>
</property>
```

```
<property>
    <name>yarn.scheduler.capacity.root.default.capacity</name>
    <value>60</value>
</property>

<property>
    <name>yarn.scheduler.capacity.root.myqueue.capacity</name>
    <value>40</value>
</property>
```

3. Fair Scheduler（公平调度）

公平调度，旨在共享集群资源时让所有应用程序可获得相等的资源份额。默认情况下，公平调度器仅基于内存来执行公平决策。

当集群中只有一个应用程序运行时，该应用程序将使用全部集群资源。在提交其他应用程序时，调度器会释放资源分配给新的应用程序，这样每个应用程序最终都将获得数量大致相同的资源。

与默认的调度器不同，公平调度器可让耗时短的应用程序在合理的时间内完成，而不会“饿死”长寿命的应用程序。公平调度器也可以与应用程序优先级一起使用，将优先级当作权重，以决定每个应用程序应获得的总资源的比例。

公平调度器除了提供公平共享资源的功能外，还给队列保证了最少分配份额，因此能确保某些应用程序始终能获得足够的资源。当队列中包含应用程序时，这个应用程序至少能获得最小份额的资源；当队列不需要其完全保证份额时，多余份额的资源将在其他正在运行的应用程序之间分配。

公平调度器默认情况下允许所有应用程序运行，但是也可以通过配置文件限制每个用户和每个队列中正在运行的应用程序的数量。限制应用程序数量不会导致后续提交的应用程序失败，后续提交的应用程序只会在调度程序的队列中等待，直到前面的应用程序运行完毕为止。

公平调度器仍然支持分层的队列，队列的名称以其父队列的名称开头，以点号作为分隔符。根队列名为 root，根队列下名为“queue1”的队列将被称为“root.queue1”，而在名为“parent1”的队列下的名为“queue2”的队列将被称为“root.parent1.queue2”。

一个队列下的子队列可以支持不同的调度策略，内置的调度策略为 FIFOPolicy（先进先出策略），FairSharePolicy（公平共享策略）和 DominantResourceFairnessPolicy（优势资源公平策略）。

用户还可以通过扩展以下对象来构建自定义策略。

```
org.apache.hadoop.yarn.server.resourcemanager.scheduler.fair.SchedulingPolicy
```

接下来根据以下步骤启用公平调度器。

步骤 01 在解压后的 Hadoop 的子目录 etc\hadoop 下找到 yarn-site.xml 文件，配置公平调度器。

```
<property>
  <name>yarn.resourcemanager.scheduler.class</name>
```

```
<value>org.apache.hadoop.yarn.server.resourcemanager.scheduler.fair.
FairScheduler</value>
</property>
```

步骤 02 在 Hadoop 的 etc\hadoop 目录下创建一个 fair-scheduler.xml 文件来描述各队列及其各自的权重和容量，添加如示例 4-1 所示的内容。创建一个队列名为“sample_queue”，minResources 节点表示队列有权使用的最小资源，“10000 mb,0vcores”表示 10000MB 内存，0 个 CPU 虚拟核心；maxResources 节点表示分配队列的最大资源，当应用需要的资源超过此配置时，将不会为该队列分配容器；maxRunningApps 节点表示在队列中同时运行的应用个数；weight 表示权重，如果设置为 2，意味着该队列将获得比使用默认权重的队列两倍的资源；schedulingPolicy 节点表示调度策略，取值为“fifo”“fair”“drf”，或者从 SchedulingPolicy 抽象类继承的子类，“fair”表示公平调度策略，是默认值；“sample_queue”队列定义了两个子队列；queuePlacementPolicy 节点，定义了将应用传入队列的规则；倒数第 3 行的代码表示创建的应用将默认放入“sample_queue”队列。

示例 4-1 公平队列

```
<?xml version="1.0"?>
<allocations>
  <queue name="sample_queue">
    <minResources>10000 mb,0vcores</minResources>
    <maxResources>90000 mb,0vcores</maxResources>
    <maxRunningApps>50</maxRunningApps>
    <weight>2.0</weight>
    <schedulingPolicy>fair</schedulingPolicy>
    <queue name="sample_a_queue">
      <minResources>5000 mb,0vcores</minResources>
    </queue>
     <queue name="sample_b_queue">
      <minResources>2000 mb,0vcores</minResources>
    </queue>
  </queue>

  <queuePlacementPolicy>
    <rule name="default" queue="sample_queue"/>
  </queuePlacementPolicy>
1. </allocations>
```

步骤 03 在 yarn-site.xml 文件中添加如下内容，引入 fair-scheduler.xml 文件。

```
<property>
  <name>yarn.scheduler.fair.allocation.file</name>
  <value>hadoop 路径 /etc/hadoop/myfair-queue.xml</value>
</property>
```

温馨提示

关于容量调度、公平调度的配置还有很多，不同的配置实现了不同的功能。建议读者在学习过程中，先理解本小节的内容，然后进行练习。

将队列创建好后，可以把 MapReduce 应用提交到这些队列中运行。指定队列的方式有多种，如可以在包含 main 的主类中指定，也可以通过 D mapreduce.job.queuename 命令指定，还可以直接在 mapred-site.xml 文件中设置 mapreduce.job.queuename 节点进行指定。

限于篇幅这里不再赘述，欲了解更多信息，建议查看官方文档。

4.4 MapReduce 分布式计算框架

MapReduce 是一个软件框架，通过该框架用户可以轻松地编写应用程序，并以可靠、容错的方式并行处理大型硬件集群（数千个节点）上的大量数据（多 TB 数据集）。

4.4.1 MapReduce 计算模型

Hadoop 客户端程序提交 MapReduce 作业（代码、配置文件等）给 ResourceManager，ResourceManager 联系 NodeManager 启动容器执行任务。

一个 MapReduce 作业主要由两个阶段构成：map 阶段和 reduce 阶段。每个阶段都有各自的任务，这些任务就是在处理数据。处理数据的具体逻辑，就是用户要编写的代码。

一般情况下，计算节点和存储节点是相同的，即 MapReduce 框架和 HDFS 的 DataNode 运行在同一个节点上，这样方便 MapReduce 框架就近获取数据。

尽管 Hadoop 框架是用 Java 实现的，但 MapReduce 应用程序不必一定要用 Java 编写。Hadoop Streaming 是一个实用程序，允许用户使用 Java、Python、Ruby 来开发 MapReduce 应用。

开发 MapReduce 应用并不复杂，其基本思想如图 4-9 所示。假设每个水果篮是一个数据块，每个数据块内有 3 条数据，这些数据描述每种水果的个数。现在通过 MapReduce 计算模型来获取每种水果的总个数。

首先在 Map 阶段，将每个数据块中的数据设置成 <key,value>（键值对）的形式，如水果篮 1 中西瓜这一行数据，经过转换后成为 <西瓜 ,5>，西瓜为 key，5 为 value。所有的数据转换完成后，MapReduce 框架会将 Map 任务输出的数据转换为 <key,[value1, value2, value3..]> 的形式，即将相同 key 的值放在同一列表内。

在 Reduce 阶段，启动 Reduce 任务对列表的数据求和，并按 <key,value>（键值对）的形式输出，即得到了每种水果的总个数。

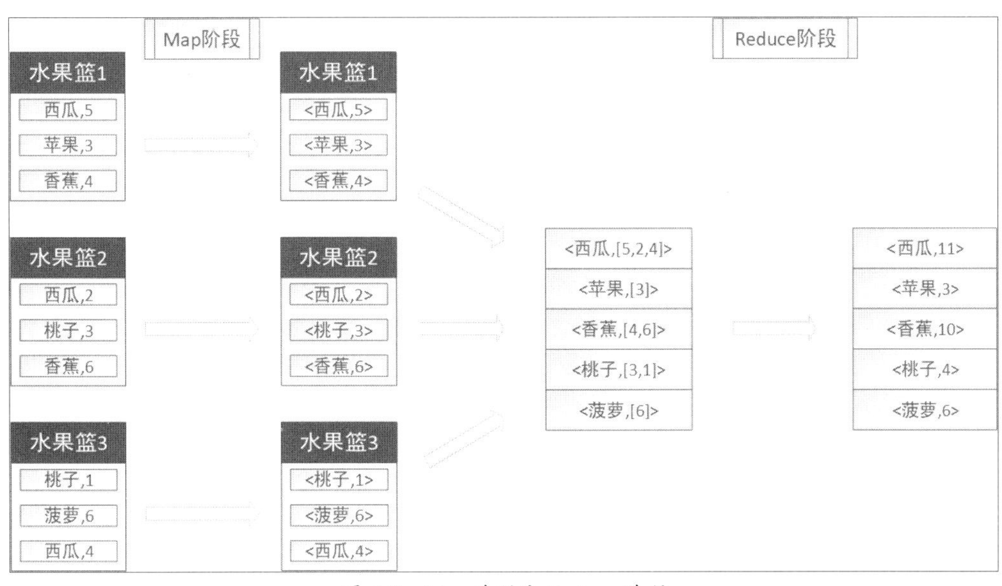

图 4-9　Map 阶段和 Reduce 阶段

MapReduce 框架把这个计算模型所涉及的数据读取、数据迁移、数据归并、并行计算下的数据一致性等问题都解决了。使用 MapReduce 框架，用户只需扩展两个类即可开发自己的应用。

但是 MapReduce 框架也存在一些明显的问题，简要说明如下。

问题 1：若是文件非常大，输入分片非常多，那么就会有大量的 Map 任务，对这些任务的调度、管理也会浪费额外的资源。

问题 2：Reduce 任务的个数是可以灵活设置的。假设 Reduce 任务为 2，那么 Map 就会向两个分区输出计算结果，将相同的 key 放到同一个分区。Reduce 会从这两个分区读取数据进行计算，并输出两个结果文件。如果 Reduce 任务为 N，那么 Map 就会向 N 个分区输出计算结果，这就意味着 shuffle 整体的数据量会很大。

问题 3：Map 阶段在输出结果的时候，有的 key 对应的数据特别多，有的 key 对应的数据非常少。这时如果 Reduce 有多个任务，就会导致有的分区 shuffle 数据量大，有的比较少。这就是被业内称为“数据倾斜”的问题。

对于问题 1，需要根据实际情况合理调整 Map 的个数，尽量将小文件合并成大文件，增加块的容量。

对于问题 2，可以使用将数据提前排好序、加大缓冲区的容量等办法解决。

对于问题 3，对于处理数据倾斜，就非常灵活了，可以使用自定义分区、加大 JVM 内存、将 key 重新设计、使用 Combiner 在 Map 端提前对数据进行归并等方法解决。

开发 MapReduce 应用比较简单，但是代码想写好却很复杂。因为在实战中类似的问题还有很多，这需要用户对 Hadoop 原理有深入的了解，同时还需要具备较多的开发经验。

4.4.2 MapReduce 编程实例（基于 Java 语言）

在生产环境中，一般将大数据平台，如 Hadoop、Spark 部署在 Linux 及发行版的服务器系统上。开发环境一般是 Windows 或者 macOS，使用的语言为 Java。接下来介绍如何在 Windows 上使用 Java 开发 MapReduce 应用和配置 Hadoop 运行环境。

本示例中的数据在随书源代码对应章节下的 example.txt 文件内，其格式如图 4-10 所示。

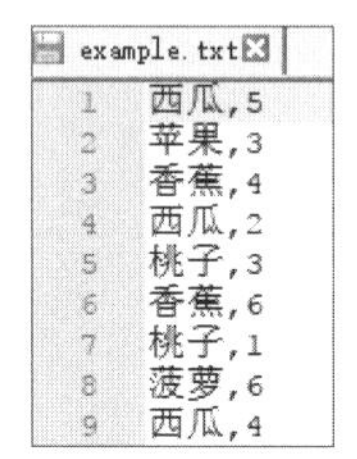

图 4-10　示例数据

编写 Java 程序的集成开发环境有很多，这里使用 IntelliJ IDEA。按照以下步骤创建项目并开发程序。

步骤 01 ▸ 打开 idea，创建一个 Maven 项目，如图 4-11 所示。

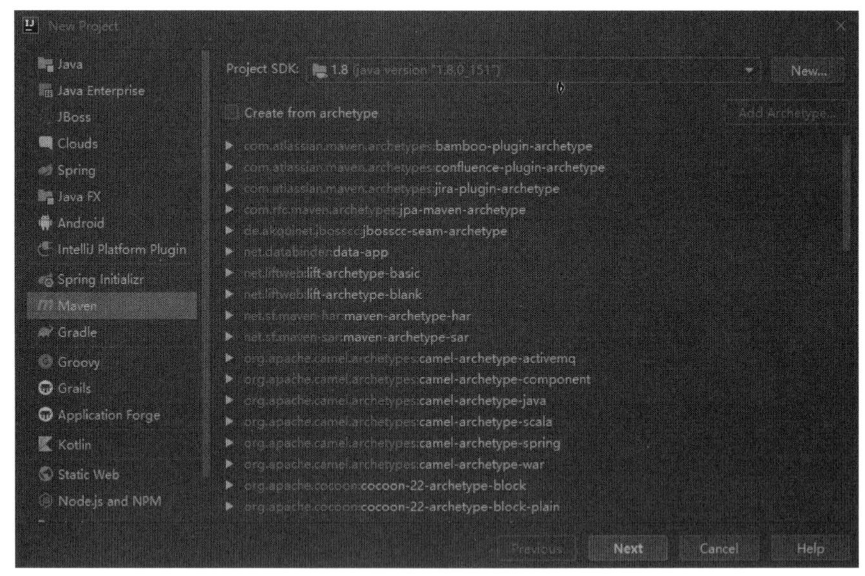

图 4-11　创建 Maven 项目

步骤 02 ▸ 创建完毕后在 pom.xml 文件内引入 MapReduce 框架相关的包，如示例 4-2 所示。此时注意保持联网状态，idea 会自动到 Maven 仓库下载相关组件及其依赖。

示例 4-2　引入框架相关的包

```
<?xml version="1.0" encoding="UTF-8"?>
<project xmlns="http://maven.apache.org/POM/4.0.0"
```

```
        xmlns:xsi="http://www.w3.org/2001/XMLSchema-instance"
        xsi:schemaLocation="http://maven.apache.org/POM/4.0.0 http://maven.apache.
org/xsd/maven-4.0.0.xsd">
    <modelVersion>4.0.0</modelVersion>
    <groupId>org.example</groupId>
    <artifactId>myfirstmapreduce</artifactId>
    <version>1.0-SNAPSHOT</version>
    <properties>
        <project.build.sourceEncoding>UTF-8</project.build.sourceEncoding>
    </properties>
    <dependencies>
        <! –引入 hadoop-common -->
        <dependency>
            <groupId>org.apache.hadoop</groupId>
            <artifactId>hadoop-common</artifactId>
            <version>3.1.3</version>
        </dependency>
        <!-- 引入 hadoop-client -->
        <dependency>
            <groupId>org.apache.hadoop</groupId>
            <artifactId>hadoop-client</artifactId>
            <version>3.1.3</version>
        </dependency>
    </dependencies>
2. </project>
```

步骤 03 ▶ 创建 FruitMapper 类，此类需要从 Mapper 继承，并重写 map 方法，如示例 4-3 所示。

Mapper<LongWritable, Text, Text, IntWritable> 是一个泛型类，4 个泛型参数的含义解释如下。

（1）LongWritable：表示可序列化的长整型，相当于 Java 中的 Long 类型。MapReduce 框架在调用 map 方法时，传入的是键值对形式的数据。可以看到 map 有 3 个参数，参数 key 就是 MapReduce 传递的键，其类型就是 Mapper 泛型类的第 1 个参数。在默认情况下，map 方法 key 的值就是 MapReduce 框架传入的当前数据的位置，也被称为偏移量。

（2）Text：表示可序列化的文本整型，相当于 Java 中的 String 类型。map 方法中第 2 个参数 value 就是 MapReduce 传递的值，其类型就是 Mapper 泛型类的第 2 个参数。

（3）Text：map，任务会输出键值对形式的数据。输出的键类型就是 Mapper 泛型类的第 3 个参数。

（4）IntWritable：表示可序列化的整型，相当于 Java 中的 Integer 类型。map 任务输出的值类型就是 Mapper 泛型类的第 4 个参数。

在 map 方法中，将 MapReduce 传入的值转换为 String，代表数据源中的一行。由于每一行数据都使用逗号隔开，因此使用 split(",") 来拆分数据。对表示水果名称的 fruitName[0] 和表示水果数量的 fruitName[1] 调用 context.write 方法进行输出。

示例 4-3　mapper 端

```
import org.apache.hadoop.io.IntWritable;
import org.apache.hadoop.io.LongWritable;
import org.apache.hadoop.io.Text;
import org.apache.hadoop.mapreduce.Mapper;

import java.io.IOException;

public class FruitMapper extends Mapper<LongWritable, Text, Text, IntWritable> {
    @Override
    protected void map(LongWritable key, Text value, Context context) throws
IOException, InterruptedException {
        String line = value.toString();
        String[] fruitName = line.split(",");
        context.write(new Text(fruitName[0]), new IntWritable(Integer.
parseInt(fruitName[1])));
    }
3. }
```

步骤 04 ▸ 创建 FruitReducer 类，该类需要从 Reducer 继承，并重写 reduce 方法，如示例 4-4 所示。

Reducer<Text, IntWritable, Text, IntWritable> 也是一个泛型类，4 个泛型参数的含义解释如下。

（1）Text：MapReduce 框架在调用 reduce 方法时，传入的仍然是键值对形式的数据。可以看到 reduce 有 3 个参数，第 1 个参数 key 就是 MapReduce 传递的键，实际就是水果的名称，其类型就是 Reducer 泛型类的第 1 个参数。这个类型必须和 map 方法输出的键的类型相同。

（2）IntWritable：Iterable<IntWritable> 是整型并且是可迭代的，类似 Java 中的 List<Integer>，接收的是 Map 端输出的同一个 key 的值的列表。

（3）Text：Reduce 任务会输出键值对形式的数据。输出的键类型就是 Reducer 泛型类的第 3 个参数。

（4）IntWritable：Reduce 任务输出的值类型就是 Reducer 泛型类的第 4 个参数。

在 Reduce 方法中，通过调用 value.get() 方法获取对应的数值并求和，将水果名称和对应的求和结果一起输出。

示例 4-4　reduce 端

```
import org.apache.hadoop.io.IntWritable;
import org.apache.hadoop.io.Text;
import org.apache.hadoop.mapreduce.Reducer;

import java.io.IOException;
```

```
public class FruitReducer extends Reducer<Text, IntWritable, Text, IntWritable> {
    @Override
    protected void reduce(Text key, Iterable<IntWritable> values, Context context)
throws IOException, InterruptedException {
        Integer count = 0;
        for (IntWritable value : values) {
            count += value.get();
        }
        context.write(key, new IntWritable(count));
    }
4. }
```

步骤 05 创建 FruitMapReduce 类，并定义 main 函数，如示例 4-5 所示。

该函数是 MapReduce 应用的入口函数。在函数内部，创建了一个配置对象，该对象包含了 core-site.xml 等文件（更多的文件配置信息将在环境搭建一节介绍）中的配置信息。调用 Job.getInstance 方法获取一个作业的示例，并指定了作业的名称为“FruitCount”。设置作业的主类为 FruitMapReduce。设置 MapReduce 框架要调用的 Mapper 类和 Reducer 类。设置 Map 端的输出键和值的类型。设置 Reduce 端输出键和值的类型。如果 Map 端和 Reduce 端输出值类型一样，则设置 Map 端值类型可以省略。设置 Reduce 任务的个数为 2，这意味着 Reduce 端将会有两个分区，最终将输出两个结果文件。设置数据源路径和结果文件的输出路径，这两个路径可以指向本地文件系统，也可以指向 HDFS。这里需要注意，如果输出路径已经存在，需要先将其删除，否则会提示错误。提交作业并等待执行完毕，函数参数为 True，表示输出作业执行进度；函数返回值为 True，表示作业运行成功。

示例 4-5　创建 FruitMapReduce 类

```
import org.apache.hadoop.conf.Configuration;
import org.apache.hadoop.fs.Path;
import org.apache.hadoop.io.IntWritable;
import org.apache.hadoop.io.Text;
import org.apache.hadoop.mapreduce.Job;
import org.apache.hadoop.mapreduce.lib.input.FileInputFormat;
import org.apache.hadoop.mapreduce.lib.output.FileOutputFormat;

public class FruitMapReduce {
    public static void main(String[] args) throws Exception {
        // 创建配置对象
        Configuration conf = new Configuration();
        Job job = Job.getInstance(conf, "FruitCount");
        job.setJarByClass(FruitMapReduce.class);
        // 设置 mapper,reduce 类
        job.setMapperClass(FruitMapper.class);
```

```
        job.setReducerClass(FruitReducer.class);
        // 设置输出键类型
        job.setMapOutputKeyClass(Text.class);
        job.setOutputValueClass(IntWritable.class);
        // 设置输出键类型
        job.setOutputKeyClass(Text.class);
        job.setOutputValueClass(IntWritable.class);

        job.setNumReduceTasks(2);
        // 设置输出路径
        String inputPath = "E:\\example.txt";
        String outputPath = "E:\\output";
        FileInputFormat.setInputPaths(job, new Path(inputPath));
        FileOutputFormat.setOutputPath(job, new Path(outputPath));
        boolean b = job.waitForCompletion(true);
        if (b) {
            System.out.println(" 执行完毕！ ");
        }
    }
5. }
```

步骤 06 ▸ 在系统属性中，添加HADOOP_HOME环境变量，并指向Hadoop解压路径，如图4-12所示。

新建系统变量

变量名(N): HADOOP_HOME

变量值(V): F:\install\hadoop-3.1.3

浏览目录(D)... 浏览文件(F)... 确定 取消

图 4-12 添加环境变量

然后在 Path 变量中添加 bin 路径，如图 4-13 所示。

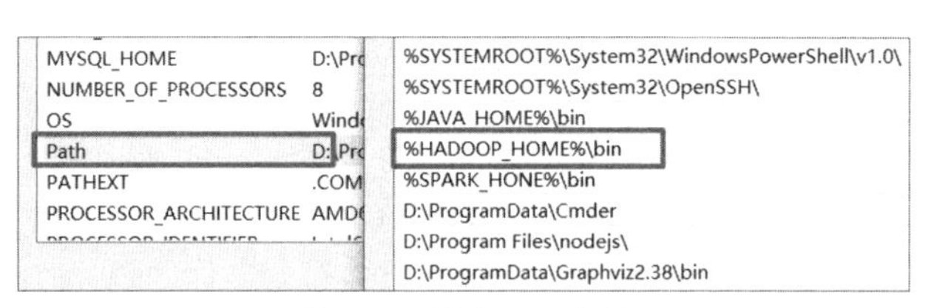

图 4-13 添加 bin 路径

步骤 07 ▸ 在GitHub上下载winutils.exe文件，并将相关的依赖包复制到Hadoop解压后的bin目录下，以支持 Hadoop 在 Windows 平台上运行。之后运行 main 函数。执行结果如图 4-14 所示，可以看到“执行完毕！”提示。

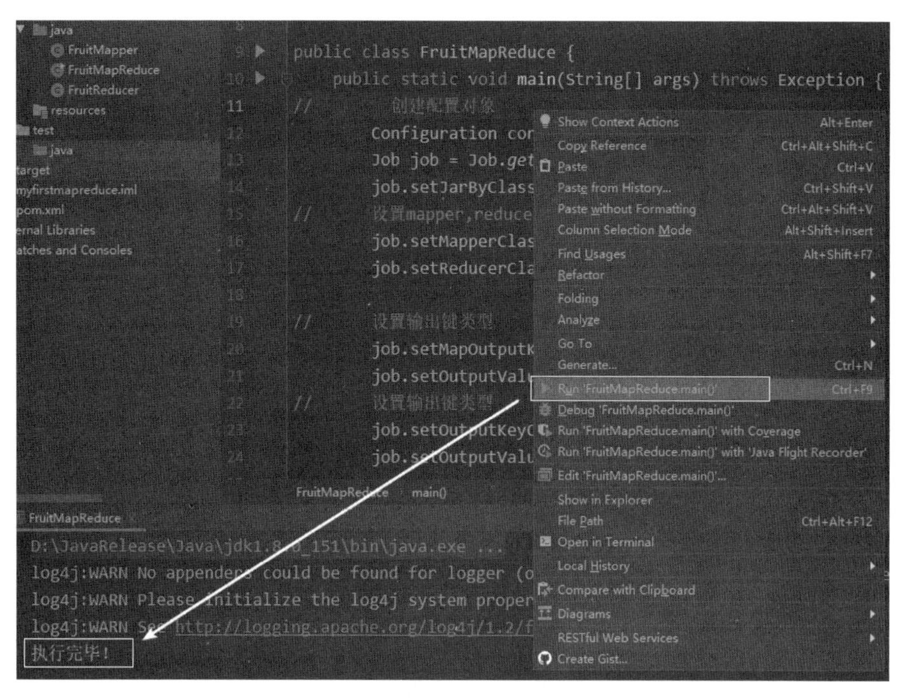

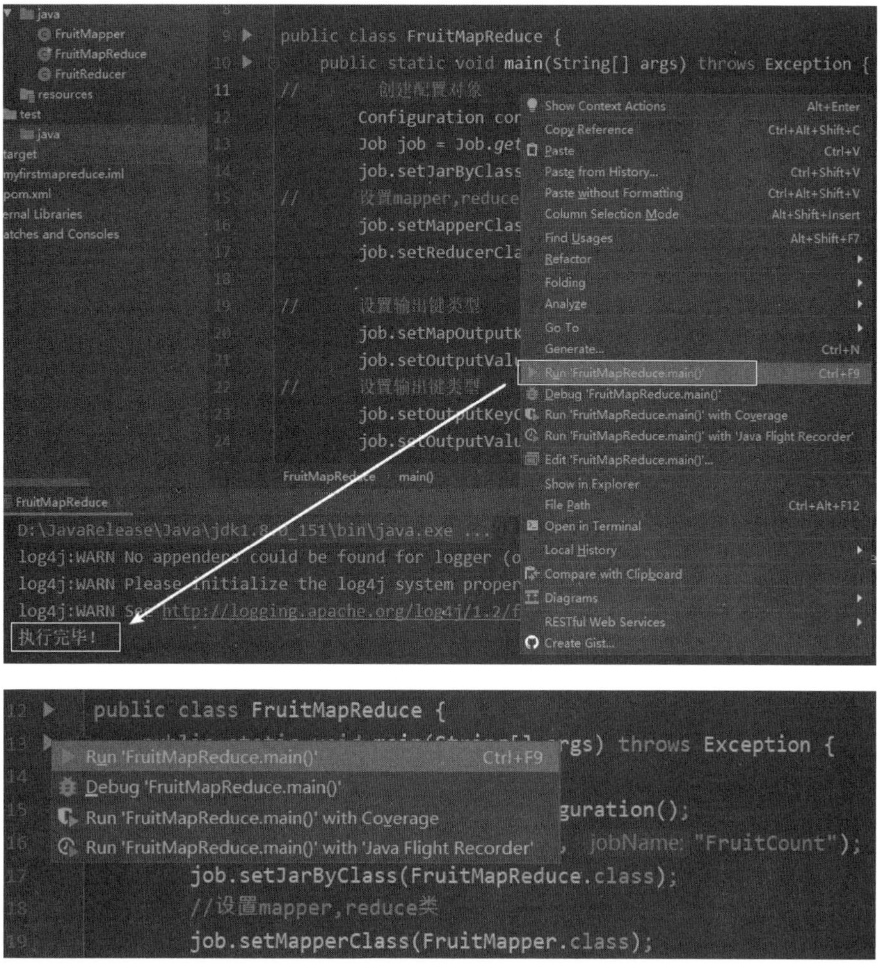

```
public class FruitMapReduce {
    Run 'FruitMapReduce.main()'                                Ctrl+F9
    Debug 'FruitMapReduce.main()'
    Run 'FruitMapReduce.main()' with Coverage
    Run 'FruitMapReduce.main()' with 'Java Flight Recorder'
        job.setJarByClass(FruitMapReduce.class);
        job.setMapperClass(FruitMapper.class);
```

图 4-14　运行 MapReduce 程序

查看输出的结果文件，如图 4-15 所示，这里有两个结果文件。

打开 part-r-00001 文件，可以看到统计结果，如图 4-16 所示。

图 4-15　结果文件

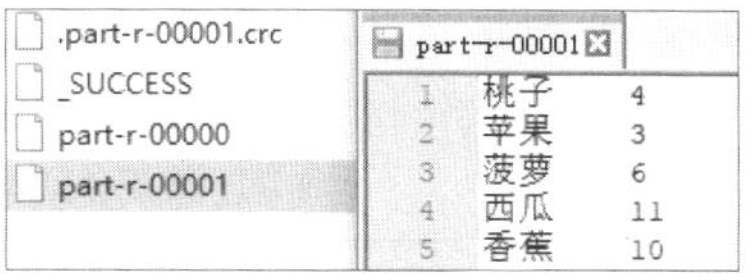

.part-r-00001.crc
_SUCCESS
part-r-00000
part-r-00001

part-r-00001

1	桃子	4
2	苹果	3
3	菠萝	6
4	西瓜	11
5	香蕉	10

图 4-16　统计结果

4.4.3 MapReduce 编程实例（基于 Python 语言）

为了减少工作量，也可以使用 Python 实现 MapReduce 功能，步骤如下。

步骤 01 ▸ 创建 FruitMapper.py 文件，然后添加如示例 4-6 所示的内容。引入 Python 解释器后从标准输入流中读取数据，与 Java 版的 FruitMapper 逻辑是一样的，构造一个键值对数据进行输出。

示例 4-6 mapper 端

```
#!/usr/bin/python

import sys

for line in sys.stdin:
    line = line.strip()
    fruits = line.split()
    for fruit in fruits:
6.          print("{}:{}".format(fruit, 1))
```

步骤 02 ▸ 创建 FruitReducer.py 文件，然后添加如示例 4-7 所示代码。从标准输入流中读取数据，然后进行累加，这与 Java 版 FruitReducer 的逻辑是一样的。

示例 4-7 reduce 端

```
#!/usr/bin/python

import sys

fruits = {}
for line in sys.stdin:
    line = line.strip()
    fruit, count = line.split(":", 1)
    count = int(count)
    fruits[fruit] = fruits.get(fruit, 0) + count

for fruit, count in fruits.items():
7.      print("{}:{}".format(fruit, count))
```

至此 Python 版的 MapReduce 程序就写完了。由于运行 Python 版的 MapReduce 程序需要用到 Hadoop Streaming 工具包和 Python 解释器，因此在 Hadoop 上提交此应用还需要做一些准备工作。

步骤 03 ▸ 将 FruitMapper.py、FruitReducer.py 两个文件上传到 CentOS/opt/pymapreduce/ 目录下。

步骤 04 ▸ 将 example.txt 文件上传到 HDFS/input 目录下。

步骤 05 ▸ 执行如下命令即可获得结果。

```
[root@master ~]# hadoop jar /usr/local/hadoop/share/hadoop/tools/lib/hadoop-
streaming-3.1.3.jar \
 -input /input/example.txt \
 -output /opt/test_datasource/output \
```

```
-mapper "python FruitMapper.py" \
-reducer "python FruitReducer.py" \
-file /opt/pymapreduce/FruitMapper.py \
-file /opt/pymapreduce/FruitReducer.py
```

各参数说明如下。

/usr/local/hadoop 是 Hadoop 的安装路径，hadoop-streaming-3.1.3.jar 是 Hadoop 提供的工具包。

-input /input/example.txt 是输入文件的路径。

-output /opt/test_datasource/output 是输出结果的路径。

-mapper "python FruitMapper.py" 是 Map 阶段要执行的命令。

-reducer "python FruitReducer.py" 是 Reduce 阶段要执行的命令。

温馨提示

在 hadoop jar /usr/local/hadoop/share/hadoop/tools/lib/hadoop-streaming-3.1.3.jar 命令中，参数 -input /input/example.txt 会查找 HDFS 上的路径，因此建议读者在执行完伪分布式部署 Hadoop 之后再尝试运行 Python 版的 MapReduce 程序，否则将会出错。

另外可以看到，使用 Java 开发 MapReduce 程序，一个完整的作业需要写 3 个类。如果业务逻辑比较复杂，或下一个作业需要依赖前一个作业的计算结果，那么开发 MapReduce 应用势必会有较大的工作量。

随着大数据相关技术的发展，出现了 Spark、Flink 这一类的大数据分析框架，它们简化了 Hadoop MapReduce 编程方式。在实际开发过程中，直接使用 Hadoop MapReduce 框架做数据分析的人正在逐步减少，因此本书后续章节将介绍使用 Spark 替代 MapReduce 做大数据分析的方法。

4.5 Hadoop 环境搭建

一般情况下，Hadoop 是部署到 Linux 系统上的。尽管 GitHub 上有 Windows 的兼容版本，但只是用来做程序调试，生产环境使用的 Hadoop 几乎都部署到 Linux 上。本节主要介绍如何在虚拟机上搭建 Hadoop 运行环境，并向 YARN 提交 MapReduce 应用。

4.5.1 安装 Java 和 SSH

安装 Hadoop 的过程相对比较复杂，需要安装 Java、SSH，接下来将分别讲解。另外，在安装过程中，还需要注意 Hadoop 与 Java 运行时的兼容性问题。

1. 安装 Java 运行时

Hadoop 运行需要 Java 环境，这里使用 Java 1.8 版本，安装步骤如下。

步骤 01 ▸ 输入以下命令，自动安装 Java。

```
[root@master ~]# yum -y install java-1.8.0-openjdk*
```

步骤 02 ▸ 使用如下命令查看 Java 安装路径。

```
[root@master ~]# whereis javac
```

执行结果如图 4-17 所示。

```
[root@master ~]# whereis javac
javac: /usr/bin/javac /usr/share/man/man1/javac.1.gz
```

图 4-17　Java 安装路径

步骤 03 ▸ 使用如下命令查看 Java 实际路径。

```
[root@master ~]# ll /usr/bin/javac
```

如图 4-18 所示，/usr/bin/javac 路径是 /etc/alternatives/javac 的软连接，故 Java 实际路径是框线标识的路径。

```
[root@master ~]# ll /usr/bin/javac
lrwxrwxrwx. 1 root root 23 12月  16 20:39 /usr/bin/javac -> /etc/alternatives/javac
```

图 4-18　javac 目录软连接

步骤 04 ▸ 查看 /etc/alternatives/javac 路径是否为一个软连接，输入如下命令。

```
[root@master ~]# ll /etc/alternatives/javac
```

如图 4-19 所示，/etc/alternatives/javac 是 /usr/lib/jvm/java-1.8.0-openjdk-1.8.0.232.b09-0.el7_7.x86_64/bin/javac 的一个软连接。

```
[root@master ~]# ll /etc/alternatives/javac
lrwxrwxrwx. 1 root root 70 12月  16 20:39 /etc/alternatives/javac -> /usr/lib/jvm/java-1.8.0-openjdk-1.8.0.232.b09-0.el7_7.x86_64/bin/javac
```

图 4-19　javac 目录软连接

步骤 05 ▸ 继续输入如下命令。

```
[root@master ~]# ll /usr/lib/jvm/java-1.8.0-openjdk-1.8.0.232.b09-0.el7_7.x86_64/
bin/javac
```

如图 4-20 所示，此时已经不存在软连接了，因此可以确定该路径为 Java 的实际安装路径。

```
[root@master ~]# ll /usr/lib/jvm/java-1.8.0-openjdk-1.8.0.232.b09-0.el7_7.x86_64/bin/javac
-rwxr-xr-x. 1 root root 8800 10月  23 00:38 /usr/lib/jvm/java-1.8.0-openjdk-1.8.0.232.b09-0.el7_7.x86_64/bin/javac
```

图 4-20　javac 实际路径

步骤 06 ▸ 接下来配置 Java 环境变量。在 Shell 中输入如下命令打开 vi 编辑器。

```
[root@master ~]# vi ~/.bashrc
```

在新弹出的界面中按【i】键，进入 vi 的编辑模式，在文档末尾添加如下内容。

```
export JAVA_HOME=/usr/lib/jvm/java-1.8.0-openjdk-1.8.0.232.b09-0.el7_7.x86_64
export PATH=$JAVA_HOME/bin:$PATH
```

填写完成后按【ESC】键退出编辑模式，同时按下【Shift+：】组合键，进入命令模式，如图 4-21 所示，在左下角输入“wq!”保存文档，然后退出。

```
# .bashrc

# User specific aliases and functions

alias rm='rm -i'
alias cp='cp -i'
alias mv='mv -i'

# Source global definitions
if [ -f /etc/bashrc ]; then
        . /etc/bashrc
fi


export JAVA_HOME=/usr/lib/jvm/java-1.8.0-openjdk-1.8.0.232.b09-0.el7_7.x86_64
export PATH=$JAVA_HOME/bin:$PATH
~
~
~
~
~
~
~
~
~
~
:wq!
```

图 4-21　配置环境变量

步骤 07 ▸ 在 Shell 中输入如下命令使配置生效。

```
[root@master ~]# source ~/.bashrc
```

温馨提示

“/usr/lib/jvm/java-1.8.0-openjdk-1.8.0.232.b09-0.el7_7.x86_64”路径是由 yum 工具安装 Java 自动创建的，读者应根据自己的实际情况进行配置。

命令行输入 vi 命令会打开 vi 文本编辑器，vi 工具有多种操作模式，不在本书讨论范围，读者可以根据需要自行学习。

2. 安装 SSH

由于 Hadoop 架构采用的是 master（主）/slave（从）模式，因此需要安装 SSH 组件，在 master 和 slave 相互访问的时候，不必输入登录系统的密码。

步骤 01 ▸ 在 Xshell 命令窗口中输入安装命令。

```
[root@master ~]# yum install openssh* -y
```

步骤 02 ▸ 在系统安装过程中，yum 工具会自动从网上下载 SSH 组件并完成安装。最后提示“完毕！”表示安装完成，如图 4-22 所示。

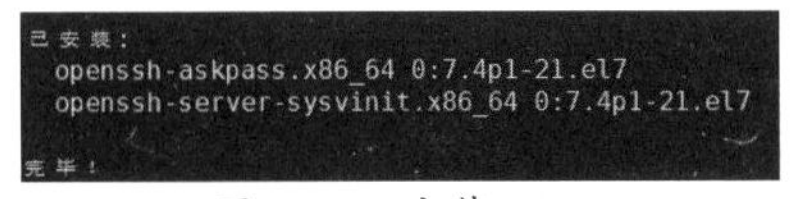

已安装:
openssh-askpass.x86_64 0:7.4p1-21.el7
openssh-server-sysvinit.x86_64 0:7.4p1-21.el7
完毕!

图 4-22　安装 SSH

步骤 03 ▸ 如图 4-23 所示，在 Shell 窗口中继续输入如下命令。

```
[root@master ~]# systemctl enable sshd
[root@master ~]# ssh localhost
```

在 "(yes/no)?" 后面输入“yes”，如图 4-23 所示。

```
[root@master ~]# systemctl enable sshd
[root@master ~]# ssh localhost
The authenticity of host 'localhost (::1)' can't be established.
ECDSA key fingerprint is SHA256:f15AddulsbkNzBSDJxiIhKqbrQJmzu0LmZXuXXPUi58.
ECDSA key fingerprint is MD5:ad:03:2c:51:14:17:66:80:00:27:d1:25:9a:08:e0:0f.
Are you sure you want to continue connecting (yes/no)? yes
```

图 4-23　配置 SSH

温馨提示

systemctl enable sshd：设置 SSHD 自动运行。

ssh localhost：使用 SSH 登录 localhost（本机），用来验证 SSH 是否能正常运行。

yes：图 4-23 最后一句话的意思是“是否继续连接本机”。这里输入 yes，尝试登录本机。如果登录失败，再次执行 ssh localhost 命令并输入密码，即可正常登录。

步骤 04 正常连接后，执行以下命令生成 key，如图 4-24 所示。

```
[root@master ~]# cd ~/
[root@master ~]# ssh-keygen -t rsa -P '' -f ~/.ssh/id_dsa
[root@master ~]# cd .ssh
[root@master .ssh]# cat id_dsa.pub >> authorized_keys
```

```
[root@master ~]# cd ~/
[root@master ~]# ssh-keygen -t rsa -P '' -f ~/.ssh/id_dsa
Generating public/private rsa key pair.
Your identification has been saved in /root/.ssh/id_dsa.
Your public key has been saved in /root/.ssh/id_dsa.pub.
The key fingerprint is:
SHA256:BraUKvkgXKOmyjGYvkPFNuAf1KGFkujrn67p4VBtQVM root@master
The key's randomart image is:
+---[RSA 2048]----+
|. . =+E          |
|.+ +oo .         |
|o =+. =          |
|.ooO.= o         |
|.+X * . S        |
|+* *    .        |
|B+   .           |
|*o= .            |
|oO*+             |
+----[SHA256]-----+
[root@master ~]# cd .ssh
[root@master .ssh]# cat id_dsa.pub >> authorized_keys
```

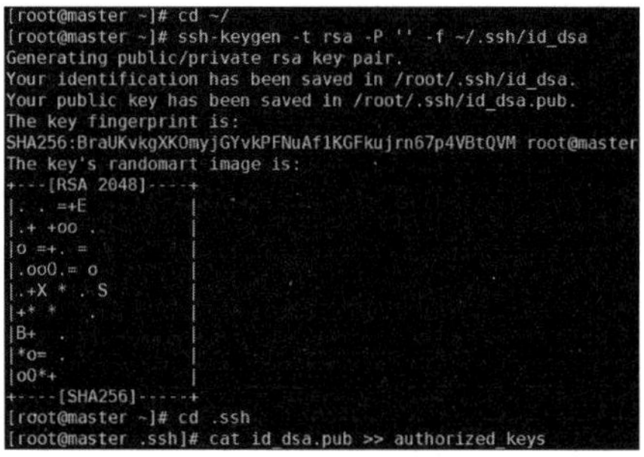

图 4-24　生成 SSH Key

温馨提示

这段命令是利用 SSH 工具生成密钥并导出到文件。将此文件复制到多个虚拟机上，可以使虚拟机相互访问不再需要密码。

生成密钥后再次执行 ssh localhost 命令，此时不再输入密码即可登录本机。

4.5.2 安装 Hadoop

Hadoop 有多种模式安装：单机、伪分布式、完全分布式、HA 等。这里重点阐述单机模式和伪分布式模式。

1. 单机模式

单机模式是指不使用 HDFS 分布式文件系统，也不启动 Hadoop 相关的守护进程，直接在一个 JVM 中运行应用。Hadoop 解压并配置完毕后直接就是单机模式。单机模式主要是为了学习和调试程序。

从官网下载 hadoop-3.1.3.tar.gz 文件，并上传到虚拟机 /opt/bigdata/ 目录下，若是没有该目录，则使用如下命令创建。

```
[root@master ~]# mkdir -p /opt/bigdata
```

接下来开始安装单机模式下的 Hadoop。

步骤 01 用 WinSCP 连接好虚拟机，如图 4-25 所示，左侧是本地文件系统，右侧是虚拟机系统。这里将 Hadoop 文件包上传到 /opt/bigdata 目录下。

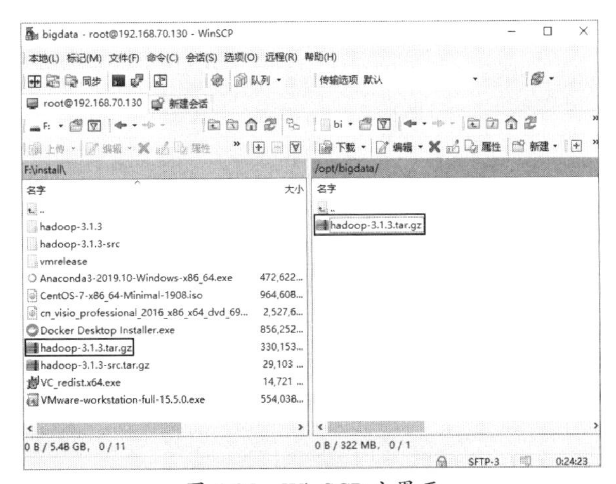

图 4-25 WinSCP 主界面

步骤 02 使用如下命令解压 Hadoop 文件包。

```
[root@master ~]# tar -zvxf /opt/bigdata/hadoop-3.1.3.tar.gz -C /usr/local/
```

这条命令的意思是将 /tools/hadoop-3.1.3.tar.gz（压缩包全路径）解压到 /usr/local/ 路径下，如图 4-26 所示。

图 4-26 解压后的文件

温馨提示

在解压 Hadoop 时，所有文件的路径都不建议使用中文，否则会导致发生异常，使程序无法正常启动。

步骤 03 ▸ 修改 hadoop-3.1.3 名称。

```
[root@master ~]# cd /usr/local
[root@master local]# mv hadoop-3.1.3/ hadoop
```

步骤 04 ▸ 接下来配置 Hadoop 的运行账户，找到 Hadoop 目录下的 etc/hadoop/hadoop-env.sh 文件，在文件底部添加如下内容。

```
HDFS_NameNode_USER=root
HDFS_DataNode_USER=root
HDFS_SECONDARYNameNode_USER=root
YARN_RESOURCEMANAGER_USER=root
YARN_NODEMANAGER_USER=root
```

这里将 Hadoop 的 5 个守护进程的执行账户设置为 root。

温馨提示

通过 Hadoop 的运行原理可以知道，Hadoop 的 5 个守护进程分别是 NameNode、SecondaryNameNode、DataNode、ResourceManager、NodeManager。

步骤 05 ▸ 接下来配置 Hadoop 环境变量，完整内容如下。

```
export JAVA_HOME=/usr/lib/jvm/java-1.8.0-openjdk-1.8.0.232.b09-0.el7_7.x86_64
export HADOOP_HOME=/usr/local/hadoop
export PATH=$HADOOP_HOME/bin:$JAVA_HOME/bin:$PATH
```

步骤 06 ▸ 配置完毕后仍然需要执行 source 命令使配置生效。

```
[root@master local]# source ~/.bashrc
```

步骤 07 ▸ 为了验证安装是否正常，可以执行 Hadoop 自带的示例程序。切换到 Hadoop 安装目录下，使用如下命令准备数据源。

```
[root@master local]# cd /usr/local/hadoop
[root@master hadoop]# mkdir input
[root@master hadoop]# cp etc/hadoop/core-site.xml input
```

步骤 08 ▸ 执行示例程序中的 wordcount 应用，命令如下。

```
[root@master hadoop]# bin/hadoop jar share/hadoop/mapreduce/hadoop-mapreduce-
examples-3.1.3.jar wordcount input output
```

其中各参数的含义如下。

（1）bin/hadoop：提交应用的客户端程序。

（2）jar：指 jar 包。

（3）hadoop-mapreduce-examples-3.1.3.jar：包含 MapReduce 应用的 jar 包。

（4）wordcount：jar 包中的 WordCount 应用。

（5）input：应用需要读取的数据的存放位置。

（6）output：应用运算结果的输出位置。

执行结果如图 4-27 所示，显示了数据源中各文件内单词统计的结果。

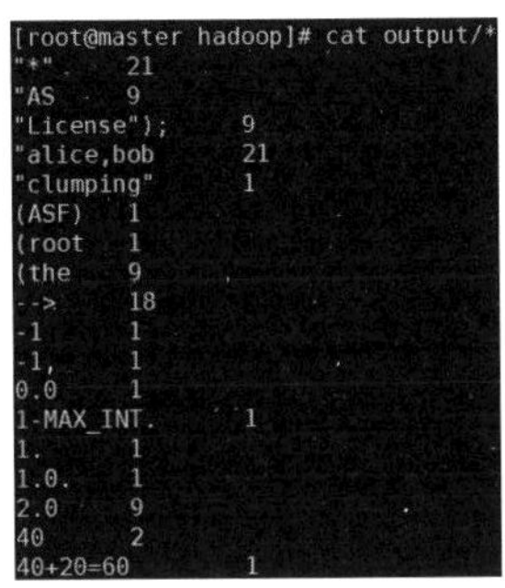

图 4-27　计算结果

2. 伪分布式模式

伪分布式是指相关守护进程都独立运行，只是运行在同一台计算机上。一个完整的 Hadoop 伪分布式集群包含两部分：HDFS 集群和 YARN 集群，接下来分别进行介绍。

（1）HDFS 集群

配置 HDFS 集群主要涉及两个文件：core-site.xml 文件和 hdfs-site.xml 文件。按照以下步骤配置 HDFS 集群运行环境。

步骤 01 切换到 Hadoop 配置文件目录。

```
[root@master hadoop]# cd /usr/local/hadoop/etc/hadoop
```

步骤 02 使用 vi 命令，打开 core-site.xml 文件。

```
[root@master hadoop]# vi core-site.xml
```

在文件中添加以下内容。

```
<configuration>
    <property>
        <name>hadoop.tmp.dir</name>
        <value>file:/usr/local/hadoop/tmp</value>
        <description>Abase for other temporary directories.</description>
    </property>
    <property>
        <name>fs.defaultFS</name>
```

```
        <value>hdfs://master:9000</value>
    </property>
</configuration>
```

其中参数含义如下。

hadoop.tmp.dir：HDFS 文件系统的基本配置目录，该目录默认指向 /tmp/hadoop-{USERNAME}。由于系统重启会删除 /tmp 目录下的内容，因此需要指定一个目录来存储 HDFS 的相关数据。

fs.defaultFS：配置的是 NameNode 运行位置。hdfs://localhost:9000 只运行在 localhost 并监听 9000 端口。

步骤 03 ▶ 使用 vi 命令，打开 hdfs-site.xml 文件。

```
vi hdfs-site.xml
```

在文件中添加以下内容。

```
<configuration>
    <property>
        <name>dfs.replication</name>
        <value>1</value>
    </property>
    <property>
        <name>dfs.NameNode.name.dir</name>
        <value>file:/usr/local/hadoop/tmp/dfs/name</value>
    </property>
    <property>
        <name>dfs.DataNode.data.dir</name>
        <value>file:/usr/local/hadoop/tmp/dfs/data</value>
    </property>
</configuration>
```

其中各参数含义如下。

dfs.replication：指数据块副本个数。

dfs.NameNode.name.dir：指 Hadoop 存储元数据的位置。

dfs.DataNode.data.dir：设置 DataNode 节点存储数据块文件的本地路径。

dfs.namenode.name.dir 和 dfs.datanode.data.dir 属性都可以设置成多个目录，用逗号隔开。设置多个目录是为了能够进行备份。

至此已经完成了 HDFS 的伪分布式设置。在启动 HDFS 文件系统之前，需要进行格式化。

步骤 04 ▶ 使用如下命令格式化文件系统。

```
[root@master hadoop]# hdfs NameNode -format
```

如图 4-28 所示，在格式化过程中，会输出相关日志信息。

```
[root@master hadoop]# hdfs namenode -format
WARNING: /usr/local/hadoop/logs does not exist. Creating.
2019-12-17 10:05:36,609 INFO namenode.NameNode: STARTUP_MSG:
/************************************************************
STARTUP_MSG: Starting NameNode
STARTUP_MSG:   host = master/192.168.70.130
STARTUP_MSG:   args = [-format]
STARTUP_MSG:   version = 3.1.3
```

图 4-28　格式化文件系统

如图 4-29 所示，在显示屏底部出现白色框中的内容，则表示命令正常执行完毕。

```
namenode.FSImage: Allocated new BlockPoolId: BP-108226097-192.168.70.130-1576548337303
common.Storage: Storage directory /usr/local/hadoop/tmp/dfs/name has been successfully formatted.
namenode.FSImageFormatProtobuf: Saving image file /usr/local/hadoop/tmp/dfs/name/current/fsimage.ckpt

namenode.FSImageFormatProtobuf: Image file /usr/local/hadoop/tmp/dfs/name/current/fsimage.ckpt_000000

namenode.NNStorageRetentionManager: Going to retain 1 images with txid >= 0
namenode.FSImage: FSImageSaver clean checkpoint: txid = 0 when meet shutdown.
```

图 4-29　格式化文件系统

步骤 05 ▸ 接下来启动 HDFS，输入如下命令。

```
[root@master hadoop]# cd $HADOOP_HOME/
[root@master hadoop]# ./sbin/start-dfs.sh
```

HDFS 正常启动后会出现 NameNode、DataNode、SecondaryNameNode 进程，输入以下命令验证。

```
[root@master hadoop]# jps
```

正常情况下 HDFS 进程如图 4-30 所示。

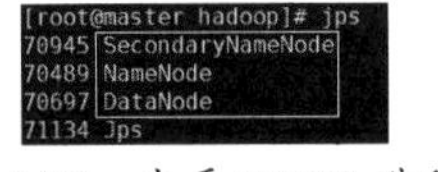

图 4-30　查看 HDFS 进程

步骤 06 ▸ 关闭防火墙，输入如下命令。

```
[root@master hadoop]# systemctl stop firewalld
```

步骤 07 ▸ 如图 4-31 所示，在浏览器中打开 9870 端口，即可看到 HDFS Web 页面。

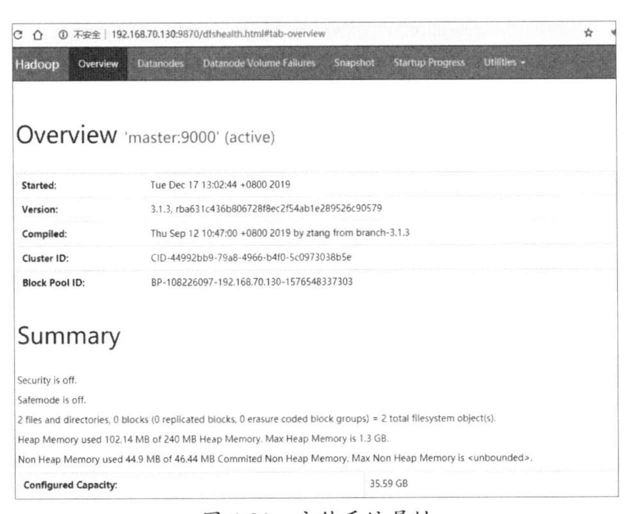

图 4-31　文件系统属性

单击【DataNodes】菜单，查看DataNode节点信息，如图4-32所示。

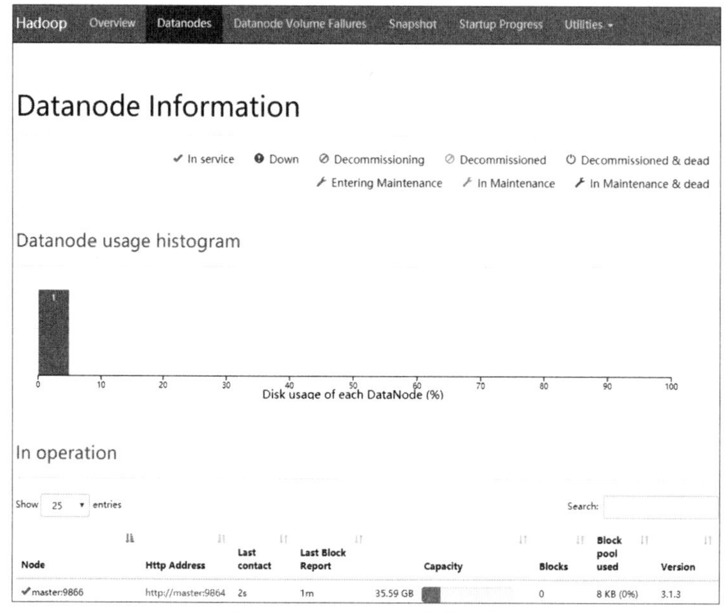

图 4-32　DataNode 节点信息

步骤 08 ▸ 测试HDFS是否能正常创建目录，在Shell中输入以下命令。

```
[root@master hadoop]# hdfs dfs -mkdir /input
```

步骤 09 ▸ 在Web页面单击【Utilities】按钮，然后单击【Browse the file system】链接，如图4-33所示。

图 4-33　文件系统工具

界面跳转到/explorer.html，如图4-34所示，可以看到在Shell中创建的input目录。

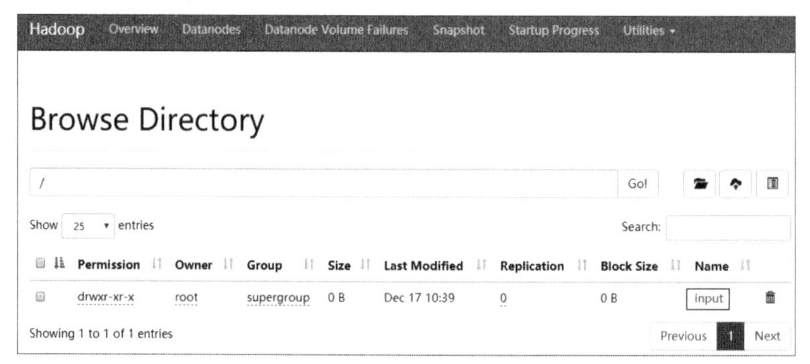

图 4-34　浏览文件系统

温馨提示

192.168.239.130 是笔者虚拟机的地址，请读者按实际情况填写。

（2）YARN 集群

配置 YARN 集群也涉及两个 xml 文件：mapred-site.xml 文件和 yarn-site.xml 文件。按照以下步骤配置 YARN 集群运行环境。

步骤 01 ▸ 切换到 Hadoop 配置文件目录。

```
[root@master hadoop]# cd /usr/local/hadoop/etc/hadoop
```

步骤 02 ▸ 使用 vi 命令，打开 mapred-site.xml 文件。

```
[root@master hadoop]# vi mapred-site.xml
```

在文件中添加以下内容。

```
<configuration>
        <property>
                <name>mapreduce.framework.name</name>
                <value>yarn</value>
        </property>
        <property>
                <name>mapreduce.jobhistory.address</name>
                <value>master:10020</value>
        </property>
        <property>
                <name>mapreduce.jobhistory.webapp.address</name>
                <value>master:19888</value>
        </property>
</configuration>
```

其中各参数的含义如下。

mapreduce.framework.name：使用 YARN 调度 MapReduce 作业。

mapreduce.jobhistory.address，mapreduce.jobhistory.webapp.address：指 Hadoop 历史服务器的运行地址和 Web 查看地址。该服务器记录了 MapReduce 作业的执行过程。默认没有启动。

步骤 03 ▸ 修改 yarn-site.xml 文件，添加如下内容。

```
<configuration>
   <property>
          <name>yarn.resourcemanager.hostname</name>
          <value>master</value>
   </property>
   <property>
          <name>yarn.nodemanager.aux-services</name>
```

```
            <value>mapreduce_shuffle</value>
    </property>
    <property>
            <name>yarn.application.classpath</name>
        <value>
/usr/local/hadoop/etc/hadoop:/usr/local/hadoop/share/hadoop/common/lib/*:/usr/
local/hadoop/share/hadoop/common/*:/usr/local/hadoop/share/hadoop/hdfs:/usr/local/
hadoop/share/hadoop/hdfs/lib/*:/usr/local/hadoop/share/hadoop/hdfs/*:/usr/local/
hadoop/share/hadoop/mapreduce/lib/*:/usr/local/hadoop/share/hadoop/mapreduce/*:/
usr/local/hadoop/share/hadoop/yarn:/usr/local/hadoop/share/hadoop/yarn/lib/*:/usr/
local/hadoop/share/hadoop/yarn/*
</value>
    </property>
</configuration>
```

其中各参数的含义如下。

yarn.resourcemanager.hostname：ResourceManager 节点的运行位置。

yarn.nodemanager.aux-services：NodeManager 需要运行的一个辅助服务，告知 MapReduce 如何进行 shuffle。

yarn.application.classpath：运行 YARN 应用需要的依赖包路径，这些路径使用如下命令查找。

```
[root@master hadoop]# hadoop classpath
```

步骤 04 到此已经完成了 YARN 的伪分布式设置，使用如下命令启动 YARN 集群。

```
[root@master hadoop]# ./sbin/start-yarn.sh
```

输入 jps 命令查看相关进程，如图 4-35 所示。

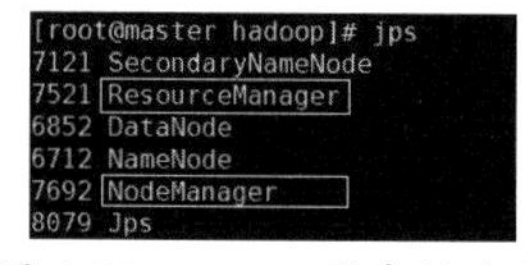

图 4-35　YARN 的守护进程

步骤 05 在浏览器中打开 8088 端口，即可看到 YARN Web 页面。单击【Nodes】菜单，如图 4-36 所示，可以看到 master 节点正在运行。

步骤 06 环境搭建完毕后就可以尝试提交应用到 YARN 了。修改 FruitMapReduce 类如示例 4-8 所示。注意，其中黑体字表示 HDFS 提供的文件系统接口地址，这里需要与图 4-32 中“Overview 'master:9000' (active)” 中的 “master:9000”保持一致。修改完毕后将程序制作成 jar 包。

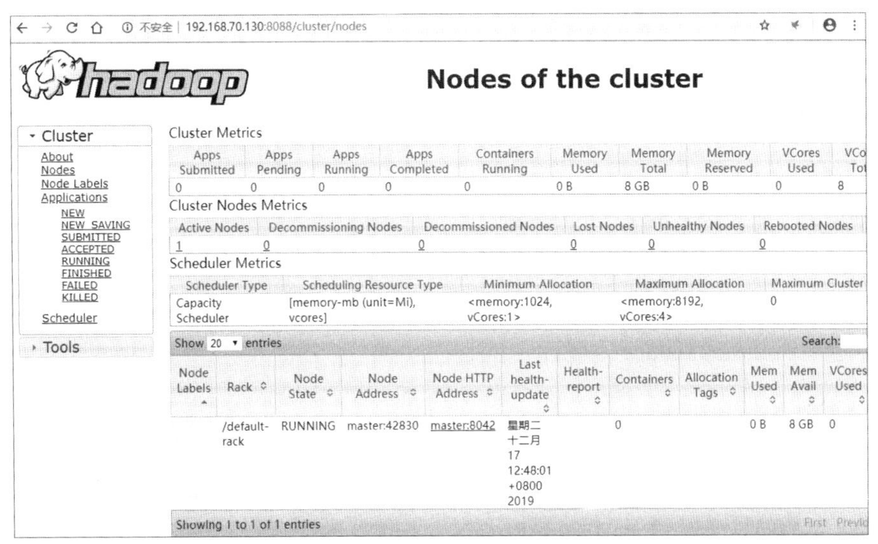

图 4-36　YARN 集群信息

示例 4-8　配置作业并将其提交到集群

```
import org.apache.hadoop.conf.Configuration;
import org.apache.hadoop.fs.Path;
import org.apache.hadoop.io.IntWritable;
import org.apache.hadoop.io.Text;
import org.apache.hadoop.mapreduce.Job;
import org.apache.hadoop.mapreduce.lib.input.FileInputFormat;
import org.apache.hadoop.mapreduce.lib.output.FileOutputFormat;

public class FruitMapReduce {
    public static void main(String[] args) throws Exception {
        Configuration conf = new Configuration();
        Job job = Job.getInstance(conf, "FruitCount");
        job.setJarByClass(FruitMapReduce.class);
        job.setMapperClass(FruitMapper.class);
        job.setReducerClass(FruitReducer.class);

        job.setMapOutputKeyClass(Text.class);
        job.setOutputValueClass(IntWritable.class);
        job.setOutputKeyClass(Text.class);
        job.setOutputValueClass(IntWritable.class);

        String inputPath = "hdfs://master:9000/input/example.txt";
        String outputPath = "hdfs://master:9000/output";
        FileInputFormat.setInputPaths(job, new Path(inputPath));
        FileOutputFormat.setOutputPath(job, new Path(outputPath));
        boolean b = job.waitForCompletion(true);
        if (b) {
```

```
            System.out.println("执行完毕！ ");
        }
    }
8.  }
```

步骤07 ▶ 使用如下命令，将 example.txt 文件上传至 HDFS /input 目录。

```
[root@master hadoop]# hdfs dfs -put /opt/bigdata/example.txt /input
```

步骤08 ▶ 进入 Hadoop 安装目录，使用如下命令提交应用。其中 myfirstmapreduce.jar 是打包好的 jar 包，FruitMapReduce 是包含 main 函数的类。

```
[root@master hadoop]# bin/hadoop jar /opt/bigdata/myfirstmapreduce.jar
FruitMapReduce
```

步骤09 ▶ 在 HDFS 上，切换到 output 路径查看执行的结果，如图 4-37 所示。

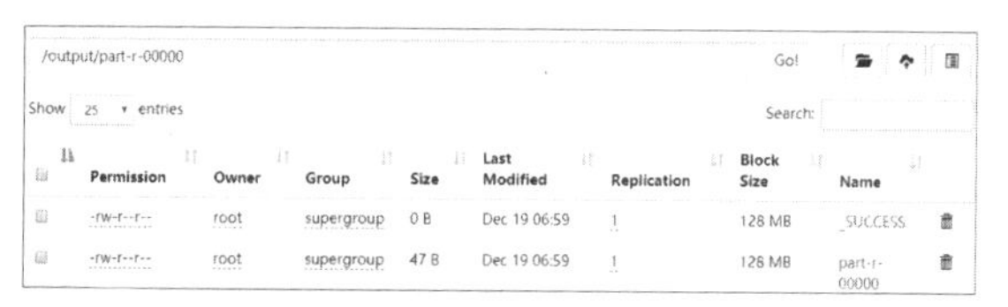

图 4-37　HDFS 上的输出结果

使用如下命令查看文件内容。

```
[root@master ~]# hdfs dfs -cat /output/part-r-00000
```

执行结果如图 4-38 所示，可以看到结果与 MapReduce 编程实例中输出结果一致。

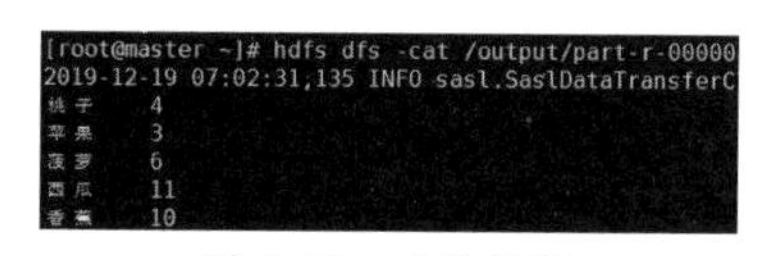

图 4-38　统计结果

步骤10 ▶ 切换到 YARN 页面，单击左侧菜单【Applications】，可以看到应用列表。列表中显示了应用 ID、应用名称、执行状态、所在队列、开始执行时间、执行完成时间等信息，如图 4-39 所示。

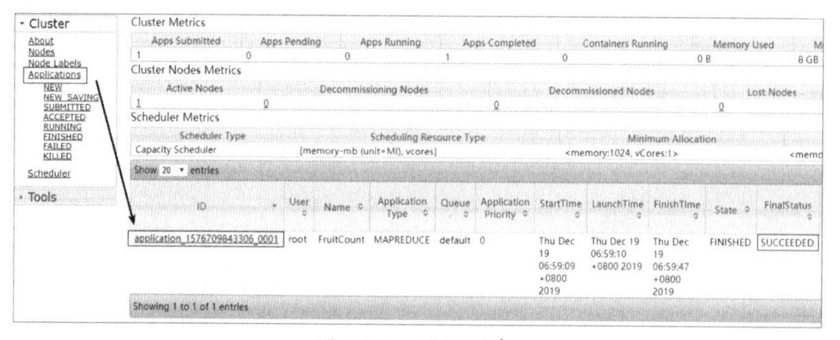

图 4-39　应用列表

步骤 11 若是在应用列表页面看不到执行完成的应用，可以通过 historyserver 命令查看。在 Hadoop 安装目录执行以下命令，启动 historyserver。

```
[root@master hadoop]# ./sbin/mr-jobhistory-daemon.sh start historyserver
```

从 mapred-site.xml 文件 mapreduce.jobhistory.webapp.address 节点的信息看到，可以通过 19888 端口访问 historyserver。打开浏览器，输入如下地址。

```
http://192.168.70.130:19888/jobhistory
```

可以看到应用列表页面如图 4-40 所示。

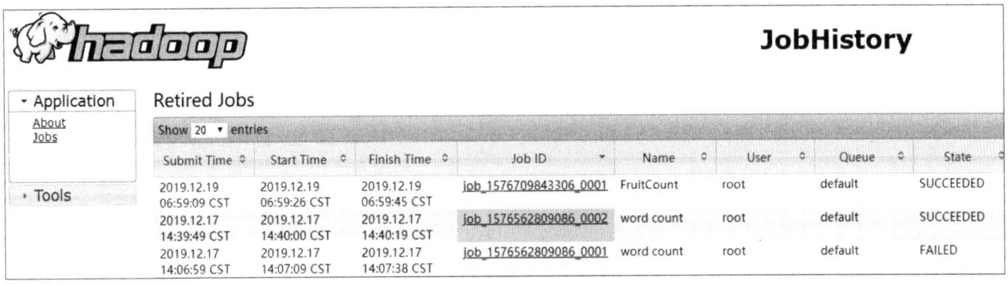

图 4-40 historyserver 应用列表

4.6 Hadoop 常用操作命令

Hadoop 常用操作命令主要有两类：一类用于系统管理，针对 HDFS 本身和 YARN 的操作；另一类是操作 HDFS 中的文件。接下来分别讲解这两类命令。

4.6.1 系统管理

系统管理的常用命令如下。

1. 启动 HDFS。

进入 Hadoop 根目录。

```
[root@master hadoop]# ./sbin/start-dfs.sh
```

2. 停止 HDFS。

```
[root@master hadoop]# ./sbin/stop-dfs.sh
```

3. 启动 YARN。

```
[root@master hadoop]# ./sbin/start-yarn.sh
```

4. 停止 YARN。

```
[root@master hadoop]# ./sbin/stop-yarn.sh
```

5. 启动所有进程。

```
[root@master hadoop]# ./sbin/start-all.sh
```

6. 停止所有进程。

```
[root@master hadoop]# ./sbin/stop-all.sh
```

7. 进入安全模式。

```
[root@master hadoop]# hdfs dfsadmin -safemode enter
```

8. 退出管理模式。

```
[root@master hadoop]# hdfs dfsadmin -safemode leave
```

4.6.2 文件管理

文件管理的常用命令如下。

1. 创建目录。

```
[root@master hadoop]# hdfs dfs -mkdir /test
```

2. 上传文件到系统。

```
[root@master hadoop]# hdfs dfs -put etc/hadoop/core-site.xml /test
```

3. 复制文件到系统。

```
[root@master hadoop]# hdfs dfs -copyFromLocal  etc/hadoop/hdfs-site.xml /test
```

-put 和 -copyFromLocal 的主要区别是前者可以有多个源，后者只能复制本地文件。

4. 上传文件夹到系统。

```
[root@master hadoop]# hdfs dfs -put etc/hadoop/ /test
```

5. 查看目录。

```
[root@master hadoop]# hdfs dfs -ls /test
```

6. 查看文件。

```
[root@master hadoop]# hdfs dfs -cat /test/core-site.xml
```

7. 下载文件。

```
[root@master hadoop]# hdfs dfs -get /test/hdfs-site.xml /usr
```

8. 合并文件。

```
[root@master hadoop]# hdfs dfs -getmerge /test temp.xml
```

命令会将 /test 下的所有文件合并成一个文件 temp.xml，然后将 temp.xml 文件保存到当前目录。

9. 删除文件（夹）。

```
[root@master hadoop]# hdfs dfs -rm -r /test
```

4.6.3 Python 操作 HDFS

Hadoop 提供了操作 HDFS 的 Java 接口，同时也提供了 WebHDFS REST API 和 Hadoop HDFS over HTTP 两种形式，以方便其他语言的开发者使用 HDFS。另外，社区也提供了多个 Python HDFS 的客户端，本小节将介绍如何使用 Python HDFS 库来操作 HDFS，具体操作步骤如下。

步骤 01 在 Windows 上打开 cmd 命令行窗口，安装 Python hdfs 客户端，命令如下。

```
pip install hdfs
```

步骤 02 在虚拟机的 Shell 窗口输入如下命令，修改 HDFS 根目录权限。

```
[root@master hadoop]# hdfs dfs -chmod 777 /
```

步骤 03 创建一个 py 文件，并添加如示例 4-9 所示的内容。

示例 4-9 操作 HDFS

```
#!/usr/bin/python

from hdfs import Client

client = Client("http://192.168.70.130:9870/", root="/")

# 在根目录下创建 mydir 目录
client.makedirs("/mydir")
data = client.list("/")
print(" 查看根目录下的子目录: ", data)

# 上传文件
hdfs_path = "/mydir"
local_path = r"/opt/example.txt"
client.upload(hdfs_path, local_path)
print(" 查看文件 ")
hdfs_file_path = hdfs_path + "/example.txt"
with client.read(hdfs_file_path) as reader:
    byte = reader.read()
    content = bytes.decode(byte)
    print(content)

# 下载文件
client.download(hdfs_file_path, "/home")
```

```
# 重命名文件
new_hdfs_file_path = hdfs_path + "/example1.txt"
client.rename(hdfs_file_path, new_hdfs_file_path)

# 删除文件
client.delete(new_hdfs_file_path)
```

需要创建一个 Client 对象，用以连接 HDFS；在根目录下创建一个子目录，将文件上传到该目录。这里需要注意，若是在 Windows 上直接执行该代码，需要在“系统盘 :\Windows\System32\drivers\etc\hosts”文件中添加“192.168.70.130 master” HDFS 集群域名映射，其中“master”是 fs.defaultFS 节点配置的域名；在读取文件内容时，因 read 方法返回的是字节，因此需要调用 bytes.decode 将其转换为字符串。

4.7 实训：在容器中部署 Hadoop 集群

在安装 Hadoop 的过程中，可以发现要把 Hadoop 运行起来需要经历一个漫长的过程。任何一步出错，都有可能导致 Hadoop 不能正常运行。因此一个比较好的选择就是将 Hadoop 部署到容器中，再将该容器打包成镜像，最后再利用 Kubernetes 等工具构建集群。

本章的实训目标，就是在 Docker 集群之上，构建完全分布式的 Hadoop 平台。

1. 实现思路

首先创建 1 个容器，将其作为 master，在 master 容器中部署好 Hadoop 并打包成镜像。在 master 中运行 NameNode、SecondaryNameNode、ResourceManager 这 3 个进程。基于此镜像再创建两个容器，运行 DataNode、NodeManager 进程，将其作为从节点。

2. 具体实现

步骤 01 ▸ 拉取镜像。

```
[root@master ~]# docker pull centos:7.7.1908
```

步骤 02 ▸ 创建一个名为 hadoopnet 的网络，用以固定容器 IP。

```
[root@master ~]# docker network create --subnet=172.20.0.0/16 hadoopnet
```

容器的网络规划如表 4-1 所示。其中 master 容器的 IP 为 172.20.0.5，作为集群主节点，其余两个容器为从节点。

表 4-1 容器网络规划

容器名称	IP	角色	运行进程
master	172.20.0.5	master	NameNode、SecondaryNameNode、ResourceManager
worker1	172.20.0.6	work node	DataNode、NodeManager
worker2	172.20.0.7	work node	DataNode、NodeManager

步骤 03 ▸ 创建 master 容器，参数 -p 是映射的 HDFS 和 YARN 集群 Web 页面的端口；参数 --net 用于指定容器的网络；参数 --ip 用于固定容器 IP；参数 -v 是为了将 /opt/bigdata 目录挂载到容器中，以将 Hadoop 安装文件共享到容器中。

```
[root@master ~]# docker run -it --name master -p 9870:9870 -p 8088:8088 --net
hadoopnet --ip 172.20.0.5 -v /opt/bigdata:/opt/bigdata docker.io/library/
centos:7.7.1908 /bin/bash
```

步骤 04 ▸ 进入 master 容器，开始安装 Java 运行时、SSH 和 Hadoop。接下来需要修改 5 个文件，分别按以下内容设置。

（1）修改 core-site.xml 文件，内容如下。

```
<configuration>
    <property>
        <name>hadoop.tmp.dir</name>
        <value>file:/usr/local/hadoop/tmp</value>
        <description>Abase for other temporary directories.</description>
    </property>
    <property>
        <name>fs.defaultFS</name>
        <value>hdfs://172.20.0.5:9000</value>
    </property>
</configuration>
```

（2）修改 hdfs-site.xml 文件，内容如下。

```
<configuration>
    <property>
        <name>dfs.replication</name>
        <value>2</value>
    </property>
    <property>
        <name>dfs.NameNode.name.dir</name>
        <value>file:/usr/local/hadoop/tmp/dfs/name</value>
    </property>
    <property>
        <name>dfs.DataNode.data.dir</name>
        <value>file:/usr/local/hadoop/tmp/dfs/data</value>
    </property>
```

```
</configuration>
```

（3）修改 mapred-site.xml 文件，内容如下。

```
<configuration>
        <property>
                <name>mapreduce.framework.name</name>
                <value>yarn</value>
        </property>
</configuration>
```

（4）修改 yarn-site.xml 文件，添加如下内容。

```
<configuration>
   <property>
          <name>yarn.resourcemanager.hostname</name>
          <value>172.20.0.5</value>
   </property>
   <property>
          <name>yarn.nodemanager.aux-services</name>
          <value>mapreduce_shuffle</value>
   </property>
   <property>
          <name>yarn.application.classpath</name>
        <value>
/usr/local/hadoop/etc/hadoop:/usr/local/hadoop/share/hadoop/common/lib/*:/usr/
local/hadoop/share/hadoop/common/*:/usr/local/hadoop/share/hadoop/hdfs:/usr/local/
hadoop/share/hadoop/hdfs/lib/*:/usr/local/hadoop/share/hadoop/hdfs/*:/usr/local/
hadoop/share/hadoop/mapreduce/lib/*:/usr/local/hadoop/share/hadoop/mapreduce/*:/
usr/local/hadoop/share/hadoop/yarn:/usr/local/hadoop/share/hadoop/yarn/lib/*:/usr/
local/hadoop/share/hadoop/yarn/*
</value>
   </property>
</configuration>
```

（5）修改 workers 文件，添加从节点的两个 IP 即可。

```
172.20.0.6
172.20.0.7
```

修改时注意配置文件中黑色加粗字体与伪分布式配置不一样的部分。

配置完毕后使用如下命令将 master 容器打包成镜像。

```
[root@master ~]# docker commit master hadoop_image:v1
```

查看镜像列表，验证是否已经打包完毕，如图 4-41 所示。

步骤 05 ▸ 使用如下命令再创建两个容器，同时指定 IP。

```
[root@master ~]# docker run -it --name worker1 --net hadoopnet --ip 172.20.0.6
```

```
hadoop_image:v1 /bin/bash
[root@master ~]# docker run -it --name worker2 --net hadoopnet --ip 172.20.0.7
hadoop_image:v1 /bin/bash
```

步骤 06 ▸ 在主节点上格式化文件系统，然后分别启动 HDFS。

```
[root@827770290d2d hadoop]# ./sbin/start-dfs.sh
```

查看各节点进程启动情况，如图 4-42 所示。

```
[hadoop@master ~]$ docker images
REPOSITORY          TAG          IMAGE ID
hadoop_image        v1           dfcfd27f564a
```

图 4-41 打包镜像

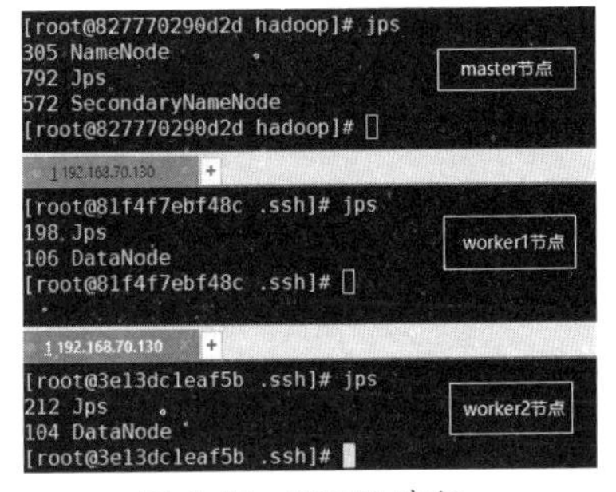

图 4-42 HDFS 进程

在宿主机打开浏览器，查看 HDFS Web 页面，如图 4-43 所示，可以看到已经存在两个 DataNode 节点了。

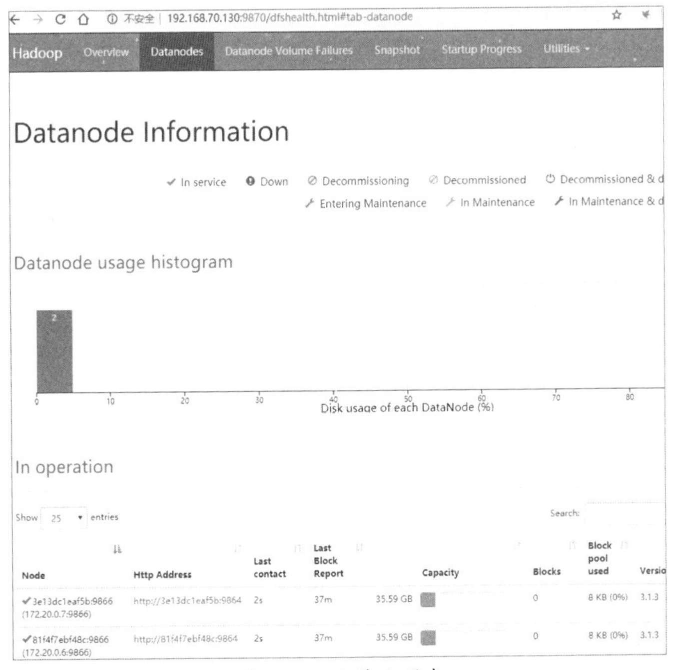

图 4-43 从节点列表

步骤 07 ▸ 启动 YARN 集群。

```
[root@827770290d2d hadoop]# ./sbin/start-yarn.sh
```

查看各节点进程启动情况，如图 4-44 所示。

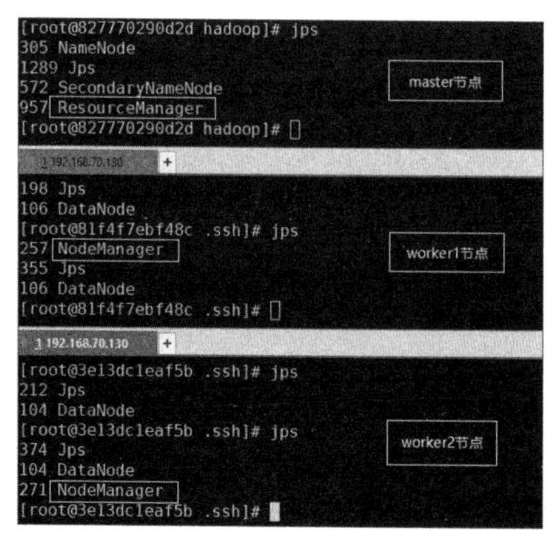

图 4-44　YARN 进程

在宿主机打开浏览器，查看 YARN Web 页面，如图 4-45 所示，可以看到已经存在两个 Node 了。

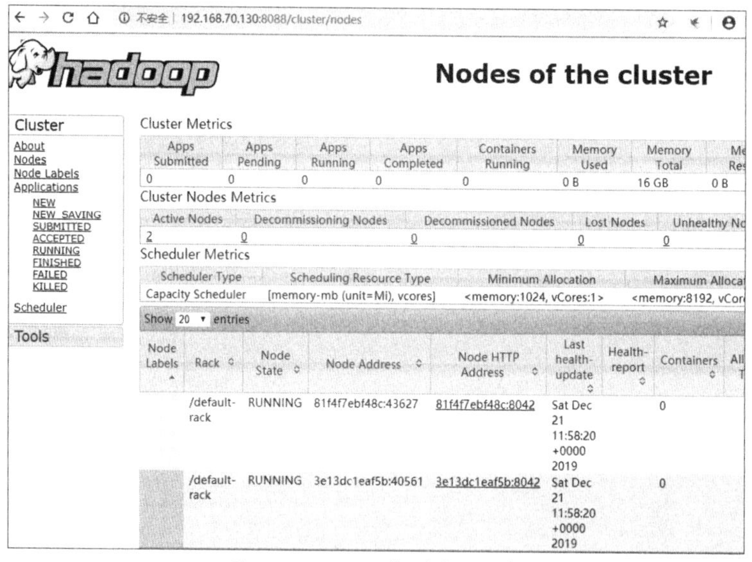

图 4-45　YARN 集群节点列表

温馨提示

在容器中启动 Hadoop 集群时如果遇到类似“SSH………Connection refused”的错误，表示 SSH 服务未启动，执行 service sshd start 命令启动 SSH 即可。

目前已经在容器中成功部署了 Hadoop 集群。不管是使用 Docker 容器做集群，还是使用 Kubernetes 做集群，Hadoop 的配置流程都是一致的。

在多机上做集群需要注意多机之间的网络通信问题，另外还需要考虑多机同步 Hadoop 镜像的问题。同步镜像可以采用自建私有仓库或将镜像上传至 Docker Hub 等方案。

本章小结

本章主要介绍了 Hadoop 体系结构、各模块的核心原理、MapReduce 的编程模型及环境搭建。本章还介绍了如何在 Docker 上搭建 Hadoop 集群，但没有介绍如何把 Docker 作为 YARN 上运行 MapReduce 的容器，这主要是基于系统安全方面的考虑。本章难点是 HDFS 的存储原理、MapReduce 应用在 YARN 上的调度过程，以及 YARN 的调度方式。很多用户在环境搭建过程中非常容易出错，但出错时控制台会输出该错误的关键信息，要灵活处理这些错误，就需要对各模块的原理有较深的理解。

第 5 章

空间要灵活，使用 HBase 来管理

★本章导读★

本章先介绍 HBase 的体系架构、数据存储模型、环境搭建，然后介绍 MapReduce 编程模型和 Shell 操作方式。由于 HDFS 不适合存储小文件，在查找与修改数据方面也不灵活，因此在具有大量小文件、需要实时查询和随机读写等场景，就可以使用 HBase。

★知识要点★

通过对本章内容的学习，读者将掌握以下知识技能。

- 了解 HBase 的体系架构
- 了解 HBase 的核心原理
- 掌握 HBase 的部署方式
- 掌握 HBase 的基本操作
- 掌握用 Python 操作 HBase 的方法

5.1 初识 HBase

HBase 是一个开源的、分布式的、可扩展的、基于 Hadoop 存储的数据库。当用户需要对大数据进行随机的、实时的读 / 写访问时，可使用 HBase。HBase 的目标是在普通的硬件集群上托管超大型表——数十亿行与数百万列。正如 BigTable 利用 Google 文件系统提供的分布式数据存储一样，HBase 在 Hadoop 和 HDFS 之上提供类似 BigTable 的功能。

5.1.1 HBase 简介

在进一步讨论 HBase 前，有必要先了解 BigTable。

BigTable 由 Google 开发，自 2005 年以来被应用于数十种 Google 服务中。

BigTable 是一种分布式存储系统，其结构为一个大表：一个大小可能为 PB 的数据，分布在成千上万的计算机之中。

BigTable 被设计用于存储大型数据集，数据集中的每一项都拥有多个版本标识。BigTable 在查询方面性能卓越，每秒可执行数千个查询任务。

相较 HDFS，BigTable 适合处理小型数据，并支持实时查询。

BigTable 被设计用于存储半结构化数据。BigTable 是一个大的 Map（映射，< 键 , 值 > 结构），在 Map 中使用行键、列键和时间戳来索引数据。BigTable 是 Map 对的集合。

在 Google 中，BigTable 建立在 GFS（Google File System，谷歌文件系统）之上。而 HBase 则是 BigTable 的 Apache 开源版本，构建在 HDFS 或 Amazon S3 之上。

HBase 是一种“NoSQL”数据库。“NoSQL”是一个通用术语，一般解释为“Not Only SQL”，表示不仅仅是 SQL。NoSQL 数据库区别于关系型数据库，它不支持 SQL 查询，也不保证数据的事务属性。关系型数据库具有的类型化的列、二级索引、触发器、高级查询等功能，NoSQL 数据库也不具备。但是 HBase 具有支持线性和模块化缩放的许多功能，可通过在普通的服务器上运行 RegionServer 来扩展 HBase 集群。例如，如果集群从 10 个 RegionServer 节点扩展到 20 个，那么整个集群的存储和处理能力都将增加一倍。

HBase 功能如下。

（1）高度一致的读 / 写：HBase 不是“最终一致”的数据存储，这使其非常适合执行诸如高速计数聚合之类的任务。

（2）自动分片：HBase 表通过 Region 分布在集群上，并且随着数据的增长，Region 会自动拆分和重新分布。

（3）错误：支持 RegionServer 故障自动转移。

（4）存储：HBase 支持将 HDFS 作为其分布式文件系统，开箱即用。

（5）并行化处理：HBase 支持通过 MapReduce 进行大规模并行化处理。

（6）Java 客户端 API：HBase 支持使用 Java API 进行编程访问。

（7）Thrift/REST API：HBase 支持 Thrift 和 REST，可采用非 Java 语言编程访问。

（8）块缓存和布隆过滤器：HBase 支持块缓存和布隆过滤器，以进行大量查询优化。

（9）运维管理：HBase 包含一个 Web 界面，上面提供了各项指标来对其进行运维。

HBase 并非适合所有情况。

首先，要确保有足够大的数据量。如果数据只有数千行或百万行，使用传统的关系型数据库可能是一个较好的选择，如果数据量有数亿或数十亿行，那么 HBase 则是一个较好的选择。原因是如果数据量较小，则只会占用集群的一两个节点，其他节点将被浪费。

其次，要确保业务中不会涉及类型化的列、二级索引、事务、高级查询语言等。

最后，要确保有足够的硬件。尽管 HBase 在笔记本电脑上也可以很好地独立运行，但这仅应视为开发配置。

5.1.2 HBase 体系架构

HBase 与 Hadoop 类似，都是基于主从架构：一个负责决策的 master（主）服务器和一个或多个负责实际任务的 slaves（从）服务器，如图 5-1 所示。在 HBase 中，主服务器称为 HMaster，从服务器称为 HRegionServer。HRegionServer 启动后会在 Zookeeper 中进行注册，HMaster 根据这些注册信息来管理 HRegionServer。ZooKeeper 也会维护 HMaster 的信息，使集群中始终只有一个 HMaster 为活动状态。客户端通过 ZooKeeper 给 HMaster 发起表操作命令，如创建表、删除表。如果要写入数据，客户端通过 ZooKeeper 返回的 HRegionServer 信息，去连接该 HRegionServer，然后 HRegionServer 负责具体的数据写入工作。由于 HBase 依赖 Hadoop HDFS 存储，因此可以看到图中最底层标注的是 DataNode 组件。

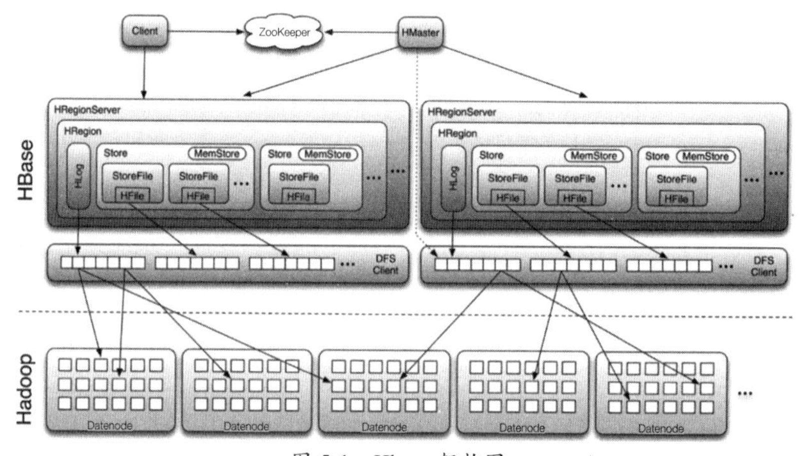

图 5-1　Hbase 架构图

图中涉及的几个重要概念，这里介绍如下。

1. HRegion

HBase 的管理对象是表，一个 HBase 表由一个或一组 Region 构成，Region 也称 HRegion。Region 是一个数据集合，不同的 Region 可能分布在不同的节点上，但一个 Region 只能存放在一个节点上。在 HBase 表数据比较少的时候，这些数据存放在一个 Region 中；当数据超出阈值的时候，Region 就会自动拆分。Region 是建立在 HDFS 之上的，因此数据的最终落脚点就在 HDFS 中。

对于 HBase 表来说，Region 是可用性和分布式特性的基本元素。Region 由每个列族的 Store 组成。Region 的结构层次如下。

```
Table                    ：表
    Region               ：表中的 Region
```

```
        Store              : 每一个 Region 中的每一个列族的 Store
            MemStore       : 每一个 Store 的 MemStore
            StoreFile      : 每一个 Store 的 StoreFile
                Block      :StoreFile 由块构成，块的大小取决于列族的设置
```

2. Store

Store 是给定 Region 的列族，一个 Region 存在一到多个 Store，一个 Store 对应一个 MemStore（MemStore 是内存中的一块区域）和 0 到多个 StoreFile（StoreFile 就是 HFile, 是数据的实际存放位置）。RegionServer 对数据的修改首先是保存在 Store 的 MemStore 中的，当触发刷新时，数据就会被刷新到 StoreFile，同时清空 MemStore 中的数据。注意，刷新是在整个 Region 上发生的，而不是单个 MemStore。一个 MemStore 刷新，那么整个 Region 的所有 MemStore 都会刷新。

MemStore 会触发刷新的情况如下。

（1）当 MemStore 达到 hbase.hregion.memstore.flush.size 指定的大小（默认为 10GB）时，所有属于 Region 的 MemStore 都会被刷新到磁盘上。

（2）当所有 MemStore 总和达到内存大小的 hbase.regionserver.global.memstore.upperLimit 上限，则触发刷新。刷新是按各 Region 的 MemStore 大小降序进行的。直到使用量降低到 hbase.regionserver.global.memstore.lowerLimit 为止。

（3）当 WAL 日志的条目数超过 hbase.regionserver.max.logs 配置的值，也会触发刷新，以减少 WAL 日志的数量。MemStore 按日志时间顺序进行刷新，最旧的日志最先刷新。

3. HLog

HBase 中 WAL 的接口名为 HLog。WAL 是 Write Ahead Log 的缩写，一般译为预写日志。WAL 记录了 HBase 中所有数据的操作，并存储到文件中。通常每个 RegionServer 仅存在一个 WAL 实例。RegionServer 在进行数据操作时会先将操作信息记录到 WAL，然后写入 Store 的 MemStore。这样有一个好处，在数据从 MemStore 刷新到 StoreFile 之前，出现 RegionServer 崩溃或变得不可用的情况时，可通过对 WAL 进行重放来确保数据被更改。WAL 存放在 HDFS 上的 /HBase/WALs/ 中，每一个 Region 都有一个对应的子目录。

4. HRegionServer

HRegionServer 是一个守护进程 , 也称 RegionServer，运行 RegionServer 进程的节点是从服务器。RegionServer 负责管理该节点上的所有 Region，它是 Region 的容器。一个节点上一般只运行一个 RegionServer。

在完全分布式的集群环境中，RegionServer 通常与 DataNode 运行在同一个节点上。

RegionServer 提供的主要操作有以下两种。

（1）对数据的操作：get（获取）、put（添加）、delete（删除）、next（获取下一个数据）等。

（2）对 Region 的操作：splitRegion（拆分 Region）、compactRegion（合并 Region）等。

5. HMaster

HMaster 是一个守护进程，也称 Master，运行 HMaster 进程的节点是集群的主服务器。主服务器负责监视集群中的所有 RegionServer 实例，并且是所有元数据更改的入口。

在完全分布式的集群环境中，Master 通常与 NameNode 运行在同一个节点上。如果集群中存在多个 Master，那么只有一个是活动的，其余都是备用的。如果活动的 Master 因故障宕机，那么 ZooKeeper 会选择一个备用的 Master 作为活动的 Master。

大多数分布式应用平台，如 Hadoop，当主节点 NameNode 宕机后，整个集群是不能使用的。但 HBase 不一样，因为 HBase 客户端直接与 RegionServer 通信，所以在 Master 崩溃时仍可以在“稳定状态”下运行。由于 Master 管理着 RegionServer 故障转移和 Region 拆分等核心功能，因此在 Master 崩溃后应尽快恢复。

Master 提供的主要操作有以下 3 种。

（1）对表的操作：createTable（创建表）、modifyTable（修改表）、removeTable（移除表）、enable（启用表）、disable（禁用表）。

（2）对列族的操作：addColumn（添加列族）、modifyColumn（修改列族）、removeColumn（移除列族）。

（3）对 Region 的操作：move（移动）、assign（分派，是指 Master 将某个 Region 分派到某个 RegionServer）、unassign（取消分派）。

在操作过程中，Master 会将管理操作、运行状态、表操作等信息记录到自己的 WAL 中。WAL 文件存储在 MasterProcWALs 目录下。若是此时 Master 崩溃，则下一个活动的 Master 将替代此文件继续工作。

另外，Matser 运行着几个后台线程，其作用如下。

（1）在集群中，周期性地移动 Region 以实现负载均衡。

（2）定期检查并清理 hbase:meta 表，hbase:meta 表也被称为 .META. 表。

6. ZooKeeper

ZooKeeper 是用于分布式应用程序的高性能协调服务。它通过简单的接口公开了常见的服务，如命名、配置管理、同步和组服务。

一个分布式的 HBase 集群需要依赖 ZooKeeper，所有节点及客户端需要能够正常访问到它。HBase 自带 ZooKeeper 组件，也可以使用独立的 ZooKeeper。在 HBase 安装目录下的 conf/hbase-env.sh 文件中，设置 HBASE_MANAGES_ZK 变量来切换使用自带的或独立的 ZooKeeper。HBASE_MANAGES_ZK 变量的默认值为 True，表示使用自带的 ZooKeeper，启停 HBase 时，同时也会自动启停 ZooKeeper。

HBase 使用 ZooKeeper 维护集群状态。HBase 启动时，首先会启动 ZooKeeper，然后是 HMaster 和 HRegionServer。HRegionServer 会周期性地向 ZooKeeper 发送心跳，当 HRegionServer 所在节点宕机或者心跳丢失，ZooKeeper 就会认为该 HRegionServer 失效，并通知 HMaster。HMaster 收到通知消息后就会将该节点上的 Region 转移到正常的 HRegionServer 上，并根据 HLog，也就是 WAL 来恢复数据。

HBase 有一个目录表——hbase:meta，保留了系统中所有 Region 信息，包括该 Region 所在 RegionServer 的地址和端口。hbase:meta 表就存放在 ZooKeeper 中。

7. Client

HBase Client 通过联系 Zookeeper 查询 hbase:meta 表来确定 RegionServer 的位置。找到所需的 Region 之后，Client 会联系该 Region 的 RegionServer，并发出读取或写入请求。这个过程不经过 MasterServer。Client 会将找到的 RegionServer 信息缓存到本地，此后的请求无须经过查找过程。如果有 RegionServer 状态发生了变化，如该节点宕机了，或者触发了 HBase 负载均衡，客户端就会重新查询 hbase:meta 表，以确定 Region 的新位置。

5.1.3 HBase 数据模型

在 HBase 中，数据存储在具有行和列的表中，这一点与关系型数据库的“表”概念重叠，但是应将 HBase 中的“表”视为一个多维映射。

首先来看看 HBase 数据模型中的几个重要概念。

（1）表：是多个行的集合。

（2）行：表中的行由一个行键和一到多个列及其对应的值构成。在存储数据时，HBase 根据行键字母进行排序。因此为提高查询性能，让相关性较强的数据彼此邻近存储，行键的设计就很重要。

（3）行键：行键是一行数据的标识，类似数据库中的主键。

（4）列：列由列族和列限定符组成，中间使用英文冒号隔开。

（5）列族与列限定符：HBase 中的列被分组为列族。列族的所有列成员都具有相同的前缀。例如，列 courses：history 和 courses：math 都是 courses 列族的成员。history 和 math 都是列限定符。列族前缀必须由可输出字符组成，列限定符可以由任意字符组成。列族必须在创建表时预先声明，而列限定符则不必。

（6）单元格：表示表中的一个单元格。单元格使用 {row, column, version} 元组进行定位。

（7）时间戳：表示表单元格中值的版本。时间戳一般是取系统时间，也可以自定义。版本按降序存储。

（8）值：表示单元格中的内容。

继续从以下几个方面来分析 HBase 对表的管理。

1. 概念模型

以一个名为 webtable 的表为例，如表 5-1 所示。其中包含 2 行行键和 3 个列族，2 行行键分别是 com.example.www 和 com.cnn.www，3 个列族分别名为 content、anchor 和 people。

对于行键 com.example.www 的行包含 1 个版本，版本为 t5。列族 contents 包含一列：html，其版本为 t5；列族 people 包含一列：author, 其版本亦为 t5。

对于行键 com.cnn.www 的行包含 5 个版本，版本分别是 t3、t5、t6、t8、t9。列族 contents 包含一列：html，其版本为 t3、t5、t6；列族 anchor 分为两列：cnnsi.com 与 my.look.ca，各列分别对应一个 t8 版本和 t9 版本。

如果想定位值“CNN”，需要使用元组 {com.cnn.www，t9, anchor:cnnsi.com}3 个要素来确定单元格；如果想定位值“html”，则需要使用元组 { com.cnn.www，t6, contents: html}。

com.example.www 的 anchor 列族和 com.cnn.www 的 people 列族，由于没有实际内容，不占用存储空间，因此说 HBase 的表是稀疏的。

表 5-1　webtable

Row Key	Time Stamp	ColumnFamily contents	ColumnFamily anchor	ColumnFamily people
"com.cnn.www"	t9		anchor:cnnsi.com = "CNN"	
"com.cnn.www"	t8		anchor:my.look.ca = "CNN.com"	
"com.cnn.www"	t6	contents:html = "<html>…"		
"com.cnn.www"	t5	contents:html = "<html>…"		
"com.cnn.www"	t3	contents:html = "<html>…"		
"com.example.www"	t5	contents:html = "<html>…"		people:author = "John Doe"

官方并不推荐使用关系型数据库的表来类比 HBase 中的表。因为 HBase 中的表实际上表示的是一种数据映射，更倾向于下面这种结构。可以看到，这种结构类似 json，一种普遍的 NoSQL 数据库存储模式。

```
{
  "com.cnn.www": {
    contents: {
      t6: contents:html: "<html>..."
      t5: contents:html: "<html>..."
      t3: contents:html: "<html>..."
    }
    anchor: {
```

```
      t9: anchor:cnnsi.com = "CNN"
      t8: anchor:my.look.ca = "CNN.com"
    }
    people: {}
  }
  "com.example.www": {
    contents: {
      t5: contents:html: "<html>..."
    }
    anchor: {}
    people: {
      t5: people:author: "John Doe"
    }
  }
}
```

2. 物理模型

HBase 列族下的限定符随时可以添加，HBase 是按列存储的，若该列没有值则不存储。因此表 5-1 的行键 com.cnn.www 实际的存储方式就如表 5-2 和表 5-3 所示。

表 5-2　列族 anchor

Row Key	Time Stamp	ColumnFamily anchor
"com.cnn.www"	t9	anchor:cnnsi.com = "CNN"
"com.cnn.www"	t8	anchor:my.look.ca = "CNN.com"

表 5-3　列族 contents

Row Key	Time Stamp	ColumnFamily contents
"com.cnn.www"	t6	contents:html = "<html>…"
"com.cnn.www"	t5	contents:html = "<html>…"
"com.cnn.www"	t3	contents:html = "<html>…"

由于 people 列族下没有内容，因此键为 com.cnn.www 的行不包含 people 列。

在查询 HBasc 表的时候，默认返回的是每个数据的最新版本，如果带了数据版本号，则返回指定版本。例如，通过元组 { com.cnn.www, contents:html }2 个元素查找，返回的将是 contents:html 列的 t6 版本；如果通过元组 {com.cnn.www,contents:html,t5 } 这 3 个元素查找，返回的将是 contents:html 列的 t5 版本。

5.2 HBase 环境搭建

HBase 的数据存储支持两种模式，一种是本地存储，另一种是存储在 HDFS 上。若是存储在 HDFS 上，还需要选择合适的 Hadoop 版本。运行 HBase 需要安装 JDK，不同版本的 HBase 需要安装对应版本的 JDK。HBase 有 3 种运行模式，分别是单机版、伪分布式与完全分布式。本小节将介绍这 3 种环境搭建方式及其特点。

5.2.1 选择合适的 Hadoop 和 JDK

为 HBase 选择合适的配套运行环境是必要的，因为如果版本选择错误，会导致 HBase 无法启动。有时即使启动了，也无法正常执行任务。因此建议读者根据以下信息选择各组件版本。

HBase 与 Hadoop 各版本间的兼容性说明如图 5-2 所示，其中各图标的含义如下。

✔：表示经过测试，功能完备。

✖：表示不支持。

!：表示没有测试过，不确定。

由于在上一章使用的 Hadoop 是 3.1.3 版本，因此本章将使用 HBase 2.2.2 版本。

	HBase-1.3.x	HBase-1.4.x	HBase-1.5.x	HBase-2.1.x	HBase-2.2.x
Hadoop-2.4.x	✔	✖	✖	✖	✖
Hadoop-2.5.x	✔	✖	✖	✖	✖
Hadoop-2.6.0	✖	✖	✖	✖	✖
Hadoop-2.6.1+	✔	✖	✖	✖	✖
Hadoop-2.7.0	✖	✖	✖	✖	✖
Hadoop-2.7.1+	✔	✔	✖	✔	✖
Hadoop-2.8.[0-2]	✖	✖	✖	✖	✖
Hadoop-2.8.[3-4]	!	!	✖	✔	✖
Hadoop-2.8.5+	!	!	✔	✔	✔
Hadoop-2.9.[0-1]	✖	✖	✖	✖	✖
Hadoop-2.9.2+	!	!	✔	!	✔
Hadoop-3.0.[0-2]	✖	✖	✖	✖	✖
Hadoop-3.0.3+	✖	✖	✖	✔	✖
Hadoop-3.1.0	✖	✖	✖	✖	✖
Hadoop-3.1.1+	✖	✖	✖	✔	✔

图 5-2　Hbase 与 Hadoop 兼容性说明

HBase 与 JDK 各版本间的兼容性说明如图 5-3 所示。

HBase Version	JDK 7	JDK 8	JDK 9 (Non-LTS)	JDK 10 (Non-LTS)	JDK 11
2.1+	✗	✓	HBASE-20264	HBASE-20264	HBASE-21110
1.3+	✓	✓	HBASE-20264	HBASE-20264	HBASE-21110

图 5-3　HBase 与 JDK 兼容性说明

5.2.2 单机模式

从官网下载 hbase-2.2.2-bin.tar.gz 文件，并上传到虚拟机 /opt/bigdata/ 目录下，若是没有该目录，则使用如下命令创建。

```
[root@master ~]# mkdir /opt/bigdata
```

接下来开始安装单机模式下的 HBase。

步骤 01 解压文件。

```
[root@master local]# tar -zvxf /opt/bigdata/hbase-2.2.2-bin.tar.gz -C /usr/local
```

步骤 02 重命名解压后的目录，编辑 hbase/conf/hbase-env.sh 文件并添加 Java 环境变量。

```
[root@master local]# cd /usr/local/
[root@master local]# mv hbase-2.2.2/ hbase
[root@master local]# vi hbase/conf/hbase-env.sh
```

在 hbase-env.sh 文件中找到以下节点，去掉前面的“#”，并将 JAVA_HOME 设置为实际安装路径。

```
# export JAVA_HOME=/usr/java/jdk1.8.0/
```

本章将沿用上一章已经安装好的 JDK，设置如下。

```
export JAVA_HOME=/usr/lib/jvm/java-1.8.0-openjdk-1.8.0.232.b09-0.el7_7.x86_64
```

步骤 03 配置 HBase 和 ZooKeeper 的数据目录。在默认情况下，HBase 和 ZooKeeper 是将数据写入 /tmp 目录下的。但是由于很多系统在重启后会自动删除 /tmp 目录下的数据，因此为保证数据安全，建议另外设置一个目录。HBase 和 ZooKeeper 的目录需要在 conf/hbase-site.xml 文件内配置。编辑该文件，并添加如下内容。

```
<configuration>
<property>
    <name>hbase.rootdir</name>
    <value>file:///root/hbase</value>
  </property>
  <property>
    <name>hbase.zookeeper.property.dataDir</name>
    <value>/root/zookeeper</value>
  </property>
  <property>
```

```
      <name>hbase.unsafe.stream.capability.enforce</name>
      <value>false</value>
    </property>
</configuration>
```

其中各参数的含义如下。

hbase.rootdir：HBase 的数据存放路径，“file://”前缀表示是本地文件系统。

hbase.zookeeper.property.dataDir：zookeeper 的数据存放路径。

hbase.unsafe.stream.capability.enforce：如果将 hbase.rootdir 设置为本地文件系统路径，则值设置为 False。

步骤 04 编辑 .bashrc 文件，添加 HBASE_HOME 环境变量，内容如下。

```
export JAVA_HOME=/usr/lib/jvm/java-1.8.0-openjdk-1.8.0.232.b09-0.el7_7.x86_64
export HADOOP_HOME=/usr/local/hadoop
export HBASE_HOME=/usr/local/hbase
export PATH=$HADOOP_HOME/bin:$JAVA_HOME/bin:$HBASE_HOME/bin:$PATH
```

步骤 05 使用 start-hbase.sh 脚本，启动 HBase。

```
[root@master ~]# cd /usr/local/hbase/
[root@master hbase]# ./bin/start-hbase.sh
```

在单机模式下，HBase 的守护进程 HMaster、HRegionServer 和 ZooKeeper 守护程序会全部运行在一个 JVM 中。如图 5-4 所示，在 Shell 中输入 jps 命令，若是看到 HMaster 表示 HBase 启动成功。

图 5-4　HMaster 进程

在主机上打开如下链接。

```
http://192.168.70.130:16010/
```

可以看到 HBase 的 Web 页面，如图 5-5 所示。默认情况下，【Base Stats】标签被选中时，可以看到列表中只有一个节点，名称为 master。

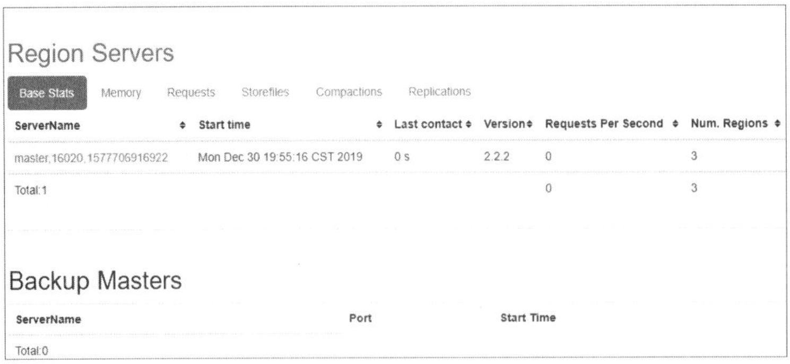

图 5-5　HBase Web 页面

步骤 06 ▸ 使用客户端程序连接 HMaster，命令如下。

```
[root@master hbase]# ./bin/hbase shell
```

执行结果如图 5-6 所示，表示正常连接 HMaster。

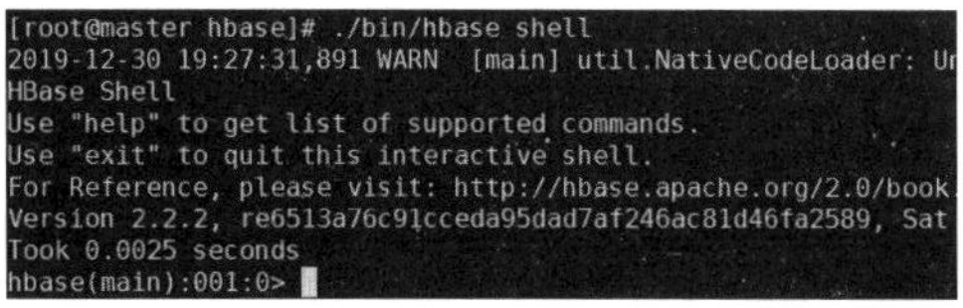

```
[root@master hbase]# ./bin/hbase shell
2019-12-30 19:27:31,891 WARN  [main] util.NativeCodeLoader: Un
HBase Shell
Use "help" to get list of supported commands.
Use "exit" to quit this interactive shell.
For Reference, please visit: http://hbase.apache.org/2.0/book
Version 2.2.2, re6513a76c91cceda95dad7af246ac81d46fa2589, Sat
Took 0.0025 seconds
hbase(main):001:0>
```

图 5-6　连接 HMaster

温馨提示

在图 5-6 中第 1 行的日期后面显示了一个警告信息，完整内容如下。

util.NativeCodeLoader: Unable to load native-hadoop library for your platform... using builtin-java classes where applicable

警告信息意为 HBase Shell 启动的时候不能加载 Hadoop 的本地库。该警告不影响 HBasse 的操作，如果想消除这个警告，只需在 .bashrc 中添加如下环境变量即可。

export JAVA_LIBRARY_PATH=/usr/local/hadoop/lib/native

步骤 07 ▸ 接下来使用如下命令创建一个表，验证 HBase 环境是否正常。其中 create 是创建表的关键字，'webtable' 是表名，'anchor' 是列族。

```
hbase(main):001:0> create 'webtable', 'anchor'
```

创建完后可以使用 list 命令查看表，命令如下。

```
hbase(main):002:0> list
```

执行结果如图 5-7 所示。

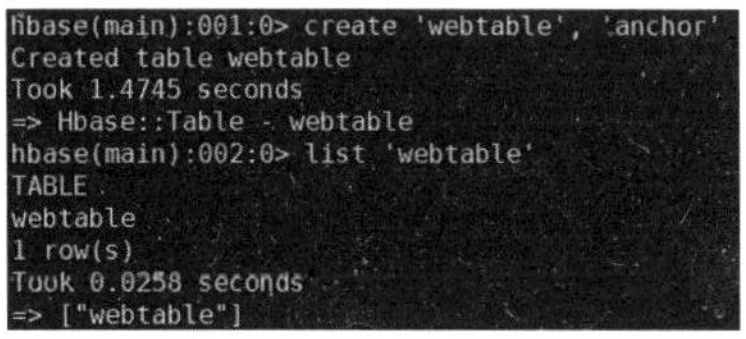

```
hbase(main):001:0> create 'webtable', 'anchor'
Created table webtable
Took 1.4745 seconds
=> Hbase::Table - webtable
hbase(main):002:0> list 'webtable'
TABLE
webtable
1 row(s)
Took 0.0258 seconds
=> ["webtable"]
```

图 5-7　创建表和输出表名

刷新 Web 页面，单击【Table Details】标签，如图 5-8 所示，可以看到刚创建的表信息。

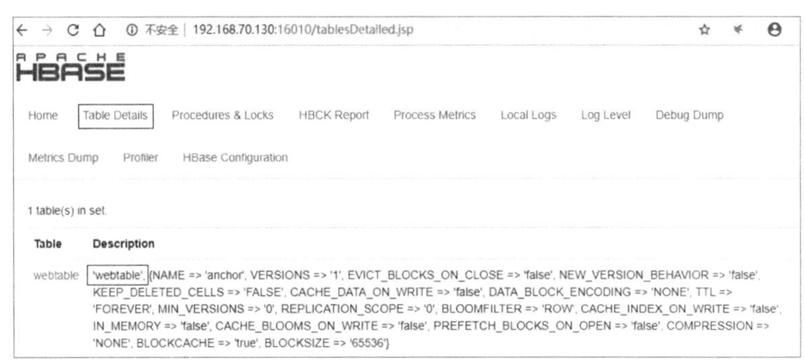

图 5-8 表信息

5.2.3 伪分布式模式

伪分布式是指在单个节点上，HMaster、HRegionServer 和 ZooKeeper 守护程序以独立进程运行。相关配置步骤如下。

步骤 01 ▸ 修改 hbase-site.xml 文件内容如下。

```
<configuration>
   <property>
          <name>hbase.rootdir</name>
          <value>hdfs://master:9000/hbase</value>
   </property>
   <property>
          <name>hbase.zookeeper.property.dataDir</name>
          <value>/home/root/zookeeper</value>
   </property>
   <property>
          <name>hbase.unsafe.stream.capability.enforce</name>
          <value>false</value>
   </property>
   <property>
          <name>hbase.cluster.distributed</name>
          <value>true</value>
   </property>
</configuration>
```

其中各参数含义如下。

hbase.cluster.distributed：该属性表示 HBase 用分布式模式运行。

hbase.rootdir：此时的路径指向了 HDFS，该路径 HBase 会自动创建。

步骤 02 ▸ 修改 hadoop-env.sh 文件，添加如下内容以引入 HBase 相关的 jar 包。

```
export HADOOP_CLASSPATH=$HADOOP_CLASSPATH:/usr/local/hbase/lib/*
```

步骤 03 ▶ 重启 HBase，输入 jps，可以看到对应的守护进程如图 5-9 所示。其中 HQuorumPeer 是 HBase 内置的 ZooKeeper 进程名称。

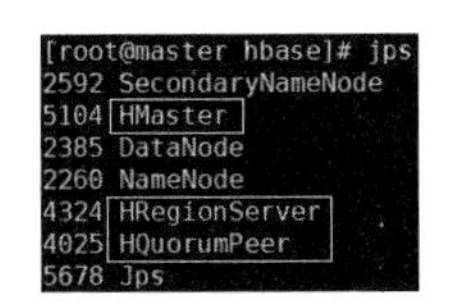

图 5-9 HBase 守护进程

刷新 HDFS Web 页面，可以看到相关文件，如图 5-10 所示。

Hadoop Overview Datanodes Datanode Volume Failures Snapshot Startup Progress Utilities

Browse Directory

/hbase Go!

Show 25 entries Search:

Permission	Owner	Group	Size	Last Modified	Replication	Block Size	Name
drwxr-xr-x	root	supergroup	0 B	Jan 01 15:06	0	0 B	.hbck
drwxr-xr-x	root	supergroup	0 B	Jan 01 15:06	0	0 B	.tmp
drwxr-xr-x	root	supergroup	0 B	Jan 01 15:06	0	0 B	MasterProcWALs
drwxr-xr-x	root	supergroup	0 B	Jan 01 15:06	0	0 B	WALs
drwxr-xr-x	root	supergroup	0 B	Jan 01 15:06	0	0 B	archive
drwxr-xr-x	root	supergroup	0 B	Jan 01 15:06	0	0 B	corrupt
drwxr-xr-x	root	supergroup	0 B	Jan 01 15:06	0	0 B	data
-rw-r--r--	root	supergroup	42 B	Jan 01 15:06	1	128 MB	hbase.id
-rw-r--r--	root	supergroup	7 B	Jan 01 15:06	1	128 MB	hbase.version
drwxr-xr-x	root	supergroup	0 B	Jan 01 15:06	0	0 B	mobdir
drwxr-xr-x	root	supergroup	0 B	Jan 01 15:06	0	0 B	oldWALs
drwx--x--x	root	supergroup	0 B	Jan 01 15:06	0	0 B	staging

Showing 1 to 12 of 12 entries Previous 1 Next

图 5-10 HBase 在 HDFS 上的数据文件

温馨提示

HBase 与 Hadoop 同样为主从结构，为了免密登录，仍然需要安装 SSH。由于本章是延续上一章 Hadoop 的安装环境，因此没有再介绍如何安装 SSH。

5.2.4 完全分布式模式

在生产环境中，HBase 采用完全分布式模式进行部署。在完全分布式环境中，HBase 的守护进程运行在不同的节点上。

在上一章，已经将 Hadoop 部署在 IP 为 172.20.0.5 的容器中。本章将在该容器中安装 HBase，并提交镜像，之后在此镜像上建立新的容器来运行 HBase 相关进程。

容器的网络规划如表 5-4 所示。其中 hmaster 容器 IP 为 172.20.0.11，作为 HBase 集群主节点，其余两个容器为从节点；另外 regionserver1 还是 Master 的备用节点，因此在 regionserver1 节点上也会运行一个 hmaster 进程，以防 172.20.0.11 节点宕机后系统不可用；ZooKeeper 需要维持集群状态，因此需要在 3 个节点上运行；RegionServer 只需要运行在两个从节点上。

表 5-4　容器网络规划

容器名称	IP	Master	ZooKeeper	RegionServer
regionserver1	172.20.0.9	backup	yes	yes
regionserver2	172.20.0.10	no	yes	yes
hmaster	172.20.0.11	yes	yes	no

接下来根据以下步骤搭建 HBase 完全分布式模式。

步骤 01 ▸ 使用如下命令将 HBase 安装文件复制到 Docker 容器中。

```
[root@master ~]# docker cp /opt/bigdata/hbase-2.2.2-bin.tar.gz 827770290d2d:/opt/
bigdata/
```

步骤 02 ▸ 按单机模式的部署流程安装 HBase，修改 hbase-site.xml 文件。

```
<configuration>
   <property>
          <name>hbase.rootdir</name>
          <value>file:///root/hbase</value>
   </property>
   <property>
          <name>hbase.zookeeper.property.dataDir</name>
          <value>/root/zookeeper</value>
   </property>
   <property>
          <name>hbase.zookeeper.quorum</name>
          <value>172.20.0.9,172.20.0.10,172.20.0.11</value>
   </property>
   <property>
          <name>hbase.unsafe.stream.capability.enforce</name>
          <value>false</value>
   </property>
</configuration>
```

hbase.zookeeper.quorum 表示 ZooKeeper 管理的节点，这里需要配置 3 个容器的 IP。

步骤 03 ▸ 编辑 HBase 安装目录下 conf 子目录的 regionservers 文件，里面的默认值是 localhost。根据如表 5-4 所示的结构，这里修改为两个从节点的 IP。这里需要注意，一行只写一个 IP，如下所示。

```
172.20.0.9
172.20.0.10
```

步骤 04 ▸ 在 conf 目录下创建 backup-masters 文件，里面添加 regionserver1 的 IP，表示将 regionserver1 作为 master 的备份节点。

步骤 05 ▸ 使用如下命令提交镜像。

```
[root@master ~]# docker commit 827770290d2d hbase_image:v1
[root@master ~]# docker images
```

执行结果如图 5-11 所示。

```
[root@master ~]# docker commit 827770290d2d hbase_image:v1
sha256:e809e9638d7812f221b5db112c2e1156b8a4fc55b2328f1bfa405b57fa43a154
[root@master ~]# docker images
REPOSITORY          TAG         IMAGE ID
hbase_image         v1          e809e9638d78
hadoop_image        v1          dfcfd27f564a
```

图 5-11　创建镜像

步骤 06 ▶ 使用如下命令创建主节点，其中 16010 是 HBase Web 页面的端口；2181、2888 和 3888 是 ZooKeeper 的端口。

```
[root@master ~]# docker run -it --name hmaster -p 16010:16010 -p 2181:2181 -p
2888:2888 -p 3888:3888 --net hadoopnet --ip 172.20.0.11 hbase_image:v1 /bin/bash
```

步骤 07 ▶ 使用如下命令，创建两个从节点。

```
[root@master ~]# docker run -it --name regionserver1 --net hadoopnet --ip
172.20.0.9 hbase_image:v1 /bin/bash
[root@master ~]# docker run -it --name regionserver2 --net hadoopnet --ip
172.20.0.10 hbase_image:v1 /bin/bash
```

步骤 08 ▶ 在主节点使用 start-hbase.sh 脚本启动 HBase 集群。执行结果如图 5-12 所示，可以看到 HBase 守护进程已经运行到了 3 个容器中，并且同时存在两个 HMaster 进程。

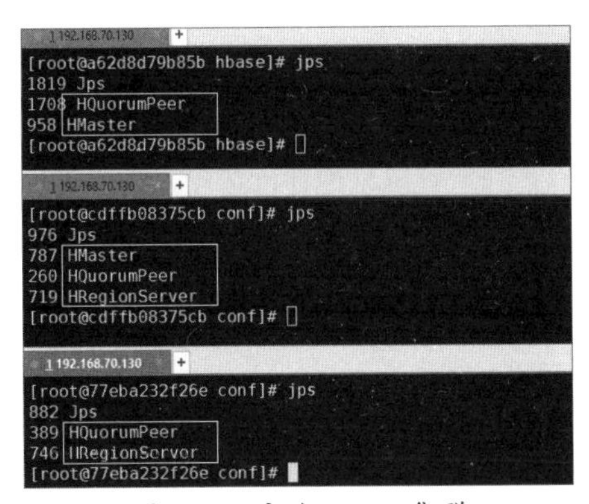

图 5-12　启动 HBase 集群

在主机上打开如下链接。

```
http://192.168.70.130:16010/
```

可以看到 HBase 的 Web 页面，如图 5-13 所示。此刻已经有两个独立的 RegionServer 节点和一个 Master 的备份节点。

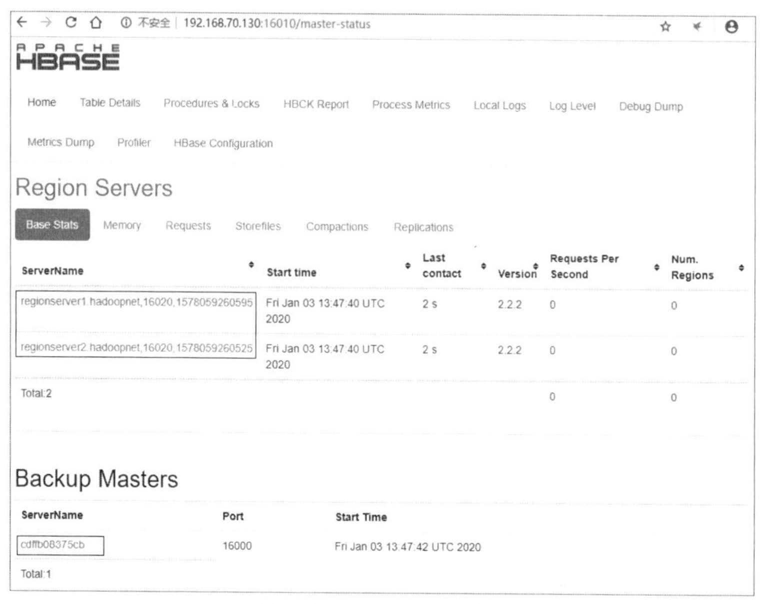

图 5-13　HBase Web 页面

5.3 HBase Shell 操作

HBase 提供了一个命令行工具，方便用户操控 HBase。这些命令大体分为 3 类，第 1 类是通用命令，第 2 类是表操作命令，第 3 类是表数据操作的命令。为方便演示，本小节命令均在伪分布式下操作。

5.3.1 通用命令

通用命令用于对系统进行操作，如启停 HBase 守护进程，查看系统状态等。

1. 启动与停止 HBase

首先进入 HBase 安装目录，通过 bin 目录下的 start-hbase.sh 脚本和 stop-hbase.sh 脚本来启停 HBase。

```
[root@localhost ~]# cd $HBASE_HOME/
[root@localhost hbase]# ./bin/start-hbase.sh
[root@localhost hbase]# ./bin/stop-hbase.sh
```

2. 查看系统信息

执行 hbase shell 命令，打开 Shell 窗口，此时输入 version 命令，显示系统版本，如图 5-14 所示。

图 5-14　系统版本

输入 status 命令查看系统状态。

```
hbase(main):0010:0> status
```

执行结果如图 5-15 所示，可以看到有一个活动的 master，0 个备用节点，共有 1 个服务器，0 个失效节点，average load 表示 HBase 的平均负载。

图 5-15　系统状态

如果需要查看当前用户，则使用 whoami 命令。

```
hbase(main):011:0> whoami
```

执行结果如图 5-16 所示。

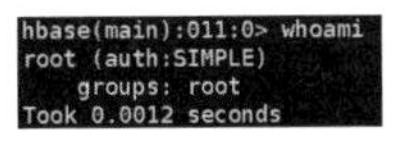

图 5-16　显示系统用户

5.3.2　表操作命令

表操作命令是对表本身进行操作，如创建表、删除表等。

1. 创建表

创建表的命令如下，其中 'webtable' 表示表名称，需要使用单引号包裹。'contents'、'anchor'、'people' 是表 'webtable' 的列族。

```
hbase(main):012:0> create 'webtable','contents','anchor','people'
```

执行结果如图 5-17 所示，出现字符“Created table”则表示创建成功。

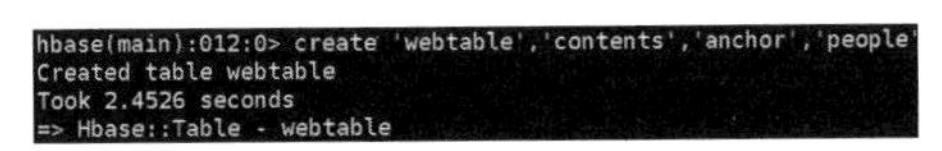

图 5-17　创建表

2. 查看系统中的表

使用 list 命令，将以列表形式返回系统中存在的表。如果 list 命令后接了表名称，则只返回对应的表。

```
hbase(main):014:0> list
hbase(main):014:0> list 'webtable'
```

执行结果如图 5-18 所示，显示 webtable 表。

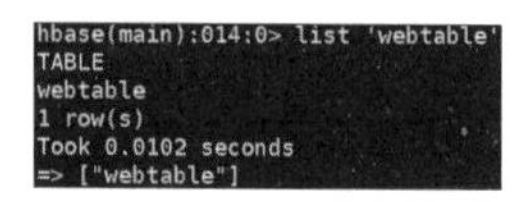

图 5-18　webtable 表

如果要查看表的详细信息，则需要使用 describe 命令。

```
hbase(main):015:0> describe 'webtable'
```

执行结果如图 5-19 所示。其中"{NAME => 'anchor'……BLOCKSIZE => '65536'}"内容，是对表列族的描述。

```
hbase(main):015:0> describe 'webtable'
Table webtable is ENABLED
webtable
COLUMN FAMILIES DESCRIPTION
{NAME => 'anchor', VERSIONS => '1', EVICT_BLOCKS_ON_CLOSE => 'false', NEW_VERSION_BEHAVIOR => 'false',
ITE => 'false', DATA_BLOCK_ENCODING => 'NONE', TTL => 'FOREVER', MIN_VERSIONS => '0', REPLICATION_SCOP
RITE => 'false', IN_MEMORY => 'false', CACHE_BLOOMS_ON_WRITE => 'false', PREFETCH_BLOCKS_ON_OPEN => 'f
e', BLOCKSIZE => '65536'}

{NAME => 'contents', VERSIONS => '1', EVICT_BLOCKS_ON_CLOSE => 'false', NEW_VERSION_BEHAVIOR => 'false
WRITE => 'false', DATA_BLOCK_ENCODING => 'NONE', TTL => 'FOREVER', MIN_VERSIONS => '0', REPLICATION_SC
_WRITE => 'false', IN_MEMORY => 'false', CACHE_BLOOMS_ON_WRITE => 'false', PREFETCH_BLOCKS_ON_OPEN =>
rue', BLOCKSIZE => '65536'}

{NAME => 'people', VERSIONS => '1', EVICT_BLOCKS_ON_CLOSE => 'false', NEW_VERSION_BEHAVIOR => 'false',
ITE => 'false', DATA_BLOCK_ENCODING => 'NONE', TTL => 'FOREVER', MIN_VERSIONS => '0', REPLICATION_SCOP
RITE => 'false', IN_MEMORY => 'false', CACHE_BLOOMS_ON_WRITE => 'false', PREFETCH_BLOCKS_ON_OPEN => 'f
e', BLOCKSIZE => '65536'}

3 row(s)

QUOTAS
0 row(s)
Took 0.3092 seconds
```

图 5-19　webtable 表详情

3. 禁用表与启用表

在开发过程中，如果有的表不再使用，可以使用 disable 命令禁用个别或者部分表，命令如下。其中 disable 'webtable' 表示禁用 webtable 表；disable_all 'web.*' 表示禁用以 web 开头的所有表。'web.*' 是正则表达式的写法。

```
hbase(main):023:0> disable 'webtable'
hbase(main):024:0> disable_all 'web.*'
```

执行结果如图 5-20 所示。

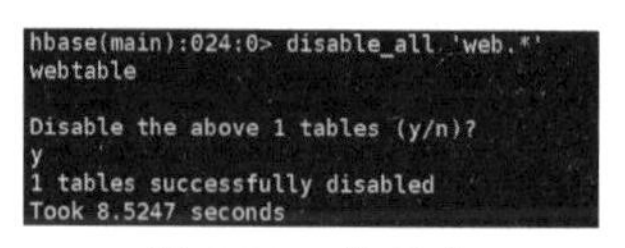

图 5-20　禁用表

禁用之后可以使用 enable 命令启用表，命令如下。

```
hbase(main):028:0> enable 'webtable'
```

如果不确定表的状态，需要使用 is_enabled 命令查看表的状态。

```
hbase(main):032:0> is_enabled 'webtable'
```

执行结果如图 5-21 所示，显示表为可用状态。

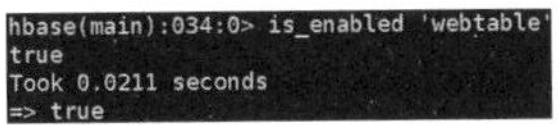

```
hbase(main):034:0> is_enabled 'webtable'
true
Took 0.0211 seconds
=> true
```

图 5-21　表状态

4. 修改表信息

使用 alter 命令可以修改表信息。以下命令可以将列族 'anchor' 的版本修改为 3。

```
hbase(main):048:0> alter 'webtable',NAME=>'anchor',VERSIONS=>3
```

然后使用 describe 命令查看表详情，执行结果如图 5-22 所示。

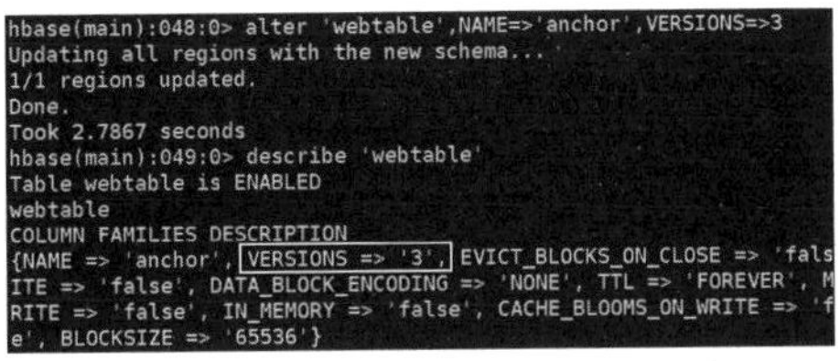

```
hbase(main):048:0> alter 'webtable',NAME=>'anchor',VERSIONS=>3
Updating all regions with the new schema...
1/1 regions updated.
Done.
Took 2.7867 seconds
hbase(main):049:0> describe 'webtable'
Table webtable is ENABLED
webtable
COLUMN FAMILIES DESCRIPTION
{NAME => 'anchor', VERSIONS => '3', EVICT_BLOCKS_ON_CLOSE => 'fals
ITE => 'false', DATA_BLOCK_ENCODING => 'NONE', TTL => 'FOREVER', M
RITE => 'false', IN_MEMORY => 'false', CACHE_BLOOMS_ON_WRITE => 'f
e', BLOCKSIZE => '65536'}
```

图 5-22　修改列族版本

如果要删除列族，可以使用 delete 命令，具体如下。

```
hbase(main):051:0> alter 'webtable','delete'=>'people'
```

接下来查看表详情，如图 5-23 所示，可以看到已经没有 'people' 列。删除列族需要谨慎使用，因为删除后，该列族的数据也会随之被删除。

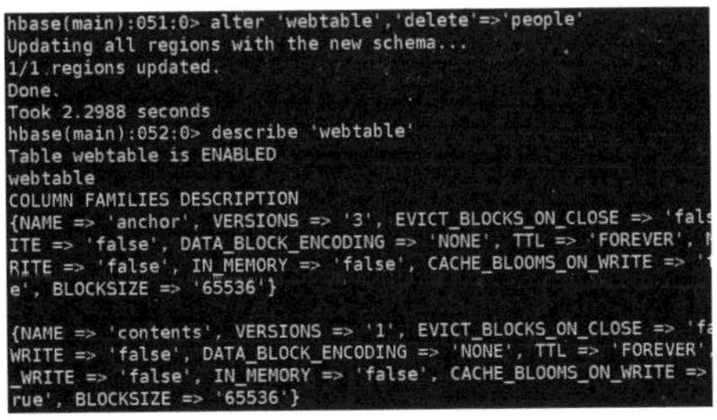

```
hbase(main):051:0> alter 'webtable','delete'=>'people'
Updating all regions with the new schema...
1/1 regions updated.
Done.
Took 2.2988 seconds
hbase(main):052:0> describe 'webtable'
Table webtable is ENABLED
webtable
COLUMN FAMILIES DESCRIPTION
{NAME => 'anchor', VERSIONS => '3', EVICT_BLOCKS_ON_CLOSE => 'fal
ITE => 'false', DATA_BLOCK_ENCODING => 'NONE', TTL => 'FOREVER',
RITE => 'false', IN_MEMORY => 'false', CACHE_BLOOMS_ON_WRITE =>
e', BLOCKSIZE => '65536'}

{NAME => 'contents', VERSIONS => '1', EVICT_BLOCKS_ON_CLOSE => 'f
WRITE => 'false', DATA_BLOCK_ENCODING => 'NONE', TTL => 'FOREVER'
_WRITE => 'false', IN_MEMORY => 'false', CACHE_BLOOMS_ON_WRITE =>
rue', BLOCKSIZE => '65536'}
```

图 5-23　删除 'people' 列族后的表

如果在创建表的时候，没有设置好列族，或者删除列族后希望再加一列，可以使用如下命令。

```
hbase(main):005:0> alter 'webtable',NAME=>'people'
```

5. 删除表

当确认不再需要某个表时，可以通过 drop 命令删除个别或者部分表，命令如下。注意，在删除表前需要先将其禁用。

```
hbase(main):011:0> drop 'webtable'
hbase(main):013:0> drop_all 'web.*'
```

5.3.3 数据操作命令

表数据操作命令包括插入数据、获取数据、删除数据、截断数据等。

1. 插入数据

给表“webtable”添加一行数据的命令如下，行键为“com.cnn.www”，给列族“anchor”添加列修饰符“cnnsi.com”和“my.look.ca”，同时指定该行对应的值为“CNN”和“CNN.com”。

```
hbase(main):011:0> put 'webtable','com.cnn.www','anchor:cnnsi.com','CNN'
hbase(main):011:0> put 'webtable','com.cnn.www','anchor:my.look.ca','CNN.com'
hbase(main):013:0> put 'webtable','com.example.www','contents:html','<html>hello
hbase</html>'
```

插入数据后，可以使用如下命令统计表的行数。

```
hbase(main):014:0> count 'webtable'
```

执行结果如图 5-24 所示，可以看到有两行数据。

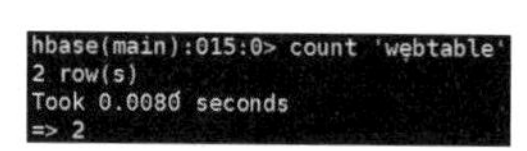

图 5-24　表的行数

2. 获取数据

获取某行数据，可以使用 get 命令返回每一行最新版本的数据，具体如下。

```
hbase(main):019:0> get 'webtable','com.cnn.www'
hbase(main):020:0> get 'webtable','com.cnn.www','anchor'
hbase(main):021:0> get 'webtable','com.cnn.www','anchor:cnnsi.com'
hbase(main):022:0> get 'webtable','com.cnn.www',{COLUMN=>'anchor'}
hbase(main):023:0> get 'webtable','com.cnn.www',{COLUMN=>'anchor:cnnsi.com'}
```

各行命令含义如下。

第 1 行：表示获取“webtable”表中“com.cnn.www”的数据。

第 2 行和第 4 行：表示获取“com.cnn.www”行中“anchor”列族下的所有数据。

第 3 行和第 5 行，表示获取“anchor”列族下“cnnsi.com”列的数据。

3. 扫描表

通过 get 命令可以获取指定行数据，如果需要获取整个表的数据，则需要使用 scan 命令，返回符合条件的行的最新版本的数据。

```
hbase(main):016:0> scan 'webtable'
```

执行结果如图 5-25 所示，返回所有行数据。

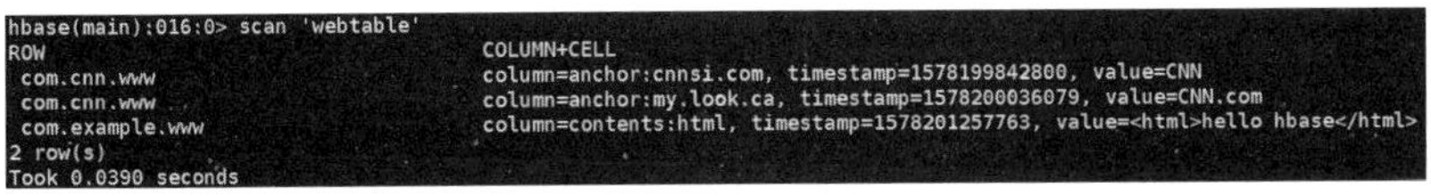

```
hbase(main):016:0> scan 'webtable'
ROW                         COLUMN+CELL
 com.cnn.www                column=anchor:cnnsi.com, timestamp=1578199842800, value=CNN
 com.cnn.www                column=anchor:my.look.ca, timestamp=1578200036079, value=CNN.com
 com.example.www            column=contents:html, timestamp=1578201257763, value=<html>hello hbase</html>
2 row(s)
Took 0.0390 seconds
```

图 5-25　表的所有行数据

给“webtable”表的“anchor:cnnsi.com”列添加数据，命令如下。

```
hbase(main):032:0> put 'webtable','com.example.www','anchor:cnnsi.com','ORG'
```

使用 scan 命令查找“anchor”列的数据。

```
hbase(main):033:0> scan 'webtable', {COLUMN=>'anchor'}
```

执行结果如图 5-26 所示，可以看到返回了“anchor”列的所有数据。

```
hbase(main):032:0> put 'webtable','com.example.www','anchor:cnnsi.com','ORG'
Took 0.0492 seconds
hbase(main):033:0> scan 'webtable', {COLUMN=>'anchor'}
ROW                         COLUMN+CELL
 com.cnn.www                column=anchor:cnnsi.com, timestamp=1578199842800, value=CNN
 com.cnn.www                column=anchor:my.look.ca, timestamp=1578200036079, value=CNN.com
 com.example.www            column=anchor:cnnsi.com, timestamp=1578202192045, value=ORG
2 row(s)
Took 0.0206 seconds
```

图 5-26　anchor 列的数据

4. 过滤数据

在查找数据的时候，使用 get 命令是按行查找，使用 scan 命令可以扫描整个表，也可以搭配过滤器来筛选指定范围的数据。

使用 show_filters 命令可以查看系统中的过滤器。

```
hbase(main):034:0> show_filters
```

执行结果如图 5-27 所示。

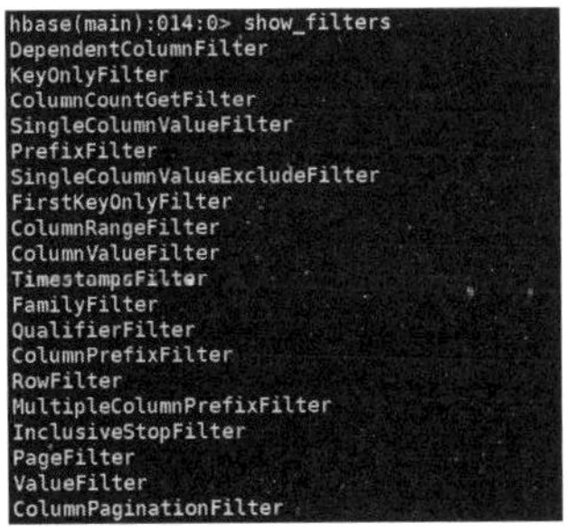

```
hbase(main):014:0> show_filters
DependentColumnFilter
KeyOnlyFilter
ColumnCountGetFilter
SingleColumnValueFilter
PrefixFilter
SingleColumnValueExcludeFilter
FirstKeyOnlyFilter
ColumnRangeFilter
ColumnValueFilter
TimestampsFilter
FamilyFilter
QualifierFilter
ColumnPrefixFilter
RowFilter
MultipleColumnPrefixFilter
InclusiveStopFilter
PageFilter
ValueFilter
ColumnPaginationFilter
```

图 5-27　过滤器列表

这些内置的过滤器适用不同的场景，这里对其中几个常用的过滤器介绍如下。

（1）PrefixFilter

该过滤器是对行键进行过滤。查找“webtable”表“anchor:cnnsi.com”列下行键包含字符“com.”的数据行的命令如下。

```
scan 'webtable',{COLUMNS=>"anchor:cnnsi.com",FILTER=>"PrefixFilter('com.')"}
```

执行结果如图 5-28 所示。由于所有的行键都以“com.”开头，因此全部返回。

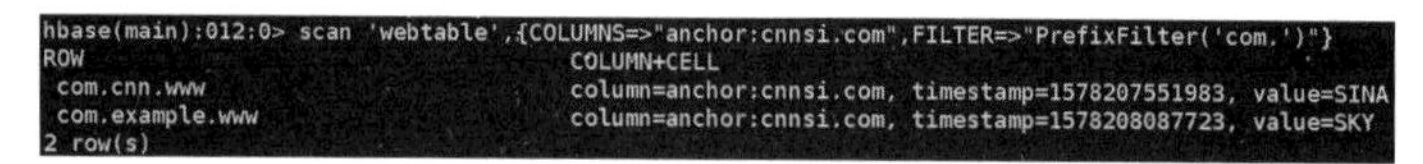

图 5-28 返回行键以“com.”开头的行

（2）RowFilter

该过滤器也是针对行键进行过滤的，导入 CompareFilter 过滤器，CompareFilter 过滤器设定了比较规则，RowFilter 过滤器引用 CompareFilter 过滤器的规则。更多规则的含义如表 5-5 所示。

表 5-5 CompareFilter 的规则

操作符	描述
EQUAL	等于
NOT_EQUAL	不等于
LESS	小于
LESS_OR_EQUAL	小于等于
GREATER	大于
GREATER_OR_EQUAL	大于等于
NO_OP	排除所有

SubstringComparator 是字符串比较器，该比较器指定了要比较的内容，如命令中 SubstringComparator.new(‘cnn.www’) 表示行键中是否包含了“cnn.www”字符串。更多比较器如表 5-6 所示。

表 5-6 各比较器的比较方式

比较器	描述
RegexStringComparator	正则表达式
SubstringComparator	把数据当成字符串，用 contains() 方法来判断
BinaryComparator	将数据调用 Bytes.compareTo() 方法后，按字节数组进行比较
BinaryPrefixComparator	与 BinaryComparator 类似，但是从左边开始比较
BinaryComponentComparator	可以对 ascii 码和二进制数据进行比较

比较器一般和过滤器配合使用，如下所示。

```
hbase(main):014:0> import org.apache.hadoop.hbase.filter.CompareFilter
hbase(main):015:0> import org.apache.hadoop.hbase.filter.SubstringComparator
hbase(main):016:0> import org.apache.hadoop.hbase.filter.RowFilter
hbase(main):017:0> scan 'webtable', {FILTER => RowFilter.
new(CompareFilter::CompareOp.valueOf('EQUAL'), SubstringComparator.new('cnn.www'))}
```

命令执行结果如图 5-29 所示，返回了表中含字符“cnn.www”的所有行键对应的数据。

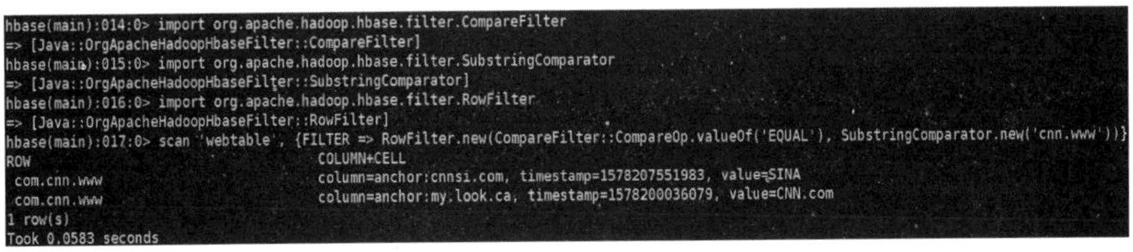

```
hbase(main):014:0> import org.apache.hadoop.hbase.filter.CompareFilter
=> [Java::OrgApacheHadoopHbaseFilter::CompareFilter]
hbase(main):015:0> import org.apache.hadoop.hbase.filter.SubstringComparator
=> [Java::OrgApacheHadoopHbaseFilter::SubstringComparator]
hbase(main):016:0> import org.apache.hadoop.hbase.filter.RowFilter
=> [Java::OrgApacheHadoopHbaseFilter::RowFilter]
hbase(main):017:0> scan 'webtable', {FILTER => RowFilter.new(CompareFilter::CompareOp.valueOf('EQUAL'), SubstringComparator.new('cnn.www'))}
ROW                                 COLUMN+CELL
 com.cnn.www                        column=anchor:cnnsi.com, timestamp=1578207551983, value=SINA
 com.cnn.www                        column=anchor:my.look.ca, timestamp=1578200036079, value=CNN.com
1 row(s)
Took 0.0583 seconds
```

图 5-29　返回的数据行

（3）ValueFilter

如果需要按值过滤数据，则要使用值过滤器。过滤表中包含“substring:hello”字符串的数据的命令如下。

```
hbase(main):010:0>  scan 'webtable', FILTER=>"ValueFilter(=,'substring:hello')"
```

执行结果如图 5-30 所示。

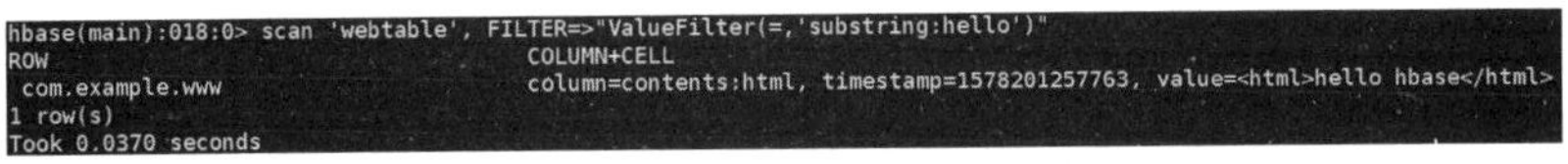

```
hbase(main):018:0> scan 'webtable', FILTER=>"ValueFilter(=,'substring:hello')"
ROW                                 COLUMN+CELL
 com.example.www                    column=contents:html, timestamp=1578201257763, value=<html>hello hbase</html>
1 row(s)
Took 0.0370 seconds
```

图 5-30　按值返回的数据

温馨提示

HBase 提供的过滤器功能非常强大，除演示的示例外，还可以通过使用 AND、OR 等关键字，在一个查询语句中组合多个过滤器，甚至还可以自定义过滤器，以满足更多场景下的查询需求。

5. 删除数据

使用 delete 命令可以删除数据，deleteall 表示删除所有数据，命令如下。第 1 行表示删除“anchor:cnnsi.com”列族的最新版本数据；第 2 行表示删除“anchor:cnnsi.com”列族下所有版本的数据。

```
hbase(main):021:0>   delete 'webtable', 'com.cnn.www','anchor:cnnsi.com'
hbase(main):021:0>   deleteall 'webtable', 'com.cnn.www'
```

如果需要清空表的所有数据，则使用 truncate 命令。

```
hbase(main):023:0> truncate 'webtable'
```

执行结果如图 5-31 所示。

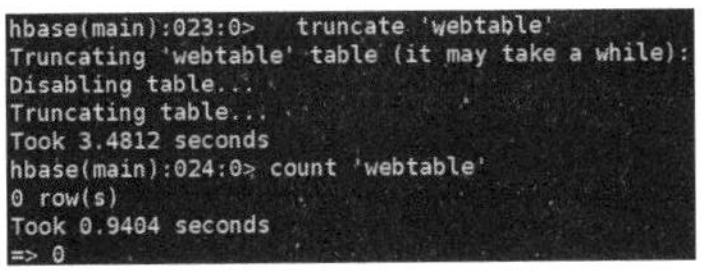

```
hbase(main):023:0>   truncate 'webtable'
Truncating 'webtable' table (it may take a while):
Disabling table...
Truncating table...
Took 3.4812 seconds
hbase(main):024:0> count 'webtable'
0 row(s)
Took 0.9404 seconds
=> 0
```

图 5-31　清空表中数据

5.4 HBase Thrift 编程接口

HBase 提供了 Java 客户端、REST API、Thrift API 等接口。其中 Thrift 是一个跨平台、跨语言的开发框架，本小节将介绍如何使用 Python 语言，通过 Thrift 来操作 HBase。

5.4.1 准备开发环境

使用 Thrift 需要准备相关环境。

步骤 01 运行 Thrift 网关。进入 HBase 安装目录，使用如下命令启动一个 Thrift 服务器。

```
[root@localhost hbase]# hbase-daemon.sh start thrift
```

执行结果如图 5-32 所示，只要 ThriftServer 进程运行起来即可。

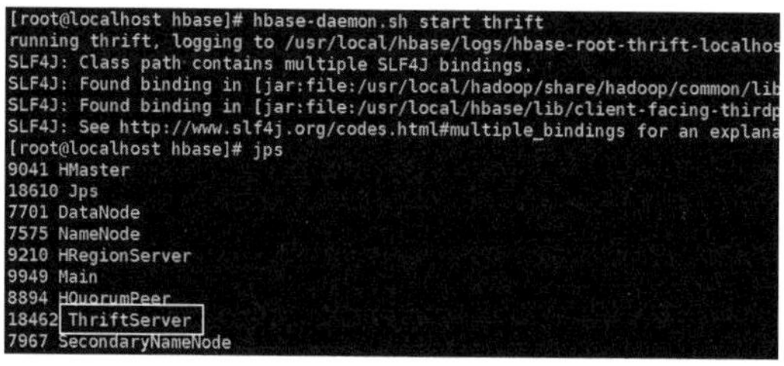

```
[root@localhost hbase]# hbase-daemon.sh start thrift
running thrift, logging to /usr/local/hbase/logs/hbase-root-thrift-localhos
SLF4J: Class path contains multiple SLF4J bindings.
SLF4J: Found binding in [jar:file:/usr/local/hadoop/share/hadoop/common/lib
SLF4J: Found binding in [jar:file:/usr/local/hbase/lib/client-facing-thirdp
SLF4J: See http://www.slf4j.org/codes.html#multiple_bindings for an explana
[root@localhost hbase]# jps
9041 HMaster
18610 Jps
7701 DataNode
7575 NameNode
9210 HRegionServer
9949 Main
8894 HQuorumPeer
18462 ThriftServer
7967 SecondaryNameNode
```

图 5-32　启动 ThriftServer

步骤 02 在开发环境中安装 Python 库，命令如下。

```
pip install thrift
pip install hbase-thrift
```

至此环境准备完毕。

5.4.2 基本开发流程

如示例 5-1 所示，通过 Thrift 创建一个表。

首先创建一个 Python 文件，并添加如下代码。先导入 HBase 和 Thrift 相关的包；创建一个 TSocket 的连接对象以连接 ThriftServer，ThriftServer 默认监听 9090 端口；创建一个 TBinaryProtocol 协议对象，用 TBinaryProtocol 对象去初始化一个 HBase 客户端对象，然后打开 TSocket 连接。这一部分是操作 HBase 的准备工作。接下来定义列族；调用 HBase 客户端对象去创建表，然后获取已经创建的表。

示例 5-1　创建表

```
from hbase import Hbase
from thrift.transport import TSocket
```

```
from hbase.ttypes import *

transport = TSocket.TSocket('192.168.20.130', 9090)
protocol = TBinaryProtocol.TBinaryProtocol(transport)

client = Hbase.Client(protocol)
transport.open()

# 定义列族
anchor_column = ColumnDescriptor(name='anchor')
people_column = ColumnDescriptor(name='people')

# 创建表
client.createTable('webtable', [anchor_column, people_column])

apple_column = ColumnDescriptor(name='apple')
banana_column = ColumnDescriptor(name='banana')
client.createTable('fruit', [apple_column, banana_column])

table_list = client.getTableNames()
print("系统中的表有：\n", table_list)
transport.close()
```

执行结果如图 5-33 所示，可以看到 HBase 系统中已经存在两个表。

图 5-33　创建的表

需要注意的是，通过 Thrift 对 HBase 进行的所有操作，都需要创建 TSocket 对象，初始化 Hbase.Client 等步骤。

5.4.3 插入、获取与删除数据

示例 5-2 演示了如何向表中插入数据，然后通过 get 方法查找某个行键的数据，最后调用 deleteAll 方法删除某个行键的数据。

示例 5-2　插入、获取与删除数据

```
from hbase import Hbase
from thrift.transport import TSocket

from hbase.ttypes import *

transport = TSocket.TSocket('192.168.20.130', 9090)
protocol = TBinaryProtocol.TBinaryProtocol(transport)
```

```
client = Hbase.Client(protocol)
transport.open()

column_family = 'anchor:anchor:cnn'
mutation = Mutation(column=column_family, value='CNN1')

# 插入数据
row_key = 'com.cnn.www'
client.mutateRow('webtable', row_key, [mutation])
# 查询 row_key 行的数据
result = client.get('webtable', 'com.cnn.www', column_family)

print("com.cnn.www 的值为: ", result[0].value)
print("com.cnn.www 的版本为: ", result[0].timestamp)
# 删除 row_key 行的数据
client.deleteAll('webtable', row_key, column_family)

transport.close()
```

温馨提示

Hbase.Client 提供了很多操作表和数据的 API，HBase 也基于 Hadoop MapReduce 框架扩展了自己的编程基类，其编程模型与 Hadoop MapReduce 保持一致，限于篇幅这里不再赘述。

5.5 Region 的拆分与合并

Region 的拆分与合并是 HBase 的重要特性。拆分 Region 的目的是做负载均衡，但是过多的 Region 会增大 RegionServer 的压力，因此就需要合并。接下来介绍 Region 是如何进行拆分与合并的。

5.5.1 拆分 Region

拆分 Region 是 HBase 能提供负载均衡的关键因素，这里将拆分过程介绍如下。

当写入数据的请求到达 HRegionServer 的时候，数据会被写入 MemStore 中，这是一块内存区域。当 MemStore 空间被填满后，其内容将写入 StoreFile 文件，这称为 MemStore 刷新。随着 StoreFile 的累积，HRegionServer 就会压缩合并 StoreFile，形成更大的文件。每次压缩合并后，该 Region 存储的数据量都会发生变化，HRegionServer 会根据拆分策略，以确定该 Region 是否需要拆分。如果需要拆分，那么拆分 Region 的请求就会被加入队列。

从表面上看，拆分就是在行键上找到一个合适的位置，将 Region 一分为二，但实际操作较为复杂。首先，在拆分时，Region 不会立即将数据移动到新的子 Region 上。在子 Region 中，会创建类似符号链接的文件，称为"引用文件"，该文件根据拆分点指向父存储文件的顶部或底部。当引用文件所指向的这部分区域数据没有变化时，这个父 Region 才能被拆分。之后这些引用文件会被逐步清除，子 Region 停止引用父 Region 文件，这时子 Region 也可以进一步拆分。

拆分过程是由 HRegionServer 控制的，但是在拆分过程中会有多方参与。RegionServer 在拆分前后会通知 Master 更新 .META. 表，使客户端能够及时发现新的 Region。同时 RegionServer 还需要在 HDFS 中重新设置目录结构，重新编排数据文件。

拆分是一个多任务的过程，为了在发生错误的情况下恢复数据，RegionServer 会在内存中保留有关执行状态的日志。

图 5-34 描述了 RegionServer 的拆分过程，其中数字是 RegionServer 的拆分步骤。具体解释如下。

步骤 01 准备阶段。RegionServer 首先会获取 HBase 表上的共享读锁，以防止在拆分过程中表的架构被修改。然后在 ZooKeeper 的 /hbase/region-in-transition/region-name（每个 Region 都有一个名称）节点下创建一个 znode，并将 znode 的状态设置为 SPLITTING。

步骤 02 新的 znode 会监控父 region-in-transition（过渡区）的 znode，Matser 会获取新的 znode 的信息，以了解最新的拆分情况。

步骤 03 RegionServer 在父 Region 的 HDFS 上的目录下创建一个名为 .splits 的子目录。

步骤 04 RegionServer 关闭父 Region，并标记父 Region 为离线状态。

步骤 05 由于父 Region 为离线状态，不能查询其中数据，此时客户端发起请求就会触发"NotServingRegionException"，即 Region 不能提供服务的异常。RegionServer 在 .splits 目录下为子 Region A 和 Region B 创建目录和必要的数据结构。然后创建引用文件，并指向父 RegionServer 的存储文件。

步骤 06 RegionServer 为子 Region 创建实际的目录。

步骤 07 RegionServer 发送 Put 请求到 .META. 表，将父 Region 在 .META. 表中的状态设置为脱机，并添加子 Region 的信息。当子 Region 信息写入完毕，就完成了一次有效的拆分。如果拆分失败，Matser 和下一个 RegionServer 会清除中间状态，并由 Matser 回滚本次操作。

步骤 08 RegionServer 同时打开子 Region。

步骤 09 RegionServer 将子 Region 的信息写入 .META. 表，将子 Region 设置为在线。此时客户端能够发现新的 Region，并向新 Region 发起请求。客户端会将 .META. 表缓存到本地，但是当客户端向 RegionServer 或 .META. 表发出请求时，它们的缓存将失效，然后从新的 .META. 表获取 Region 信息。

步骤 10 ▸ RegionServer 将 ZooKeeper 中的 znode/base/in-transition/region-name 状态更改为 SPLIT，以便 Master 能获取到 Region 的信息。至此拆分过程执行完毕。

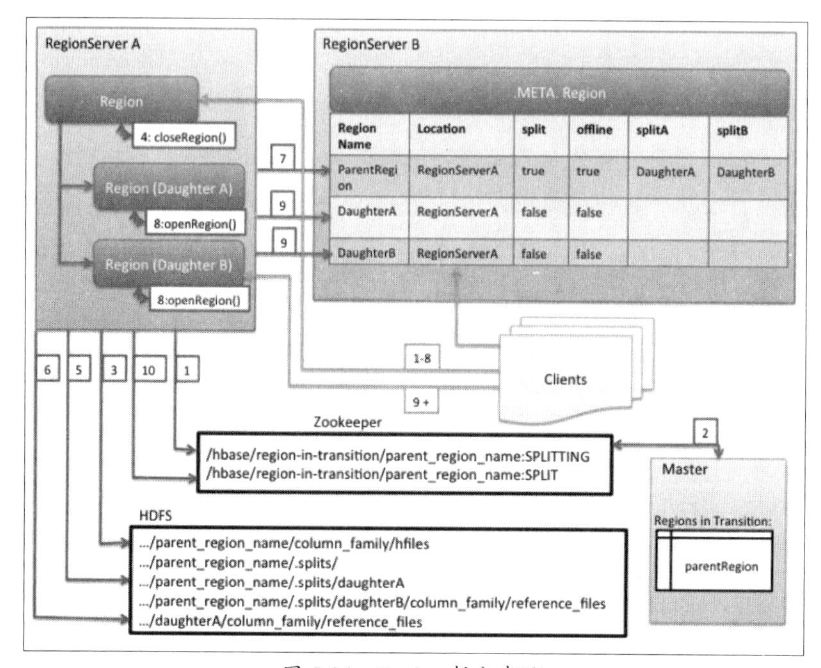

图 5-34　Region 拆分步骤

拆分完毕后，.META. 表和 HDFS 仍然包含了对父 Region 的引用，这些引用在子区域进行数据压缩时会被清除。Master 的 GC 也会周期性地检查子 Region 是否还存在对父 Region 文件的引用，如果没有，父 Region 就会被移除。

Region 存在自动拆分、预拆分、手动拆分 3 种情况。自动拆分是指 Region 在达到阈值的时候会自动进行拆分，预拆分是指在创建表的时候指定拆分点，手动拆分就是使用 split 命令直接强制拆分某个 Region。一般情况下，维持系统默认即可。

5.5.2 合并 Region

合并分两个层次。

1.StoreFile 级别的合并

在客户端不断写入数据到 MemStore 时，MemStore 就会将数据刷新到 StoreFile，导致不断产生新的 StoreFile 文件。当一个 Region 中的 StoreFile 数量达到阈值时，就会触发合并，将众多的小的 StoreFile 合并成一个大的 StoreFile。

2.Region 级别的合并

在操作 HBase 表的过程中，删除了较多的数据时，过多的 Region 除了加大 RegionServer 的压力外并没有太多好处，因此有必要将 Region 进行合并。合并 Region 可以使用 Merge 工具，但缺点是使用 Merge 工具执行合并时需要在集群关闭状态下进行；也可以使用 merge_region 工具，这个工具支持在线合并。不管用哪个工具，通常情况下只能使相邻 Region 合并。

5.6 实训：构建订单管理表

订单表是电商平台核心的数据表之一。订单表的模型如表 5-7 所示。u00001_order_timestamp 是行键，brand 是列族，apple 等是列修饰符。其中，编号为 u00001 的用户下了 2 次订单，用户 u00002 下了 3 次订单。现要求设计程序，将以下数据存入 HBase 表。

表 5-7　订单表

行键 \ 列族	brand			
	apple	huawei	samsung	lenovo
u00001_timestamp1	94	87	70	
u00001_timestamp2		81	74	
u00002_timestamp3		86		95
u00002_timestamp4			99	75
u00002_timestamp5	70	74		

1. 实现思路

首先，将订单表数据转换格式，存入 orderlist.txt 文件，如图 5-35 所示。第 1 列为订单编号，用作行键，第 2 列是列族及其修饰符，第 3 列是具体的数据。

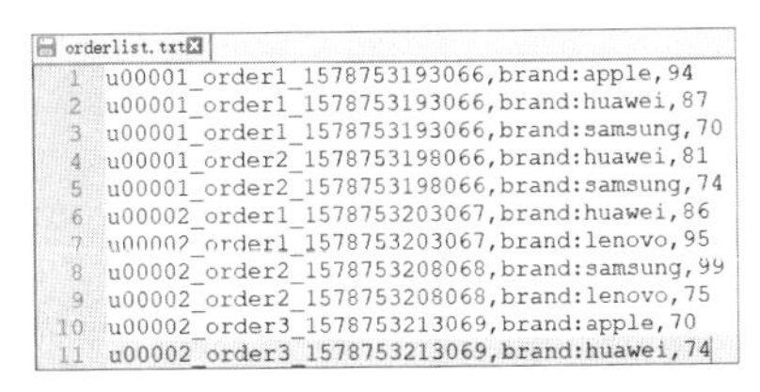

```
orderlist.txt
1  u00001_order1_1578753193066,brand:apple,94
2  u00001_order1_1578753193066,brand:huawei,87
3  u00001_order1_1578753193066,brand:samsung,70
4  u00001_order2_1578753198066,brand:huawei,81
5  u00001_order2_1578753198066,brand:samsung,74
6  u00002_order1_1578753203067,brand:huawei,86
7  u00002_order1_1578753203067,brand:lenovo,95
8  u00002_order2_1578753208068,brand:samsung,99
9  u00002_order2_1578753208068,brand:lenovo,75
10 u00002_order3_1578753213069,brand:apple,70
11 u00002_order3_1578753213069,brand:huawei,74
```

图 5-35　订单数据

数据构造好后，读取文件；然后打开 Thrift 连接，创建 order 表；之后构造数据，初始化 Mutation 对象与 BatchMutation 对象，将数据进行批量插入；最后关闭连接。

2. 具体实现

实现本次实训的代码如示例 5-3 所示，其中函数 create_table 用于创建表，函数 get_order_list

用于读取原始数据，函数 create_rows 用于创建订单表的行，函数 create_batch_mutation 用于批量插入数据。

示例 5-3　创建订单

```
from hbase import Hbase
from thrift.transport import TSocket

from hbase.ttypes import *


def create_table():
    # 定义列族
    anchor_column = ColumnDescriptor(name='brand')
    # 创建表
    client.createTable('order', [anchor_column])


def get_order_list(file):
    with open(file, "r") as f:
        order_list = f.readlines()
        return order_list


def create_rows(orders):
    if len(orders) > 0:
        mutations = []
        row_key = None
        for order in orders:
            splits = order.split(",")
            if row_key is None:
                row_key = splits[0]

            # 构造 Mutation 对象插入数据
            mutation = Mutation(column=splits[1], value=str.strip(splits[2]))
            mutations.append(mutation)
        return row_key, mutations, row_key.split("_")[2]


def create_batch_mutation(orders):
    row_key, rows, timestamp = create_rows(orders)
    # 构造 BatchMutation 对象批量插入
    order_batch_mutation = BatchMutation(row_key, rows)
    # 执行插入数据操作
    client.mutateRowsTs('order', [order_batch_mutation], timestamp=int(timestamp))
```

```
def put_data(orders):
    # 用户 1 的第 1 个订单
    create_batch_mutation(orders[0:3])
    # 用户 1 的第 2 个订单
    create_batch_mutation(orders[3:5])
    # 用户 2 的第 1 个订单
    create_batch_mutation(orders[5:7])
    # 用户 2 的第 2 个订单
    create_batch_mutation(orders[7:9])
    # 用户 2 的第 3 个订单
    create_batch_mutation(orders[9:11])


if __name__ == "__main__":
    print(" 开始执行 ....")
    # 读取原始数据
    file = r"C:\orderlist.txt"
    order_data_list = get_order_list(file)
    # 初始化连接
    transport = TSocket.TSocket('192.168.20.129', 9090)
    protocol = TBinaryProtocol.TBinaryProtocol(transport)
    # 初始化客户端
    client = Hbase.Client(protocol)
    # 打开连接
    transport.open()
    # 创建表
    create_table()
    # 插入数据
    put_data(order_data_list)
    # 关闭连接
    transport.close()
    print(" 执行完毕 ....")
```

最终执行结果如图 5-36 所示。

```
hbase(main):011:0> scan 'order'
ROW                          COLUMN+CELL
 u00001_order1_1578753193066 column=brand:apple, timestamp=1578753193066, value=94
 u00001_order1_1578753193066 column=brand:huawei, timestamp=1578753193066, value=87
 u00001_order1_1578753193066 column=brand:samsung, timestamp=1578753193066, value=70
 u00001_order2_1578753198066 column=brand:huawei, timestamp=1578753198066, value=81
 u00001_order2_1578753198066 column=brand:samsung, timestamp=1578753198066, value=74
 u00002_order1_1578753203067 column=brand:huawei, timestamp=1578753203067, value=86
 u00002_order1_1578753203067 column=brand:lenovo, timestamp=1578753203067, value=95
 u00002_order2_1578753208068 column=brand:lenovo, timestamp=1578753208068, value=75
 u00002_order2_1578753208068 column=brand:samsung, timestamp=1578753208068, value=99
 u00002_order3_1578753213069 column=brand:apple, timestamp=1578753213069, value=70
 u00002_order3_1578753213069 column=brand:huawei, timestamp=1578753213069, value=74
5 row(s)
Took 0.0532 seconds
```

图 5-36　订单数据

本章小结

本章主要介绍了 HBase 的体系结构、原理、环境搭建方式、常用的操作命令，还介绍了如何使用 Python 编程来操作数据。通过实践可以发现，HBase 对数据的管理相比 HDFS 来说更为灵活，可以随时对数据进行添加、修改和删除操作。在业内，很多电商平台、社交平台的数据管理都已经选择使用 HBase 数据库。

第 6 章

数据需要规划，使用 Hive 建仓库

★本章导读★

本章先介绍 Hive 的核心组件、环境搭建，然后介绍 Hive 的操作方式。在之前的章节中，介绍了使用 MapReduce 来分析 HDFS 上的数据，可以看到编写 MapReduce 过程较为烦琐，对开发人员要求较高，因此可以使用 Hive 来重新规划数据，通过 Hive 提供的语言自动生成 MapReduce 任务，以提高开发效率。

★知识要点★

通过对本章内容的学习，读者将掌握以下知识技能。

◆ 了解 Hive 的核心组件

◆ 掌握 Hive 的环境搭建

◆ 掌握数据库与表的基本操作

◆ 了解表的类型及创建方式

◆ 了解分桶查询与排序的特点

◆ 掌握 Hive 与关系型数据库之间互导数据的方法

◆ 了解如何使用 Python 操作 Hive

6.1 初识 Hive

Hive 是一个基于 Hadoop 的、用于构建数据仓库的工具，是 Hadoop 生态中的核心组件之一。它提供了一种类似 SQL 的语言，来查询 HDFS 上的数据。

6.1.1 Hive 简介

Hive 可以将 HDFS 上结构化的数据映射成一张表，然后通过 Hive 提供的 HiveQL 语言进行查询。

HiveQL 包含了丰富的查询功能，如条件查询、连接查询、子查询等，这些查询的语法与 MySQL 的语法相似。但需要注意的是，由于 Hive 的子查询不易生成合适的 MapReduce 程序，因此应谨慎使用。同时，Hive 也提供了大量内置的函数，方便用户进行数据类型转换、聚合统计等操作。当内置函数不能满足某些特殊场景时，Hive 还支持用户自定义函数。

Hive 的定位是构建数据仓库，是面向数据分析的，在特定的条件下才能执行更新、删除等普通的操作。因此用户如果需要建设一个数据管理系统，还是建议使用传统的关系型数据库。

HiveQL 语句最终会被转换为 MapReduce 运行，因此 MapReduce 在运行过程中存在的高延迟问题，同样会体现在 HiveQL 上，即使数据量较小。

那么 Hive 具有什么优势呢，为什么还需要选择 Hive 呢？

Hive 的设计目的是让 SQL 编程人员能够通过 SQL 直接查询 HDFS 中的数据。对于常规的统计分析工作，就不必再开发复杂的 MapReduce 应用。Hive 的特点在于能在普通的商用服务器上查询大规模的离线数据，具有高度的容错与扩展功能，而这正是传统数据库面临的挑战。另外，Hive 本身不具备存储功能，数据实际存储在 HDFS 上。分布式的存储与分布式的计算，使得 Hive 与传统数据库相比，在大数据分析方面具有明显的优势。

与 HBase 类似，Hive 也提供了 Shell 窗口，用户可以直接在 Shell 窗口中创建数据库、表、函数、查询统计。Hive 同时还提供了 JDBC、ODBC、Thrift 等客户端，使得用户可以通过编程与 Hive 进行交互。

6.1.2 Hive 核心组件

Hive 拥有客户端、元数据存储器、解释器、编译器、逻辑计划生成器和物理计划生成器这几个核心组件，其作用分别介绍如下。

客户端：Hive 自带了两种客户端，一种是命令行窗口，便于用户直接与 Hive 进行交互；另一种是接口，便于用户通过编程来灵活操作 Hive。

元数据存储器：Hive 提供了数据库来组织表，表是 HDFS 数据的映射。这些映射方式，以及数据库名、表名、表类型、表分区方式、表中列的类型等信息都被称为元数据，都需要进行存储，因此 Hive 提供了一个内置的存储器 Derby。Hive 也支持第三方的存储器，如 MySQL。Derby 存储器一般适用于测试环境，因为在不同路径下执行 Hive 命令，会分别创建相应的元数据库，之前创建好的数据库、数据表，会因为切换执行路径导致不能使用，Derby 不能共享数据。MySQL 则不同，MySQL 可以与 Hive 安装在同一台服务器上，也可以安装在远程服务器上，不存在 Derby 的数据共享问题，因此生产环境使用 MySQL 作为元数据存储器较多。

解释器：相当于一个翻译器，用于完成对 HiveQL 的词法解析，将 HiveQL 转换成解析树。

编译器：将解析树转换为内部查询操作符。

逻辑计划生成器：该生成器依据内部查询操作符生成逻辑计划，之后由优化器对逻辑计划进行优化。

物理计划生成器：该生成器根据逻辑计划生成物理计划，实际上就是 MapReduce 任务，并对其进行优化。

6.2 Hive 环境搭建

Hive 有两种部署模式，根据元数据的存储方式不同来进行区分，一种是将内置的 Derby 作为元数据库，另一种是将独立的第三方存储作为元数据库。由于 Derby 在使用上存在缺陷，本小节将介绍如何使用 MySQL 来部署 Hive。

6.2.1 安装 MySQL

根据以下步骤，在线安装 MySQL。

步骤 01 下载 MySQL 仓库源文件。

```
[root@master bigdata]# wget http://dev.MySQL.com/get/MySQL57-community-release-el7-8.noarch.rpm
```

步骤 02 安装 MySQL 源。

```
[root@master bigdata]# yum localinstall MySQL57-community-release-el7-8.noarch.rpm
```

步骤 03 检查 MySQL 源是否安装成功。

```
[root@master bigdata]# yum repolist enabled | grep "MySQL.*-community.*"
```

正常情况下结果如图 6-1 所示，显示 MySQL 源列表。

图 6-1　MySQL 源列表

步骤 04 安装 MySQL 服务器。

```
[root@master bigdata]# yum install MySQL-community-server
```

步骤 05 启动 MySQL 服务，并设置为开机启动。

```
[root@master bigdata]# systemctl start MySQLd
[root@master bigdata]# systemctl enable MySQLd
[root@master bigdata]# systemctl daemon-reload
```

步骤 06 查看 MySQL 状态。

```
[root@master bigdata]# systemctl status MySQLd
```

结果如图 6-2 所示。

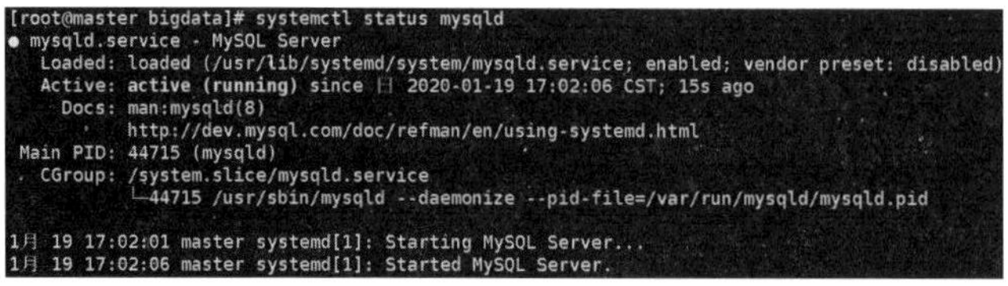

```
[root@master bigdata]# systemctl status mysqld
● mysqld.service - MySQL Server
   Loaded: loaded (/usr/lib/systemd/system/mysqld.service; enabled; vendor preset: disabled)
   Active: active (running) since 日 2020-01-19 17:02:06 CST; 15s ago
     Docs: man:mysqld(8)
           http://dev.mysql.com/doc/refman/en/using-systemd.html
 Main PID: 44715 (mysqld)
   CGroup: /system.slice/mysqld.service
           └─44715 /usr/sbin/mysqld --daemonize --pid-file=/var/run/mysqld/mysqld.pid

1月 19 17:02:01 master systemd[1]: Starting MySQL Server...
1月 19 17:02:06 master systemd[1]: Started MySQL Server.
```

图 6-2　MySQL 运行状态

步骤 07 ▸ 首次登录需要修改临时密码，执行以下命令，查看密码。

```
[root@master bigdata]# grep 'temporary password' /var/log/MySQLd.log
```

如图 6-3 所示，行尾 root 用户默认密码。

```
[root@master bigdata]# grep 'temporary password' /var/log/mysqld.log
2020-01-19T09:02:03.824377Z 1 [Note] A temporary password is generated for root@localhost: 6BZ4sGVdmf%a
```

图 6-3　查看临时密码

步骤 08 ▸ 登录 MySQL。

```
MySQL -u root -p
```

随后输入临时密码。

步骤 09 ▸ 修改密码并刷新权限。

```
set password for 'root'@'localhost'=password('qAz@=123!');
flush privileges;
```

步骤 10 ▸ 创建 Hive 数据库。

```
create database hive default character set utf8 collate utf8_general_ci;
```

温馨提示

示例中“qAz@=123!”即为修改后的密码。需要注意的是，MySQL 安装后有默认的密码验证策略，策略不同密码的复杂度也不同，读者需要按自身 MySQL 配置情况进行修改。

6.2.2 安装 Hive

从官网下载 apache-hive-3.1.1-bin.tar.gz 文件并将文件上传至服务器 /opt/bigdata 目录，然后根据如下步骤进行安装。

步骤 01 ▸ 使用如下命令解压文件。

```
[root@master local]# tar -zvxf /opt/bigdata/apache-hive-3.1.1-bin.tar.gz -C /usr/
local/
```

步骤 02 ▸ 重命名 Hive 目录。

```
[root@master bigdata]# cd /usr/local/
[root@master local]# mv apache-hive-3.1.1-bin/ hive
```

步骤 03 ▸ 配置 Hive 环境变量，添加 HIVE_HOME 变量并修改 PATH 变量如下。

```
export HIVE_HOME=/usr/local/hive
export PATH=$JAVA_HOME/bin:$HADOOP_HOME/bin:$HBASE_HOME/bin:$HIVE_HOME/bin:$PATH
```

步骤 04 ▸ 由于在上一章安装了 HBase，因此需要修改 hadoop-env.sh 文件，将 HADOOP_CLASSPATH 节点内容设置如下，以引入相关的 jar 包。

```
export HADOOP_CLASSPATH=$HADOOP_CLASSPATH:/usr/local/hbase/lib/*:/usr/local/hive/
lib/*
```

步骤 05 ▸ 重命名 Hive 配置文件，在安装目录执行如下命令。

```
[root@master hive]# mv ./conf/hive-default.xml.template ./conf/hive-site.xml
```

步骤 06 ▸ 打开 hive-site.xml 文件，将 configuration 节点内的内容修改如下。

```
<configuration>
 <property>
<name>javax.jdo.option.ConnectionURL</name>
<value>jdbc:MySQL://localhost:3306/hive?useSSL=false</value>
  </property>
  <property>
<name>javax.jdo.option.ConnectionUserName</name>
<value>root</value>
  </property>
  <property>
<name>javax.jdo.option.ConnectionPassword</name>
<value>qAz@=123!</value>
  </property>
  <property>
<name>javax.jdo.option.ConnectionDriverName</name>
<value>com.MySQL.jdbc.Driver</value>
  </property>
  <property>
<name>hive.metastore.schema.verification</name>
<value>false</value>
  </property>
</configuration>
```

节点说明如下。

javax.jdo.option.ConnectionURL：MySQL 的地址

javax.jdo.option.ConnectionUserName：登录 MySQL 的账户

javax.jdo.option.ConnectionPassword：该账户的密码

javax.jdo.option.ConnectionDriverName：驱动程序的名称

hive.metastore.schema.verification：需要关闭 schema 信息验证，否则无法初始化 SessionHive MetaStoreClient，导致 Hive 不能正常运行。

步骤 07 ▸ 将 hive-env.sh. template 文件重命名为 hive-env.sh，并在文件底部添加如下变量。

```
export JAVA_HOME=/usr/lib/jvm/java-1.8.0-openjdk-1.8.0.232.b09-0.el7_7.x86_64
export HADOOP_HOME=/usr/local/hadoop/
export HIVE_HOME=/usr/local/hive
export HIVE_CONF_DIR=$HIVE_HOME/conf
export HIVE_AUX_JARS_PATH=$HIVE_HOME/lib/*
```

变量说明如下。

JAVA_HOME：Java 安装目录

HADOOP_HOME：Hadoop 安装目录

HIVE_HOME：Hive 安装目录

HIVE_CONF_DIR：Hive 配置文件目录

HIVE_AUX_JARS_PATH=：Hive 的 Jar 包（包含驱动程序）目录

步骤 08 ▸ 下载连接 MySQL 的驱动 MySQL-connector-java-5.1.45.jar，并将其复制到 HIVE_AUX_JARS_PATH 指定的目录。

步骤 09 ▸ 使用如下命令，初始化 Hive 数据库。

```
schematool -dbType MySQL -initSchema
```

如图 6-4 所示，初始化完毕。

```
Initialization script completed
schemaTool completed
```

图 6-4　初始化 Hive 数据库

如果想查看具体有哪些表，可以使用 MySQL 可视化客户端，如使用 Navicat 进行查看。使用如下命令，开启 root 远程登录权限。

```
GRANT ALL PRIVILEGES ON *.* TO 'root'@'%' IDENTIFIED BY 'qAz@=123!';
```

使用 Navicat 配置数据库 IP 与账户、密码，最终结果如图 6-5 所示。

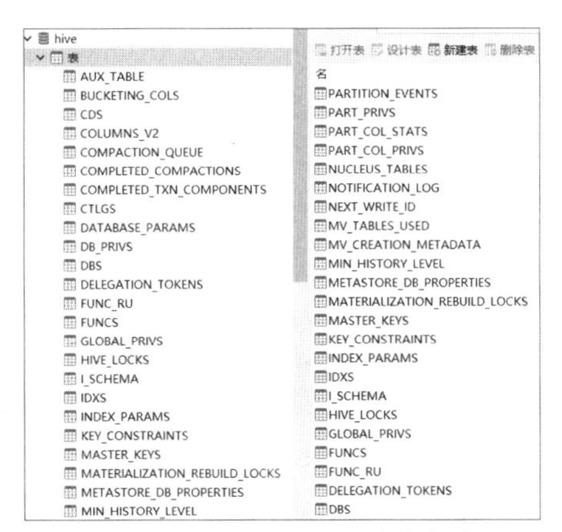

图 6-5 Hive 初始化后的部分表

6.2.3 客户端工具

Hive 提供了多个直接交互的客户端工具，这里主要介绍 Shell、Beeline 和 Web 页面。

1. Shell 客户端

在 Hive 安装完毕后，进入安装目录，使用如下命令启动 Shell 窗口。

```
[root@master hive]# ./bin/hive
```

使用“show databases”命令可以查看系统默认的数据库，如图 6-6 所示。

图 6-6 Hive 默认的数据库

启动 Hive 时使用 -e 参数，在 SQL 语句执行完毕后会自动退回 CentOS 的 Shell，代码如下。

```
[root@master hive]# ./bin/hive -e 'show databases'
```

执行结果如图 6-7 所示。

图 6-7 带参数启动 Hive

2. Beeline 客户端

Shell 使用起来很方便，但是只能在 Hive 所部署的节点上进行操作。然而在生产环境中，Hive 一般安装在远程计算机上。因此可以启动 HiveServer2 服务器，然后使用 Beeline 客户端进行远程连接。

步骤 01 在安装目录下启动 HiveServer2 服务器进程。

```
[root@master hive]# ./bin/HiveServer2
```

步骤02 ▶ 启动 Beeline 客户端，命令如下，其中 jdbc:hive2://localhost:10000 表示使用 JDBC 协议，连接 HiveServer2，HiveServer2 所在的地址是 localhost，其监听的端口是 10000。

```
[root@master hive]# ./bin/beeline -u jdbc:hive2://localhost:10000 -n root
```

在 Beeline 的窗口中输入“show databases”指令，可以看到 Hive 的默认数据库，如图 6-8 所示。

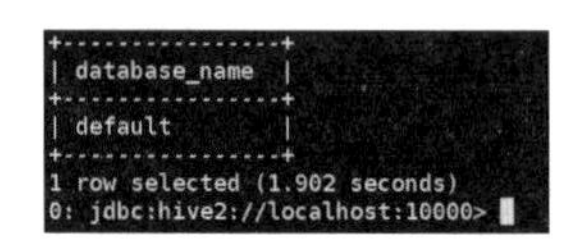

图 6-8 Beeline Shell 窗口

温馨提示

如果使用 Beeline 的过程中出现 User：root is not allowed to impersonate anonymous 错误，那么就需要在 Hadoop 的 core-site.xml 文件中添加如下内容。

```
<property>
    <name>hadoop.proxyuser.root.hosts</name>
    <value>*</value>
</property>
<property>
    <name>hadoop.proxyuser.root.groups</name>
    <value>*</value>
</property>
```

配置代理用户后，使得 root 账户可以访问 HDFS 的 HttpFS 代理服务，其中 root 字符是用户名。

6.3 Hive 数据库与表

Hive 是使用 HiveQL 语法来查询分析数据的，HiveQL 是面向表的，因此要分析 HDFS 上的数据，就需要创建数据库及相关的表，并将数据文件加载到表中，以建立映射关系。为提高查询效率，还可以建立分区表与分桶表。

6.3.1 数据库

Hive 数据库其实相当于表的名称空间，概念上与 MySQL 数据库一致。Hive 支持创建、删除、切换数据库等操作，具体介绍如下。

1. 创建数据库

使用 create database 命令创建数据库的示例如下，其中 myfirstdb 是数据库名称。

```
create database myfirstdb;
```

如果数据库已经存在，直接使用该命令就会报错，则可以在命令上添加判断语句，如下所示。

```
create database if not exists myfirstdb;
```

数据库创建完毕后，打开 HDFS 页面，如图 6-9 所示，可以看到在 Hive 上创建的数据库，实际是存放到 HDFS 的 /user/hive/warehouse（默认的）路径下。

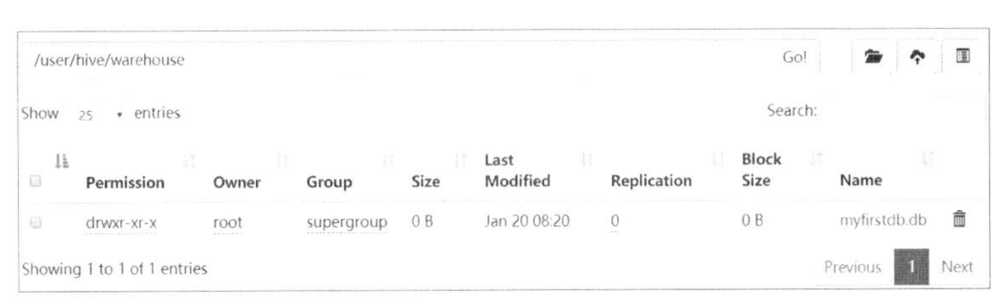

图 6-9　Hive 数据库在 HDFS 上的存储位置

Hive 数据库的存储路径有两种修改方式，一种是通过在 hive-site.xml 文件中设置 hive.metastore.warehouse.dir 节点进行指定，另一种是使用 location 参数指定，如下所示。

```
create database myfirstdb1 location '/hive/testdb';
```

再次刷新 HDFS 页面，可以看到创建好的 testdb 目录，如图 6-10 所示。

图 6-10　指定存储路径

创建数据库时可以添加备注信息，该信息可以指明数据库的用途，以下命令创建了一个 orderdb 数据库，备注信息是存放订单。

```
create database if not exists orderdb comment 'Store order';
```

如果想要查看某个数据库的更多信息，则需要使用 describe 命令，具体如下。

```
describe database orderdb;
```

如图 6-11 所示，可以看到数据库的备注信息、在 HDFS 上的存储路径、用户信息等。

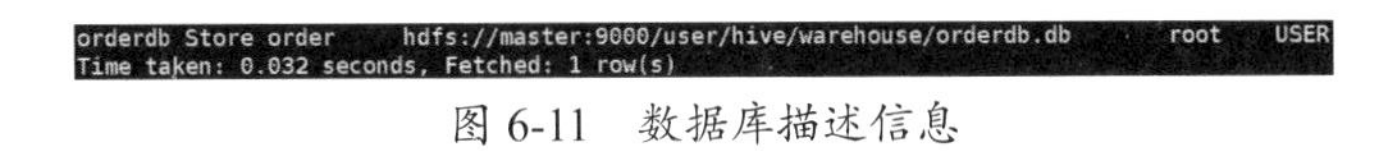

图 6-11　数据库描述信息

在这里已经创建了 myfirstdb、myfirstdb1 与 orderdb 共 3 个数据库。如果需要在指定数据库下面创建表，则使用 use 命令，这一点与 MySQL 一样。

```
use orderdb;
```

有时候不确定当前正在使用的是哪一个数据库，可以使用如下命令来进行判断。

```
set hive.cli.print.current.db=true;
```

如图 6-12 所示，可以看到当前正在使用的是 orderdb 数据库。

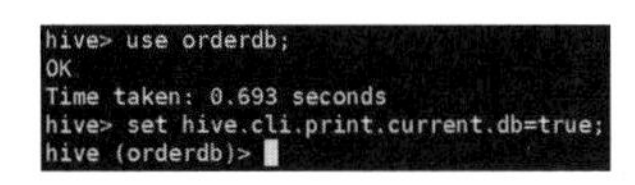
hive> use orderdb;
OK
Time taken: 0.693 seconds
hive> set hive.cli.print.current.db=true;
hive (orderdb)>

图 6-12　查看数据库

2. 修改数据库

创建数据库时还可以通过 with dbproperties 命令来给数据库添加额外的信息，dbproperties 后面设置的数据是键值对形式的。创建 orderdb1 数据库，设置属性“create_date”为“2020-01-01”，示例如下。

```
create database if not exists orderdb1 with dbproperties('create_date'='2020-01-01')
;
```

使用 describe database extended 命令查看数据库属性信息。

```
describe database extended orderdb1;
```

如果需要修改数据库属性，则使用 alter 命令。修改“create_date”为“2020-10-01”，并添加“user”属性，示例如下。

```
alter database orderdb1 set dbproperties ('create_date'='2020-10-01', 'user'='Ivy');
```

3. 删除数据库

删除数据库直接使用 drop 命令即可，命令如下。

```
drop database orderdb1;
```

如果数据库不存在，直接使用 drop 命令会提示错误，因此在删除前需要对数据库是否存在进行判断。

```
drop database if exists orderdb1;
```

如果一个数据库里面存在表，使用 drop 命令时会禁止删除，因此需要使用如下命令强制删除。

```
drop database orderdb cascade;
```

6.3.2 表

表用于组织数据，是 HiveQL 的查询对象，一个数据库中存在多个表，概念上与 MySQL 表一致。

在创建表的时候，同样需要指定表名、列及列类型等。

1. 创建表语法

据官网所述，创建表的语法如下所示。其中 [] 符号中的内容是可选的，ASC|DESC 中的竖线表示二选一，,... 表示可以有多个，中间用逗号隔开。

```
CREATE [TEMPORARY] [EXTERNAL] TABLE [IF NOT EXISTS] [db_name.]table_name
  [(col_name data_type [COMMENT col_comment], ... [constraint_specification])]
  [COMMENT table_comment]
  [PARTITIONED BY (col_name data_type [COMMENT col_comment], ...)]
  [CLUSTERED BY (col_name, col_name, ...) [SORTED BY (col_name [ASC|DESC], ...)]
INTO num_buckets BUCKETS]
  [SKEWED BY (col_name, col_name, ...)
     ON ((col_value, col_value, ...), (col_value, col_value, ...), ...)
     [STORED AS DIRECTORIES]
  [
   [ROW FORMAT row_format]
   [STORED AS file_format]
     | STORED BY 'storage.handler.class.name' [WITH SERDEPROPERTIES (...)]
  ]
  [LOCATION hdfs_path]
  [TBLPROPERTIES (property_name=property_value, ...)]
  [AS select_statement];
```

以下是各参数的解释说明。

TEMPORARY：表示创建的是临时表，临时表只存在于当前会话中。会话结束，表自动被删除。

EXTERNAL：Hive 有两种持久化的表，内部表与外部表。内部表供 Hive 使用，当删除内部表时关联的数据一起被删除。若是外部表，删除表时数据在 HDFS 上仍然存在。建表时若是没有指定 EXTERNAL，则表示创建的是内部表。

IF NOT EXISTS：用以判断表是否已存在。

[db_name.]table_name：创建表时可以指定数据库的名称，若是没有指定名称，也没有使用 use 命令指定数据库，则将表创建到 default 数据库。

col_name data_type：是列名称与列类型。

constraint_specification：用于指定列的约束。

PARTITIONED BY (col_name data_type [COMMENT col_comment], ...)：用于指定表分区。col_name 是分区列，data_type 是列类型。注意，这个列不能与表名称后面指定的列名重复。

CLUSTERED BY (col_name, col_name, ...)：根据列名来划分桶。

SORTED BY (col_name [ASC|DESC]：根据指定的列来进行排序。

INTO num_buckets BUCKETS：将该表划分为多少个桶，num_buckets 表示桶的数量。

SKEWED BY (col_name, col_name, ...)：数据倾斜的列。在数据集中，某些列数据分布是不均匀的，有的值比较多，有的值比较少。通过 SKEWED（倾斜）参数来指定具有严重倾斜的列，可提高表的性能。

ROW FORMAT row_format：指定数据行的分隔符。row_format 的取值有两种，一种是 DELIMITED，表示使用 Hive 内置的分隔符，如“,” “\t” 等；另一种是 SERDE，Serializer/Deserializer 的简称，指定了使用什么样的方式去处理一行数据。Hive 内置了几种支持的格式，如 rcfile、orc、parquet、avro。如果都不支持，用户可以自行开发程序进行处理。Hive 默认的处理分隔符为“\001”，因此在创建表的时候，如果实际的存储文件分隔符不是“\001”，则需要手动指定。指定方式大多情况下使用 DELIMITED 命令即可。

STORED AS file_format：指定数据的存储格式，如 textfile、rcfile、orc、avro 等。

LOCATION hdfs_path：指定数据的存储位置，指向 HDFS 上的一个目录。

AS select_statement：根据 select_statement 查询来创建表，与 MySQL 的复制表数据类似。

2. 数据类型

Hive 表的列支持 int 类型、date 类型，这点与 MySQL 类似，另外也支持 Java 的数据类型，如 String、float 等。更多类型如表 6-1 所示。

表 6-1　Hive 数据类型

分类	类型名称	描述
数值类型	TINYINT	1 个字节，−128~127 的整数
	SMALLINT	2 个字节，−32 768~32 767 的整数
	INT	4 个字节，−2 147 483 648~2 147 483 647 的整数
	BIGINT	8 个字节，−9 223 372 036 854 775 808~9 223 372 036 854 775 807 的整数
	FLOAT	4 个字节的浮点数
	DOUBLE	8 个字节的浮点数
	DECIMAL	任意精度的数据，最大精度为 38
日期 / 时间类型	TIMESTAMP	时间戳
	DATE	日期
	INTERVAL	时间间隔
字符串类型	STRING	字符串
	VARCHAR	长度不定的字符串，字符数范围为 1~65535
	Char	长度固定的字符串
布尔类型	BOOLEAN	
二进制类型	BINARY	
复杂类型	arrays=>ARRAY	数组类型
	maps=>MAP	字典类型
	structs=>STRUCT	结构类型
	union=>UNIONTYPE	联合类型

3. 根据不同分隔符建表

数据存储方式不同，创建表的语句也是不一样的。这里根据3种存储情况来演示创建对应的表。

（1）使用“,”分隔的数据

order1.txt文件存放的数据如图6-13所示。第1列是订单编号，第2列是姓名，第3列是金额，每一行使用“,”分隔。

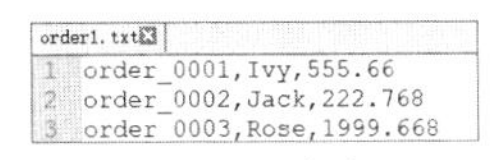
```
order1.txt
1 order_0001,Ivy,555.66
2 order_0002,Jack,222.768
3 order_0003,Rose,1999.668
```

图6-13 订单表数据

接下来在Hive中创建一张对应的表。

步骤01 使用如下命令创建一张表。

```
create database if not exists orderdb;
use orderdb;
create table if not exists order1(id string,name string,price float) row format
delimited fields terminated by ',';
```

刷新HDFS页面，如图6-14所示，可以看到在orderdb.db目录生成了一个子目录order1。

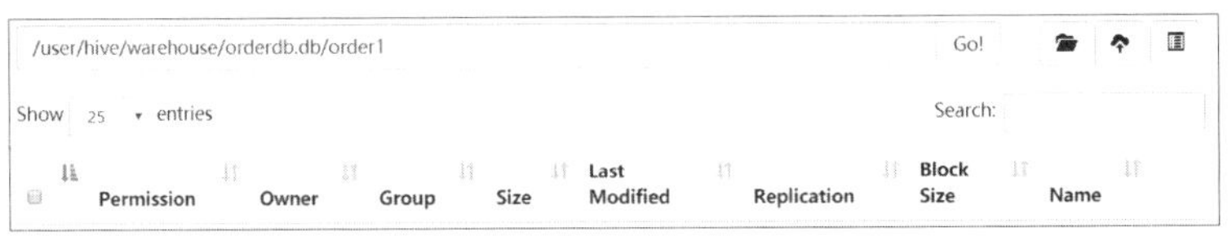

图6-14 HDFS上的订单表

步骤02 在随书源代码中找到order1.txt文件并将其上传至HDFS的/user/hive/warehouse/orderdb.db/order1目录。

```
[root@master ~]# hdfs dfs -put order1.txt /user/hive/warehouse/orderdb.db/order1
```

步骤03 在Hive的Shell窗口中，输入如下查询order1的命令。

```
select *from order1;
```

执行结果如图6-15所示。

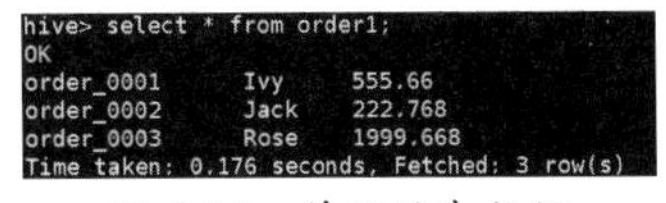
```
hive> select * from order1;
OK
order_0001      Ivy     555.66
order_0002      Jack    222.768
order_0003      Rose    1999.668
Time taken: 0.176 seconds, Fetched: 3 row(s)
```

图6-15 普通的表数据

（2）一对多的数据

order2.txt文件存放的数据如图6-16所示。“:”左侧是订单编号，右侧是商品列表。可以看到，这是一个一对多关系的数据结构。因此在创建表的时候，使用“:”来分隔行，形成两列；第2列里面再使用“,”来分隔项，形成一个数组。

```
order2.txt
1 order_0001:apple,banana,pineapple
2 order_0002:apple,banana,peach
3 order_0003:banana,peach,pineapple
```

图 6-16　含商品名称的订单表

步骤 01 ▶ 使用如下命令创建订单表 order2。

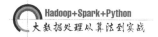

```
create table order2(id string,products array<string>) row format delimited fields terminated by ':' collection items terminated by ',';
```

步骤 02 ▶ 创建 order2.txt 文件并将其上传至 HDFS 的 /user/hive/warehouse/orderdb.db/order2 目录下。

步骤 03 ▶ 执行以下查询命令，验证操作结果。

```
select * from order2;
```

执行结果如图 6-17 所示，可以看到第 2 列是数组。

```
hive> select * from order2;
OK
order_0001      ["apple","banana","pineapple"]
order_0002      ["apple","banana","peach"]
order_0003      ["banana","peach","pineapple"]
Time taken: 0.243 seconds, Fetched: 3 row(s)
```

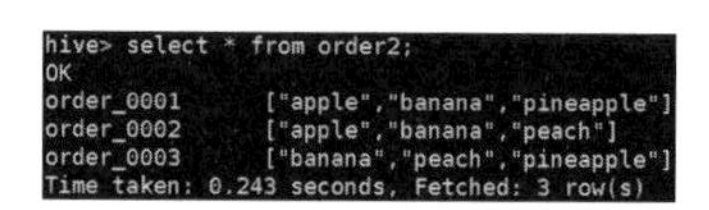

图 6-17　列为数组类型的表数据

（3）键值对形式的数据

order3.txt 文件存放的数据如图 6-18 所示。“:”左侧是订单编号，右侧是键值对形式的数据，如 order_0001 里面，apple 是 10kg，banana 是 20kg。同样，在创建表时仍然使用“:”将数据分成两列，第 2 列的每一项再使用“,”分开，最后商品名称和数量之间使用“\t”分开。

```
order3.txt
1 order_0001:apple 10,banana 20,pineapple 15
2 order_0002:apple 12,banana 23,peach 18
3 order_0003:banana 33,peach 25,pineapple 14
```

图 6-18　键值对形式的数据

步骤 01 ▶ 使用如下命令创建订单表 order3。

```
create table order3(id string,products map<string,string>) row format delimited fields terminated by ':' collection items terminated by ',' map keys terminated by '\t'
;
```

步骤 02 ▶ 创建 order3.txt 文件并将其上传至 HDFS 的 /user/hive/warehouse/orderdb.db/order3 目录下。

步骤 03 ▶ 执行以下查询命令，验证操作结果。

```
select * from order3;
```

执行结果如图 6-19 所示，可以看到第 2 列是键值对数据。

```
hive> select * from order3;
OK
order_0001      {"apple":"10","banana":"20","pineapple":"15"}
order_0002      {"apple":"12","banana":"23","peach":"18"}
order_0003      {"banana":"33","peach":"25","pineapple":"14"}
Time taken: 0.19 seconds, Fetched: 3 row(s)
```

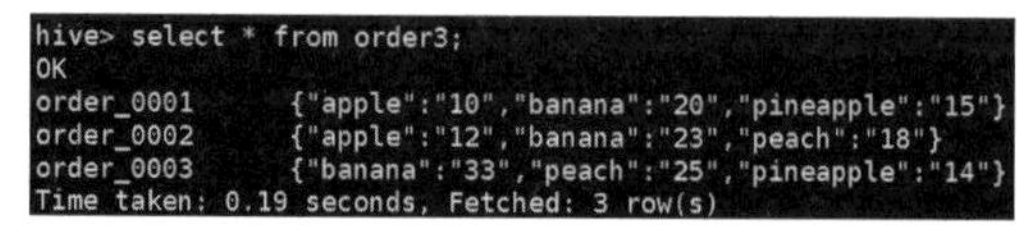

图 6-19　列为键值对类型的表数据

6.3.3 修改表与删除表

表创建完毕后，如果发现列名、类型不符合预期，可以使用 alter 命令将其修改。表使用完毕后，也可以通过 drop 命令进行删除。

1. 修改表

以下命令中，alter…rename 表示将表进行重命名；alter…add columns 表示给表添加一列；alter…change 表示将表 price 列重命名为 myprice，并将列类型修改为 double，同时将新列放置在 ID 列后面；alter…replace 表示用后面括号中的列替换表中已存在的列。

```
alter table order1 rename to tmp_order1;
alter table tmp_order1 add columns (test string comment '测试新增一列');
alter table tmp_order1 change price myprice double after id;
alter table tmp_order1 replace columns (id string,name string);
```

2. 删除表数据与删除表

删除表数据使用 truncate 命令，此时数据会被清空，但是表结构还在，命令如下。

```
truncate table tmp_order1;
```

使用 drop 命令删除数据的同时会将表一起删除，命令如下。

```
drop table tmp_order1;
```

6.4 表的类型

6.4.1 分区表

使用“select * from”命令查询表时，Hive 一般会查询整个表，这会导致没必要的性能损耗。因此可以先将表进行分区，然后查询分区表以提高性能。

一个表可以分成多个区，每个分区对应一个目录。分区通过字段来指定，该字段只是逻辑上存在，并不存储实际数据。在创建分区表时要注意，分区字段不能是表本身的字段。

分区表分为单分区表和多分区表，具体介绍如下。

1. 单分区表

单分区表表示只有一个分区字段。

如图 6-20 所示，order4.txt 表示 2020-01-01 产生的订单，order5.txt 表示 2020-01-02 产生的订单。

现创建 order4 这个表，然后将两个文件的数据导入到不同分区。

```
order4.txt
1 order_0001,Ivy,555.66
2 order_0002,Jack,222.768
3 order_0003,Rose,1999.668
```

```
order5.txt
1 order_0004,Jackie,543.66
2 order_0005,Jackson,576.768
3 order_0006,Jaiden,333.999
```

图 6-20　order4.txt 与 order5.txt 的数据

步骤 01 ▶ 使用如下命令创建分区表，create_date 表示订单日期。

```
create table if not exists order4(id string,name string,price float) partitioned
by(create_date string) row format delimited fields terminated by ',';
```

步骤 02 ▶ 使用 load data 命令向分区表导入数据。local inpath 表示指定 CentOS 系统上的文件路径，如果不指定 local，inpath 表示后面接 HDFS 上的路径。

```
load data local inpath '/opt/bigdata/datasource/order4.txt' into table order4
partition(create_date='2020-01-01');

load data local inpath '/opt/bigdata/datasource/order5.txt' into table order4
partition(create_date='2020-01-02');
```

导入数据后，执行查询操作，结果如图 6-21 所示。可以看到，两个文件的数据都导入 order4 表中，同时还多了一列，最后一列的数据就是 partition 指定的参数。

```
hive> load data local inpath '/opt/bigdata/datasource/order4.txt' into
Loading data to table orderdb.order4 partition (create_date=2020-01-01)
OK
Time taken: 0.999 seconds
hive> load data local inpath '/opt/bigdata/datasource/order5.txt' into
    > ;
Loading data to table orderdb.order4 partition (create_date=2020-01-02)
OK
Time taken: 0.639 seconds
hive> select * from order4;
OK
order_0001      Ivy     555.66  2020-01-01
order_0002      Jack    222.768 2020-01-01
order_0003      Rose    1999.668        2020-01-01
order_0004      Jackie  543.66  2020-01-02
order_0005      Jackson 576.768 2020-01-02
order_0006      Jaiden  333.999 2020-01-02
Time taken: 0.292 seconds, Fetched: 6 row(s)
```

图 6-21　导入数据

如果要按分区进行查询，可以使用如下命令。

```
select * from order4 where create_date='2020-01-01';
```

如图 6-22 所示，刷新 HDFS 页面，order4 目录下出现了两个目录，分别是 create_date=2020-01-01 与 create_date=2020-01-02，这是在加载数据时根据 partition 参数指定的。

/user/hive/warehouse/orderdb.db/order4　Go!

Show 25 entries　Search:

	Permission	Owner	Group	Size	Last Modified	Replication	Block Size	Name
	drwxr-xr-x	root	supergroup	0 B	Jan 20 21:08	0	0 B	create_date=2020-01-01
	drwxr-xr-x	root	supergroup	0 B	Jan 20 21:08	0	0 B	create_date=2020-01-02

图 6-22　将数据导入不同分区

温馨提示

load local inpath 命令中，local 是指运行了 Hive 服务的节点，inpath 可以是一个文件路径，也可以是一个目录。

2. 多分区表

多分区表表示有多个分区字段，多分区的目的是对表数据进一步细分。

步骤 01 ▸ 使用如下命令创建两个分区字段的表。create_date 表示订单创建日期，shop 表示门店名称。

```
create table if not exists order5(id string,name string,price float) partitioned
by(create_date string,shop string) row format delimited fields terminated by ',';
```

步骤 02 ▸ 使用如下命令，将数据导入各自的分区中。

```
load data local inpath '/opt/bigdata/datasource/order4.txt' into table order5
partition(create_date='2020-01-01',shop='chain store 1');

load data local inpath '/opt/bigdata/datasource/order4.txt' into table order5
partition(create_date='2020-01-01',shop='chain store 2');
```

刷新 HDFS 页面，可以看到 HDFS 上 order5 目录下创建了一个目录 create_date=2020-01-01，进入该目录，可以看到两个子目录，如图 6-23 所示，其中 shop 是 create_date 的子分区。

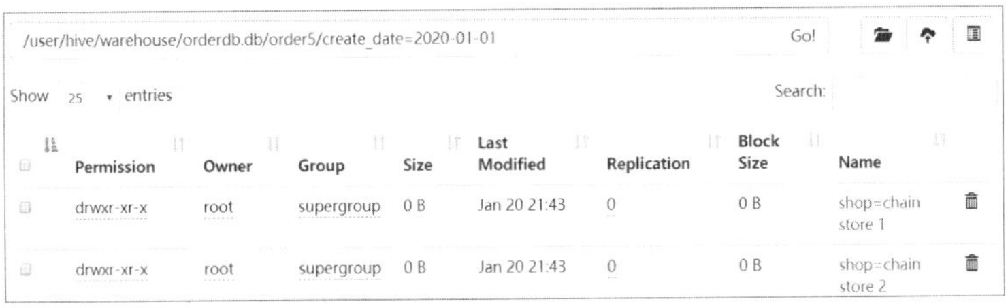

/user/hive/warehouse/orderdb.db/order5/create_date=2020-01-01 Go!

Show 25 entries Search:

	Permission	Owner	Group	Size	Last Modified	Replication	Block Size	Name
	drwxr-xr-x	root	supergroup	0 B	Jan 20 21:43	0	0 B	shop=chain store 1
	drwxr-xr-x	root	supergroup	0 B	Jan 20 21:43	0	0 B	shop=chain store 2

图 6-23　分区目录下的子目录

6.4.2 分桶表

分区是对一个数据集进行划分，而分桶可以对一个列进行划分。在数据管理上，分桶比分区的维度更细。分桶的逻辑是对指定列进行 hash，然后与桶数进行取余数，Hive 将相同余数的数据组织到同一个桶中。

分桶的好处在于可以提高抽样效率与 Join（连接）查询效率，这里解释如下。

抽样：指在较大的数据集中抽取部分数据，这在算法需要验证的时候会使用到。

Join 查询：对两个表进行 on 连接查询，中间会形成笛卡尔乘积，使得查询过程中内存空间会成倍增加。桶为表增加额外的结构，在对两个都进行了桶操作的表进行连接查询时，Hive 只会对具有相同列值的桶进行 Join 操作，从而降低内存消耗。

这里将创建分桶表与采样方式介绍如下。

在随书源代码目录下 order6.txt 文件内存储了一个简单的订单数据，如图 6-24 所示，现需要将该数据根据订单编号进行分桶存储。

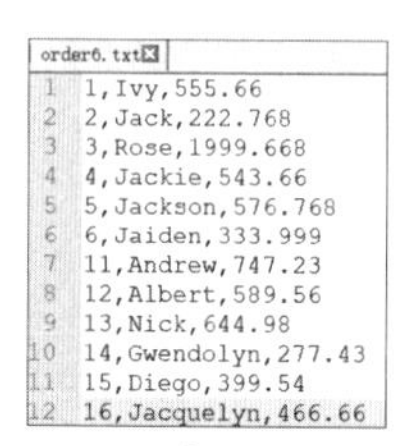
order6.txt
```
1  1,Ivy,555.66
2  2,Jack,222.768
3  3,Rose,1999.668
4  4,Jackie,543.66
5  5,Jackson,576.768
6  6,Jaiden,333.999
7  11,Andrew,747.23
8  12,Albert,589.56
9  13,Nick,644.98
10 14,Gwendolyn,277.43
11 15,Diego,399.54
12 16,Jacquelyn,466.66
```

图 6-24 待分桶的数据

具体步骤如下。

步骤 01 启动 Hive，设置 mapreduce.job.reduces 参数。值设置为 2 表示有两个 reduce 任务，最后将生成两个文件来存储对应的分桶的数据。该值默认为−1。

```
set mapreduce.job.reduces=2;
```

步骤 02 创建一个临时表，用以存放原始数据。

```
create table if not exists tmp_order6(id string,name string,price float) row format
delimited fields terminated by ',';
```

步骤 03 使用 load local 命令将 order6.txt 数据导入临时表中。

```
load data local inpath '/opt/bigdata/datasource/order6.txt' into table tmp_order6;
```

步骤 04 使用如下命令创建分区表。clustered by(id) 表示根据 ID 列进行分桶，into 2 buckets 表示将数据导入两个桶中。

```
create table if not exists order6(id string,name string,price float) clustered
by(id) into 2 buckets row format delimited fields terminated by ',';
```

步骤 05 将 tmp_order6 数据导入 order6 分桶表。

```
insert overwrite table order6 select tmp_order6.id,tmp_order6.name,tmp_order6.price
from tmp_order6 cluster by(id);
```

刷新 HDFS 页面，如图 6-25 所示，可以看到 order6 表下存在 000000_0 与 000001_0 两个文件。

/user/hive/warehouse/orderdb.db/order6 Go!

Show 25 entries Search:

	Permission	Owner	Group	Size	Last Modified	Replication	Block Size	Name
	-rw-r--r--	root	supergroup	155 B	Jan 21 20:51	1	128 MB	000000_0
	-rw-r--r--	root	supergroup	147 B	Jan 21 20:51	1	128 MB	000001_0

图 6-25 分桶后的数据

下载 000000_0 与 000001_0 两个文件，打开后如图 6-26 所示，这正是分桶后的结果。

```
000000_0
1 6,Jaiden,333.999
2 4,Jackie,543.66
3 2,Jack,222.768
4 15,Diego,399.54
5 13,Nick,644.98
6 11,Andrew,747.23
```

```
000001_0
1 5,Jackson,576.768
2 3,Rose,1999.668
3 16,Jacquelyn,466.66
4 14,Gwendolyn,277.43
5 12,Albert,589.56
6 1,Ivy,555.66
```

图 6-26　分桶存储的数据

步骤 06 使用如下命令对 order6 进行采样。

```
select * from order6 tablesample(bucket 1 out of 2 on id);
```

执行结果如图 6-27 所示，可以看到 tablesample 从两个桶分别抽取了部分数据。

```
hive> select * from order6 tablesample(bucket 1 out of 2 on id);
OK
15      Diego   399.54
3       Rose    1999.668
14      Gwendolyn       277.43
1       Ivy     555.66
Time taken: 2.468 seconds, Fetched: 4 row(s)
```

图 6-27　抽样数据

6.4.3 外部表

在此之前，创建的表都是内部表。删除内部表，会同时删除对应数据，并且 HDFS 上的数据需要存放在内部表名称的目录下。删除外部表不会删掉对应数据，对 HDFS 上的文件位置也没有过多要求。接下来创建一个外部表。

步骤 01 通过如下命令，在 HDFS 根目录下创建一个 input 目录，并将 order6.txt 上传到其中。

```
[root@master ~]# hdfs dfs -mkdir /input
[root@master ~]# hdfs dfs -put /opt/bigdata/datasource/order6.txt /input
```

步骤 02 使用如下命令，创建一个外部表，并指定数据存储位置为 /input 目录。

```
create external table if not exists order6_ext(id int,name string,price float) row
format delimited fields terminated by ',' location '/input';
```

查询 order6_ext 表，结果如图 6-28 所示，表示已经映射成功。

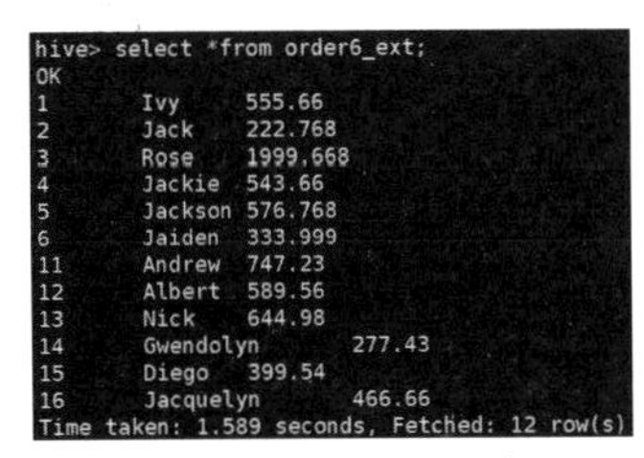

```
hive> select *from order6_ext;
OK
1       Ivy     555.66
2       Jack    222.768
3       Rose    1999.668
4       Jackie  543.66
5       Jackson 576.768
6       Jaiden  333.999
11      Andrew  747.23
12      Albert  589.56
13      Nick    644.98
14      Gwendolyn       277.43
15      Diego   399.54
16      Jacquelyn       466.66
Time taken: 1.589 seconds, Fetched: 12 row(s)
```

图 6-28　查询外部表

刷新 HDFS，如图 6-29 所示，order6_ext 目录下并没有数据。

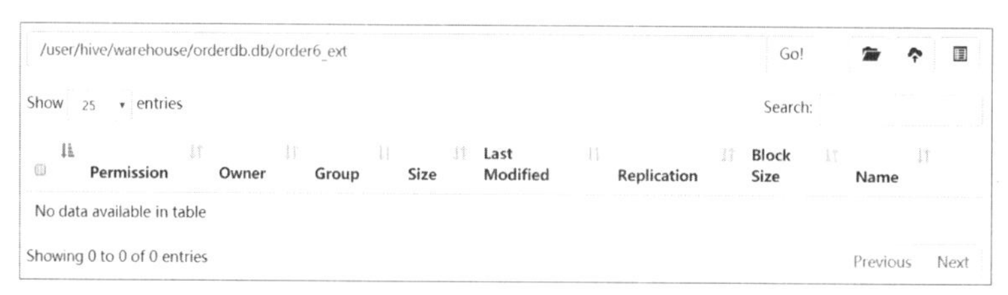

图 6-29　HDFS 上外部表目录

温馨提示

很多现有系统往往产生的数据量都比较大，而且复制或移动起来成本较高，若是使用 Hive 来分析，推荐使用外部表。

6.5 分桶查询与排序

Hive 常用查询语法与 MySQL 类似，这里就不再赘述。本小节主要介绍分桶查询、排序的特点与用法。

6.5.1 分桶查询

分桶查询有两个命令：cluster by 和 distribute by，具体介绍如下。

cluster 与 distribute 都可以进行分桶查询，然后将查询结果存入不同的桶中，具体操作如下。

步骤 01 设置 reduce 任务个数。

```
set mapreduce.job.reduces=2;
```

步骤 02 使用如下命令进行分桶查询，并将结果导出到本地文件系统。

```
insert overwrite local directory '/result' select * from order6_ext cluster by(id);
```

命令执行完毕后，在本地文件系统根目录下产生了一个 result 目录，进入该目录，可以看到两个结果文件，如图 6-30 所示。

```
[root@master result]# ls
000000_0  000001_0
```

图 6-30　结果文件

使用 cat 命令查看输出结果，如图 6-31 所示，可以看到，cluster by 除分桶存储外，还对每个桶内的数据进行了排序，默认按升序排列。

```
[root@master result]# cat 000000_0
2Jack222.768
4Jackie543.66
6Jaiden333.999
12Albert589.56
14Gwendolyn277.43
16Jacquelyn466.66
[root@master result]# cat 000001_0
1Ivy555.66
3Rose1999.668
5Jackson576.768
11Andrew747.23
13Nick644.98
15Diego399.54
```

图 6-31 分桶查询

如果查询既需要分桶，又需要按指定列排序，就需要使用 distribute by 命令，具体如下，根据 ID 分桶，并且根据 ID 进行降序排列。

```
insert overwrite local directory '/result' select * from order6_ext distribute
by(id) sort by(id desc);
```

再次使用 cat 命令查看输出结果，如图 6-32 所示。

```
[root@master result]# cat 000000_0
16Jacquelyn466.66
14Gwendolyn277.43
12Albert589.56
6Jaiden333.999
4Jackie543.66
2Jack222.768
[root@master result]# cat 000001_0
15Diego399.54
13Nick644.98
11Andrew747.23
5Jackson576.768
3Rose1999.668
1Ivy555.66
```

图 6-32 分桶并将 ID 降序排列

6.5.2 排序

除了 sort by 命令外，order by 命令也用于排序。不同的是，sort by 是局部排序，可以和 distribute 结合使用；order by 不能与 distribute 同时使用，且是对全局进行排序，只有一个 reduce 任务。因此在数据量较大的情况下，应谨慎使用 order by。

对 order6_ext 进行排序的命令如下。

```
select * from order6_ext order by(id);
```

执行结果如图 6-33 所示，显示排序的结果。

```
Stage-Stage-1: Map: 1  Reduce: 1   Cumulative CPU:
Total MapReduce CPU Time Spent: 7 seconds 340 msec
OK
1       Ivy     555.66
2       Jack    222.768
3       Rose    1999.668
4       Jackie  543.66
5       Jackson 576.768
6       Jaiden  333.999
11      Andrew  747.23
12      Albert  589.56
13      Nick    644.98
14      Gwendolyn       277.43
15      Diego   399.54
16      Jacquelyn       466.66
Time taken: 27.162 seconds, Fetched: 12 row(s)
```

图 6-33 全局排序

6.6 Sqoop数据的导入导出

Sqoop是一个开源工具，属于Hadoop生态的一部分，用于将Hive与关系型数据库，如MySQL、PostgreSQL的数据进行导入导出。

6.6.1 安装Sqoop

从官网下载sqoop-1.4.7.bin__hadoop-2.6.0.tar.gz文件并将其上传至服务器/opt/bigdata目录，然后根据以下步骤进行安装。

步骤01 ▸ 解压文件到/usr/local目录。

```
[root@master ~]# tar -zvxf /opt/bigdata/sqoop-1.4.7.bin__hadoop-2.6.0.tar.gz -C /
usr/local
```

步骤02 ▸ 重命名Sqoop文件夹。

```
[root@master ~]# cd /usr/local/
[root@master local]# mv sqoop-1.4.7.bin__hadoop-2.6.0/ sqoop
```

步骤03 ▸ 编辑环境变量。

```
export SQOOP_HOME=/usr/local/sqoop
export PATH=$HADOOP_HOME/bin:$HBASE_HOME/bin:$HIVE_HOME/bin:$SQOOP_HOME/bin:$JAVA_
HOME/bin:$PATH
```

步骤04 ▸ 将sqoop-env-template.sh重命名为sqoop-env.sh。

```
[root@master local]# cd /usr/local/sqoop/conf/
[root@master conf]# mv sqoop-env-template.sh sqoop-env.sh
```

然后添加如下内容。

```
export HADOOP_COMMON_HOME=/usr/local/hadoop
export HADOOP_MAPRED_HOME=/usr/local/hadoop
export HIVE_HOME=/usr/local/hive
```

步骤05 ▸ 将Hive下的MySQL-connector-java-5.1.45.jar复制到Sqoop的lib目录下。

至此安装完毕。

6.6.2 MySQL与Hive互导数据

在随书源代码中找到orders.sql文件，将数据导入到MySQL的order数据库并创建oders表。接下来根据以下步骤将oders表中的数据导入Hive。

步骤01 ▸ 使用如下命令测试连接MySQL。

```
sqoop list-tables --username root --password 'qAz@=123!' --connect jdbc:MySQL://
localhost:3306/order?characterEncoding=UTF-8
```

执行结果如图 6-34 所示，输出 order 数据库的表。

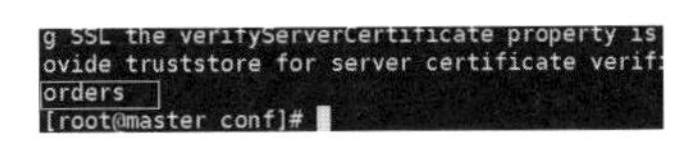

图 6-34　order 数据库的表

步骤 02 ▸ 使用如下命令将数据导入 Hive。其中 --table orders 表示 MySQL 的表；-m 1 表示使用 map 任务进行数据迁移；--hive-database orderdb 表示导入 Hive 的 orderdb 数据库；--create-hive-table 表示自动创建表，如果表存在则创建失败；--hive-table order8 表示导入 Hive 的表 order8。

```
sqoop import --connect jdbc:MySQL://localhost:3306/order?characterEncoding=UTF-8
--username root --password 'qAz@=123!' --table orders -m 1 --hive-import --hive-
database orderdb --create-hive-table --hive-table order8
```

查询 order8 表，结果如图 6-35 所示，表示数据已成功导入 Hive。此时表 order8 拥有与 MySQL 表 orders 相同的列名及相同或兼容的列类型。

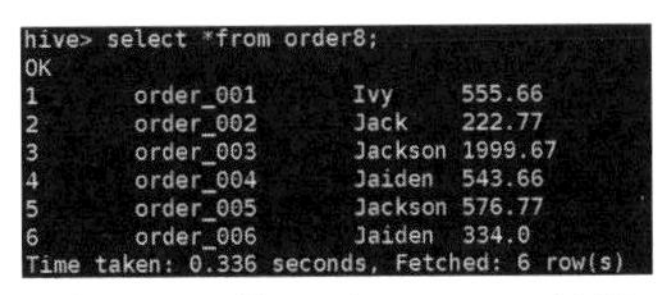
hive> select *from order8;
OK

1	order_001	Ivy	555.66
2	order_002	Jack	222.77
3	order_003	Jackson	1999.67
4	order_004	Jaiden	543.66
5	order_005	Jackson	576.77
6	order_006	Jaiden	334.0

Time taken: 0.336 seconds, Fetched: 6 row(s)

图 6-35　导入的 MySQL 数据

步骤 03 ▸ 接下来统计每个用户的订单总金额。使用如下命令，创建 order9 表用来存放统计结果。

```
create table if not exists order9(name string,price double);
```

步骤 04 ▸ 统计金额并插入 order9 表。

```
insert overwrite table order9 select name,sum(price) price from order8 group by
name;
```

步骤 05 ▸ 在 MySQL 创建 result 表用于存放统计数据。

```
CREATE TABLE 'result'  (
  'id' int(11) NOT NULL AUTO_INCREMENT,
  'name' varchar(255) CHARACTER SET utf8 COLLATE utf8_general_ci NULL DEFAULT NULL,
  'price' decimal(10, 2) NULL DEFAULT NULL,
  PRIMARY KEY ('id') USING BTREE
) ENGINE = InnoDB AUTO_INCREMENT = 1 CHARACTER SET = utf8 COLLATE = utf8_general_
ci ROW_FORMAT = Dynamic;
```

步骤 06 ▸ 将表 order9 的数据导入 result 表。需要注意，Hive 表的列默认是用 '\001' 分隔的，因此在导出到 MySQL 时，需要指定 --fields-terminated-by 为 '\001'，否则报错。

```
[root@master ~]# sqoop export --connect jdbc:MySQL://localhost:3306/
order?characterEncoding=UTF-8 --username root --password 'qAz@=123!' -m 1 --table
result --export-dir /user/hive/warehouse/orderdb.db/order9 --columns="name,price"
--fields-terminated-by '\001'
```

查看 MySQL result 表的数据，如图 6-36 所示。

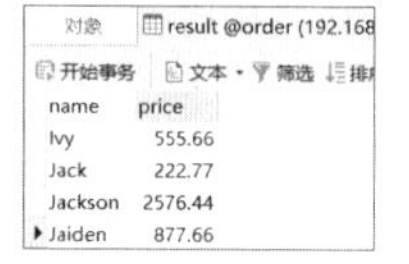

name	price
Ivy	555.66
Jack	222.77
Jackson	2576.44
Jaiden	877.66

图 6-36　从 Hive 导出的数据

6.7 Hive Thrift 编程接口

Hive 提供了 Java 客户端、Thrift API 等接口。与 HBase 类似，用户同样可以通过 Thrift 接口，使用 Python 语言来操作 Hive。

6.7.1 准备开发环境

使用 Thrift 需要准备相关环境。

步骤 01 ▶ 使用如下命令启动一个 Hive 服务。

```
[root@master ~]# HiveServer2
```

Hive 服务启动后会监听 10002 端口，通过浏览器访问该端口，如图 6-37 所示。该页面可以查看 Hive 的相关配置、与哪些客户端建立了会话、正在执行的及执行完毕的任务等各类信息。

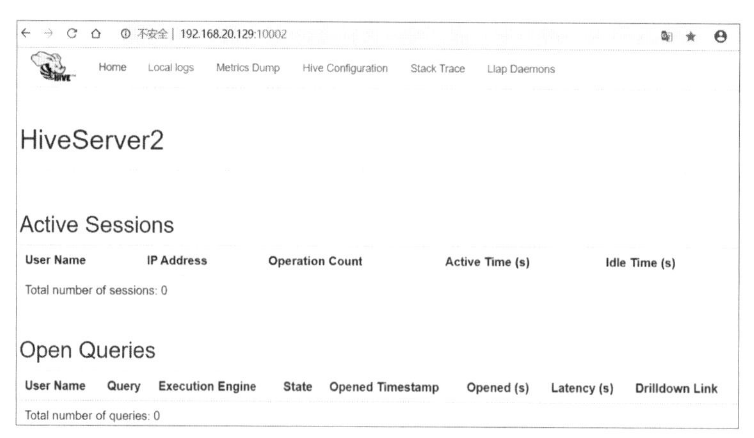

图 6-37　HiveServer2 页面

步骤02 在开发环境中安装Python库，命令如下。

```
pip install pyhive
pip install sasl
pip install thrift_sasl
```

至此环境准备完毕。

6.7.2 开发流程

示例6-1演示了Python查询Hive表的全过程。首先需要创建连接，然后打开游标，之后执行SQL获取查询结果，最后关闭连接。创建表、删除表等操作都可以根据本示例操作流程进行处理。

示例6-1 查询Hive表

```
from pyhive import hive

# 创建Hive连接对象
conn = hive.Connection(host='192.168.20.130', port=10000, username='root',
database='orderdb')
# 创建游标
cursor = conn.cursor()
sql = 'select * from order8'
# 执行SQL
cursor.execute(sql)

# 遍历数据
for result in cursor.fetchall():
    print(result)

# 关闭连接
cursor.close()
```

6.8 实训：构建订单分析数据仓库

orderlist.txt文件中存放了某个电商平台的订单数据，如图6-38所示。第1列是用户ID，第2列是订单ID，第3列是购买的各品牌手机及其对应的数量。现要求为该订单建立Hive表，并统计每个用户所有订单中所有商品的总数量。

```
orderlist.txt
1 u00001|order1|apple:94,huawei:87,samsung:70,lenovo:75
2 u00001|order2|apple:55,huawei:43,samsung:87,lenovo:31
3 u00002|order3|apple:93,huawei:65,samsung:65,lenovo:43
4 u00002|order4|apple:33,huawei:43,samsung:46,lenovo:64
5 u00003|order5|apple:43,huawei:52,samsung:64,lenovo:65
6 u00003|order6|apple:65,huawei:36,samsung:53,lenovo:87
7 u00003|order7|apple:54,huawei:85,samsung:35,lenovo:87
8 u00004|order8|apple:34,huawei:86,samsung:64,lenovo:93
```

图 6-38　订单列表

1. 实现思路

根据需求可以发现，该数据集每一行都是一对多的关系，每一项使用“|”隔开，并且最后一列是键值对的形式。因此可以考虑使用“|”做分隔符，使用 map 类型存储最后一列。

2. 具体实现

步骤 01 使用如下命令创建表 order10。

```
create table order10(userid string,orderid string,products map<string,int>) row
format delimited fields terminated by '|' collection items terminated by ',' map keys
terminated by ':' ;
```

步骤 02 将数据上传到 /user/hive/warehouse/orderdb.db/order10 目录下，以映射数据。

步骤 03 统计用户购买的总商品数，如示例 6-2 所示。首先创建表 order11 用来存放 order10 表解析后的数据；map_values 是 Hive 内置的函数，用于取字典的值，并以数组形式返回，explode 函数是将数组转换为行，lateral view 则是配合 explode 函数生成一个新的多行的数据集，然后将该结果集存入表 order11；最后对用户进行分组，计算每个用户购买的商品数量和。

示例 6-2　统计用户购买的总商品数

```
import json

from pyhive import hive

# 创建 Hive 连接对象
conn = hive.Connection(host='192.168.20.130', port=10000, username='root',
database='orderdb')
# 创建游标
cursor = conn.cursor()
# 创建存储数据转换结果的表
create_table_sql = 'create table order11(userid string,counter int)'
cursor.execute(create_table_sql)
# 解析字典列的值，得到数组列，然后将数组列转换为行，之后插入 order11 表
data_transform_sql = 'insert overwrite table order11 select userid,counter from
order10 lateral view explode(map_values(products)) v as counter'
cursor.execute(data_transform_sql)
# 统计 order11 表数据
```

```
sql = 'select userid,sum(counter) counter from order11 group by  userid'
# 执行 SQL
cursor.execute(sql)

print("统计结果为：")
for row in cursor.fetchall():
    print(row)

# 关闭连接
cursor.close()
```

最终执行结果如图 6-39 所示。

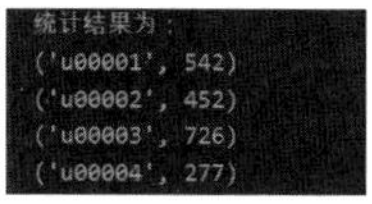

```
统计结果为：
('u00001', 542)
('u00002', 452)
('u00003', 726)
('u00004', 277)
```

图 6-39　每个用户购买的商品总和

本章小结

本章首先介绍了 Hive 的核心组件、环境搭建，然后着重介绍了表的操作及不同类型表的创建方式，还介绍了 Hive 特有的分桶查询。HiveQL 的基本查询语法与 MySQL 类似，本章未展开叙述，建议读者查阅官网以了解这些信息。大多数情况下，企业的业务数据是存放在 MysSQL 这样的关系型数据库中，因此本章还介绍了如何将 MySQL 数据导入到 Hive，并将 Hive 的分析结果导出到 MySQL，以形成数据分析闭环。在 Shell 中操作 Hive 始终是有难度的，因此在本章结尾还介绍了如何使用 Python 来操作 Hive 的表，这为开发者提供了极大的便利。

第 7 章

处理要够快，使用 Spark

★本章导读★

本章首先介绍 Spark 的发展历程、特点及生态，然后介绍 Saprk 的架构设计与运行流程，最后介绍 Spark 的部署模式。由于新版本的 Spark 需要使用 Python 3，因此本章还介绍了 Python 3 的安装方式。掌握本章内容，可以迅速搭建起 Spark 运行环境，同时也有助于 Spark 算子的性能调优。

★知识要点★

通过对本章内容的学习，读者将掌握以下知识技能。

- ◆ 了解 Spark 的体系结构
- ◆ 了解 Spark 的应用场景
- ◆ 了解如何提交 Spark 应用
- ◆ 掌握 Spark 的核心原理
- ◆ 掌握 Spark 的运行模式

7.1 Spark 概述

目前，Hadoop 尽管在各个领域得到了广泛应用，但 Hadoop 还是存在很多缺陷。这些缺陷是其本身的运行机制造成的。主要原因之一就是 MapReduce 延迟过高。MapReduce 任务的输出要么在磁盘上，要么在 HDFS 上，很难满足对实时性要求较高的场景的需求。即使使用 Hive 组件，也只是让离线大数据分析相对容易，毕竟 HiveQL 始终需要转换成 Map/Reduce，因此 Hive 也不是想象中那么高效。Spark 的出现，在一定程度上解决了这一难题。Spark 是基于内存计算的框架，同时还集合了 MapReduce 的所有优点，是实现快速数据分析的优先选择之一。

7.1.1 Spark 简介

Spark 于 2009 年在加州大学伯克利分校诞生，是专为大规模数据处理而设计的高效、通用的计算引擎，现在已经发展为 Apache 软件基金会下的顶级开源项目之一。Spark 的 Logo 如图 7-1 所示。

图 7-1 Spark Logo

为了使数据分析更快，Spark 提供了内存计算和基于 DAG 的任务调度模型，减少迭代计算任务的 I/O 开销。Spark 计算模式也采用了 MapReduce 模型，与 Hadoop 相比，丰富的数据类型使 Spark 编程更灵活。同时 Spark 也提供了对即席查询（Spark SQL）、流计算（Streaming）、图计算（GraphX）和机器学习（ML）的支持。

Spark 任务可以用 local 模式运行，也能用伪分布式模式运行，可以被提交到 Hadoop 的 YARN 资源管理器上，也可以被提交到 Apache Mesos（一个通用的集群管理器）及 Kubernetes 上。

Spark 是采用 Scala 语言实现的，同时支持 Java、Python 和 R 语言。目前，Spark 已经发布了 2.x 版本，本章后续章节将会基于此版本进行讲解。

温馨提示

截至著书时，Spark 已经发布了 3.x 预览版。该版本是当前最新，但是与 Hadoop 生态的组件存在不完全兼容的情况，鉴于此本书将使用 2.4.4 稳定版本。

7.1.2 Spark 特点

1. 性能好

Spark 在多数应用下，比 Hadoop 性能好。在内存中的运行速度是 Hadoop 的 100 倍以上，在磁盘上运行的速度是 Hadoop 的 10 倍，如图 7-2 所示。

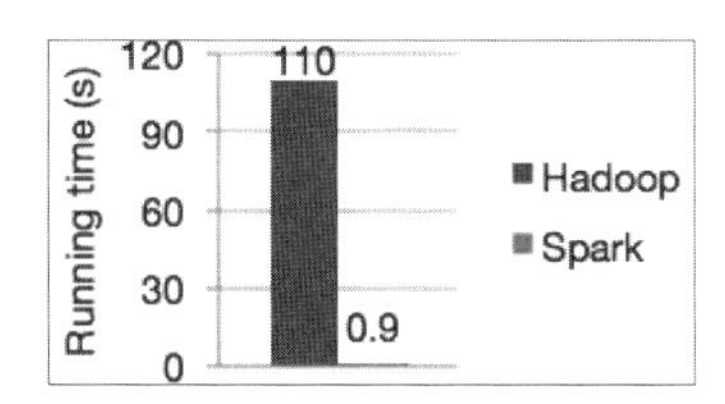

图 7-2 Hadoop 与 Spark 性能对比

2. 开发效率高

Spark 支持 Java、Python 等语言，提供了 80 多种的高级运算符，编程模型简单，还可以在 Scala、Python 和 R 语言的交互模式下使用。

3. 功能丰富

Spark 是个大统一的软件栈，包括 Spark SQL、Spark Streaming、MLlib、GraphX，如图 7-3 所示。用户可以在一个应用中无缝集成这些库。

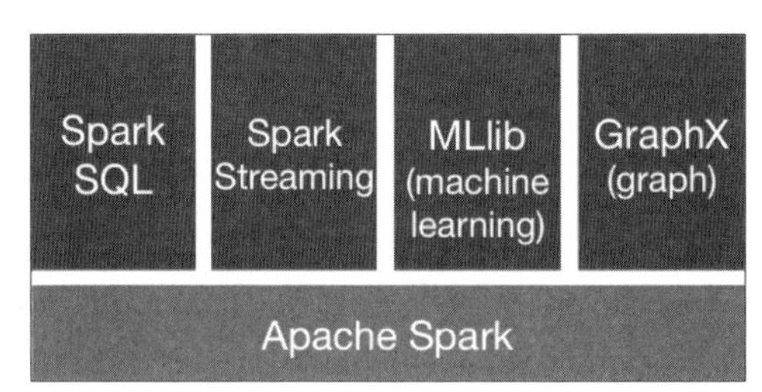

图 7-3　Spark 生态

4. 随处运行

Spark 可以运行在 Hadoop、Apache Mesos、Kubernetes 上，也可以用独立模式运行。Spark 可以从 HBase、HDFS、MySQL、消息队列和普通的文件系统中读取数据，如图 7-4 所示。

图 7-4　Spark 运行平台

7.1.3 Spark 生态

Spark 生态主要由 Spark Core、Spark SQL、Spark Streaming、GraphX、MLlib 构成。各组件主要功能如下。

（1）Spark Core：一般称为 Spark。在不同的大数据场景下，构建基本一致的数据模型（RDD）来做批处理，同时提供内存管理、任务调度、故障恢复等功能。

（2）Spark SQL：主要用于处理结构化数据，可以直接操作 RDD，也可以直接读取 Hive、HBase、MySQL 等外部数据源。即使是不懂 Java、Scala、Python 的数据分析师，也能用 SQL 语言进行复杂查询。

（3）Spark Streaming：Spark 框架提供的一种模拟流式数据处理的模型，核心思想是将流式数据按时间窗口切分成多个微小的批处理作业交给 Spark Core 执行。数据源支持 Kafka、Flume、Socket 和文件流等。

（4）GraphX：主要用于图计算，如社交网络用户关系图的计算。

（5）Spark MLlib：提供常用机器学习算法的实现，如分类、回归、协同过滤等。用户只需要了解算法的基本原理、功能和调用方法，就能轻松进行机器学习方面的工作。其主要用在数据挖掘、推荐系统等场景。

7.2 Spark 核心原理

Spark 框架尽管采用的是内存计算，但是在实际应用中程序不一定就能运行良好。例如，调用了 collect 函数，就有可能导致内存溢出；数据没有分区，就无法提高并行度；需要复用的 RDD 没做持久化，就会反复计算，从而影响性能。开发过程中导致任务失败的原因非常多，因此在使用 Spark 之前，掌握其原理非常必要。

7.2.1 重要概念

为方便后续讨论 Spark 运行架构，首先需要了解几个重要概念。

（1）RDD：Resilient Distributed DataSet，弹性分布式数据集，是数据在分布式环境中的一个抽象。可以理解为编写 Spark 程序，就是编写如何操作 RDD 的程序。

（2）操作 RDD：分为转换操作与行动操作两类。对 RDD 应用转换操作，返回结果仍然是一个 RDD，应用行动操作就会得到具体的执行结果。行动操作一般称为“算子”。

（3）DAG：Directed Acyclic Graph，有向无环图。有向无环图是指任意一条边有方向，且不存在环路的图。在 RDD 上进行转换操作，如将 RDD1 转换为 RDD2，那么 RDD2 就依赖于 RDD1。DAG 就是 RDD1 和 RDD2 之间依赖关系的图形化表示。

（4）Job：作业，一个行动操作就是一个作业。

（5）Stage：阶段，是作业的基本调度单位，一个作业会被划分成多个阶段，各个阶段按

DAG 顺序执行。

（6）Task：任务，一个阶段包含多个任务。

（7）Driver：驱动器，提交 Spark 代码的程序。

（8）Executor：执行器，应用提交后需要执行，执行 Task 的进程就称为 Executor。

（9）WorkerNode：工作节点，负责处理数据和运行 Executor 进程的机器节点。

（10）Application：驱动器节点和执行器节点正在运行的 Task 合起来统称为一个 Spark 应用。

7.2.2 架构设计

在分布式环境中，Spark 采用的是 Master/Slave 架构，一个 Spark 集群包含一个 master 节点和若干个工作节点。master 节点会运行一个 master 进程，工作节点会运行一个 worker 进程。Spark 运行架构如图 7-5 所示。

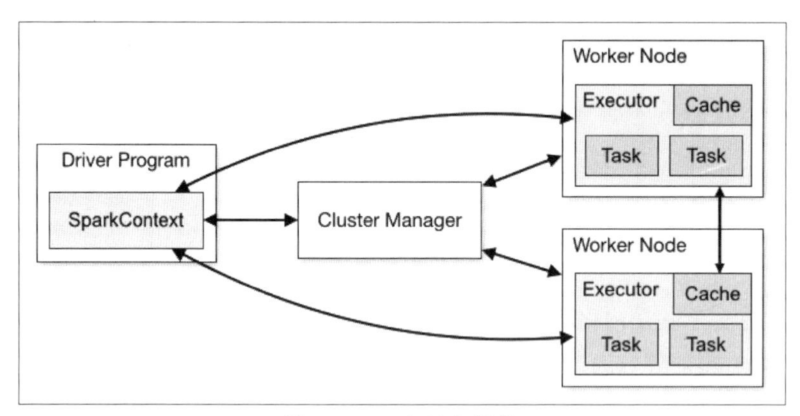

图 7-5 Spark 运行架构

1. 驱动器（Driver Program）

运行驱动器程序的节点，称为驱动器节点。驱动器程序有如下两个重要作用。

（1）负责把 Spark 程序转换成 Task。Spark 程序的一般操作是创建一到多个 RDD，通过转换操作产生新的 RDD，最后使用行动操作计算出结果。驱动器会将这一系列操作构成逻辑上的 DAG。驱动器程序在运行的时候，会根据 DAG 划分阶段并生成 Task，然后将 Task 分发到各个执行器节点。

（2）负责执行器间任务调度。执行器进程启动后，会自动向驱动器进程注册，因此驱动器进程随时都知道执行器的完整信息。驱动器会根据任务要处理的数据的位置，寻找一个合适的执行器来执行任务。在任务执行过程中，遇到数据缓存操作，执行器就会将数据缓存到本地，驱动器也会记录这些缓存数据的地址，用来优化后续的任务调度，从而减少数据在网络上的传输。驱动器会记录 Task 的执行情况，默认情况下通过 http://localhos:4040 地址用网页展示出来。当所有任务执行完毕后，驱动器程序就会退出，此时该网页就不能访问了。

2. 执行器

运行执行器进程的工作节点，一般也称为执行器节点。正常情况下，驱动程序提交 Spark 代码，创建 Spark 应用时，执行器就会被同时启动，Spark 应用执行完毕后，执行器会通知驱动器，然后退出。即使在任务执行过程中有个别执行器节点异常退出，整个应用也可以正常运行。

3. 集群管理器

Spark 应用可以运行在自带的集群管理器上，也可以将应用提交到外部集群上。通过指定 spark-submit（一个 Shell 程序）参数来指定集群位置，同时还可以控制驱动器、执行器的资源使用量。一般情况下，spark-submit 进程就是驱动器进程。但是当以 yarn-cluster 模式提交应用时，驱动器进程将由 YARN 指定。

7.2.3 运行流程

（1）应用被提交时，首先启动驱动器进程，该进程创建一个 SparkContext 对象（一个应用中只有一个 SparkContext 对象，SparkContext 对象就代表这个驱动器）。SparkContext 对象负责向资源管理器通信和申请资源、分配和监控任务状态等。

（2）资源管理器收到申请，为执行器分配资源，并启动执行器进程。

（3）SparkContext 对象根据 RDD 的依赖关系，构造 DAG，DAG 调度器把 DAG 划分成多个阶段，每个阶段都包含各自的任务。DAG 调度器将任务交给任务调度器进行处理。

（4）执行器向 SparkContext 对象申请任务，SparkContext 对象将代码分发给执行器，同时任务调度器将任务发给执行器执行。

（5）任务执行完毕后将结果反馈给任务调度器，SparkContext 对象调用 stop() 方法，释放资源，整个过程结束，如图 7-6 所示。

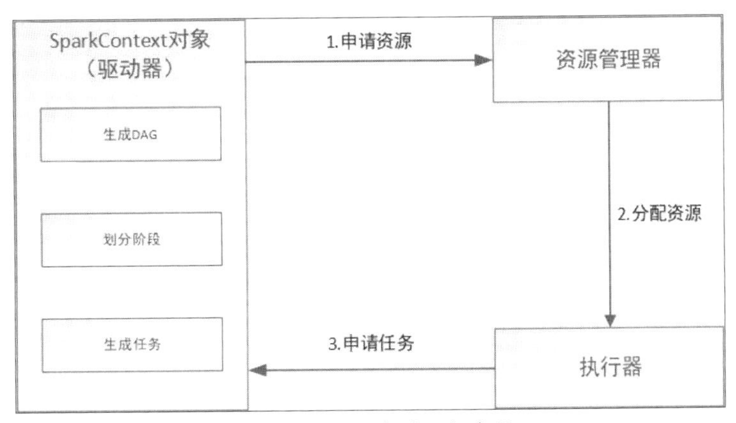

图 7-6 Spark 应用运行流程

7.3 Spark 环境搭建

和 Hadoop 类似，Spark 部署也有多种模式：单机、伪分布式、完全分布式、HA 等。这里重点阐述单机模式和伪分布式模式。

由于 PySpark 库需要 Python 支持，因此需要安装 Python 3。

7.3.1 安装 Python 3

安装步骤如下。

步骤 01 输入以下命令，更新系统。

```
[root@master ~]# yum update -y
```

步骤 02 安装必备的组件。

```
[root@master ~]# yum install gcc make openssl-devel ncurses-devel sqlite-devel
zlib-devel bzip2-devel  readline-devel tk-devel libffi-devel -y
```

步骤 03 将 Python-3.7.6.tar.xz 文件上传到虚拟机，解压文件。

```
[root@master ~]# tar -xvJf /opt/bigdata/Python-3.7.6.tar.xz
```

步骤 04 进入 Python 目录，执行编译配置。

```
[root@master ~]# cd Python-3.7.6/
[root@master Python-3.7.6]# ./configure --prefix=/usr/local/Python 3
[root@master Python-3.7.6]# ./configure --enable-optimizations
```

步骤 05 编译安装。

```
[root@master Python-3.7.6]# make && make install
```

步骤 06 输入以下命令，验证安装结果。

```
Python 3
```

正常显示 Python 版本，则表示安装完成，如图 7-7 所示。

图 7-7 Python 安装验证

7.3.2 安装 Spark

在安装方面，Spark 与 Hadoop 类似，具有单机、伪分布式、完全分布式、HA 等模式，这里重点介绍单机模式和伪分布式模式。

1. 单机模式

下载 spark-2.4.4-bin-hadoop2.7.tgz 程序并上传到虚拟机，根据以下步骤进行安装。

步骤 01 通过以下命令解压文件。

```
[root@master ~]# tar -zvxf /opt/bigdata/spark-2.4.4-bin-hadoop2.7.tgz -C /usr/
local/
```

步骤 02 重命名 Spark 文件夹。

```
[root@master ~]# cd /usr/local/
[root@master local]# mv spark-2.4.4-bin-hadoop2.7/ spark
```

步骤 03 重命名 spark-env 文件。

```
[root@master local]# cd /usr/local/spark/conf
[root@master conf]# mv spark-env.sh.template spark-env.sh
```

步骤 04 配置环境变量，修改文件。

```
[root@master ~]# vi ~/.bashrc
```

步骤 05 添加 Spark 与 Python 路径。

```
export SPARK_HOME=/usr/local/spark
export PYSPARK_PYTHON=Python 3
export PYTHONPATH=$SPARK_HOME/python:
$SPARK_HOME/python/lib/py4j-0.10.7-src.zip:$PYTHONPATH
export PATH=$HADOOP_HOME/bin:$HBASE_HOME/bin:$HIVE_HOME/bin:$SQOOP_HOME/bin:
$SPARK_HOME/bin:$JAVA_HOME/bin:$PATH
```

步骤 06 使修改生效。

```
[root@master ~]# source ~/.bashrc
```

步骤 07 验证安装。

```
[root@master ~]# run-example SparkPi 2>&1 | grep "Pi is"
```

执行结果如图 7-8 所示，正常输出 PI 的值，表示环境正常。

```
[root@master ~]# run-example SparkPi 2>&1 | grep "Pi is"
Pi is roughly 3.1361356806784033
```

图 7-8 输出 PI 的值

至此，Spark 的单机模式安装完毕。单机模式仅适用开发与测试环境。

> **温馨提示**
>
> Spark 2.x 版本默认采用 Python 3 版本解释器。在实际生产环境中不能升级 Python 的情况下，可以在应用提交命令前面添加 PYTHONPATH=python 命令，手动指定 Python 环境。

2. 伪分布式模式

Standalone 模式使用的是 Spark 自带的集群管理工具，需要做如下配置。

步骤 01 ▸ 进入 /usr/local/spark/conf 目录，修改 spark-env.sh 文件。

```
[root@master ~]# cd /usr/local/spark/conf
[root@master conf]# vi spark-env.sh
```

在文件顶部添加如下内容。

```
export SPARK_DIST_CLASSPATH=$(/usr/local/hadoop/bin/hadoop classpath)
export HADOOP_CONF_DIR=/usr/local/hadoop/etc/hadoop
export SPARK_MASTER_IP=192.168.20.130
export SPARK_MASTER_HOST=master
export SPARK_HISTORY_OPTS="-Dspark.history.ui.port=18080 -Dspark.history.
retainedApplications=5 -Dspark.history.fs.logDirectory=hdfs://master:9000/spark-
app-history"
```

温馨提示

为了使 Spark 能够访问 HDFS 并能够将应用提交到 YARN，需要在 Spark-env.sh 文件中配置 Hadoop 路径。

步骤 02 ▸ 将 spark-defaults.conf.template 重命名为 spark-defaults.conf。

```
[root@master conf]# mv spark-defaults.conf.template spark-defaults.conf
```

在文件底部添加如下内容。

```
spark.eventLog.enabled true
spark.eventLog.dir hdfs://master:9000/spark-app-history
spark.eventLog.compress true
```

步骤 03 ▸ 配置 slave，重命名为 slaves.template。

```
[root@master conf]# mv slaves.template slaves
```

将文件底部的 localhost 修改为 master。

步骤 04 ▸ 启动 Hadoop 集群，并使用以下命令在 HDFS 上创建 spark-app-history 目录。

```
[root@master ~]# hdfs dfs -mkdir /spark-app-history
```

查看创建结果，如图 7-9 所示。

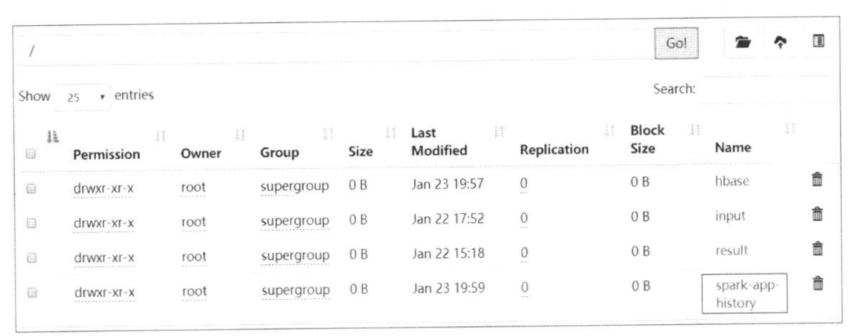

Permission	Owner	Group	Size	Last Modified	Replication	Block Size	Name
drwxr-xr-x	root	supergroup	0 B	Jan 23 19:57	0	0 B	hbase
drwxr-xr-x	root	supergroup	0 B	Jan 22 17:52	0	0 B	input
drwxr-xr-x	root	supergroup	0 B	Jan 22 15:18	0	0 B	result
drwxr-xr-x	root	supergroup	0 B	Jan 23 19:59	0	0 B	spark-app-history

图 7-9 存储 Spark 应用历史运行情况的目录

步骤 05 使用如下命令启动 Spark 集群。此时输入 jps 命令，可以看到 Spark 的守护进程 master 和 worker。

```
[root@master ~]# cd $SPARK_HOME
[root@master spark]# ./sbin/start-all.sh
```

步骤 06 在浏览器地址栏输入 http://192.168.20.130:8080/，查看 Spark 集群信息。如图 7-10 所示，Spark Master at spark://master:7077 表示 Spark 集群应用提交地址；Workers(1) 表示该集群有一个 worker 节点（当前节点既是主节点也是工作节点）。

Spark 2.4.4 Spark Master at spark://master:7077

URL: spark://master:7077
Alive Workers: 1
Cores in use: 4 Total, 0 Used
Memory in use: 4.8 GB Total, 0.0 B Used
Applications: 0 Running, 0 Completed
Drivers: 0 Running, 0 Completed
Status: ALIVE

Workers (1)

Worker Id	Address	State	Cores	Memory
worker-20200123200215-192.168.20.130-45805	192.168.20.130:45805	ALIVE	4 (0 Used)	4.8 GB (0.0 B Used)

Running Applications (0)

Application ID	Name	Cores	Memory per Executor	Submitted Time	User	State	Duration

图 7-10 集群信息

步骤 07 验证安装。提交应用到集群，注意 master 和 class 前面是两个横杠。

```
[root@master spark]# ./bin/spark-submit --master spark://master:7077 --class org.apache.spark.examples.SparkPi /usr/local/spark/examples/jars/spark-examples_2.11-2.4.4.jar
```

执行结果如图 7-11 所示，app-20200123201507-0000 就是创建的应用 ID，Name 是应用名称，State 中的 FINISHED 表示应用已运行完毕。

Completed Applications (1)

Application ID	Name	Cores	Memory per Executor	Submitted Time	User	State	Duration
app-20200123201507-0000	Spark Pi	4	1024.0 MB	2020/01/23 20:15:07	root	FINISHED	10 s

图 7-11 运行完毕的应用

步骤 08 Spark 应用执行完毕后，其运行过程在 8080 页面就无法再看到，但有时候应用运行较慢，需要分析其运行过程，因此还需要使用如下命令启动历史服务器。

```
[root@master spark]# ./sbin/start-history-server.sh
```

再次执行步骤 08 的命令，在浏览器打开 http://192.168.20.130:18080/ 历史服务器页面，如图 7-12 所示，单击 App ID 下面的链接，可观察应用运行过程。

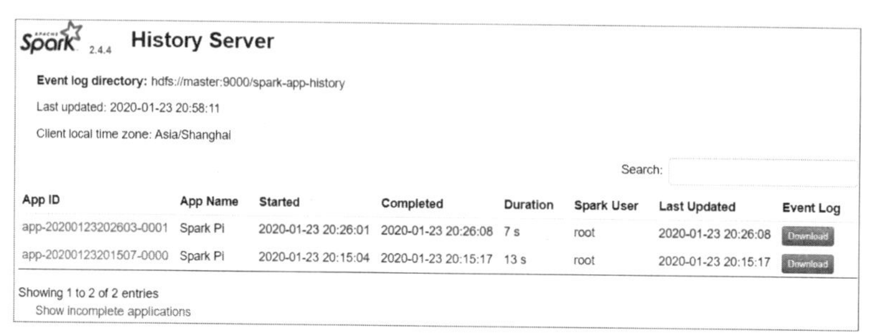

图 7-12　Spark 应用运行历史页面

7.4 提交 Spark 应用

Spark 的 bin 目录中的 spark-submit 脚本用于在集群上运行一个应用程序，对于 Spark 支持的集群，都可以统一使用这个脚本来提交应用。

7.4.1 绑定依赖

在集群上运行一个应用，需要注意该应用的依赖。如果一个应用依赖其他项目，则需要将该项目打包到一个应用中，否则应用会在运行过程中因找不到相关依赖项而出错。但是如果提交的应用依赖的是 Hadoop 或者 Spark 的 jar 包，则不用将这些依赖包放在一个应用中，因为集群管理器会在应用运行时提供相关依赖。

对于 Python 开发的应用，如果也依赖于其他模块，则需要将这些模块打包成 zip 文件或者 egg 文件，以确保这些依赖模块会随着应用一起被分发到集群。

7.4.2 提交到集群

应用打包完成后，就可以使用 spark-submit 脚本提交到集群，spark-submit 脚本有固定的语法规则，不同的集群，所支持的应用运行模式也不尽相同。

1. spark-submit 语法

以下为 spark-submit 提交规则。spark-submit 规则中各参数含义介绍如下。

--class <main-class>：应用程序的入口，即包含了 main 函数的类。对于 Python 开发的应用来说这是可选的。

--master <master-url>：集群的地址。在搭建伪分布式环境时，将应用提交到了集群 spark://master:7077 上。

--deploy-mode <deploy-mode>：部署模式，有 cluster 或 client（默认值）两个取值。该值指定了驱动程序所在的位置。如果执行 spark-submit 命令的节点在集群中，同时将部署模式设置为 cluster，那么就由集群中的一个工作节点来运行驱动程序。否则，就由执行 spark-submit 命令的节点来运行驱动程序。

--conf <key>=<value>：用于设置 Spark 的运行属性，如可以设置执行器的内存大小和 CPU 个数等。

<application-jar>：应用 jar 包的完整路径，该路径可以是本地文件系统，也可以是 HDFS 上的路径。对于 Python 开发的应用，使用 --py-files 参数加 .zip、.egg、py 路径代替。

[application-arguments]：应用程序入口函数需要的参数。

```
./bin/spark-submit \
  --class <main-class> \
  --master <master-url> \
  --deploy-mode <deploy-mode> \
  --conf <key>=<value> \
  ... # other options
  <application-jar> \
  [application-arguments]
```

2. Master URLs

提交 Spark 应用所支持的集群地址如表 7-1 所示。其中 local 仅适用于测试；spark:// 表示使用 Spark 自带的集群管理器，仅接受 Spark 类型的应用；Mesos 也是一种资源调度器，相较 YARN，Mesos 调度粒度更细。

表 7-1 Spark 应用所支持的集群地址

集群地址	描述
local	在本地通过一个线程来运行任务
local[K]	在本地通过 K 个线程来运行任务
local[K,F]	在本地通过 K 个线程来运行任务，任务重试 F 次
local[*]	本机有多少个逻辑核心，就开启多少个线程来运行任务
local[*,F]	本机有多少个逻辑核心，就开启多少个线程来运行任务，任务重试 F 次
spark://HOST:PORT	连接到独立模式下的 Spark 集群。HOST 是 master 进程所在 IP，PORT 默认值为 7077

续表

集群地址	描述
spark://HOST1:PORT1,HOST2:PORT2	连接到独立模式下的 Spark 集群。使用 ZooKeeper 将 Spark 配置为高可用环境，那么就存在多个 master，HOST1 与 HOST2 分别指这些 master 的 IP。PORT 默认值为 7077
mesos://HOST:PORT	连接到 Mesos 集群，默认端口为 5050
yarn	连接到 YARN 集群
k8s://HOST:PORT	连接到 K8S 集群

3. 基本示例

以下命令演示了使用 spark-submit 提交应用的方法，具体介绍如下。

（1）使用 8 个核心，也就是同时开启 8 个线程来运行 Spark 的任务。

```
./bin/spark-submit \
  --class org.apache.spark.examples.SparkPi \
  --master local[8] \
  /path/to/examples.jar \
  100
```

（2）在独立模式下，使用 client 部署模式来运行任务，集群中执行器会用到的核心有 100 个，执行器能使用的最大内存为 20GB。

```
./bin/spark-submit \
  --class org.apache.spark.examples.SparkPi \
  --master spark://207.184.161.138:7077 \
  --executor-memory 20G \
  --total-executor-cores 100 \
  /path/to/examples.jar \
  1000
```

（3）在独立模式下，使用 cluster 部署模式运行任务，在非 0 错误下，--supervise 会保证任务自动重启。

```
./bin/spark-submit \
  --class org.apache.spark.examples.SparkPi \
  --master spark://207.184.161.138:7077 \
  --deploy-mode cluster \
  --supervise \
  --executor-memory 20G \
  --total-executor-cores 100 \
  /path/to/examples.jar \
  1000
```

（4）将应用提交到 YARN 集群。

```
export HADOOP_CONF_DIR=XXX
./bin/spark-submit \
```

```
  --class org.apache.spark.examples.SparkPi \
  --master yarn \
  --deploy-mode cluster \  # can be client for client mode
  --executor-memory 20G \
  --num-executors 50 \
  /path/to/examples.jar \
  1000
```

（5）在独立模式下运行 Python 开发的应用。

```
./bin/spark-submit \
  --master spark://207.184.161.138:7077 \
  examples/src/main/python/pi.py \
  1000
```

（6）将应用提交到 Mesos 集群。

```
./bin/spark-submit \
  --class org.apache.spark.examples.SparkPi \
  --master mesos://207.184.161.138:7077 \
  --deploy-mode cluster \
  --supervise \
  --executor-memory 20G \
  --total-executor-cores 100 \
  http://path/to/examples.jar \
  1000
```

（7）将应用提交到 Kubernetes 集群。

```
./bin/spark-submit \
  --class org.apache.spark.examples.SparkPi \
  --master k8s://xx.yy.zz.ww:443 \
  --deploy-mode cluster \
  --executor-memory 20G \
  --num-executors 50 \
  http://path/to/examples.jar \
  1000
```

7.5 实训：在容器中部署 Spark 集群

在生产环境中，以 HDFS 的分布式存储配合 Spark 的分布式计算，能最大限度地提高任务的执行效率。本章的实训目标，就是在 Docker 集群之上，构建完全分布式的 Spark 平台。

1. 实现思路

首先创建 1 个容器，将其作为 master，在 master 容器中部署好 Spark 并打包成镜像。在 master 中运行 master 进程。基于此镜像再创建 2 个容器，运行 worker 进程，将其作为从节点。

2. 具体实现

步骤 01 ▸ 规划网络结构。

容器的网络结构如表 7-2 所示。容器 spark_master 的 IP 为 172.20.0.16，既是主节点，又是从节点；spark_worker1 与 spark_worker2 只作为从节点。

表 7-2　Spark 网络结构

容器名称	IP	角色
spark_master	172.20.0.16	master、worker
spark_worker1	172.20.0.17	worker
spark_worker2	172.20.0.18	worker

步骤 02 ▸ 基于 hbase_image:v1 创建容器，并在容器中部署 Spark。

```
[root@master ~]# docker run -it --name spark_master -p 8080:8080 -p 7077:7077 -p
18080:18080 --net hadoopnet --ip 172.20.0.16 -v /opt/bigdata:/opt/bigdata hbase_
image:v1 /bin/bash
```

同时，需要修改 slaves 文件，配置从节点地址如下。

```
172.20.0.16
172.20.0.17
172.20.0.18
```

步骤 03 ▸ 部署完毕后执行如下命令打包镜像。

```
docker commit spark_master spark_image:v1
```

步骤 04 ▸ 基于 spark_image:v1 创建容器，拉起从节点。

```
[root@master ~]# docker run -it --name spark_worker1  --net hadoopnet --ip
172.20.0.17 -v /opt/bigdata:/opt/bigdata spark_image:v1 /bin/bash
[root@master ~]# docker run -it --name spark_worker2  --net hadoopnet --ip
172.20.0.18 -v /opt/bigdata:/opt/bigdata spark_image:v1 /bin/bash
```

步骤 05 ▸ 启动完全分布式的集群命令仍然如下。

```
[root@master ~]# cd $SPARK_HOME
[root@master spark]# ./sbin/start-all.sh
```

至此操作完毕，在浏览器打开主机 8080 端口，可以看到 Spark 集群信息，如图 7-13 所示。

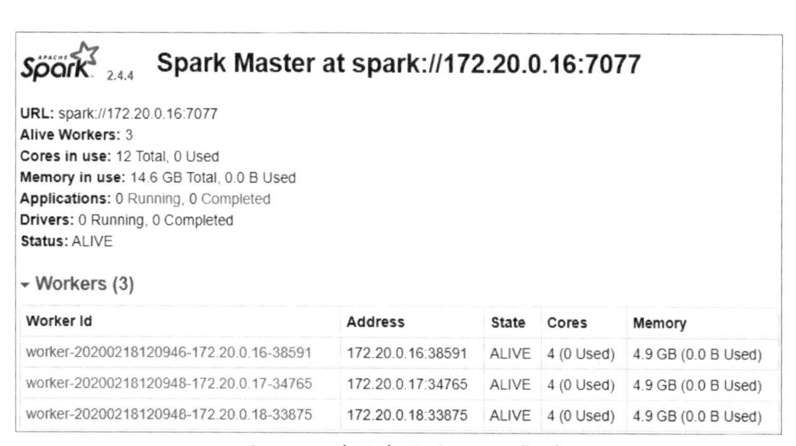

图 7-13　基于容器的 Spark 集群

本章小结

本章主要介绍了 Spark 的特点、核心原理、安装过程及任务提交的方式。了解这些内容有助于后续编程内容的学习。从 Spark 的体系结构来看，Spark 没有大数据存储组件，因此在实践中，大多是配合 Hadoop 一起使用。

第 8 章

数据无结构，使用 RDD

★本章导读★

本章首先介绍 RDD 的设计原理、创建和操作 RDD 的方法，以及将普通的 RDD 转换为键值对形式的 RDD 的方法；接下来介绍 RDD 计算结果的存储方式；最后还将介绍 RDD 性能调优的相关知识。掌握本章内容，就可以使用 Spark 开发大数据应用，同时还能进行调优。

★知识要点★

通过对本章内容的学习，读者将掌握以下知识技能。

- 了解 RDD 运行原理
- 掌握 MapReduce 处理过程
- 掌握 RDD 创建和操作的方法
- 掌握计算结果持久化的方法
- 掌握 RDD 性能调优的方法

8.1 RDD 设计原理

在实际业务中，数据会以不同的形式进行存储，如数据库、日志文件、Excel、txt 等。这些数据在程序中的表达形式不同，要处理这些数据就必须有针对性地设计数据结构并提供相应的编程接口（API：Application Programming Interface，应用程序编程接口）。在小规模数据中，数据库用结果集表示，文件可以用文件对象表示。在大规模数据中，单台计算机无法完整存储所有数据，普通的数据结构也无法表达一个在分布式环境中存储的数据。RDD 就是用来解决这个问题的，同时 RDD 还提供了分布式计算的 API。

8.1.1 RDD 常用操作

RDD 是 Spark 的核心对象，可以把它理解为一个数据集合，如 List、Array。普通的数据集合，实际数据就存储在这个集合对象中。RDD 的实际数据被划分在一到多个分区中，这些分区可以存储在一到多台计算机上。RDD 存储形式可以是内存，也可以是磁盘，如图 8-1 所示。

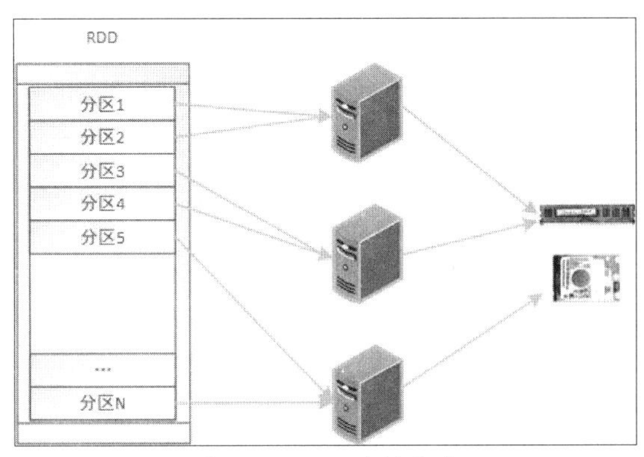

图 8-1 RDD 存储方式

RDD 的分区，代表了实际数据的一个片段，这个片段与 HDFS 中数据块的逻辑是一样的。这些分区是只读的，数据项不能被修改，RDD 只能基于原始数据创建或者由另一个 RDD 转换而来。RDD 提供了两类操作：转换与行动。转换操作作用于数据集上分区中的每一个元素，并返回一个新的 RDD，常用函数如表 8-1 所示。

表 8-1 常用转换操作函数列表

操作名称	功能描述
map(func)	对 RDD 中每个数据调用函数 func，并返回一个新的 RDD
flatmap(func)	map 类型，返回多个结果
filter(func)	对每个数据调用函数 func，将结果为 true 的返回
groupByKey	针对键值对类型 RDD 的操作，将相同的 key 进行合并，每一个 key 对应一个元素序列
reduceByKey(func)	将相同的 key 进行分组，对每一个组内的数据调用 func
union	合并多个 RDD

行动操作是将数据进行聚合运算，产生一个具体的结果，如一个数值、一个列表，常用函数如表 8-2 所示。

表 8-2 常用行动操作函数列表

操作名称	功能描述
collect	将数据收集到一起并返回给驱动器节点
count	计算 RDD 中元素个数
first	获取 RDD 中的第 1 个元素
take(n)	获取 RDD 中的前 n 个元素

续表

操作名称	功能描述
reduce(func)	函数 func 接收 2 个参数，并返回一个值。reduce 取出 RDD 中的前 2 个元素调用 func，将结果与第 3 个元素继续调用 func，直到 RDD 中元素全部计算完毕
foreach(func)	将 RDD 中每个元素调用一次 func，与 map 不同的是，foreach 没有返回值，且会立即执行

8.1.2 RDD 依赖关系

转换操作，如 map(func) 函数，其中的 func 函数并不会立即调用，这种模式称为“惰性计算”，Spark 只记录了该应用有这样一个操作；只有调用行动操作，如 reduce(func) 函数，才会触发整个计算过程。如示例 8-1 所示，在调用 reduce 函数的时候，会先调用 f1 函数，RDD 中所有元素执行了 f1 函数后，才会执行 f2 函数，f2 函数执行完毕才会执行 f3 函数。map 函数产生的 RDD 称为 filter 操作的父 RDD，同时是 RDD 对象的子 RDD。

示例 8-1 惰性计算

```
def f1(item):
    return item,1
def f1(item):
    return item(1)>1
def f1(item1,item2):
    return item1+item2
rdd.map(f1).filter(f2).reduce(f3)
```

在执行过程中，reduce 基于 filter 结果进行计算，filter 基于 map 结果进行计算，这个关系为“依赖”。Spark 根据依赖关系，自动生成 DAG。依赖关系分为窄依赖和宽依赖。窄依赖指父 RDD 的一个分区只会落在一个子 RDD 的一个分区内，宽依赖指父 RDD 的一个分区落在子 RDD 的不同分区中。

如图 8-2 所示，“map，filter”箭头左边表示父 RDD，有 3 个分区；右边表示子 RDD，同样有 3 个分区，一个父 RDD 分区对应一个子 RDD 分区；“union”箭头左边有两个 RDD，分别有两个分区，拼接后，形成一个 RDD，有 4 个分区，父 RDD 的分区和子 RDD 分区仍然一一对应，这种关系称为窄依赖。常见的窄依赖包括 map、filter、union 等。如“group By Key”操作，左边一个父 RDD 分区，对应了右边子 RDD 的两个分区，这种关系称为宽依赖。常见的宽依赖包括 sortByKey、reduceByKey、groupByKey 等。

对于 join 操作，多个父 RDD 的一个分区，对应子 RDD 的一个分区，这种情况称为“协同划分”，属于窄依赖。若是非“协同划分”，则为宽依赖。

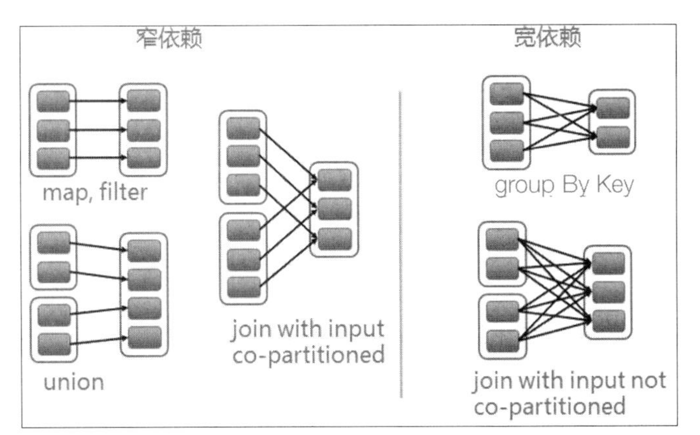

图 8-2　宽依赖与窄依赖

使用依赖关系，可以加快 Spark 的执行速度。对于窄依赖计算失败，因父子 RDD 分区一一对应，程序只需根据父 RDD 分区重新计算失败分区的数据即可；对于宽依赖，就会涉及多个父 RDD 的不同分区，因此消耗较大，但是 Spark 提供了检查点（快照）机制，用于持久化中间 RDD，在进行重新计算的时候，可以从检查点开始，提高其性能。

8.1.3 Stage 概述

Spark 将 DAG 转为物理执行计划的时候，需要划分阶段，每个阶段按顺序执行。阶段划分方式是对 DAG 进行反向解析，只要有宽依赖，就划分为一个阶段；一个窄依赖到下一个宽依赖之间，划分为一个阶段。如图 8-3 所示，A 到 B 是一个宽依赖，A 在一个阶段中（如划分到 Stage1）；C 到 D，D 到 F，E 到 F 是窄依赖，但是 F 到 G 是一个宽依赖，从 F 回推到 C，这一部分划分到一个阶段（如划分到 Stage2）。所有的 RDD 整体上被划分为一个阶段（Stage3）。

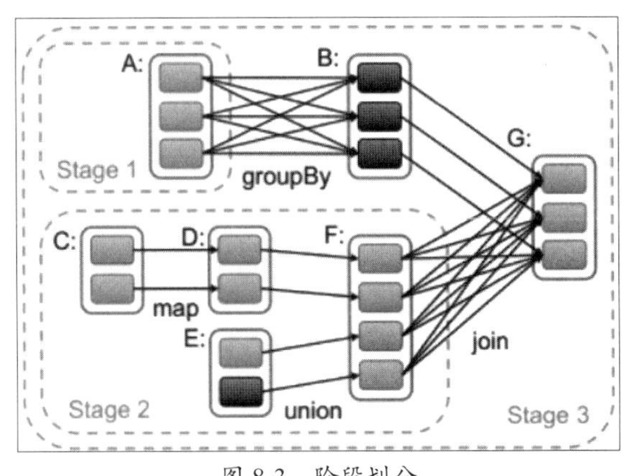

图 8-3　阶段划分

宽依赖一般都伴随 Shuffle 操作，就是指数据在不同分区，甚至在不同机器节点间进行移动和排序，导致程序性能降低。在实际应用中应当减少宽依赖操作，同时在清洗、整理数据时，就尽量排好序，在存储时，尽量将相同标识的数据放在同一个分区中，从而减少数据的移动。

8.2 RDD 编程

创建 RDD 有两种方式，一种是读取外部数据文件，如读取本地文件，或者从 HDFS、Hive、HBase、Cassandra 等外部源加载数据；另一种是基于一个序列或者数组进行创建。下面来看具体方法与步骤。

8.2.1 准备工作

在创建 RDD 之前，需要创建一个 SparkContext 对象，来建立与 Spark 集群的连接。在 Spark 安装目录中找到 pyspark 文件夹和 pyspark.egg-info 文件夹，将其复制到 Python 安装目录下。打开 PyCharm，先创建一个 Python（如名为 create_sparkcontext.py）文件，在文件头部导入 pyspark 包，然后创建 SparkContext 对象，输出 Spark 的版本号，如示例 8-2 所示。

示例 8-2　创建 SparkContext 实例并输出版本号

```
from pyspark import SparkContext

sc=SparkContext()
print("Spark Version",sc.version)
```

将该文件上传到虚拟机，在窗口中输入以下命令。

```
[root@master ~]# Python 3 /opt/bigdata/code/create_sparkcontext.py
```

首先输出部分日志信息，然后执行第 4 行代码，正常显示 Spark 版本，如图 8-4 所示。

图 8-4　获取 Spark 版本

在 sc 实例创建过程中，Python 会和 JVM 进程进行通信，由 JVM 创建 SparkContext 对象，Python 程序通过 Py4J 库获得该对象，将其作为 sc 的一个名为 ._jsc 的属性。

在浏览器中，打开 History Server，如图 8-5 所示，可以看到 App Name 为“pyspark-shell”。然而在代码中，并没有设置应用名称，也没有设置集群位置，在执行代码前，也没有启动集群，那么程序是怎么得到结果，应用名称又从何而来呢?

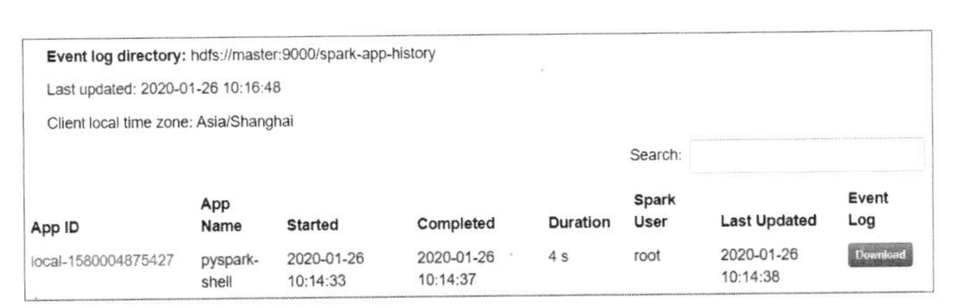

图 8-5 Spark 历史任务

通过源代码可以看到，在执行程序的时候，首先 JVM 会自动创建一个 Spark configuration 对象，然后将默认的配置信息返回到 Python 程序。sc 对象连接方式默认使用“local[*]”，应用名称默认是“pyspark-shell”，如示例 8-3 所示。

示例 8-3 SparkContext 默认连接方式

```
# Read back our properties from the conf in case we loaded some of them from
# the classpath or an external config file
self.master = self._conf.get("spark.master")
self.appName = self._conf.get("spark.app.name")
self.sparkHome = self._conf.get("spark.home", None)
```

温馨提示

除在 PyCharm 中编写程序外，Spark 还自带了一个脚本编程工具。

进入 Spark 安装目录，执行 ./bin/pyspark 命令，会启动一个 Shell 窗口。在该窗口中，已经创建好了 SparkContext 对象，可以直接使用。

8.2.2 读取外部数据源创建 RDD

Spark 可以读取多种数据格式作为数据源，如目录、文本文件、支持随机读写的压缩文件等。读取文件有一个要求，就是集群中所有节点都能用同样的方式访问到该文件。这里演示如何读取本地文件和 HDFS 文件。

1. 读取本地文件

调用 sc 对象的 textFile（文件路径）方法，在设置路径的时候，需要在前面加上“file://”表示从本地系统读取文件，如示例 8-4 所示，否则默认从 HDFS 上读取文件。

示例 8-4 读取本地文件

```
from pyspark import SparkContext

sc = SparkContext()
rdd = sc.textFile("file:///usr/local/spark/README.md")
```

2. 读取 HDFS 文件

读写 HDFS 在生产环境中经常遇到。如示例 8-5 所示，首先将 Spark 安装目录下的 README.md 文件上传到 HDFS，然后读取文件创建 RDD。

示例 8-5　读取 HDFS 文件

```
from pyspark import SparkContext

sc = SparkContext()
rdd = sc.textFile("/spark/files/README.md")
```

8.2.3　使用数组创建 RDD

使用 parallelize 函数可以将数组转换为 RDD。第 1 个参数是一个普通数组，数组中的数据可以是任意类型；第 2 个参数是 RDD 的分区，分区参数是可选的，如示例 8-6 所示。

示例 8-6　通过数组创建 RDD

```
from pyspark import SparkContext

sc = SparkContext()
rdd = sc.parallelize([0, 1, 2, 3, 4, 6], 5)
print(rdd.getNumPartitions())
print(rdd.count())
```

8.2.4　转换操作

由于 RDD 是只读的，其中的数据与结构在创建时就已固定。此时若是基于某个 RDD 来创建新的 RDD，就需要通过转换操作来实现。这里介绍在生产环境中几个常用的转换操作。

1. 使用 map(func) 函数转换数据

创建一个整型数组，将里面每一个数据乘以 2，如示例 8-7 所示，首先调用 map 操作，生成新的 RDD2，由于 RDD 是分布式集合，若需要在当前计算机节点上完整显示，需要调用 collect() 操作，将数据聚集到当前节点。调用 collect() 操作后，local_data 变量就变成了数组类型。对数组调用列表推导式，将每一个数据项输出到屏幕上。

示例 8-7　用 map(funl) 函数转换数据

```
from pyspark import SparkContext

sc = SparkContext()
rdd1 = sc.parallelize([0, 1, 2, 3, 4, 6])
rdd2 = rdd1.map(lambda x: x * 2)
local_data = rdd2.collect()
```

```
[print(" 当前元素：", item) for item in local_data]
```

如图 8-6 所示，输出执行乘以 2 后的数据项结果。

```
To adjust logging le
当前元素是：  0
当前元素是：  2
当前元素是：  4
当前元素是：  6
当前元素是：  8
当前元素是：  12
```

图 8-6　输出执行乘以 2 后的结果

2. 使用 flatmap(func) 函数转换数据

flatMap 函数会遍历数组中每一个字符串，对每一个字符串调用 split("") 方法返回一个数组。flatmap 函数会将每一个数组中的元素取出拼接成一个新的数组，具体用法如示例 8-8 所示，

示例 8-8　用 flatmap(funl) 函数转换数据

```
from pyspark import SparkContext

sc = SparkContext()
rdd1 = sc.parallelize(["lesson1 spark", "lesson2 hadoop", "lesson3 hive"])
rdd2 = rdd1.flatMap(lambda x: x.split(" "))
local_data = rdd2.collect()
[print(" 当前元素是：", item) for item in local_data]
```

执行结果如图 8-7 所示，输出转换后的数据。

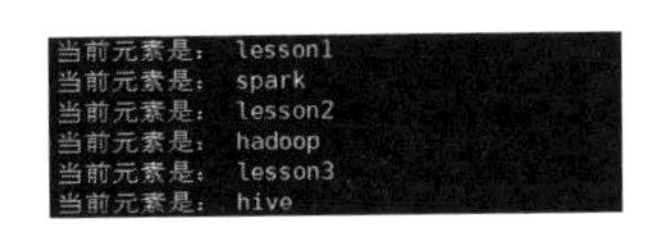

图 8-7　转换后的数据

3. 使用 filter(func) 函数过滤数据

如示例 8-9 所示，filter 函数遍历数组，将每一个数据项与 3 比较，将比较结果为 True 的元素返回，形成列表。

示例 8-9　过滤数据

```
from pyspark import SparkContext

sc = SparkContext()
rdd1 = sc.parallelize([0, 1, 2, 3, 4, 6])
rdd2 = rdd1.filter(lambda x: x > 3)
local_data = rdd2.collect()
[print(" 当前元素是：", item) for item in local_data]
```

如图 8-8 所示，筛选出 >3 的数据，然后输出。

图 8-8　输出 >3 的数据

4. 使用 groupByKey 函数将数据分组

如示例 8-10 所示，groupByKey 函数会将 key 的元素归并到一起，并将 key 对应的值组合成一个可迭代的对象。len 和 list 是 Python 的 API，len 求数组的长度，list 将迭代对象封装成集合。

示例 8-10　按 key 分组

```
from pyspark import SparkContext

sc = SparkContext()
rdd1 = sc.parallelize([("a", 1), ("a", 1), ("a", 1), ("b", 1), ("b", 1), ("c", 1)])
list1 = rdd1.groupByKey().mapValues(len).collect()
[print(" 按 key 分组后的数据项： ", item) for item in list1]
list2 = rdd1.groupByKey().mapValues(list).collect()
[print(" 每一个 key 对应的数据：", item) for item in list2]
```

len 会计算出各 key 在数组中出现的次数，如 a 出现 3 次；list 会将相同的 key 的值拼接成一个数组，如图 8-9 所示。

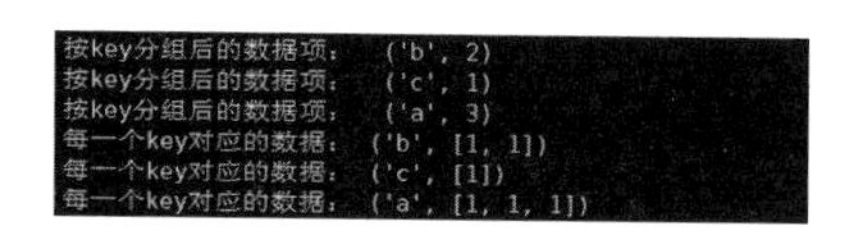

图 8-9　输出每个字母在列表中出现的次数

5. 使用 reduceByKey(func) 函数进行聚合运算

在实际应用中，reduceByKey 函数一般和 map 函数配合使用。reduceByKey 函数的原理是，首先从 RDD 中按 key 分组，取出每个组前的两个数据项，将这两个项传入 func 函数进行运算，并缓存结果；然后从同一个组中继续取出下一个数据项，并将该项和之前的缓存结果一起传入 func 函数，直到每一个组的每一个数据项都被访问到。具体用法如示例 8-11 所示。

示例 8-11　进行聚合运算

```
from pyspark import SparkContext

sc = SparkContext()
rdd1 = sc.parallelize(["Spark", "Spark", "hadoop", "hadoop", "hadoop", "hive"])
rdd2 = rdd1.map(lambda x: (x, 1)).reduceByKey(lambda x, y: x + y).collect()
[print(" 当前元素是： ", item) for item in rdd2]
```

map 函数将每一个单词组装成元组：(x, 1) 样式，reduceByKey 首先将相同 key 进行分组，将每一个组内的 key 的值相加（调用 lambda x, y: x + y 方法），然后将 key 和对应的值组装成一个元组，最后将所有元组组合成一个数组，执行结果如图 8-10 所示。

图 8-10 输出数据

6. 使用 union 函数合并 RDD

union 函数会将两个 RDD 的数据项拼接在一起，并返回一个新的 RDD，如示例 8-12 所示。

示例 8-12 合并数据

```
from pyspark import SparkContext

sc = SparkContext()
rdd1 = sc.parallelize(["Spark", "hadoop", "hive"])
rdd2 = sc.parallelize(["Spark", "kafka", "hbase"])
rdd3 = rdd1.union(rdd2).collect()
print(" 合并结果： ", rdd3)
```

执行结果如图 8-11 所示。

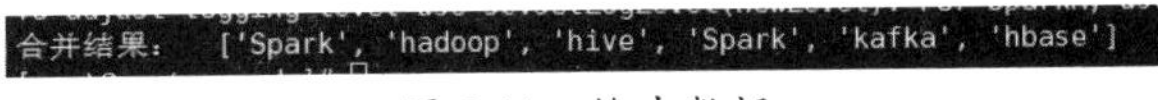

图 8-11 输出数据

7. 使用 distinct 函数去除重复数据

由于使用 union 函数合并 RDD 后会有重复数据，在做大数据统计的时候，可能并不能准确反映事务的真实情况，如电商网站统计某天有多少客户下了订单，就需要排除重复下单的情况。使用 distinct 函数可以去除重复数据，用法如示例 8-13 所示。

示例 8-13 去除重复数据

```
from pyspark import SparkContext

sc = SparkContext()
rdd1 = sc.parallelize(["Spark", "hadoop", "hive"])
rdd2 = sc.parallelize(["Spark", "kafka", "hbase"])
rdd3 = rdd1.union(rdd2).distinct().collect()
print(" 去除重复项结果： ", rdd3)
```

执行结果如图 8-12 所示，输出去重后的结果。

```
去除重复项结果： ['hadoop', 'Spark', 'hive', 'hbase', 'kafka']
```

图 8-12 输出去重后的数据

8.2.5 行动操作

通过行动操作，触发转换操作的执行。这里介绍在生产环境中几个常用的行动操作。

1. 使用 count 操作计算数据总数

count 操作可以返回当前 RDD 元素个数，如示例 8-14 所示。

示例 8-14　统计元素个数

```
from pyspark import SparkContext

sc = SparkContext()
rdd = sc.parallelize(["Spark", "hadoop", "hive"])
result = rdd.first()
print("rdd 元素个数 ", result)
```

执行结果如图 8-13 所示，输出 RDD 中的数据个数。

```
rdd元素个数 3
```

图 8-13　RDD 中的数据个数

2. 使用 first 函数获取第 1 项元素

first 函数一般配合排序操作一起使用，用于取出 RDD 中的第 1 个元素，如示例 8-15 所示。

示例 8-15　获取第 1 个元素

```
from pyspark import SparkContext

sc = SparkContext()
rdd = sc.parallelize([('a', 1), ('b', 2), ('c', 3), ('d', 4), ('e', 5)])
result = rdd.sortBy(lambda x: x[1], False).first()
print(" 当前元素是：", result)
```

sortBy 是一个转换操作，第 1 个参数表示将元组中的第 1 个值用来做比较，第 2 个参数表示排序方式，默认是升序，执行结果如图 8-14 所示。

```
当前元素是： ('e', 5)
```

图 8-14　输出 RDD 中的第 1 项数据

3. 使用 take(n) 操作获取前 n 项元素

与 first 操作类似，使用 take(n) 操作排序后可以获取前 n 个元素，并以数组形式返回，如示例 8-16 所示。

示例 8-16　获取前 n 个元素

```
from pyspark import SparkContext

sc = SparkContext()
rdd = sc.parallelize([('a', 1), ('b', 2), ('c', 3), ('d', 4), ('e', 5)])
result = rdd.sortBy(lambda x: x[1], False).take(3)
print(" 当前结果：", result)
```

执行结果如图 8-15 所示。

当前结果： [('e', 5), ('d', 4), ('c', 3)]

图 8-15　输出前 n 个元素

4. 使用 reduce(func) 操作归并数据

reduce 操作是一个简单的归并操作，一般与 map 函数配合使用。如示例 8-17 所示，导入 Python 内置操作 add（两个数字求和），对 RDD 调用 map 函数取出数据项的数值，然后调用 reduce 操作，并将 add 作为 reduce 的回调函数。

示例 8-17　reduce 归并操作

```
from pyspark import SparkContext
from operator import add

sc = SparkContext()
rdd = sc.parallelize([('a', 1), ('b', 2), ('c', 3), ('d', 4), ('e', 5)])

result = rdd.map(lambda x: x[1]).reduce(add)
print(" 当前结果：", result)
```

执行结果如图 8-16 所示。

当前结果： 15

图 8-16　输出归并结果

5. 使用 foreach(func) 方法遍历数据

foreach 方法用于遍历 RDD，func 是指 foreach 的回调函数。在 RDD 对象上调用 foreach 方法时，会对 RDD 的每一个元素调用 func 函数，用法如示例 8-18 所示。

示例 8-18　循环操作

```
from pyspark import SparkContext

sc = SparkContext()
rdd = sc.parallelize([('a', 1), ('b', 2), ('c', 3), ('d', 4), ('e', 5)], 2)

def f(x):
    print(" 当前数据项：", x)

result = rdd.foreach(f)
```

执行结果如图 8-17 所示。

图 8-17　循环输出数据

6. 使用 foreachPartition(func) 函数遍历每个分区

foreachPartition 函数是针对每一个分区进行遍历的。如示例 8-19 所示，将数据集分为 2 个区。foreachPartition 每一次调用 f 函数，会将一个分区内的数据(用 iterator 变量表示)全部传入该 f 函数中，对 iterator 调用 list 函数取出具体数据。

示例 8-19　遍历分区操作

```
from pyspark import SparkContext

sc = SparkContext()
rdd = sc.parallelize([('a', 1), ('b', 2), ('c', 3), ('d', 4), ('e', 5)], 2)

def f(iterator):
   print(list(iterator))

result = rdd.foreachPartition(f)
```

如图 8-18 所示，将每个分区内的数据以数组形式输出。

```
[('a', 1), ('b', 2)][('c', 3), ('d', 4), ('e', 5)]
```

图 8-18　输出每个分区的数据

8.3 键值对 RDD

Spark 大部分 API 都支持单个数据项的 RDD，但单个数据项 RDD 在做统计等聚合操作时就不方便了，如统计单词计数，需要先用 map 方法将 RDD 转为键值对形式，然后使用 reduceByKey 操作。Spark 提供了一些 API，专门用于处理键值对形式的 RDD，键值对形式的 RDD 称为 Pair RDD，常用的操作如 groupByKey、reduceByKey 等。

8.3.1 读取外部文件创建 Pair RDD

数据文件 a_seafood.txt 是一家海鲜专卖店的价格标签。文件数据如图 8-19 所示，第 1 列是商品名称，第 2 列是商品单价（单位 kg）。

黑虎虾:139
扇贝:16.9
黄花鱼:49.9
鲈鱼:35.9
生蚝:59.8
罗非鱼:29.9
鲜贝:19.9
阿根廷红虾:148
海参:248
面包蟹:176.9

图 8-19 价格单

将 a_seafood.txt 文件上传到 HDFS，仍然通过调用 textFile 方法创建 RDD，然后调用 map 方法，将名称和单价转换成键值对 RDD，如示例 8-20 所示。将 RDD1 中每一项切割成数组，然后将产品名和对应的价格数据返回，最后 RDD 中的每一项就是一个具有两个值的元组。

示例 8-20 将 RDD 转换为键值对 RDD

```
from pyspark import SparkContext

sc = SparkContext()
rdd1 = sc.textFile("/bigdata/chapter/a_seafood.txt")

def func(item):
   data = item.split(":")
   return data[0], data[1]

rdd2 = rdd1.map(func)
result = rdd2.collect()

def f(item):
   print(" 当前元素是：", item)

[f(item) for item in result]
```

执行结果如图 8-20 所示，输出键值对形式的 RDD。

```
当前元素是： ('黑虎虾', '139')
当前元素是： ('扇贝', '16.9')
当前元素是： ('黄花鱼', '49.9')
当前元素是： ('鲈鱼', '35.9')
当前元素是： ('生蚝', '59.8')
当前元素是： ('罗非鱼', '29.9')
当前元素是： ('鲜贝', '19.9')
当前元素是： ('阿根廷红虾', '148')
当前元素是： ('海参', '248')
当前元素是： ('面包蟹', '176.9')
```

图 8-20 输出键值对形式的 RDD

8.3.2 使用数组创建 Pair RDD

对数组调用 parallelize 操作，得到单值的 RDD。使用 flatMap 函数遍历 RDD2 的每一项，并将该项切割成数组；之后调用 map 方法将数组每项组合成元组，具体用法如示例 8-21 所示。

示例 8-21　将数组转为 Pair RDD

```
from pyspark import SparkContext

sc = SparkContext()
rdd1 = sc.parallelize(["黑虎虾，扇贝，黄花鱼，鲈鱼，罗非鱼，鲜贝，阿根廷红虾"])

rdd2 = rdd1.flatMap(lambda item: item.split(",")).map(lambda item: (item, 1))
result = rdd2.collect()

def f(item):
   print("当前元素是：", item)

[f(item) for item in result]
```

执行结果如图 8-21 所示，可以看到已经将数组元素转换为键值对形式。

```
当前元素是： ('黑虎虾', 1)
当前元素是： ('扇贝', 1)
当前元素是： ('黄花鱼', 1)
当前元素是： ('鲈鱼', 1)
当前元素是： ('罗非鱼', 1)
当前元素是： ('鲜贝', 1)
当前元素是： ('阿根廷红虾', 1)
```

图 8-21　输出键值对形式的数据

8.3.3 常用的键值对转换操作

Spark 提供了一些方法，只适用于键值对形式的 RDD，这里介绍如下。

1. 获取 keys 和 values

在 RDD 上调用 keys 操作和 values 操作，返回对应的 RDD，可以看出 keys 和 values 是转换操作。最后调用 collect 函数取得实际值，如示例 8-22 所示。

示例 8-22　获取键和值

```
from pyspark import SparkContext

sc = SparkContext()
rdd1 = sc.parallelize(["黑虎虾，扇贝，黄花鱼，鲈鱼，罗非鱼，鲜贝，阿根廷红虾"])
rdd2 = rdd1.flatMap(lambda item: item.split(",")).map(lambda item: (item, 1))

print("当前 key 是：", rdd2.keys().collect())
print("当前 value 是：", rdd2.values().collect())
```

执行结果如图 8-22 所示，输出键值对 RDD 的所有键和值。

```
当前key是： ['黑虎虾', '扇贝', '黄花鱼', '鲈鱼', '罗非鱼', '鲜贝', '阿根廷红虾']
当前value是： [1, 1, 1, 1, 1, 1, 1]
```

图 8-22　输出所有键和值

2. 使用 lookup 函数按键查找

在 Pair RDD 上调用 lookup 函数，可以取得对应键的值，如示例 8-23 所示，获取罗非鱼的价格。

示例 8-23　按 key 查询数据

```
from pyspark import SparkContext

sc = SparkContext()
rdd1 = sc.textFile("/bigdata/chapter/a_seafood.txt")

def func(item):
   data = item.split(":")
   return data[0], data[1]

rdd2 = rdd1.map(func)
result = rdd2.lookup("罗非鱼")
print("罗非鱼价格：", result)
```

执行结果如图 8-23 所示，输出罗非鱼的价格。

```
罗非鱼价格： ['29.9']
```

图 8-23　输出查找结果

3. 使用 zip 操作组合 RDD

在单值 RDD 上调用 zip 操作，如示例 8-24 所示，可以将两个 RDD 转为一个 Pair RDD，前提是两个 RDD 元素个数和分区数相同。

示例 8-24　啮合数据

```
from pyspark import SparkContext

sc = SparkContext()
rdd1 = sc.parallelize([139, 16.9, 49.9, 35.9, 29.9], 3)
rdd2 = sc.parallelize(["黑虎虾", "扇贝", "黄花鱼", "鲈鱼", "罗非鱼"], 3)

result = rdd2.zip(rdd1).collect()
def f(item):
   print("当前元素是：", item)

[f(item) for item in result]
```

执行结果如图 8-24 所示。

```
当前元素是： ('黑虎虾', 139)
当前元素是： ('扇贝', 16.9)
当前元素是： ('黄花鱼', 49.9)
当前元素是： ('鲈鱼', 35.9)
当前元素是： ('罗非鱼', 29.9)
```

图 8-24　输出结果

4. 使用 join 操作连接两个 RDD

join 操作与 union 效果类似，都能将两个 RDD 合并在一起，不同的是 join 会将 key 值去重，然后将对应的值拼接在一起，调用方法如示例 8-25 所示。

示例 8-25　调用 join 操作连接 RDD

```
from pyspark import SparkContext

sc = SparkContext()
rdd1 = sc.parallelize([("黑虎虾", 100), ("扇贝", 10.2), ("鲈鱼", 59.9)])
rdd2 = sc.parallelize([("黑虎虾", 139), ("扇贝", 16.9), ("鲈鱼", 35.9), ("罗非鱼",
29.9)])

result = rdd1.join(rdd2).collect()
print("join结果是: ", result)
```

执行结果如图 8-25 所示。

```
join结果是： [('扇贝', (10.2, 16.9)), ('黑虎虾', (100, 139)), ('鲈鱼', (59.9, 35.9))]
```

图 8-25　输出结果

5. 左外连接与右外连接

左外连接具备与 join 操作相同的功能，不同的是，左外连接会将左侧 RDD 的所有数据项返回，并将相同 key 的值拼接在一起，若是某个 key 不在右侧 RDD，则以 None 补齐。如示例 8-26 所示，“海参”不在 RDD2 中，因此返回 None。

示例 8-26　左连接 RDD

```
from pyspark import SparkContext

sc = SparkContext()
rdd1 = sc.parallelize([("黑虎虾", 100), ("扇贝", 10.2), ("海参", 59.9)])
rdd2 = sc.parallelize([("黑虎虾", 139), ("扇贝", 16.9), ("鲈鱼", 35.9), ("罗非鱼",
29.9)])

result = rdd1.leftOuterJoin(rdd2).collect()
def f(item):
   print("当前元素是: ", item)

[f(item) for item in result]
```

执行结果如图 8-26 所示，输出左外连接结果。

图 8-26　输出左外连接结果

左外连接与右外连接效果相反，这里不再赘述。

6. fullOuterJoin 全连接

如示例 8-27 所示，将两个 RDD 合并后一起返回，不在对方 RDD 中的数据用 None 补充。

示例 8-27　全连接 RDD

```
from pyspark import SparkContext

sc = SparkContext()
rdd1 = sc.parallelize([("黑虎虾", 100), ("扇贝", 10.2), ("海参", 59.9)])
rdd2 = sc.parallelize([("黑虎虾", 139), ("扇贝", 16.9), ("鲈鱼", 35.9), ("罗非鱼",
29.9)])

result = rdd1.fullOuterJoin(rdd2).collect()

def f(item):
   print("当前元素是：", item)

[f(item) for item in result]
```

执行结果如图 8-27 所示，“海参”不在 RDD2 中，因此用 None 补充，“鲈鱼”不在 RDD1 中，则将对应值也补充为 None。

```
当前元素是： ('罗非鱼', (None, 29.9))
当前元素是： ('扇贝', (10.2, 16.9))
当前元素是： ('海参', (59.9, None))
当前元素是： ('黑虎虾', (100, 139))
当前元素是： ('鲈鱼', (None, 35.9))
```

图 8-27　输出全连接结果

7. combineByKey 按 key 聚合

combineByKey 是 Spark 中的一个高级功能，但是使用相对复杂，用于将相同键的数据进行聚合。combineByKey 有 3 个位置参数：createCombiner，mergeValue，mergeCombiners。

createCombiner(V)：combineByKey 会遍历 RDD 中的数据项，在遍历过程中，首次遇到该项的 key，则对该 key 的值调用 createCombiner 函数。V 是该 key 对应的值，createCombiner 对该值进行计算后，返回一个新值 C。

mergeValue(C,V)：对于非首次遇到的 key，将 createCombiner 函数产生的值（C）和当前 key 的值（V）调用 mergeValue 函数，该函数在各自的分区中进行。

mergeCombiners(C,C)：由于数据集是分区的，各自分区调用 mergeValue 函数产生的值（C），最终调用 mergeCombiners 函数进行处理。

如示例 8-28 所示，to_list 将键对应的值转换为一个数组，如第 1 次遍历遇到“黑虎虾”，就将对应的值“139”转换为一个数组。当第 2 次遍历到“黑虎虾”时，就将对应的值“100”添加到数组中。由于各个分区调用 mergeValue 函数产生的值都是数组，因此将两个数组合并调用 extend 方法。每一个不同 key 的数据项都进行以上操作。把 RDD 中的所有项都遍历后，就将最终结果按各 key+[值列表] 的形式返回。

示例 8-28　按 key 聚合

```
from pyspark import SparkContext

sc = SparkContext()

rdd = sc.parallelize([("黑虎虾", 139), ("黑虎虾", 100), ("扇贝", 16.9), ("扇贝", 10.2),
                      ("海参", 59.9), ("鲈鱼", 35.9), ("罗非鱼", 29.9)])

def to_list(a):
   return [a]

   def append(a, b):
   a.append(b)
   return a

def extend(a, b):
   a.extend(b)
   return a

result = rdd.combineByKey(to_list, append, extend).collect()

   def f(item):
   print("当前元素是: ", item)

[f(item) for item in result]
```

如图 8-28 所示，输出各 key 与对应值列表。

当前元素是： ('罗非鱼', [29.9])
当前元素是： ('黑虎虾', [139, 100])
当前元素是： ('扇贝', [16.9, 10.2])
当前元素是： ('海参', [59.9])
当前元素是： ('鲈鱼', [35.9])

图 8-28　输出按 key 聚合的结果

8.4 读写文件

以上实例运行结果都是直接输出到屏幕上，然而生产环境中需要将计算结果输出到外部源，如操作系统、HDFS 等。本小节将介绍 Spark 如何读写文件。

8.4.1 读取 HDFS 并将 RDD 保存到本地

如示例 8-29 所示，读取 HDFS 上的 /spark/files/README.md 文件，计算每个单词出现的次数，然后调用 saveAsTextFile 行动操作将结果输出到本地系统。

示例 8-29 将 RDD 保存到本地系统

```
from pyspark import SparkContext

sc = SparkContext()

rdd = sc.textFile("/spark/files/README.md")
rdd.flatMap(lambda line: line.split(" ")).map(lambda word: (word, 1)).
reduceByKey(lambda x, y: x + y).saveAsTextFile(
   "file:///usr/local/filter_rdd/result.txt")
```

打开 Winscp 软件，查看输出结果。如图 8-29 所示，由于 RDD 对象存在两个分区，因此输出两个文件：part-00000 和 part-00001。

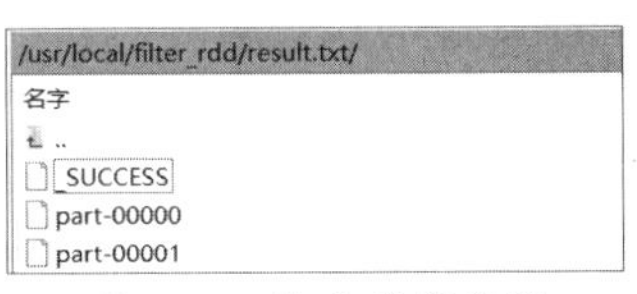

图 8-29 输出计算结果

8.4.2 读取 HDFS 并将 RDD 保存到 HDFS

在 HDFS 上创建目录 /spark/files/filter_rdd，将结果输出到此目录下，如示例 8-30 所示。

示例 8-30 将 RDD 保存到 HDFS

```
from pyspark import SparkContext

sc = SparkContext()

rdd = sc.textFile("/spark/files/README.md")
rdd.flatMap(lambda line: line.split(" ")).map(lambda word: (word, 1)).
reduceByKey(lambda x, y: x + y).saveAsTextFile( "/spark/files/filter_rdd/result.txt")
```

在浏览器打开 HDFS 管理页面，如图 8-30 所示，在 filter_rdd 目录下可以看到计算结果。

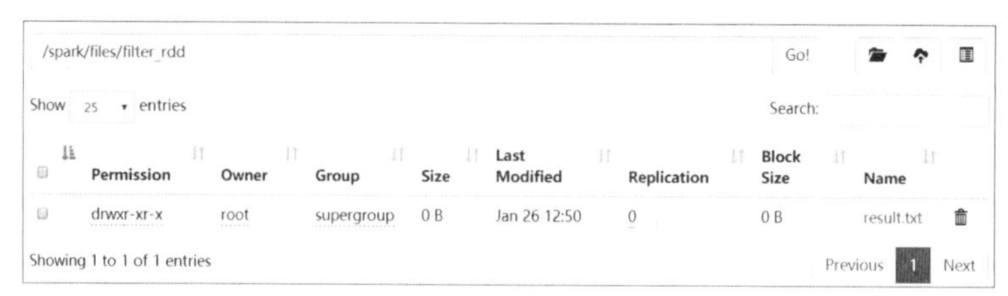

图 8-30 输出结果到 HDFS

8.4.3 读取本地文件并将结果文件保存到 HDFS

如果需要分析本地系统程序日志，就需要用 Spark 读取本地文件。具体用法如示例 8-31 所示，分析完毕后可以将结果上传到 HDFS。

示例 8-31 将本地计算结果保存到 HDFS

```
from pyspark import SparkContext

sc = SparkContext()

rdd = sc.textFile("file:///usr/local/spark/README.md")
rdd.flatMap(lambda line: line.split(" ")).map(lambda word: (word, 1)).
reduceByKey(lambda x, y: x + y).saveAsTextFile( "/spark/files/filter_rdd/result1.
txt")
```

执行结果与图 8-30 类似，这里不再赘述。

8.5 集成 HBase

HBase 是 Hadoop 生态中的重要组件，很多时候，生产系统的数据是存放在 HBase 中的，因此掌握用 Spark 读写 HBase 的方法就很有必要。

8.5.1 配置 HBase

首先需要配置 HBase 环境，Spark 配置 HBase 需要经历以下两步。

步骤 01 在 Spark 安装目录下的 jars 目录中创建 hbaselib 文件夹，将 HBase 开头的包复制到 hbaselib 目录下。

```
[root@master ~]# cd  /usr/local/spark/jars
[root@master jars]# mkdir  hbaselib
[root@master jars]# cd  hbaselib
```

```
[root@master hbaselib]# cp  /usr/local/hbase/lib/hbase*.jar  ./
```

步骤02 在当前Spark版本的examples/jar目录下，包含spark-examples_2.11-2.4.4.jar文件，里面缺少了将HBase数据类型转为Python类型的包，因此需要单独下载对应的包。这里从https://mvnrepository.com/站点下载spark-examples_2.11-1.6.0-typesafe-001.jar文件，并将其放入hbaselib目录下。

步骤03 在spark-env.sh文件中配置HBase包，设置SPARK_DIST_CLASSPATH变量值如下。

```
export SPARK_DIST_CLASSPATH=$(/usr/local/hadoop/bin/hadoop classpath):$(/usr/local/
hbase/bin/hbase classpath):/usr/local/spark/jars/hbaselib/*
```

执行环境准备完毕。

8.5.2 获取数据

示例8-32演示了如何读取HBase中的表。创建SparkContext实例，用以连接Spark；创建一个字典，配置HBase服务的地址与要读取的表；创建一个类型转换器，用于将字节数据转为字符串，该转换器主要是将key转为字符串；创建一个将该行的值转换为字符串的转换器；调用newAPIHadoopRDD方法读取HBase表数据并将表数据转为RDD；输出数据行数及查询到的数据。

示例8-32 读取HBase的订单信息表

```
from pyspark import SparkContext, SparkConf

conf = SparkConf().setAppName('read hbase').setMaster('spark://master:7077')
sc = SparkContext(conf=conf)

conf = {'hbase.zookeeper.quorum': '192.168.20.130',
        'hbase.mapreduce.inputtable': 'order'}

key_converter = 'org.apache.spark.examples.pythonconverters.
ImmutableBytesWritableToStringConverter'
value_converter = 'org.apache.spark.examples.pythonconverters.
HBaseResultToStringConverter'
order_rdd = sc.newAPIHadoopRDD('org.apache.hadoop.hbase.mapreduce.TableInputFormat',
                               'org.apache.hadoop.hbase.io.ImmutableBytesWritable',
                               'org.apache.hadoop.hbase.client.Result',
                               keyConverter=key_converter,
                               valueConverter=value_converter,
                               conf=conf)
   count = order_rdd.count()
print('order 表订单总量: {}'.format(count))
data = order_rdd.collect()
print('遍历 order 数据: \n', data)
```

执行结果如图 8-31 所示，输出最终读取结果。

```
order表订单总量: 5
遍历order数据:
 [('u00001_order1_1578753193066', '{"qualifier" : "apple", "timestamp" : "15
 "row" : "u00001_order1_1578753193066", "type" : "Put", "value" : "94"}\n{"q
78753193066", "columnFamily" : "brand", "row" : "u00001_order1_1578753193066
ualifier" : "samsung", "timestamp" : "1578753193066", "columnFamily" : "bran
6", "type" : "Put", "value" : "70"}'), ('u00001_order2_1578753198066', '{"qu
8753198066", "columnFamily" : "brand", "row" : "u00001_order2_1578753198066"
alifier" : "samsung", "timestamp" : "1578753198066", "columnFamily" : "brand
", "type" : "Put", "value" : "74"}'), ('u00002_order1_1578753203067', '{"qua
753203067", "columnFamily" : "brand", "row" : "u00002_order1_1578753203067",
lifier" : "lenovo", "timestamp" : "1578753203067", "columnFamily" : "brand",
 "type" : "Put", "value" : "95"}'), ('u00002_order2_1578753208068', '{"quali
3208068", "columnFamily" : "brand", "row" : "u00002_order2_1578753208068", "
fier" : "samsung", "timestamp" : "1578753208068", "columnFamily" : "brand",
"type" : "Put", "value" : "99"}'), ('u00002_order3_1578753213069', '{"qualif
13069", "columnFamily" : "brand", "row" : "u00002_order3_1578753213069", "ty
er" : "huawei", "timestamp" : "1578753213069", "columnFamily" : "brand", "ro
pe" : "Put", "value" : "74"}')]
```

图 8-31　读取 order 表数据

温馨提示

（1）本示例中的表为第 5 章综合实训所创建的表，执行结果为部分截图。

（2）在读取 HBase 过程中，控制台可能会输出“util.NativeCodeLoader: Unable to load native-hadoop library for your platform... using builtin-java classes where applicable”的警告，想消除这个警告，在 spark-env.sh 文件中添加如下变量即可。

export LD_LIBRARY_PATH=$HADOOP_HOME/lib/native

8.6 编程进阶

Spark 框架尽管很强大，但是如果不能根据 Spark 的运行原理和数据特点做相应的调优，就无法充分利用机器的计算能力，这里介绍几种常用的调优方式。

8.6.1 分区

Spark RDD 是由一系列分区构成的，在集群环境中，控制好分区，减少数据在网络上的传输，有助于提高 Spark 性能。Spark 只能对 Pair RDD 进行分区，系统根据分区规则将相同键划分到同一个分区中，每个 RDD 分区 ID 的范围是 0 到分区个数减 1。

调用 partitionBy(self, numPartitions, partitionFunc=portable_hash) 方法，可以设置 RDD 分区的个数（numPartitions）和分区方式（partitionFunc）。分区方式默认是 portable_hash 函数，portable_hash 函数是 RDD 的一个内置 API，其调用 Python 内建 hash 函数，获取一个 hash 值。

如示例 8-33 所示，调用 partitionBy 方法设置数组的分区个数，然后调用 glom（glom 将各个分区的数据联合在一起）函数，最后调用 collect 操作，获得最终数据集。

示例 8-33　对数据进行分区

```
from pyspark import SparkContext

sc = SparkContext()

pairs = sc.parallelize([("黑虎虾", 139), ("扇贝", 16.9), ("鲈鱼", 35.9), ("罗非鱼",
29.9)])
sets = pairs.partitionBy(2).glom().collect()
print(sets)
```

分区后的结果如图 8-32 所示，“黑虎虾”和“罗非鱼”落在了同一个分区。

```
[[('黑虎虾', 139), ('罗非鱼', 29.9)], [('扇贝', 16.9), ('鲈鱼', 35.9)]]
```

图 8-32　对数据进行分区

创建自定义分区，可以控制每个分区中的内容，如示例 8-34 所示，将高品质的海鲜放入编号为 0 的分区。需要注意的是，自定义分区函数，返回的是分区编号，分区编号需要小于分区数。

示例 8-34　自定义分区

```
from pyspark import SparkContext

sc = SparkContext()

pairs = sc.parallelize([("高品质", "黑虎虾"), ("一般品质", "扇贝"), ("高品质", "鲈
鱼"), ("一般品质", "罗非鱼")])

def custom_partition(key):
    if key == "高品质":
        return 0
   else:
       return 1

sets = pairs.partitionBy(2, partitionFunc=custom_partition).glom().collect()
print(sets)
```

分区结果如图 8-33 所示，数据按 key 不同落到了不同分区。

```
[[('高品质', '黑虎虾'), ('高品质', '鲈鱼')], [('一般品质', '扇贝'), ('一般品质', '罗非鱼')]]
```

图 8-33　自定义分区

有多个分区的 RDD，分析任务完成后，计算的输出结果会分布到多个文件，但是在生产环境中，多个数据结果并不方便查看。为解决此问题，可以调用 Spark 内置的方法对 RDD 进行重新分区。

1. coalesce

coalesce(self, numPartitions, shuffle=False) 函数可以将 RDD 进行重新分区，默认使用 hash 的方式。

第 1 个参数表示分区个数，第 2 个参数表示是否进行 shuffle。shuffle=False 时，要求重分区个数需要比原有分区个数少，如果大于原有个数，则分区数保持不变；shuffle=True 时，可以设置任意数值。coalesce 函数调用方式如示例 8-35 所示。

示例 8-35　重新分区

```
from pyspark import SparkContext

sc = SparkContext()

data = [("高品质", "黑虎虾"), ("一般品质", "扇贝"), ("高品质", "鲈鱼"), ("一般品质", "罗非鱼")]
sets1 = sc.parallelize(data, 4).glom().collect()
print(sets1)
sets2 = sc.parallelize(data, 4).coalesce(1).glom().collect()
print(sets2)
```

如图 8-34 所示，第 1 排为 4 个分区，第 2 排被重置为 1 个分区。

```
[[('高品质', '黑虎虾')], [('一般品质', '扇贝')], [('高品质', '鲈鱼')], [('一般品质', '罗非鱼')]]
[[('高品质', '黑虎虾'), ('一般品质', '扇贝'), ('高品质', '鲈鱼'), ('一般品质', '罗非鱼')]]
```

图 8-34　重分区数据对比

2. repartion 函数

repartion 函数只有一个参数，也能设置分区。查看源代码，如图 8-35 所示，repartion 函数底层调用了 coalesce 函数，只是 shuffle=True。

```
2  def repartition(self, numPartitions):
3      """
4       Return a new RDD that has exactly numPartitions partitions.
5
6       Can increase or decrease the level of parallelism in this RDD.
7       Internally, this uses a shuffle to redistribute data.
8       If you are decreasing the number of partitions in this RDD, consider
9       using `coalesce`, which can avoid performing a shuffle.
10
11      >>> rdd = sc.parallelize([1,2,3,4,5,6,7], 4)
12      >>> sorted(rdd.glom().collect())
13      [[1], [2, 3], [4, 5], [6, 7]]
14      >>> len(rdd.repartition(2).glom().collect())
15      2
16      >>> len(rdd.repartition(10).glom().collect())
17      10
18     """
19     return self.coalesce(numPartitions, shuffle=True)
```

图 8-35　repartion 源代码

8.6.2　持久化

在一个应用中，若是需要多次使用一个 RDD，就需要将 RDD 进行序列化。由于 RDD 计算是惰性计算，每次调用行动操作都会将 DAG 上参与的 RDD 涉及的操作都调用一次，因此会带来额外的性能开销。

RDD 一般情况下是由多个分区构成的，各个分区可能分布在多个节点中，那么在进行持久化操作的时候，由参与计算 RDD 的节点各自持久化对应分区计算的结果。持久化后，再次使用该 RDD 时，各节点就取各自持久化的数据，不再对该分区进行重新计算。若是某个节点发生故障，丢失了计算结果，那么 Spark 就会对该分区重新进行计算，而不是重新计算整个 RDD。为了保证应用性能，可以设置双副本机制（就是持久化两个副本）。

RDD 持久化有两种方式：persist 方法和 cache 函数。Spark 提供了不同存储级别的持久化方式。存储级别如表 8-3 所示，需要注意的是，RDD 设置了存储级别后就不能再修改了。持久化后若是想手动解除持久化操作，对 RDD 调用 unpersist 方法即可。

对于 StorageLevel.MEMORY_ONLY 存储方式，若是内存不够，Spark 会将旧的缓存清除，腾出空间存储新的数据；若是腾出的空间仍然不够，则无法进行持久化。

表 8-3　持久化方式列表

存储级别	描述
StorageLevel.DISK_ONLY	数据只存储到磁盘上
StorageLevel.DISK_ONLY_2	与 DISK_ONLY 类似，并保留 2 个副本
StorageLevel.MEMORY_ONLY	数据只存储到内存中
StorageLevel.MEMORY_ONLY_2	与 MEMORY_ONLY 类似，并保留 2 个副本
StorageLevel.MEMORY_AND_DISK	数据先存到内存中，若内存放不下就溢写到磁盘
StorageLevel.MEMORY_AND_DISK_2	与 MEMORY_AND_DISK 类似，保留 2 个副本
StorageLevel.OFF_HEAP	利用 Java API 实现内存管理

持久化的两种方法具体使用方式如下。

1. persist 方法

如示例 8-36 所示，直接对 RDD 调用 persist 方法并设置存储级别。

示例 8-36　persist 持久化

```
from pyspark import SparkContext, StorageLevel

sc = SparkContext()

data = [1, 2, 3, 4, 5, 6]

def show(item):
    print(" 当前元素 ", item)
    return item * 2

rdd = sc.parallelize(data, 4).map(lambda x: show(x))
rdd.persist(StorageLevel.MEMORY_ONLY)
print(" 获取最小值：", rdd.min())
print(" 获取最大值：", rdd.max())
```

图 8-36 是调用了持久化操作的执行结果，图 8-37 是未调用持久化的结果，对比两个截图可以

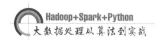

看到，RDD 持久化后 map 方法的计算只会调用一次，不再重复计算。

图 8-36　持久化后的运算

```
[Stage 0:>                                              (0 + 4) / 4]当前元素 4
当前元素 2
当前元素 3
当前元素 5
当前元素 6
当前元素 1
获取最小值： 2
当前元素 4
当前元素 5
当前元素 6
当前元素当前元素  12

当前元素 3
获取最大值： 12
```

图 8-37　未持久化的运算

2. cache 函数

cache 函数只有一个参数，也能进行持久化。查看源代码，如图 8-38 所示，cache 函数底层调用了 persist 函数，只是存储级别是 StorageLevel.MEMORY_ONLY。

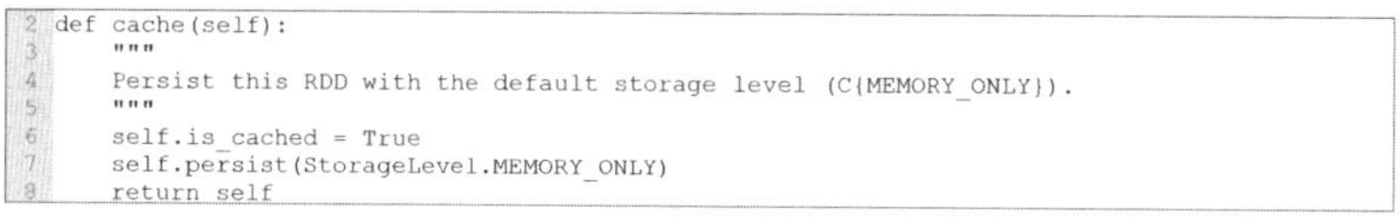

```
2 def cache(self):
3     """
4     Persist this RDD with the default storage level (C{MEMORY_ONLY}).
5     """
6     self.is_cached = True
7     self.persist(StorageLevel.MEMORY_ONLY)
8     return self
```

图 8-38　cache 函数源代码

8.6.3　共享变量

Spark 是一个并行计算框架，函数中的变量存储在执行计算任务的节点上。有时候需要在不同节点或者并行任务中共享一个变量，因此 Spark 提供了两种类型的数据共享方式：广播变量和累加器。广播变量只是将数据通知到各个节点，是一个只读变量；累加器则支持在不同节点进行累加或者计数。

1. 广播变量

Spark 应用根据 DAG 划分阶段，每个阶段有各自的任务，这些任务需要使用公共数据时就可以使用广播变量。广播变量是在各个节点缓存一个数据，而不是为各节点的任务生成一个副本，各节点的多个任务可以共享这个数据。

先调用 broadcast 方法创建一个广播变量，然后在集群中并行执行 map 方法的时候通过变量名 .value 属性获取对应的值。将变量与 RDD 的数据项组合返回一个元组，如示例 8-37 所示。

示例 8-37 广播变量的使用

```
from pyspark import SparkContext, StorageLevel

sc = SparkContext()

list1 = [2]
broadcast = sc.broadcast(list1)

list2 = [4, 5, 6]

def f(item):
   broadcast_value = broadcast.value
   return item, broadcast_value[0]

   data = sc.parallelize(list2, 4).map(lambda x: f(x)).collect()

[print("当前元素是：", item) for item in data]
```

执行结果如图 8-39 所示，输出各个元组。

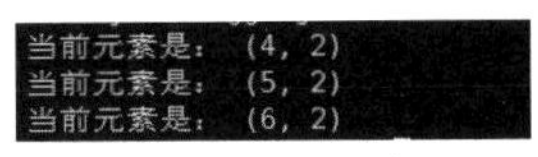

图 8-39 输出计算结果

2. 累加器

累加器主要用来记录事件次数或者对数值型数据进行求和等操作，用户也可以自定义其他类型的累加器。如示例 8-38 所示，用 0 初始化累加器，每一次循环调用累加器的 add 方法，实现当前值和初始值相加，这里使用累加器记录循环的次数。

示例 8-38 累加器的使用

```
from pyspark import SparkContext

sc = SparkContext()

list = [1, 2, 3, 4, 5, 6]

accumulator = sc.accumulator(0)

def f(item):
  accumulator.add(1)
  print("当前元素是：", item)

data = sc.parallelize(list, 4).foreach(lambda item: f(item))
print("循环次数：", accumulator.value)
```

执行结果如图 8-40 所示。

图 8-40　输出累加器的值

8.6.4 检查点

检查点是 Spark 的一个高级功能，用于对关键 RDD 建立快照。若是 DAG 依赖链比较长，某个节点出现故障，就需要从头到尾计算一次。当然通过持久化可以将中间结果缓存到对应节点上，但若是该节点不可用，仍然会导致重算。检查点机制就是将缓存结果存储到一个高可用的系统中，如 HDFS。检查点是一个转换操作，因此需要调用行动操作 sum 后，才会将数据存储到 HDFS 上，存储结果的目录由 sc 调用 setCheckpointDir 设置。RDD 调用检查点操作后之前的依赖关系就不复存在，后续操作将会从检查点获取数据。如示例 8-39 所示，演示了检查点函数的用途。

示例 8-39　检查点的使用

```
from pyspark import SparkContext

sc = SparkContext()
sc.setCheckpointDir("/spark/checkpoint")
rdd1 = sc.parallelize([1, 2, 3, 4, 5, 6])
rdd2 = rdd1.map(lambda x: x * 2)
rdd2.cache()
rdd2.checkpoint()
rdd2.sum()
```

8.7 实训：分析商品销售情况

门店 a、门店 b 海鲜某天的销量如图 8-41 和图 8-42 所示。第 1 列是商品名称，第 2 列是销量（单位：kg）。

现在需要统计两家门店的总销量、平均销量和各商品的销量排名。

```
1  黑虎虾:100
2  扇贝:160
3  黄花鱼:40
4  鲈鱼:35
5  生蚝:59
6  罗非鱼:80
7  鲜贝:140
8  阿根廷红虾:70
9  海参:248
10 面包蟹:176
```

图 8-41　门店 a 的销量

```
1  黑虎虾:80
2  扇贝:120
3  黄花鱼:140
4  鲈鱼:135
5  生蚝:105
6  罗非鱼:120
7  鲜贝:60
8  阿根廷红虾:30
9  海参:124
10 面包蟹:98
```

图 8-42　门店 b 的销量

1. 实现思路

首先将数据文档上传到 HDFS，使用 Spark 读取两个文档，分别创建 RDD，然后将两个 RDD 合并成一个，最后再调用分组、连接等 API 完成统计任务。

准备数据，使用如下命令将随书源代码本章目录下的 a_seafood.txt 文件和 b_seafood.txt 文件上传到 HDFS。

```
hdfs dfs -put /bigdata/code/a_seal.txt /bigdata/chapter
hdfs dfs -put /bigdata/code/b_seal.txt /bigdata/chapter
```

2. 编程实现

步骤 01 ▶ 统计各商品总销量。

读取两个文件创建 RDD，使用 union 函数将两个 RDD 的数据合并到一个 RDD 中，然后调用 map 方法将 RDD 转换成 Pair RDD，最后调用 reduceByKey 函数归并各个数据，具体操作如示例 8-40 所示。

示例 8-40　统计总销量

```
from pyspark import SparkContext

sc = SparkContext()
a_rdd = sc.textFile("/bigdata/chapter/a_seal.txt")
b_rdd = sc.textFile("/bigdata/chapter/b_seal.txt")
union_rdd = a_rdd.union(b_rdd)

def f(item):
   tmp = item.split(":")
   return tmp[0], int(tmp[1])

map_rdd = union_rdd.map(f)
result = map_rdd.reduceByKey(lambda x, y: x + y).collect()
[print(" 当前元素是：", item) for item in result]
```

执行结果如图 8-43 所示。

```
当前元素是:  ('罗非鱼', 200)
当前元素是:  ('黑虎虾', 180)
当前元素是:  ('黄花鱼', 180)
当前元素是:  ('面包蟹', 274)
当前元素是:  ('扇贝', 280)
当前元素是:  ('鲈鱼', 170)
当前元素是:  ('生蚝', 164)
当前元素是:  ('鲜贝', 200)
当前元素是:  ('阿根廷红虾', 100)
当前元素是:  ('海参', 372)
```

图 8-43　总销量

步骤 02 统计平均销量。

如示例 8-41 所示，为避免 map 方法重复计算，首先将其持久化，之后创建 create_combiner（转换函数），将首次遇到的 key 的值转换为（值，1）的形式返回。代码构造这个值出现的次数。因为 create_combiner 函数是首次遇到 key 时调用，因此设置初始值为 1，值用 v 表示。然后创建 merge_value 函数，v 是第 2 次遇到这个 key 的值，第 1 次的（值，1）与第 2 次遇到的值相加：c[0] + v，并将次数也加 1：c[1] + 1。同样将它们按键值对形式返回：return c[0] + v, c[1] + 1。由于有多个分区参与运算，因此最后需要将各分区结果进行合并，创建 merge_combiners 方法，按值 + 值，次数 + 次数进行组合，最后返回数据格式：[key，[汇总后的值，出现的总次数]]。最终，调用 map 方法，求出平均值。

示例 8-41　两店平均销量

```
from pyspark import SparkContext

sc = SparkContext()
a_rdd = sc.textFile("/bigdata/chapter/a_seal.txt")
b_rdd = sc.textFile("/bigdata/chapter/b_seal.txt")
union_rdd = a_rdd.union(b_rdd)

def f(item):
   tmp = item.split(":")
   return tmp[0], int(tmp[1])

map_rdd = union_rdd.map(f)
map_rdd.cache()

def create_combiner(v):
   return v, 1

def merge_value(c, v):
   return c[0] + v, c[1] + 1

def merge_combiners(c1, c2):
   return c1[0] + c2[0], c1[1] + c2[1]

rdd = map_rdd.combineByKey(create_combiner, merge_value, merge_combiners)
```

```
result = rdd.map(lambda x: (x[0], x[1][0] / x[1][1])).collect()

def f(item):
   print("当前元素是：", item)

[f(item) for item in result]
```

执行结果如图 8-44 所示。

```
当前元素是： ('罗非鱼', 100.0)
当前元素是： ('黑虎虾', 90.0)
当前元素是： ('黄花鱼', 90.0)
当前元素是： ('面包蟹', 137.0)
当前元素是： ('扇贝', 140.0)
当前元素是： ('鲈鱼', 85.0)
当前元素是： ('生蚝', 82.0)
当前元素是： ('鲜贝', 100.0)
当前元素是： ('阿根廷红虾', 50.0)
当前元素是： ('海参', 186.0)
```

图 8-44　商品平均销量

步骤 03 ▸ 统计销量排名

使用 join 操作，将两个点的数据合并，然后将各 key 对应的值进行求和，之后调用 sortBy 函数进行排序，如示例 8-42 所示。

示例 8-42　两店平均销量

```
from pyspark import SparkContext

sc = SparkContext()
a_rdd = sc.textFile("/bigdata/chapter/a_seal.txt")
b_rdd = sc.textFile("/bigdata/chapter/b_seal.txt")
def f1(item):
    tmp = item.split(":")
    return tmp[0], int(tmp[1])

a_map_rdd = a_rdd.map(f1)
b_map_rdd = b_rdd.map(f1)
join_rdd = a_map_rdd.join(b_map_rdd)

def f2(item):
   return item[0], sum(item[1])

result = join_rdd.map(f2).sortBy(lambda x: x[1], False).collect()
[print(item) for item in result]
```

执行结果如图 8-45 所示。

图 8-45 销量排序

本章小结

本章主要介绍了 Spark 核心对象 RDD 的原理及相关的依赖关系，用实例介绍了 RDD 和 Pair RDD 的常用编程操作，并通过实例介绍了如何将计算结果保存到文件。在编程进阶部分，介绍了 Spark 应用调优，掌握这部分知识，能解决生产环境中的许多关键性问题。

第 9 章

数据有结构，使用 SQL 语句

★本章导读★

本章主要介绍 Spark SQL 的原理、配置方式与基本使用方式；介绍如何使用 Spark SQL 读写文件，以及如何使用 MySQL、Hive 等外部数据源创建 DataFrame 对象；介绍 DataFrame 对象上的常用 API；最后介绍计算结果的存储方式。掌握本章内容，可以利用 Spark 实现对结构化数据的分析。

★知识要点★

通过对本章内容的学习，读者将掌握以下知识技能。

◆ 了解 Spark SQL 的体系结构

◆ 掌握 Spark SQL CLI 的配置与使用方法

◆ 掌握 DataFrame 如何创建和操作

◆ 掌握通过 Spark SQL 操作外部数据源的方法

◆ 掌握 DataFrame 常用操作

9.1 Spark SQL 概述

Spark SQL 是 Spark 用于处理结构化数据的一个组件。与基本的 SparkRDD 不同，Spark SQL 接口为 Spark 提供了有关数据结构和正在执行的计算的更多信息。在 Spark 引擎内部，Spark SQL 使用这些信息来对 Spark 算子进行更多的优化。

9.1.1 Spark SQL 简介

在介绍 Spark SQL 之前，需要简单了解下 Hive 和 Shark。

存储到 Hadoop 上的结构化数据都要进行处理，需要继承 Hadoop 提供的类 Mapper/Reducer，并实现其中的抽象方法 Map/Reduce，之后再到 main 函数中创建 job 实例。这个过程要求用户必须了解 Mapper/Reducer 的执行原理和 job 的创建方式，操作复杂且容易出错。Hive 提供的接口，可以让用户通过编写 HiveQL（一种与 SQL 相似的语法）语句操作结构化数据并自动生成 Map/Reduce 任务，降低了使用难度。

Spark SQL 前身是 Shark。Shark 为了能够兼容 Hive，重用了 Hive 的词法解析、生成执行计划等底层实现。Hive 将 HiveQL 语句翻译成了 MapReduce 任务，Shark 利用 Hive 的底层技术，将 HiveQL 语句翻译成了 Spark 任务。

由于 Shark 严重依赖 Hive，导致其与 Spark 的其他模块集成不便，因此 Spark 团队开发了 Spark SQL。

Spark SQL 是一个分布式的查询引擎，提供了一个统一的针对结构化数据的编程模型 DataFrame。

引入 DataFrame 之前，Python 操作 RDD 普遍比 Scala 操作 RDD 速度慢，这源于 Python 和 JVM 的通信开销。Spark SQL 的核心是 Catalyst 优化器，优化器将 SQL 和 DataFrame 查询做了优化，因此，目前一般情况下 Python 操作 DataFrame 和 Scala 操作 DataFrame 性能没有什么差别。

DataFrame 本质上是一个分布式的 Row 类型对象集合。DataFrame 具有与 RDD 操作类似的大量 API，同时还做了扩展。Spark SQL 首先通过调用 SQL 方法直接执行 SQL 语句和读取结构化数据来创建 DataFrame，然后通过 DataFrame 上的 API 来进行数据转换、数据查询等操作。操作完毕后可以将执行结果存储到外部数据源，如文件、MySQL、HDFS 等。

Spark 将数据转换为 RDD，其中每一行的数据实际是一个字符串，没有具体的结构信息。DataFrame 每一行是一个 Row 类型的对象，该对象具备名称、数据类型、是否为空等属性，同时 Spark 还知道一个 Row 具有哪些列。

DataFrame 的数据转换操作也采用了惰性计算，在遇到行动操作时才会实际执行。这些转换同样会生成 DAG，Spark 将 DAG 翻译成物理执行计划，生成任务后交给执行器进行处理，与 RDD 的 DAG 执行流程是一样的。

9.1.2 Spark SQL 特点

Spark SQL 作为 Spark 处理结构化数据的一个模块，具有以下特点。

1. 集成度高

如图 9-1 所示，在 Spark 程序中可以直接使用 SQL 语句查询结构化数据。同时还支持 Python、Java、Scala 和 R 语言。

```
results = spark.sql(
  "SELECT * FROM people")
names = results.map(lambda p: p.name)
```

图 9-1　Spark SQL

2. 统一数据访问

Spark SQL 以相同方式连接到任何数据源。DataFrame 和 SQL 提供了访问各种数据源的常用方法，包括 Hive、Avro、Parquet、ORC、json 和 JDBC。 用户甚至可以跨这些来源加入数据。如图 9-2 所示，在使用中仅修改数据源地址即可。

```
spark.read.json("s3n://...")
  .registerTempTable("json")
results = spark.sql(
  """SELECT *
     FROM people
     JOIN json ...""")
```

图 9-2　Spark SQL 数据源

3. 支持 Hive

如图 9-3 所示，Spark SQL 支持 HiveQL 语法及 Hive SerDes（序列化与反序列化）和 UDF（用户自定义函数），允许用户访问现有的 Hive 仓库。

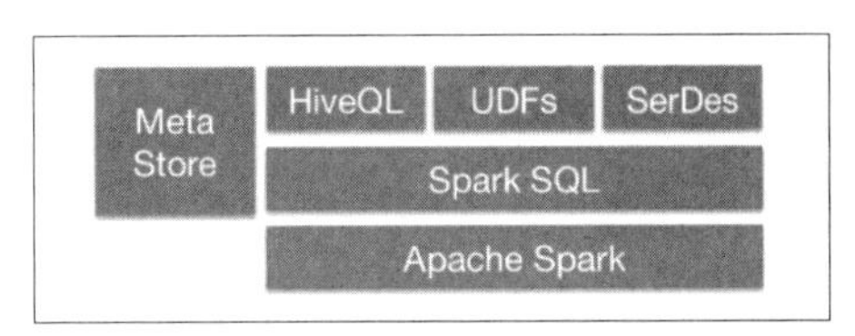

图 9-3　集成 Hive

4. 提供标准连接

如图 9-4 所示，Spark SQL 为商业智能工具提供行业标准的 JDBC 和 ODBC 连接。

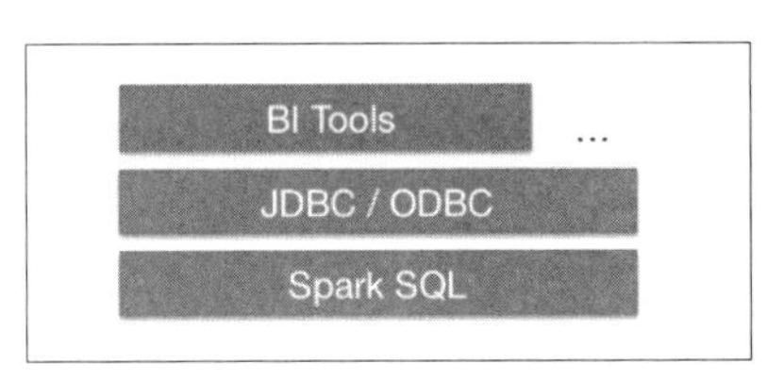

图 9-4　标准连接

9.1.3 Spark SQL CLI 工具

Spark SQL CLI 是一个可以执行 HiveQL 的命令行工具，通过此工具直接编写 SQL 就能生成 Spark 应用。利用此工具可以访问 Hive 的数据库、表和 UDF。只要会写 SQL，就能进行复杂的大数据分析，这对于擅长编写 SQL 的数据分析师来说，是一个极有用的工具。

Spark SQL CLI 可以直接运行，不必安装 Hive。Spark SQL CLI 直接运行会在 Spark 安装目录下的

bin 目录下创建 Hive 元数据库 (metastore_db)。但是这种方式仅用于实验和调试，因为使用这种方式创建的数据库没有存放到 HDFS 上，不同的客户端既不能共享数据，也不能发挥集群分布式存储的作用。在生产环境中，Hive 是基于 Hadoop 进行独立部署的，然后再使用 Spark SQL CLI 操作 Hive。

接下来介绍如何部署 Hive 环境及如何配置和使用 Spark SQL CLI 访问 Hive 来对结构化数据进行查询。

1. 配置 CLI

CLI 工具要和 Hive 建立联系，还需要进行以下配置。

步骤 01 ▸ 使用以下命令，将 hive-site.xml 文件复制到 Spark 的 conf 目录下。

```
cp /usr/local/hive/conf/hive-site.xml /usr/local/spark/conf
```

步骤 02 ▸ 将 MySQL 驱动程序复制到 Spark 的 lib 目录下。

```
cp $HIVE_HOME/lib/MySQL-connector-java-5.1.45.jar /usr/local/spark/jars
```

步骤 03 ▸ 修改 spark-env.sh 文件，配置 Hive 信息，在文件顶部添加如下内容。

```
export HIVE_CONF_DIR=$HIVE_HOME/conf
export SPARK_CLASSPATH=$HIVE_HOME/lib/MySQL-connector-java-5.1.45.jar
export CLASSPATH=$CLASSPATH:/usr/local/hive/lib
```

步骤 04 ▸ 避免 CLI 工具输出过多日志信息，需要调整日志输出级别，重命名日志配置文件。

```
cd $SPARK_HOME/conf
mv log4j.properties.template log4j.properties
```

步骤 05 ▸ 将 rootCategory 设置如下。

```
log4j.rootCategory=WARN, console
```

2. 使用 CLI 访问 Hive

一切准备就绪后，就可以使用 CLI 了。

步骤 01 ▸ 进入 Spark bin 目录，启动 CLI。

```
cd $SPARK_HOME/bin
./spark-sql
```

步骤 02 ▸ 输入以下命令，查看 Hive 数据库。

```
show databases;
```

Hive 数据库列表如图 9-5 所示。

```
spark-sql> show databases;
default
sparktest
Time taken: 2.732 seconds, Fetched 2 row(s)
```

图 9-5　Spark 查看 Hive 数据库

步骤03▶ 在SparkTest数据库中创建表。

```
use sparktest;
create table people(name string,age int)ROW FORMAT DELIMITED FIELDS TERMINATED BY
',' STORED AS TEXTFILE;
```

创建结果如图9-6所示。

```
spark-sql> show tables;
sparktest       people  false
Time taken: 0.043 seconds, Fetched 1 row(s)
```

图9-6 使用HiveQL语句创建表

步骤04▶ 在people表中插入数据。在Spark安装目录examples\src\main\resources中找到people.txt，并将其上传到HDFS。使用load命令导入Hive数据库。

```
load data inpath '/bigdata/testdata/people.txt' into table people;
```

步骤05▶ 查询数据。

```
select *from people;
```

查询结果如图9-7所示。

```
spark-sql> select *from people;
Michael 29
Andy    30
Justin  19
Time taken: 0.166 seconds, Fetched 3 row(s)
```

图9-7 查询数据

温馨提示

使用load data命令导入Hive数据之后，Hive会自动将原始数据移动到自己管理的数据仓库中。本例中，people.txt文件被移动到了/user/hive/warehouse/sparktest.db/people目录，/user/hive/warehouse是Hive默认的数据仓库路径。

9.2 创建DataFrame对象

前文介绍了使用CLI工具访问结构化数据的方法，那么在程序中，该如何进行结构化数据的操作呢？

在Spark 2.0之前提供了两个对象来访问结构化数据：SQLContext和HiveContext。SQLContext

只支持 SQL 语法解析，HiveContext 从 SQLContext 发展而来，可以同时处理 SQL 和 HiveQL。在 Spark 2.0 之后，新的对象 SparkSession 同时包含了 HiveContext 和 SQLContext 的功能，因此在本章及后续章节将使用 SparkSession 处理数据。

在程序中，调用 SparkSession 方法返回的数据类型是 DataFrame。DataFrame 由 SchemaRDD 发展而来，从 Spark 1.3 之后改名为 DataFrame。SchemaRDD 直接继承了 RDD，而 DataFrame 单独实现了 RDD 的大多数功能。在 Spark 中，操作结构化数据，其实就是操作 DataFrame 对象。

Spark 支持从多种数据源以不同数据格式来创建 DataFrame 对象，下面介绍常用的 Spark 操作方法。

9.2.1 读取文本文件

Spark 支持读取多种结构化的文本文件，如 Parquet、json 等。

1. 读取 Parquet 文件

Parquret 是列式存储的一种文件类型，与语言、平台无关，是大数据开发中的常用数据存储类型。在 Spark 安装目录的 examples\src\main\resources 路径下，可以找到示例文件 users.parquet，将此文件上传到 HDFS。

使用 SparkSession 加载数据，如示例 9-1 所示，导入 SparkSession 对象，创建 Spark 实例。在创建过程中同样可以指定集群地址、执行器所需要的资源等信息，与创建 SparkContext 实例方式类似。

示例 9-1　使用 SparkSession 创建 DataFrame

```
from pyspark.sql import SparkSession

spark = SparkSession.builder.getOrCreate()

df = spark.read.load("/bigdata/testdata/users.parquet")
print("df 的类型 :", type(df))
df.show()
```

输出 df 的数据类型和实际数据，如图 9-8 所示。

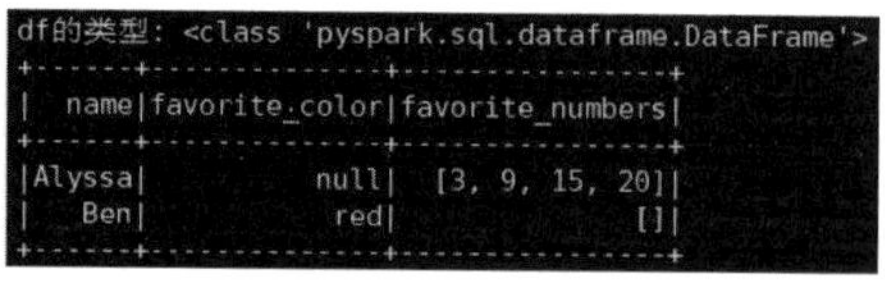

```
df的类型: <class 'pyspark.sql.dataframe.DataFrame'>
+------+--------------+----------------+
|  name|favorite_color|favorite_numbers|
+------+--------------+----------------+
|Alyssa|          null|  [3, 9, 15, 20]|
|   Ben|           red|              []|
+------+--------------+----------------+
```

图 9-8　输出数据

2. 读取 json 文件

将 examples\src\main\resources 目录下的 people.json 文件上传到 HDFS，仍然使用 SparkSession

读取，如示例 9-2 所示。需要注意的是，需要指定格式。

示例 9-2 读取 json 文件

```
from pyspark.sql import SparkSession

spark = SparkSession.builder.getOrCreate()

df = spark.read.format("json").load("/bigdata/testdata/people.json", format="json")
print("读取 json 格式，df 的类型 :", type(df))
df.show()
```

如图 9-9 所示，将 json 数据转为 DataFrame 类型并输出数据。

```
读取json格式，df的类型: <class 'pyspark.sql.dataframe.DataFrame'>
+----+-------+
| age|   name|
+----+-------+
|null|Michael|
|  30|   Andy|
|  19| Justin|
+----+-------+
```

图 9-9 将 json 转为 DataFrame 并输出

9.2.2 读取 MySQL 数据库

在实际生产环境中，大多数应用都是将数据存放到 MySQL 中的，Spark 提供了通过读取 MySQL 数据来创建 DataFrame 的功能。

1. 创建数据源

在 MySQL 数据库中创建表，然后插入数据。

步骤 01 使用如下命令创建数据库表。

```
use sparktest;
create table people(name VARCHAR(100),age int);
```

步骤 02 插入数据。

```
insert into people(name,age) values ('Michael',29);
insert into people(name,age) values ('Andy',20);
insert into people(name,age) values ('Justin',15);
```

2. 读取数据

调用 SparkSession 的 read 方法返回一个 DataFrameReader，然后调用 DataFrameReader 的 load 方法返回一个 DataFrame。如示例 9-3 所示，在 options 字典中指定 MySQL 数据库地址信息，“dbtable”是要查询的表名，传入 options 参数并调用 load 方法即可生成 DataFrame 对象。

示例 9-3 读取 MySQL 数据

```
from pyspark.sql import SparkSession
```

```
spark = SparkSession.builder.getOrCreate()
options = {
    "url": "jdbc:MySQL://localhost:3306/sparktest?useSSL=false",
    "driver": "com.MySQL.jdbc.Driver",
    "dbtable": "people",
    "user": "root",
    "password": "qAz@=123!"
}
df = spark.read.format("jdbc").options(**options).load()
print("读取mysql数据，df的类型:", type(df))
df.show()
```

执行结果如图 9-10 所示，输出 MySQL 中的数据。

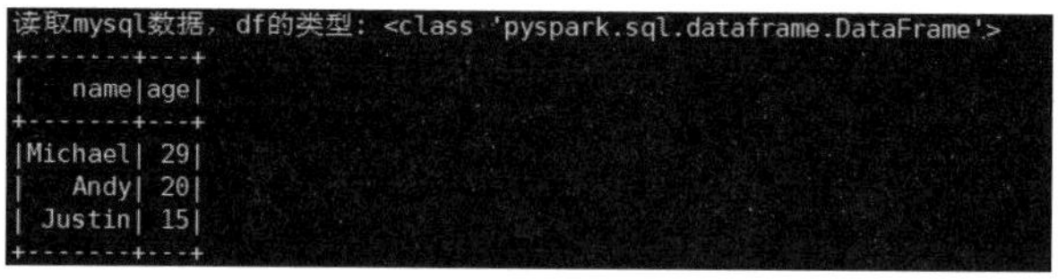

```
读取mysql数据，df的类型: <class 'pyspark.sql.dataframe.DataFrame'>
+-------+---+
|   name|age|
+-------+---+
|Michael| 29|
|   Andy| 20|
| Justin| 15|
+-------+---+
```

图 9-10　输出 MySQL 中的数据

9.2.3　读取 Hive

如示例 9-4 所示，首先对 SparkSession 调用 enableHiveSupport 方法，启动对 Hive 的支持，然后就可以调用 spark.sql 方法传入 HiveQL 语句。

示例 9-4　读取 Hive

```
from pyspark.sql import SparkSession

spark = SparkSession.builder.enableHiveSupport().getOrCreate()
spark.sql("use sparktest")
df = spark.sql("select *from people")
print("读取hive数据，df的类型:", type(df))
df.show()
```

如图 9-11 所示，从 Hive 中获取数据并输出。

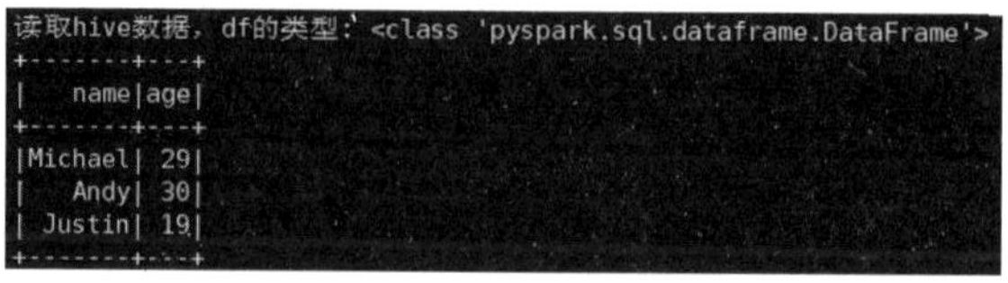

```
读取hive数据，df的类型: <class 'pyspark.sql.dataframe.DataFrame'>
+-------+---+
|   name|age|
+-------+---+
|Michael| 29|
|   Andy| 30|
| Justin| 19|
+-------+---+
```

图 9-11　输出 Hive 中的数据

9.2.4 将 RDD 转换为 DataFrame

Spark 提供两种方式将 RDD 转换为 DataFrame，一种是调用 toDF 方法，利用反射机制自动推断数据类型来构造 schema（结构化信息）；另一种是使用 StructType 提前构造好 schema。

1. 利用反射推断 RDD 模式

将 people.txt 文件上传至 HDFS，使用 SparkContext 构造 RDD，然后调用 toDF 方法创建 DataFrame，如示例 9-5 所示。

示例 9-5　利用反射转换 DataFrame

```
from pyspark.sql import SparkSession
from pyspark.sql.types import Row

spark = SparkSession.builder.getOrCreate()

def f(item):
   people = {'name': item[0], 'age': item[1]}
   return people

df = spark.sparkContext.textFile("/bigdata/testdata/people.txt").\
   map(lambda line: line.split(',')).map(lambda x: Row(**f(x))).toDF()
print("将 RDD 转换为 DataFrame，转换后 df 的类型 :", type(df))
df.show()
```

执行结果如图 9-12 所示。

```
将RDD转换为DataFrame，转换后df的类型: <class 'pyspark.sql.dataframe.DataFrame'>
+---+-------+
|age|   name|
+---+-------+
| 29|Michael|
| 30|   Andy|
| 19| Justin|
+---+-------+
```

图 9-12　输出 people.txt 中的数据

2. 构造 schema 应用到现有的 RDD 上

如示例 9-6 所示，StructType 表示 DataFrame 一个 Row 的结构类型，StructField 表示 Row 中列的类型。一个 Row 存在一到多个列，因此 StructType 需要用数组来构造。

构造 Row 对象的时候，同时也在给 Row 填充数据，需要注意哪一个是“name”，哪一个是“age”，这个顺序需要和 schema 中列的构造顺序一致。

将 schema 信息应用到创建的 RDD 上，生成 DataFrame。

示例 9-6　构造 schema 创建 DataFrame

```
from pyspark.sql import SparkSession
from pyspark.sql.types import Row, StructType, \
```

```
    StructField, StringType, IntegerType

spark = SparkSession.builder.getOrCreate()

schema = StructType([StructField("name", StringType(), True),
                    StructField("age", IntegerType(), True)])

   rdd = spark.sparkContext.textFile("/bigdata/testdata/people.txt").\
   map(lambda line: line.split(',')).map(lambda item: Row(item[0], int(item[1])))
   df = spark.createDataFrame(rdd, schema)
print("将 RDD 转换为 DataFrame，转换后 df 的类型 :", type(df))
df.show()
```

执行结果如图 9-13 所示。

```
将RDD转换为DataFrame，转换后df的类型: <class 'pyspark.sql.dataframe.DataFrame'>
+-------+---+
|   name|age|
+-------+---+
|Michael| 29|
|   Andy| 30|
| Justin| 19|
+-------+---+
```

图 9-13　输出 people.txt 中的数据

9.3 DataFrame 常用的 API

DataFrame 提供了几类常用的 API：显示 schema 信息和实际数据，从 DataFrame 中获取指定范围的数据，以及对 DataFrame 中的数据进行分组、排序、聚合运算等。除在 DataFrame 实例调用 API 外，还可以将 DataFrame 注册成临时表，使用 SQL 语句进行查询。

9.3.1 显示数据

DataFrame 创建好后，可以查看列的名称、数据类型和具体内容。

1. 输出 schema 信息

访问 DataFrame 对象的 printSchema 属性，即可输出 schema 信息，如示例 9-7 所示。

示例 9-7　输出 schema 信息

```
from pyspark.sql import SparkSession

spark = SparkSession.builder.getOrCreate()
```

```
data = [{'name': 'Alice', 'age': 1}]
df = spark.createDataFrame(data)
print(df.printSchema)
```

执行结果如图 9-14 所示。

```
<bound method DataFrame.printSchema of DataFrame[age: bigint, name: string]>
```

图 9-14 显示 schema 信息

2. 调用 show 方法显示数据

之前的示例中多处调用了 show 方法。show 方法是一个行动操作，用来将 DataFrame 的数据输出到屏幕上，该方法具有 3 个参数，如图 9-15 所示。其中，n 默认为 20，表示在屏幕上默认输出前 20 行数据；truncate 默认是 True，表示 DataFrame 中字符长度不能超过 20，超过 20 的部分将被截断，同时截断后的数据后 3 个字符使用“.”代替；vertical 默认是 False，表示是否垂直显示。

```
2 @since(1.3)
3 def show(self, n=20, truncate=True, vertical=False):
4     if isinstance(truncate, bool) and truncate:
5         print(self._jdf.showString(n, 20, vertical))
6     else:
7         print(self._jdf.showString(n, int(truncate), vertical))
```

图 9-15 show 方法定义

如示例 9-8 所示，设置一个超长字符串，并把 vertical 设置为 True。

示例 9-8 设置超长字符串

```
from pyspark.sql import SparkSession

spark = SparkSession.builder.getOrCreate()

data = [{'name': 'AliceAAAAAAAAAAAAAAAAAAAAAAAAAAAAAAAA', 'age': 1}, {'name': 'Bob', 'age':
3}]
df = spark.createDataFrame(data)
print(df.show(vertical=True))
```

执行结果如图 9-16 所示，字符太长用“.”代替，并将 Row 垂直排列。

图 9-16 垂直输出数据

9.3.2 查询数据

DataFrame 提供了查询、筛选、条件等不同场景下的 API。这里介绍在实际生产环境中几个常用的操作。

1. collect 操作

与 RDD 一样，collect 操作能将分布式的 Row 搜集到当前节点，并将 DataFrame 转换成 List 类型返回，具体用法如示例 9-9 所示。

示例 9-9　collect 的用法

```
from pyspark.sql import SparkSession

spark = SparkSession.builder.getOrCreate()

data = [{'name': 'Alice', 'age': 1}, {'name': 'Bob', 'age': 3}, {'name': 'Li', 'age': 10}]
df = spark.createDataFrame(data)
data_list = df.collect()

[print("当前元素是", item) for item in data_list]
```

执行结果如图 9-17 所示，输出 DataFrame 数据行。

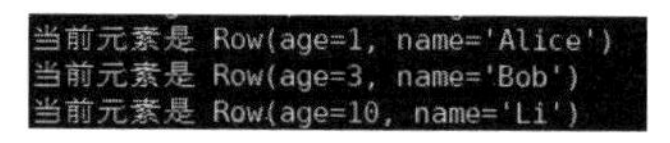

图 9-17　输出 DataFrame 数据行

2. limit 、take 、head、first

limit(n) 是一个惰性操作，返回集合中前 n 行，具体用法如示例 9-10 所示。

示例 9-10　返回指定行

```
from pyspark.sql import SparkSession

spark = SparkSession.builder.getOrCreate()

data = [{'name': 'Alice', 'age': 1}, {'name': 'Bob', 'age': 3}, {'name': 'Li', 'age': 10}]
df = spark.createDataFrame(data)
data_list = df.limit(2)
data_list.show()
```

执行结果如图 9-18 所示，输出前两行数据。

图 9-18　输出前两行数据

take 方法底层也调用了 limit 方法，如图 9-19 所示，与 limit 方法不同的是，take 方法多调了一次 collect，因此 take 返回的结果集是 list 类型。

```
2 @since(1.3)
3 def take(self, num):
4     """Returns the first ``num`` rows as a :class:`list` of :class:`Row`.
5
6     >>> df.take(2)
7     [Row(age=2, name=u'Alice'), Row(age=5, name=u'Bob')]
8     """
9     return self.limit(num).collect()
```

图 9-19　take 方法定义

head(n) 方法实际调用了 take (n) 方法，head(n) 不设置 n 值，默认就是 1，head 方法底层调用了 take 方法，first 方法其实调用了 head 方法的默认实现。这 4 个方法功能几乎是一样的，为了方便用户使用，分别传递了不同的默认值。

3. filter 方法和 where 方法

filter 方法是一个惰性操作，与 RDD 不一样的是 filter 参数是一个字符串，而 RDD 的 filter 是 Lambda 表达式，具体用法如示例 9-11 所示。注意，字段名不要加单引号，多个条件使用 “and” 连接。

示例 9-11　过滤数据

```
from pyspark.sql import SparkSession

spark = SparkSession.builder.getOrCreate()

data = [{'name': 'Alice', 'age': 1}, {'name': 'Bob', 'age': 3}, {'name': 'Li', 'age': 10}]
df = spark.createDataFrame(data)
tmp_list = df.filter("'name' = 'Alice' and 'age' = 1").collect()

[print(" 当前元素是 :", item) for item in tmp_list]
```

执行结果如图 9-20 所示，输出满足条件的数据。

```
当前元素是: Row(age=1, name='Alice')
```

图 9-20　输出过滤的数据

where 方法也是实际生产环境中常用的方法，如图 9-21 所示，where 其实是 filter 的别名。

```
2 where = copy_func(
3     filter,
4     sinceversion=1.3,
5     doc=":func:`where` is an alias for :func:`filter`.")
```

图 9-21　where 方法

4. select 方法

select 方法是一个惰性操作，可以选取 DataFrame 中的指定列，如示例 9-12 所示。

示例 9-12　选取指定列

```
from pyspark.sql import SparkSession

spark = SparkSession.builder.getOrCreate()
```

```
data = [{'name': 'Alice', 'age': 1}, {'name': 'Bob', 'age': 3}, {'name': 'Li', 'age': 10}]
df = spark.createDataFrame(data)
tmp_list = df.select('name').collect()

[print(" 当前元素是 :", item) for item in tmp_list]
```

执行结果如图 9-22 所示，可以看到新的数据中只有 name 列的数据。

```
当前元素是: Row(name='Alice')
当前元素是: Row(name='Bob')
当前元素是: Row(name='Li')
```

图 9-22　输出 name 列的数据

5. selectExpr

在实际应用中，选择列的时候需要对列进行重命名或者其他的聚合运算，甚至需要调用自定义的外部函数来扩展 select 方法的功能，这时就需要使用 selectExpr。如示例 9-13 所示，在 spark.udf 属性上注册一个自定义函数，命名为“show_name”，目的是在 DataFrame 的“name”列上拼接字符串，将自定义的函数名称作为参数传递给 selectExpr。

示例 9-13　调用自定义函数

```
from pyspark.sql import SparkSession

spark = SparkSession.builder.getOrCreate()

data = [{'name': 'Alice', 'age': 1}, {'name': 'Bob', 'age': 3}, {'name': 'Li', 'age': 10}]
df = spark.createDataFrame(data)
spark.udf.register("show_name", lambda item: " 姓名是: " + item)
tmp_list = df.selectExpr("show_name(name)", "age + 1").collect()

[print(" 当前元素是 :", item) for item in tmp_list]
```

执行结果如图 9-23 所示。

```
当前元素是: Row(show_name(name)='姓名是: Alice', (age + 1)=2)
当前元素是: Row(show_name(name)='姓名是: Bob', (age + 1)=4)
当前元素是: Row(show_name(name)='姓名是: Li', (age + 1)=11)
```

图 9-23　显示自定义函数调用结果

9.3.3 统计数据

DataFrame 除基本的查询功能外，还提供排序、合并、分组及分组求最大值、分组求平均值等高阶 API，专门用于进行数据统计分析。

1. sort

sort 排序可以在字段名称上直接调用排序规则，也可以引入 Spark 的内置 API。如示例 9-14 所示，分别用不同方式对“age”列进行排序。

示例 9-14 DataFrame 排序

```
from pyspark.sql import SparkSession
from pyspark.sql.functions import *
spark = SparkSession.builder.getOrCreate()

data = [{'name': 'Alice', 'age': 1}, {'name': 'Bob', 'age': 3}, {'name': 'Li', 'age': 10}]
df = spark.createDataFrame(data)

tmp_list = df.sort(df.age.desc()).collect()
tmp_list1 = df.sort(desc("age")).collect()
[print(" 当前元素是 :", item) for item in tmp_list1]
```

两种排序方式输出结果是一样的，这里只展示一个结果，如图 9-24 所示。

```
当前元素是: Row(age=10, name='Li')
当前元素是: Row(age=3, name='Bob')
当前元素是: Row(age=1, name='Alice')
```

图 9-24 对 DataFrame 数据排序

2. join

join 操作可以连接两个具有相同列的 DataFrame，并将不同的列合并到一行上，并返回一个新的 DataFrame，常用于需要将多个表进行组合查询的场景。如示例 9-15 所示，df1 是姓名与身高，df2 是姓名与年龄，使用 join 操作连接两个集合后，可以在一个集合中显示同一个人的身高和年龄。

示例 9-15 连接 DataFrame

```
from pyspark.sql import SparkSession
spark = SparkSession.builder.getOrCreate()

data1 = [{'name': 'Tom', 'height': 80}, {'name': 'Bob', 'height': 85}]
data2 = [{'name': 'Tom', 'age': 4}, {'name': 'Bob', 'age': 5}]

df1 = spark.createDataFrame(data1)
df2 = spark.createDataFrame(data2)
tmp_list = df1.join(df2, 'name').collect()

[print(" 当前元素是 :", item) for item in tmp_list]
```

执行结果如图 9-25 所示。

```
当前元素是: Row(name='Tom', height=80, age=4)
当前元素是: Row(name='Bob', height=85, age=5)
```

图 9-25 输出连接后的 DataFrame

3. groupBy

groupBy 操作可以对 DataFrame 的一到多个列进行分组，如图 9-26 所示，分组后可以调用内置 API，如 avg 函数，求每门课程的平均成绩。除 avg 外还有 sum（求和）函数、max（求最大）函数等高阶函数，具体操作如示例 9-16 所示。

示例 9-16　分组求平均值

```
from pyspark.sql import SparkSession

spark = SparkSession.builder.getOrCreate()

data = [{'course': 'math', 'score': 80}, {'course': 'math', 'score': 98},
        {'course': 'english', 'score': 85}, {'course': 'english', 'score': 60}]

tmp_list = spark.createDataFrame(data).groupBy('course').avg().collect()
[print(" 当前元素是 :", item) for item in tmp_list]
```

执行结果如图 9-26 所示。

```
当前元素是: Row(course='english', avg(score)=72.5)
当前元素是: Row(course='math', avg(score)=89.0)
```

图 9-26　输出每组平均数据

9.3.4　执行 SQL 语句

1. 临时表

要执行 SQL 需要先将 DataFrame 注册为临时表，如示例 9-17 所示，求每门课程成绩最高分。在代码中可直接传递 SQL 语句，其功能与调用 groupBy 函数一致。

示例 9-17　创建临时表

```
from pyspark.sql import SparkSession

spark = SparkSession.builder.getOrCreate()

data = [{'course': 'math', 'score': 80}, {'course': 'math', 'score': 98},
        {'course': 'english', 'score': 85}, {'course': 'english', 'score': 60}]

course_list = spark.createDataFrame(data).registerTempTable("course_list")
tmp_list = spark.sql("select course,max(score) from course_list group by course").
collect()
[print(" 当前元素是 :", item) for item in tmp_list]
```

执行结果如图 9-27 所示。

```
当前元素是: Row(course='english', max(score)=85)
当前元素是: Row(course='math', max(score)=98)
```

图 9-27 输出每组的平均值

2. 全局临时表

普通的临时表只能在一个会话中使用，在新的会话中不能访问。如示例 9-18 所示，创建全局临时表，并在新的会话中使用。需要注意的是，访问全局临时表，需要在表名前加“global_temp.”前缀。

示例 9-18 创建全局临时表

```
from pyspark.sql import SparkSession

spark = SparkSession.builder.getOrCreate()

data = [{'course': 'math', 'score': 80}, {'course': 'math', 'score': 98},
        {'course': 'english', 'score': 85}, {'course': 'english', 'score': 60}]

# 创建全局临时表
spark.createDataFrame(data).createGlobalTempView("course_list")
print("查询临时表: ")
spark.sql("select course,max(score) from  global_temp.course_list group by
course").show()

print("在新的会话中查询临时表: ")
spark.newSession().sql("select course,max(score) from  global_temp.course_list
group by course").show()
```

执行结果如图 9-28 所示，输出不同会话中的查询结果。

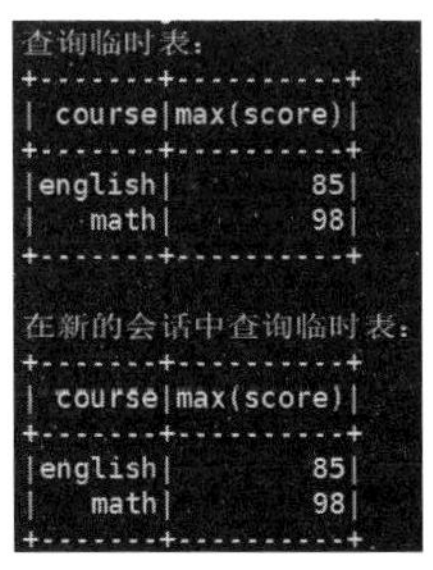

```
查询临时表:
+-------+----------+
| course|max(score)|
+-------+----------+
|english|        85|
|   math|        98|
+-------+----------+

在新的会话中查询临时表:
+-------+----------+
| course|max(score)|
+-------+----------+
|english|        85|
|   math|        98|
+-------+----------+
```

图 9-28 查询全局临时表

9.4 保存 DataFrame

对 DataFrame 进行操作和运算后，需要将计算结果或者整个 DataFrame 保存到外部源。Spark 提供了多种方法对 DataFrame 进行存储。下面介绍常用的操作方法。

9.4.1 保存到 json 文件

如示例 9-19 所示，统计每个科目的总成绩，并以 json 文件形式保存到 HDFS。其中 mode 参数有多种取值，分别如下。

（1）overwrite：如果结果已经存在，则覆盖。

（2）append：追加到之前的输出结果上。

（3）ignore：如果结果已存在，就不执行输出。

（4）error 或者 errorifexists：如果结果存在，则抛出异常。

示例 9-19　统计每个科目的总成绩

```
from pyspark.sql import SparkSession

spark = SparkSession.builder.getOrCreate()

data = [{'course': 'math', 'score': 80}, {'course': 'math', 'score': 98},
        {'course': 'english', 'score': 85}, {'course': 'english', 'score': 60}]

course_list = spark.createDataFrame(data).registerTempTable("course_list")
df = spark.sql("select course,sum(score) from course_list group by course")
hdfs_path = '/bigdata/testdata/course_score'
df.write.json(hdfs_path, mode='overwrite')
```

以上程序执行完毕后可以在 HDFS 中看到输出结果，如图 9-29 所示，输出的数据写入了 3 个分区文件中。

/bigdata/testdata/course_score　Go!

Show 25 entries　Search:

Permission	Owner	Group	Size	Last Modified	Replication	Block Size	Name
-rw-r--r--	root	supergroup	0 B	Dec 29 07:11	1	128 MB	_SUCCESS
-rw-r--r--	root	supergroup	0 B	Dec 29 07:11	1	128 MB	part-00000-c2b5f356-063f-4e04-ba3e-a24940c3f70e-c000.json
-rw-r--r--	root	supergroup	38 B	Dec 29 07:11	1	128 MB	part-00158-c2b5f356-063f-4e04-ba3e-a24940c3f70e-c000.json
-rw-r--r--	root	supergroup	35 B	Dec 29 07:11	1	128 MB	part-00196-c2b5f356-063f-4e04-ba3e-a24940c3f70e-c000.json

图 9-29　HDFS 结果列表

在 HDFS 结果列表中，可以看到第 3 行和第 4 行数据大小是 38B，说明里面有内容。在 Shell 窗口中查看该 json 文件，如图 9-30 所示，可以看到 json 格式的统计数据。

```
[root@master ~]# hdfs dfs -cat /bigdata/testdata/course_score/part-00158-c2b5f356-063f-4e04-ba3e-a24940c3f70e-c000.json
{"course":"english","sum(score)":145}
[root@master ~]# hdfs dfs -cat /bigdata/testdata/course_score/part-00196-c2b5f356-063f-4e04-ba3e-a24940c3f70e-c000.json
{"course":"math","sum(score)":178}
```

图 9-30　输出详细的统计数据

9.4.2 保存到 MySQL 数据库

将统计数据保存到关系型数据库是实际生产环境中的常见做法。如示例 9-20 所示，将数据统计结果保存到 MySQL 数据库，前端开发人员就可以直接从 MySQL 数据库中提取数据用于前端展示。在代码中，table 指数据库中的表名称，mode 参数的取值如上小节所述，需要注意的是，使用 overwrite 方式，每次保存数据时都会将之前的表删除重建。

示例 9-20　写入 MySQL 数据库

```
from pyspark.sql import SparkSession

spark = SparkSession.builder.getOrCreate()

data = [{'course': 'math', 'score': 80}, {'course': 'math', 'score': 98},
        {'course': 'english', 'score': 85}, {'course': 'english', 'score': 60}]

course_list = spark.createDataFrame(data).registerTempTable("course_list")
df = spark.sql("select course,sum(score) from course_list group by course")

properties = {
    "driver": "com.MySQL.jdbc.Driver",
    "user": "root",
    "password": "qAz@=123!"
}
df.write.jdbc("jdbc:MySQL://localhost:3306/sparktest", table='course_list',
mode='overwrite', properties=properties)
```

登录 MySQL 数据库，查询 “course_list” 表，结果如图 9-31 所示。

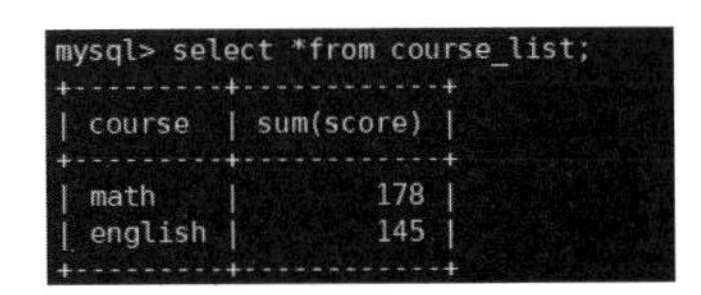

```
mysql> select *from course_list;
+---------+------------+
| course  | sum(score) |
+---------+------------+
| math    |        178 |
| english |        145 |
+---------+------------+
```

图 9-31　MySQL 表数据

9.4.3 保存到 Hive

在统计结果数据量比较大的时候，就可以将数据存入 Hive 表（Hive 表只是一个逻辑表，具体数据还是存放在 HDFS 上的）。

插入 Hive 前需要先创建好对应的表，使用如下命令创建 Hive 表。

```
create table hive_score_avg(course string,score float);
```

如示例 9-21 所示，首先需要启动 Hive，然后将统计结果的 df 注册为临时表，最后调用 SQL 方法即可插入 Hive。

示例 9-21　MySQL 表数据

```
from pyspark.sql import SparkSession

spark = SparkSession.builder.enableHiveSupport().getOrCreate()

data = [{'course': 'math', 'score': 80}, {'course': 'math', 'score': 98},
        {'course': 'english', 'score': 85}, {'course': 'english', 'score': 60}]

course_list = spark.createDataFrame(data).registerTempTable("course_list")
df = spark.sql("select course,avg(score) from course_list group by course")
df.registerTempTable("score_avg")
spark.sql("use sparktest")

spark.sql("insert into hive_score_avg select * from score_avg")
```

执行完毕后启动 spark-sql 工具，查询结果如图 9-32 所示。

```
spark-sql> select * from hive_score_avg;
english 72.5
math    89.0
Time taken: 1.041 seconds, Fetched 2 row(s)
```

图 9-32　MySQL 表数据

9.5　实训：分析公司销售业绩

某手机销售公司在“双十一”当天的销售数据如图 9-33 和图 9-34 所示。这些数据存储在 MySQL 数据库中，表 tb_jd 是在京东平台上的销售数据，如图 9-33 所示；表 tb_taobao 是在淘宝平台上的销售数据，如图 9-34 所示。其中 brand 是手机品牌，sales 是当天销量，price 是当天每台手机的销售单价。该公司领导需要知道如下问题：

（1）各品牌手机的销售业绩分别是多少？

（2）各品牌的销售业绩排名情况如何？

brand	sales	price
三星	1800	2799
Apple iPhone X	4047	6499
荣耀9i	3380	1199
OPPO R17	8722	2799
小米8	13400	2299
荣耀 V10	7780	2799
华为 Mate 20	6690	4999
小米Play	7780	1099
诺基亚 X7	2966	1699
努比亚	1228	3199

图 9-33　tb_jd

brand	sales	price
三星	3216	2799
Apple iPhone X	5580	6499
荣耀9i	4278	1199
OPPO R17	6113	2799
小米8	9227	2299
荣耀 V10	6433	2799
华为 Mate 20	7223	4999
小米Play	8916	1099

图 9-34　tb_taobao

1. 实现思路

在 MySQL 中创建数据库，执行随书源代码中本章目录下的 tb_jd.sql 语句和 tb_taobao.sql 语句，创建数据表和插入数据源。使用 Spark 读取 MySQL 中两张表的数据创建 DafaFrame，然后调用 DafaFrame 对象上的连接、排序等 API 完成统计任务。

2. 编程实现

（1）汇总各品牌的销售业绩

根据两张表的数据分别创建 DataFrame，然后将两个 DataFrame 连接在一起，如示例 9-22 所示。对比两张表的数据，“努比亚”在京东有售，在淘宝没有。对于这种情况，在做 join 的时候，就需要设置参数“how”，表示如何将两个表连接在一起。在示例中，京东数据覆盖淘宝数据，京东 DataFrame 在左边，为了能使数据全部显示，就需要将“how”设置为“left”。

示例 9-22　汇总销售数据

```
from pyspark.sql import SparkSession

spark = SparkSession.builder.getOrCreate()
options = {"url": "jdbc:MySQL://localhost:3306/sparktest?useSSL=false",
           "driver": "com.MySQL.jdbc.Driver",
          "user": "root", "password": "qAz@=123!"}

options["dbtable"] = "tb_jd"
jd_df = spark.read.format("jdbc").options(**options).load()

options["dbtable"] = "tb_taobao"
taobao_df = spark.read.format("jdbc").options(**options).load()

all_data_df = jd_df.join(taobao_df, on="brand", how="left")
all_data_df.show()
```

执行结果如图 9-35 所示。

brand	sales	price	sales	price
三星	1800	2799.0	3216	2799.0
诺基亚 X7	2966	1699.0	null	null
小米Play	7780	1099.0	8916	1099.0
华为 Mate 20	6690	4999.0	7223	4999.0
OPPO R17	8722	2799.0	6113	2799.0
荣耀 V10	7780	2799.0	6433	2799.0
荣耀9i	3380	1199.0	4278	1199.0
Apple iPhone X	4047	6499.0	5580	6499.0
努比亚	1228	3199.0	null	null
小米8	13400	2299.0	9227	2299.0

图 9-35　输出汇总的数据

（2）计算各品牌手机的销量排名

通过 union 函数将两个 DataFrame 连接在一起，就能将所有数据汇合成一张表，再交由 Spark 引擎加载即可。为了显示排名，在 total_performance_df 上要针对字段调用排序方法，具体如示例 9-23 所示。

示例 9-23　统计销量排名

```
from pyspark.sql import SparkSession

spark = SparkSession.builder.getOrCreate()
options = {"url": "jdbc:MySQL://localhost:3306/sparktest?useSSL=false",
           "driver": "com.MySQL.jdbc.Driver",
           "user": "root", "password": " qAz@=123!"}

options["dbtable"] = "tb_jd"
tb_jd_df = spark.read.format("jdbc").options(**options).load()

options["dbtable"] = "tb_taobao"
tb_taobao_df = spark.read.format("jdbc").options(**options).load()

all_data_df = tb_jd_df.union(tb_taobao_df)
all_data_df.registerTempTable("all_data")
last_result_df = spark.sql(
    "select brand,sum(total) performance from (SELECT brand,(sales*price) total
FROM all_data) tmp group by  brand")
last_result_df.orDerby(-last_result_df["performance"]).show()
```

执行结果如图 9-36 所示。

brand	performance
华为 Mate 20	6.9551087E7
Apple iPhone X	6.2565873E7
小米8	5.2019473E7
OPPO R17	4.1523165E7
荣耀 V10	3.9782187E7
小米Play	1.8348904E7
三星	1.4039784E7
荣耀9i	9181942.0
诺基亚 X7	5039234.0
努比亚	3928372.0

图 9-36　输出排序后的销量

本章小结

本章主要介绍了如何利用 Spark SQL CLI 工具操作 MySQL 和 Hive，利用 SparkSession 创建 DataFrame 对象和 DataFrame 对象上常见的各种操作，以及如何将 RDD 转换成 DataFrame，最后介绍了将 DataFrame 执行结果保存到外部设备如文本、MySQL 和 Hive 的方法。

第 10 章

Spark 流式计算编程

★本章导读★

本章主要介绍流计算的概念和应用背景，常见的流计算框架，不同类型的流数据源，Spark 的离散化流处理和新的结构化流处理技术。掌握本章内容，可以实现大数据计算下的实时分析。

★知识要点★

通过对本章内容的学习，读者将掌握以下知识技能。

- ◆ 了解流计算的产生背景
- ◆ 了解常见的流计算框架
- ◆ 掌握基本流数据源和高级数据源的配置与使用方法
- ◆ 掌握离散化流的设计思想和编程流程
- ◆ 掌握结构化流的设计思想和编程流程

10.1 流计算简介

目前在业界，流计算是一种非常流行的大数据处理技术。例如，在某个网站浏览了某个电子产品信息，很快就能收到同类商品的推荐；当大量用户浏览了今天某些社会新闻，很快就能看到今天的新闻热度排行榜。这些信息都是对源源不断地反映用户行为的数据进行实时计算后得出的。

10.1.1 流处理背景

一般数据大体分两类：静态数据和动态数据。静态数据一般使用批处理技术，动态数据一般使用流处理技术。

1. 静态数据

静态数据是指应用程序产生和收集起来的，存储在数据库、操作系统或 HDFS 上的，一段时间或长时间内不变的数据，如用户 2018 年 1 月到 2018 年 6 月的通话记录、传感器收集到的半年内的气温数据、消费者在 2018 年全年的购物信息等。静态数据主要用来反映事物的历史情况和变化情况。

2. 动态数据

动态数据是相对静态数据来说的。在一个系统中，随着时间推移不断产生新的数据，称为动态数据，如系统的运行日志、用户在电商网站下的订单和把商品放入购物车这个动作、股票市场的交易数据等。动态数据主要用来反映事物的实时变化情况，强调实时性。

3. 流式处理的必要性

在生产环境中，两类数据一般都会分开存储。动态数据进入系统，经过其他程序的清洗、转换后，根据指定的模型存入数据仓库，之后仓库内的数据就会保持现状，短时间内不再改变，沉淀为静态数据。当要进行数据分析时，就从仓库内获取。这种事先将数据准备好，然后再统一处理的方式，称为批处理技术。动态数据进入系统后，需要进行即时处理，还来不及沉淀就需要分析出结果的数据就是流数据。数据一边在生成，一边进行处理的技术称为流处理技术。

利用传统技术同样能够完成数据处理，为什么又需要发展流处理技术呢?

在大多数行业都存在这样一种情况，就是数据的价值随着时间的流逝变得越来越低，如地震预警，若是地震发生后预警才计算出来，那么之前采集的数据则完全无效；再如股票交易，股票价格实时变化，若是投资者没有迅速做出相应调整，则可能面临巨额损失；还有就是新闻资讯，若是资讯不能快速传播，民众不能及时获取信息，新闻也就失去了意义。由于传统软件技术在大数据环境下不能迅速做出反应，因此研究面向实时处理的流处理技术就极为重要。

10.1.2 常用流计算框架

在开源免费领域，有几个比较流行的流处理框架，这里进行简单介绍。

1. Apache Storm

Apache Storm 是一个免费的开源分布式实时计算系统，主要用于进行实时分析，在线机器学习，连续计算等场景。Storm 数据处理粒度很细，系统接收到一条数据就处理一条数据；处理性能也非常高，一个节点每秒能处理超过一百万个数据项。

如图 10-1 所示，在 Storm 数据处理模型中，数据源就像图中的水龙头，持续不断地将数据传递到数据接收者那里，接收者收到数据后再进行处理。处理完成后，接收者既可以将数据继续转发到下一个环节，也可以直接将事务结束，并将处理结果存储到外部设备。

Storm 是一个纯粹的流处理框架，不包含批处理。

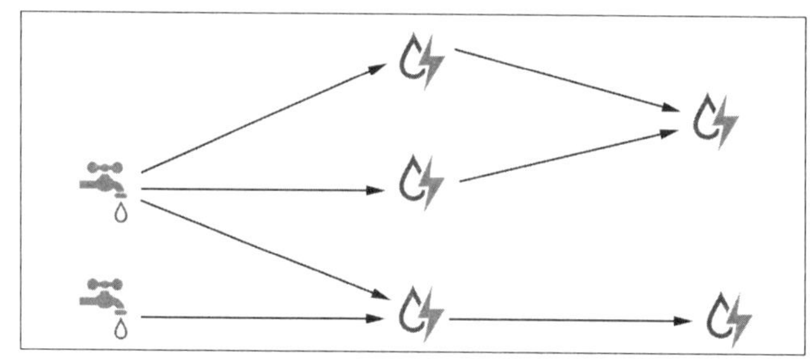

图 10-1　Storm 数据处理模型

2. Apache Flink

Apache Flink 是一个分布式大数据处理引擎，可对有限数据流和无限数据流进行有状态计算。如图 10-2 所示，Flink 可部署在各种集群环境，对各种规模的数据进行快速计算。

Flink 既包含流处理，也包含批处理，批处理是建立在流处理之上的。

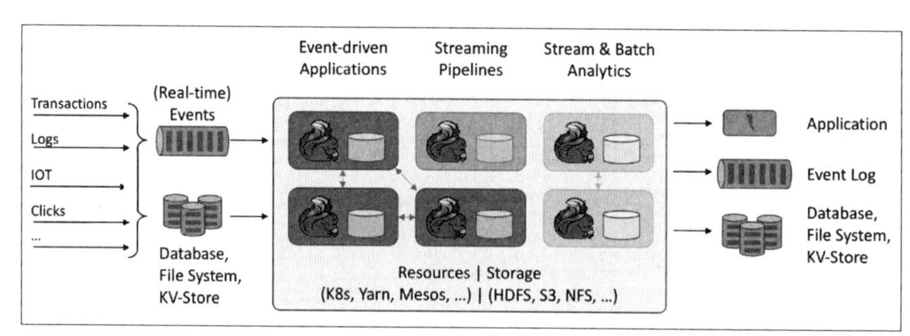

图 10-2　Flink 数据处理模型

3. Apache Spark Streaming

Spark Streaming 是 Spark 的核心组件之一，实现了可扩展、高吞吐量、高容错性的流处理框架。如图 10-3 所示，Streaming 支持多种数据源，如 Kafka、Flume、Kinesis 或 TCP 套接字等。

图 10-3　Streaming 数据源

Spark Streaming 的工作原理如图 10-4 所示，Spark Streaming 接收实时输入的数据流并将数据分成批处理，然后由 Spark 引擎处理，以批量生成最终结果流。

Spark 既包含批处理，也包含流处理，流处理是建立在微型的批处理之上的。

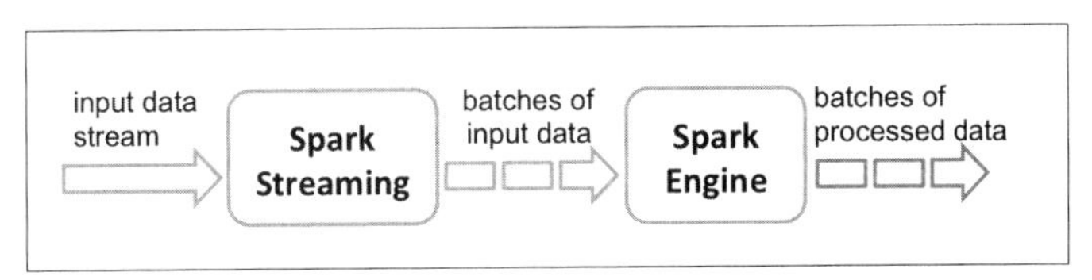

图 10-4　Spark Streaming 数据处理模型

温馨提示

除此之外，IBM、Yahoo、百度都开发了类似的流处理框架，不同的业务场景有不同的应用，鉴于篇幅，这里就不再赘述。

10.2 Discretized Stream

Discretized Stream（DStream）即离散化流，是 Spark Streaming 内部对流数据的一种表示，就像 Spark 将数据集表示为 RDD 一样。Spark Streaming 现有两部分，一部分是 Discretized Stream，另一部分是 Structured Streaming（结构化流）。本节重点介绍 Discretized Stream 的应用。

10.2.1 快速入门

DStream 是 Spark Streaming 提供的基本抽象，它表示连续的数据流。DStream 的来源可以是 Spark 接收到的输入数据流，也可以是对输入数据流处理后生成的处理数据流。在 Spark 内部，DStream 是用一系列连续 RDD 表示的，DStream 中的每个 RDD 都包含来自特定时间间隔的数据，如图 10-5 所示。图中，在 0~1 秒这个时间，Spark Streaming 将收集到的数据转换成一个在时间 1 这个点的 RDD。由于数据源在不断产生数据，Spark Streaming 就会持续接收数据，此时又将第 1~2 秒时间的数据转换成在时间 2 这个点的 RDD。Spark Streaming 将接收到的数据每隔 1 秒进行一次切分，生成的连续 RDD 合起来即构成 DStream。

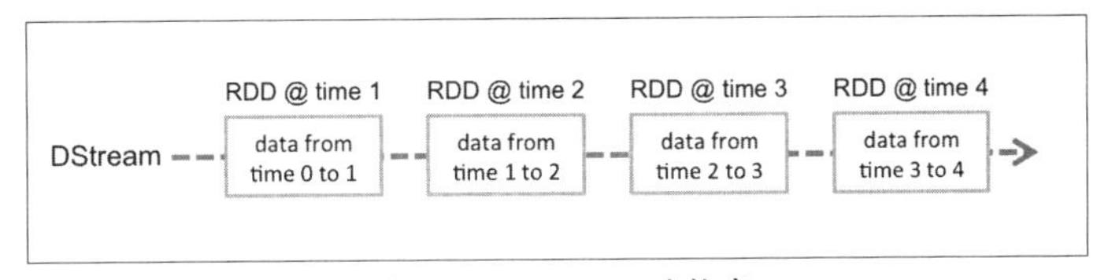

图 10-5　Dstream 的构成

为了能更具体地说明，先运行一个示例程序。

1. 入门示例

此程序演示了如何读取网络流来统计词频。

步骤 01 使用 Netcat 工具监听端口，在窗口中执行以下命令。

```
[root@master ~]# nc -lk 9999
```

步骤 02 新打开一个窗口，转到 Spark 安装目录，执行以下命令，启动 Spark 集群。

```
[root@master ~]# cd $SPARK_HOME/
[root@master spark]#./sbin/start-all.sh
```

步骤 03 在这个新窗口中执行以下命令，运行 Spark 自带的流处理示例。

```
[root@master spark]#./bin/spark-submit \
examples/src/main/python/streaming/network_wordcount.py \
localhost 9999
```

在此窗口中，可以看到屏幕上每隔 1 秒输出一次"Time：时间"，如图 10-6 所示，显示流计算程序的接收日志。

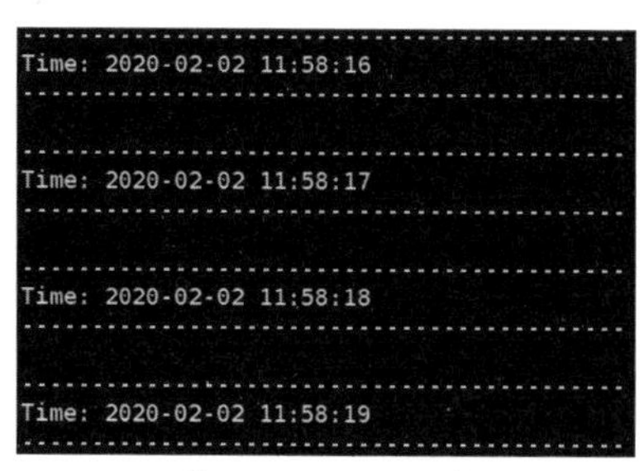

图 10-6　显示日志

步骤 04 在 Netcat 工具窗口中输入以下测试内容。

```
hello world
```

步骤 05 切换到新窗口，可以看到流处理程序的计算结果，如图 10-7 所示。

图 10-7　流计算结果

温馨提示

在执行 nc 命令时，如果提示"bash: nc: command not found"，需要执行安装命令 yum install -y nc。nc 是一个通过 TCP 和 UDP 在网络中读写数据的工具。

2. 示例分析

构建流程序，首先需要导入 StreamingContext 模块，StreamingContext 对象是流程序的入口，如示例 10-1 所示。创建 StreamingContext 实例，设定流数据划分时间间隔为 1 秒，即在 Netcat 窗口中可以不停地输入数据，StreamingContext 会将 1 秒内接收到的数据划分成 1 个 RDD。

因为在 Netcat 窗口中指定主机和监听端口为 9999，所以在提交 network_wordcount.py 任务的时候，也需要指定同样信息。调用 ssc 的 socketTextStream 方法，将命令行中的主机和端口传入，Spark Streaming 以此建立连接。返回的 lines 对象就是在 1 秒内收到的数据构成的 RDD，RDD 中的每一项就是一行文本。

需要注意的是，构成 DStream 的 RDD 对象是相互独立的。因此，每隔 1 秒输入的内容即使相同，Spark Streaming 也只计算当前批次的数据。

设定流数据的处理过程：调用 RDD 上的方法以统计词频，之后调用 pprint() 方法将统计结果输出。这里只是指定了 Spark Streaming 需要完成的工作，实际上并没有执行计算。调用 start 方法后，才开始接收和处理数据。最后调用 awaitTermination 方法，等待计算终止。

示例 10-1　基于网络流统计词频

```
# -*- coding: UTF-8 -*-
import sys

from pyspark import SparkContext
from pyspark.streaming import StreamingContext

if __name__ == "__main__":

    sc = SparkContext(appName="基于网络流统计词频")
    ssc = StreamingContext(sc, 1)

    lines = ssc.socketTextStream(sys.argv[1], int(sys.argv[2]))
    counts = lines.flatMap(lambda line: line.split(" ")).map(lambda word: (word,
1)).reduceByKey(lambda a, b: a + b)
    counts.pprint()

    ssc.start()
    ssc.awaitTermination()
```

实际上，任何应用于 DStream 上的操作都被转换为对底层 RDD 的操作。在此示例中，flatMap 函数将 lines RDD 的每一行进行切割，然后调用 map 方法将其转换为键值对形式的 RDD，最后调用 reduceByKey 函数统计出当前 RDD 的词频，如图 10-8 所示。

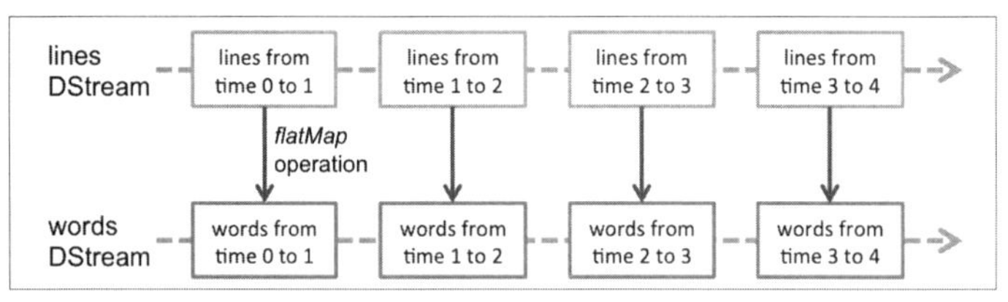

图 10-8 行 RDD 转换为词 RDD

3. 示例总结

开发流处理程序，完成 StreamingContext 对象创建后还需要进行以下操作。

（1）定义 StreamingContext 的数据源。例如，示例是使用 Netcat 发送网络数据的，那么 ssc 对象就应该调用 socketTextStream 方法；若是监控文件系统，就应该调用 textFileStream 方法。

（2）定义流处理过程，就是示例中将输入的文本行数据转换为对单词个数的统计。

（3）调用 start 方法接收数据，并触发处理过程的执行。

（4）调用 awaitTermination 方法，等待系统处理完成。当需要手动停止计算的时候，可以调用 StreamingContext 对象上的 stop 方法。

开发过程中的注意事项如下。

（1）当调用 start 方法启动流计算后，就不能再修改或添加新的计算逻辑。

（2）当本次流计算停止后，不能重启。

（3）与 SparkContext 性质一样时，一个应用只能创建一个 StreamingContext 对象。

（4）当对 StreamingContext 调用 stop 方法后也会停止 SparkContext，导致 SparkContext 对象不可用。若是只需要停止 StreamingContext，在调用 stop 方法时将 stopSparkContext 参数设置为 False 即可。

（5）若是在一个应用中需要创建多个 StreamingContext 对象，需要在 SparkContext 不停止的情况下，停止前一个 StreamingContext。

温馨提示

StreamingContext 时间间隔无法设置为毫秒，因此无法实现毫秒级的流处理。

10.2.2 数据源

Spark Streaming 除入门示例中的网络流外，还有文件流和队列流。

1. 文件流

文件流用于从与 HDFS API 兼容的任何文件系统上的文件中读取数据来创建流，具体使用过程如下。

步骤 01 ▶ 使用如下命令，在 HDFS 上创建一个目录，用来存放原始数据。

```
[root@master ~]# hdfs dfs -mkdir -p /bigdata/streaming/
```

步骤 02 ▶ 在 PyCharm 中创建一个 py 文件，录入如示例 10-2 所示的内容。文件中首先导入 StreamingContext 模块，然后创建 StreamingContext 实例，传入参数 10 表示将相隔 10 秒的流数据转换为一个 RDD。在代码中监控 HDFS 上的一个目录，Spark Streaming 读取的是文件数据，因此调用 textFileStream 方法。流程序处理数据的具体逻辑为统计词频。启动 Spark Streaming 开始接收数据并执行计算。

示例 10-2 创建文件流

```
# -*- coding: UTF-8 -*-

from pyspark import SparkContext
from pyspark.streaming import StreamingContext

if __name__ == "__main__":
    sc = SparkContext(appName="HDFSFileStream")
    ssc = StreamingContext(sc, 10)

    lines = ssc.textFileStream("/bigdata/streaming")
    counts = lines.flatMap(lambda line: line.split(" ")).      map(lambda x: (x, 
1)).reduceByKey(lambda a, b: a + b)
    counts.pprint()

    ssc.start()
    ssc.awaitTermination()
```

步骤 03 ▶ 将 py 文件上传至 Linux，使用如下命令提交应用。

```
[root@master ~]# Python 3 /bigdata/codes/filestream.py
```

如图 10-9 所示，在屏幕上每隔 10 秒会输出一段日志，表示每隔 10 秒触发一次计算。

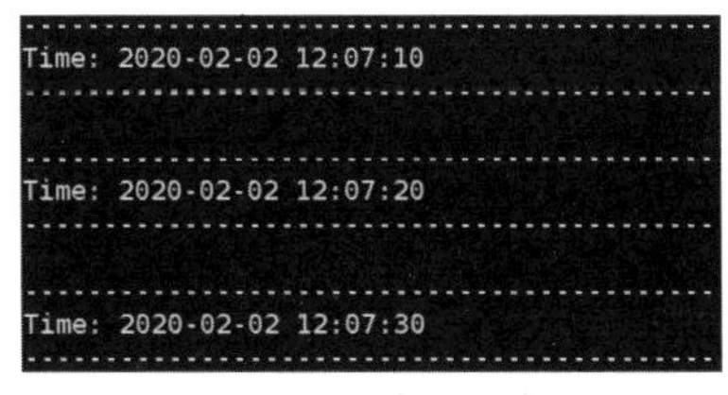

图 10-9 监控日志

步骤 04 ▶ 创建一个 txt 文件，填入以下内容。

```
hello hadoop
hello spark
hello hive hbase
```

```
hello hadoop spark
```

保持运行 Python 3 命令的窗口不关闭，在 Linux 系统上新打开一个终端，将新创建的文件上传到 HDFS 的 /bigdata/streaming/ 目录。此时 Python 3 命令窗口显示了对文本内容的计算结果，如图 10-10 所示。

可以看到文件内容被转换成为一个 RDD，调用 flatMap/map/reduceByKey 操作，计算出了每个单词的个数。

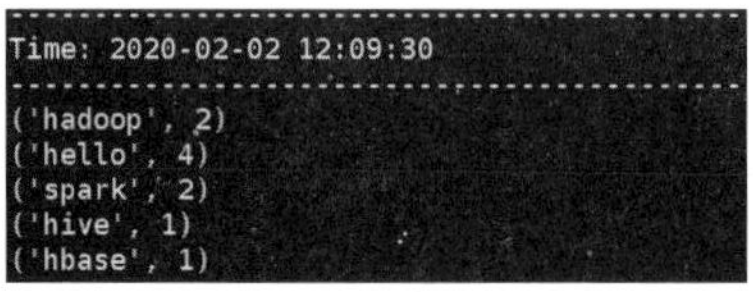

```
-------------------------------------------
Time: 2020-02-02 12:09:30
-------------------------------------------
('hadoop', 2)
('hello', 4)
('spark', 2)
('hive', 1)
('hbase', 1)
```

图 10-10　统计文档中的数据

这里是先调用了 StreamingContext 对象的 start 方法，然后上传文件。现在调换一下执行顺序，先上传文件，再提交应用。

步骤 05 按【Ctrl+z】组合键终止程序。

步骤 06 将文件内容修改如下，并重命名，然后重新上传。

```
hello1 hadoop1
hello1 spark1
hello1 hive1 hbase1
hello1 hadoop1 spark1
```

重新提交应用，如图 10-11 所示，等待一段时间后，屏幕上并没有显示新的数据计算结果，原因是 StreamingContext 需要调用 start 方法后才会去监控目标目录，与入门示例需要调用 start 方法才能获取流数据的机制是一样的。

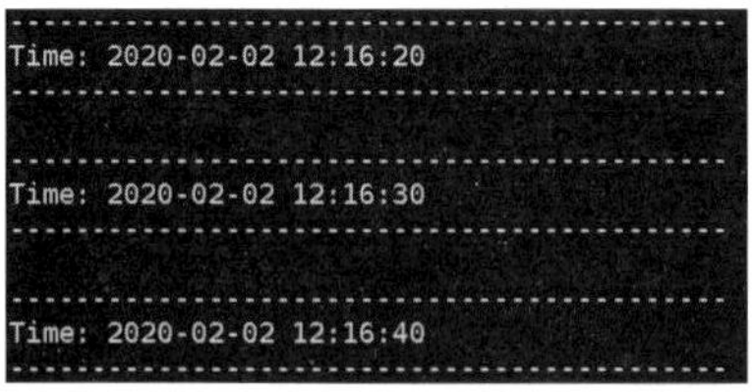

```
-------------------------------------------
Time: 2020-02-02 12:16:20
-------------------------------------------

-------------------------------------------
Time: 2020-02-02 12:16:30
-------------------------------------------

-------------------------------------------
Time: 2020-02-02 12:16:40
-------------------------------------------
```

图 10-11　输出运行日志

2. 队列流

一般情况下，需要确认流处理程序是否符合预期，可以使用 QueueStream 方法进行测试。如示例 10-3 所示，创建一个流对象后，构造一个列表，对 rdd_queue 列表进行 10 次追加数据的操作；调用 queueStream 方法对 rdd_queue 列表进行监控；将数组中的当前批次数据对 2 取模，并将其作为 key 值，构造成 (值，1) 的形式，然后调用 reduceByKey 函数计算出偶数和奇数的个数。

示例 10-3　读取队列流数据

```
# -*- coding: UTF-8 -*-

import time

from pyspark import SparkContext
from pyspark.streaming import StreamingContext

if __name__ == "__main__":
    sc = SparkContext(appName="QueueStream")
    ssc = StreamingContext(sc, 10)

    tmp_list = [j for j in range(1, 10)]
    rdd_queue = []
    for i in range(10):
        rdd_queue += [ssc.sparkContext.parallelize(tmp_list)]

    input_stream = ssc.queueStream(rdd_queue)
    data = input_stream.map(lambda x: (x % 2, 1)).reduceByKey(lambda a, b: a + b)
    data.pprint()

    ssc.start()
    ssc.awaitTermination()
```

执行结果如图 10-12 所示。以上示例不好理解的地方是，既然是对 rdd_queue 列表累加，为什么每 10 秒计算出的结果是一样的呢？按常规思路，统计结果应该是递增。

实际情况是这样的：由于每次执行 ssc.sparkContext.parallelize 操作时会创建 1 个 RDD，因此 rdd_queue 列表中会存在 10 个 RDD。StreamingContext 每隔 10 秒从 input_stream（DStream 类型）中取出 1 个 RDD 进行运算，由于每个 RDD 是相互独立的，每次与 2 取模的 x 变量值都是 1、2、3、4、5、6、7、8、9，因此计算结果始终是偶数有 4 个，奇数有 5 个。当队列中的 10 个 RDD 全部计算完毕后，流应用也不会停止，只是没有数据进行运算，屏幕只显示时间，不显示结果。

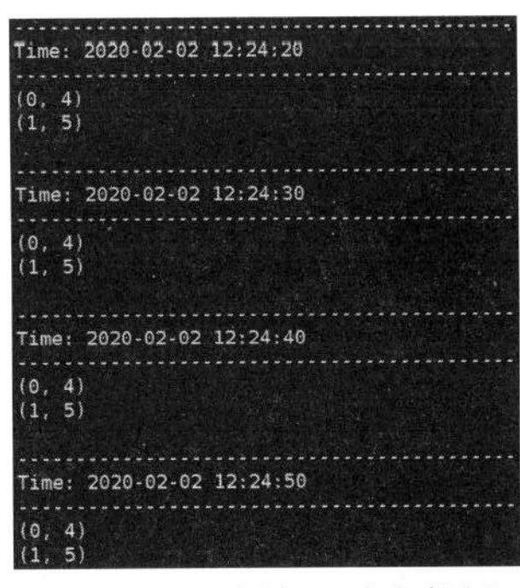

图 10-12　统计队列流数据

10.3 Structured Streaming

Structured Streaming 是 Spark Streaming 处理引擎的全新升级。在 Spark 2.2 版本之前，已经包含了 Structured Streaming 模块，因为是实验性质的，所以不推荐在生产环境使用，实际的流处理普遍采用 Spark Streaming 模块。随着技术的发展，在 Spark 2.2 版本之后，Structured Streaming 模块已经得到改进，官方推荐在生产环境中使用。

结构化流是一种基于 Spark SQL 引擎的可扩展且容错率高的流处理引擎，用户可以像处理静态数据一样处理流数据。这一点可以通过类比来看：Spark 操作普通的 RDD，Spark SQL 操作 DataFrame（有结构的 RDD）；Spark Streaming 对数据流的操作转换为对 RDD 的操作，Structured Streaming 对数据流的操作转换为对 DataFrame 的操作。

与 Spark Streaming 类似，Spark 引擎对结构化流的操作也是建立在微小的批数据之上的，由 Spark SQL 引擎执行这些操作，并在流数据持续到达时更新最终结果。

对结构化流的处理，如做聚合运算、基于事件时间窗口的运算和流的连接操作等都会被优化，然后在 Spark SQL 引擎上执行。同时，这些操作还可以通过预写日志和设置检查点来做容错。

Structured Streaming 引擎将数据流作为一系列小批量作业处理，实现了低至 100 毫秒的端到端延迟和一次性容错保证。

简言之，用户无须关注数据传输过程，因为 Structured Streaming 已经提供快速、可扩展、容错高、端到端的流处理。在当前版本中，更推荐使用 Structured Streaming。

10.3.1 快速入门

改进前文的入门示例程序，使用 Structured Streaming 引擎来实现基于网络流的单词个数统计。

步骤 01 将 Spark Streaming 修改为 Structured Streaming。

如示例 10-4 所示，首先导入必需的模块，创建一个 SparkSession 对象的实例，该实例是整个程序的入口；指定要监听的主机和端口，调用 load 方法将接收到的流数据转换为一个 DataFrame 对象 lines。DataFrame 具有 schema 信息，默认有一个名为“value”的列。指定对 lines 对象的操作，对每一行的“value”列调用内置的 split 函数和 explode 函数，其作用是把每一个数据行分成多行，每行包含一个单词，并调用 alias 命令将新的列命名为“word”。需要注意的是，这里只是指定了转换操作，并没有真正执行。之后将单词进行分组并计算每组单词个数，调用方式和普通的 DataFrame 方式一样。最后将输出模式设置为“complete”，输出位置设置为“console”，启动引擎，等待接收数据和执行具体的运算。

示例 10-4 结构化流统计词频

```
# -*- coding: UTF-8 -*-
```

```
from pyspark.sql import SparkSession
from pyspark.sql.functions import explode
from pyspark.sql.functions import split

spark = SparkSession.builder.appName("WordCount").getOrCreate()

lines = spark.readStream.format("socket").\
option("host", "localhost").option("port", 9999).load()

words = lines.select(
    explode(
        split(lines.value, " ")
    ).alias("word")
)

wordCounts = words.groupBy("word").count()
query = wordCounts.writeStream.outputMode("complete").format("console").start()
query.awaitTermination()
```

步骤02 ▸ 在Linux上使用nc工具发送数据。

```
[root@master ~]# nc -lk 9999
```

步骤03 ▸ 在新窗口中使用如下命令，提交应用。

```
[root@master ~]# Python 3 /bigdata/codes/structured_network_wordcount.py
```

在没有数据的情况下，程序执行结果如图10-13所示。

图10-13　输出空白的结果

步骤04 ▸ 在nc窗口中输入如下内容。

```
hello world
```

再回到Python 3命令窗口，显示单词统计结果，如图10-14所示。

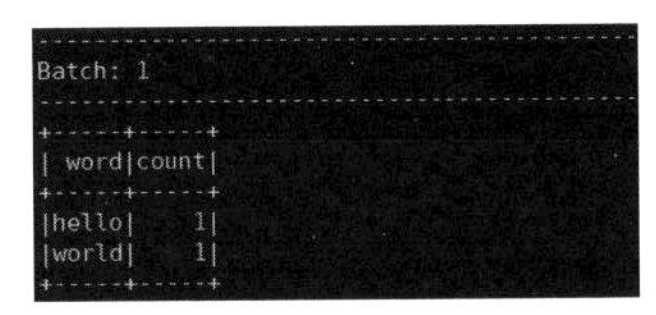

图10-14　输出统计的数据

示例总结：结构化流与离散化流编程步骤基本一致，在编写处理过程时可以直接调用

DataFrame 上的 API。结构化流最大的好处在于它是运行在性能更好的 Spark SQL 引擎上的。

10.3.2 编程模型

结构化流中的核心思想是将实时数据流视为连续追加的表，这个表被称为“无界表”。将流计算过程表示为静态表上的标准批处理查询，新加入表中的数据被 Spark 作为一个增量查询执行。

1. 基本概念

将接收输入数据流的对象视为“输入表”，即“无界表”，新收到的流数据会被当成一个新的数据行追加到无界表。如图 10-15 所示，“Data stream”是输入流，流中新收到的数据就相当于在无界表中新添加了一行数据。

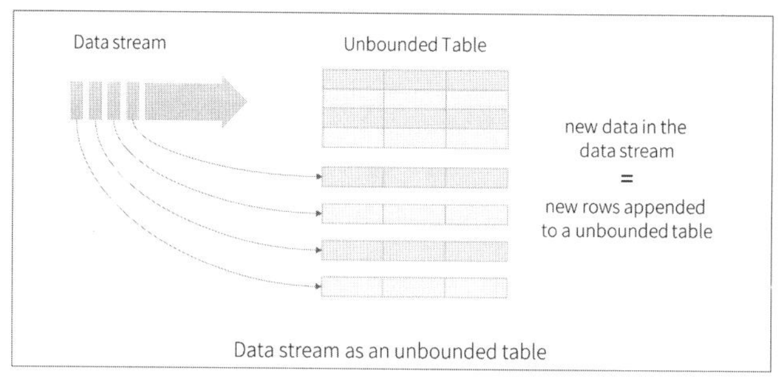

图 10-15 无界表

对无界表的查询将生成“结果表”，如每隔 1 秒，就有新的数据加入无界表，Spark 会对新的数据项进行增量运算并更新结果表。当计算完毕后，就可以将结果表输出到外部设备。如图 10-16 所示，无界表每过 1 秒收到一次数据，同时触发一次计算，并更新结果表，然后将结果表输出。

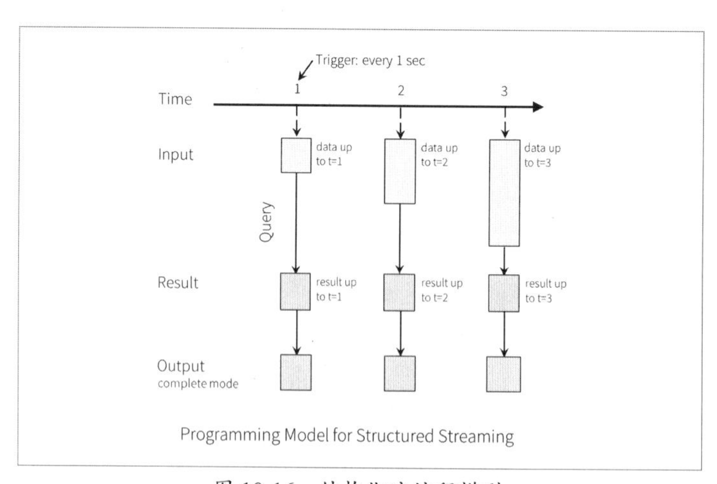

图 10-16 结构化流编程模型

Spark 提供了多种输出模式。

（1）Complete Mode（完整输出模式）

完整输出模式指每次更新后的结果表会被整个输出，即本次更新触发了输出操作，这次输出结果会带上上一次的计算结果。至于如何将本次和上一次的数据联合起来及具体的存储过程，并不需要用户考虑。

（2）Append Mode（追加输出模式）

每次更新后的结果表，只有新的部分才会被输出，即每次更新触发输出操作后，只输出最新的计算结果。

（3）Update Mode（更新输出模式）

更新输出模式指仅将自上次触发后在结果表中有更新的行写入外部存储。需要注意的是，这与“Complete Mode”模式的不同之处在于，此模式仅输出自上次触发后已更改的行。如果查询不包含聚合，则它等同于“Append Mode”模式。

入门示例的计算过程如图 10-17 所示。第 1 行是使用 nc 工具发出消息，第 2 行 time 是时间线。nc 在时间点 1 发送消息“cat dog dog dog”，Spark 同时从网络流中将该数据取回并添加到无界表中，计算完成后更新到结果表，然后使用“Complete Mode”输出。在时间点 2，nc 发送消息“owl cat”，Spark 继续取回数据追加到无界表。注意本次计算是基于时间 1 的结果和收到的新数据进行的，上一次计算完毕后原始数据会被丢弃，计算过程是本次的“owl 1，cat 1”和上一次的“cat 1，dog 3”相加得到“owl 1，cat 2，dog 3”。之后的执行逻辑以此类推。

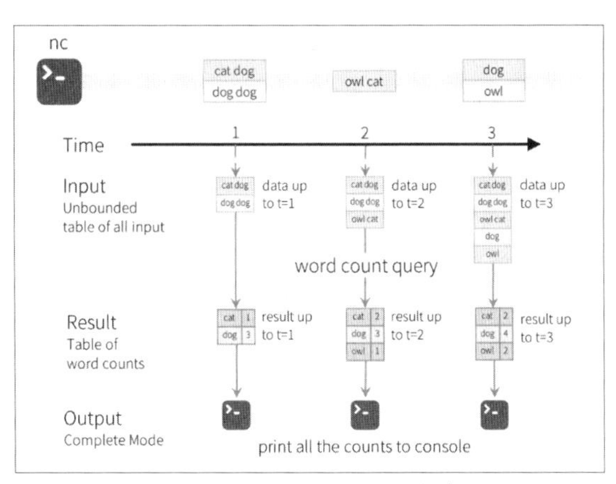

图 10-17　快速入门示例的计算过程

2. 事件时间聚合和延迟数据处理

Structured Streaming 模型中有两种时间，一种是 Spark 接收到数据的时间，另一种是该数据实际产生的时间。Structured Streaming 可以根据数据的事件时间进行聚合。

事件时间是嵌在数据本身的，某些应用场景希望基于此时间进行运算，如物联网设备生成的数据，用户可能更希望使用生成数据的时间而不是 Spark 接收到数据的时间。Spark 收到事件数据后，将其追加到无界表成为其中的一行，事件时间自然成为行中的列值，这样就能够很方便地实现基于事件时间的聚合运算。

Structured Streaming 如果将事件时间作为预期，那么晚于预期收到的数据，就是延迟数据。延迟数据可以保留，也可以丢弃。延迟数据的到来并不影响 Spark 处理之前数据的聚合。在 Spark 2.1 版本之后，该模型支持水印，允许用户指定延迟数据的阈值（延迟时间），并允许引擎清理之前数据聚合的状态。

3. 语义容错

端到端的一次性语义是结构化流的关键目标之一。为实现这一目标，Spark 设计了结构化流数据源、接收器和执行引擎，以跟踪流数据处理的确切进度，以便通过重新启动或重新处理来应对各类故障。

假设每个流数据源都具有偏移量（类似 Kafka 偏移），那么这个偏移量则用来记录流数据的读取位置。执行引擎使用检查点和预写日志来记录每个触发器中正在处理的数据的偏移范围，同时接收器的执行逻辑设计为幂等，因此结合使用可重放的源和幂等接收器。

温馨提示

在分布式环境中传递消息，有 3 种传递语义。

（1）至少传递一次：在入门示例中，nc 传递消息给 Spark，若是 nc 需要确保 Spark 正确处理消息，Spark 就需要给 nc 发送一个反馈。在生产环境中，nc 和 Spark 可能并不在同一个节点上，此时若是 Spark 端发生故障，没有反馈消息，或者网络延迟，导致 nc 在预计时间内没有收到反馈，nc 就会重复发送消息，直到确定 Spark 正确处理为止。这种方式虽能保证系统可用，但是 Spark 收到的数据会有冗余。

（2）最多传递一次：为了避免接收端重复收到消息，如银行系统收到转账请求，一般发送端会采用最多传递一次的策略，以避免重复转账。这种方式虽不能保证系统可用，但是能避免接收端数据冗余。

（3）完全一次：就是恰好一次。这是消息传递的理想状态，发送端传递一次消息，接收端收到就正常发送反馈，并且发送端能正常收到反馈。

简单来说，Spark 结构化流处理引擎配合可以跟踪流数据读取位置源，可以实现完全一次的消息传递语义。

10.3.3 流式 DataFrame 源

从 Spark 2.0 开始，DataFrame 可以表示静态的、有界的数据，也可以表示流式的、无界的数据。创建结构化流式的 DataFrame 与创建静态的 DataFrame 类似，都是将 SparkSession 作为入口点，并可以对流式 DataFrame 应用与静态 DataFrame 进行相同的操作。

流式 DataFrame 可以通过以下几种数据源来创建。

（1）文件流源：读取目录中写入的文件作为数据流，支持的文件格式为 text、csv、json、orc、parquet。基于文件的数据源需要用户手动指定 schema 信息。

（2）Kafka 源：从 Kafka 读取数据，兼容 Kafka 0.10.0 及更高版本。

（3）网络流源：监听 Socket 读取网络数据，具体参考本节快速入门示例。需要注意的是，这种数据源仅用于测试，因为 Spark 对网络流源不提供端到端的容错保证。

（4）Rate 源：每秒以指定的行数生成数据，每个输出行都包含时间戳和值。这种源也仅用于测试。

10.3.4 集成 Kafka 和窗口聚合

用户可以对流式 DataFrame 应用各种操作。从无类型的 SQL 操作（如 select，where，groupBy）到类型化的 RDD 操作（如 map，filter，flatMap）。

为了让实验更贴近实际生产环境，本节主要使用 Kafka 作为数据源。

1. 安装 Kafka

下载最新版本 kafka_2.11-2.4.0.tgz 并将其上传到 Linux 系统。

步骤 01 使用如下命令解压，并重命名。

```
[root@master ~]# tar -zxf /opt/bigdata/kafka_2.11-2.4.0.tgz -C /usr/local
[root@master ~]# cd /usr/local/
[root@master local]# mv kafka_2.11-2.4.0/ kafka
```

步骤 02 启动 ZooKeeper 服务，ZooKeeper 默认绑定 2181 端口。

```
[root@master local]# cd /usr/local/kafka
[root@master kafka]# ./bin/zookeeper-server-start.sh \
config/zookeeper.properties
```

执行结果如图 10-18 所示。启动过程中如果没有异常，则表示 ZooKeeper 运行正常。

```
[2020-02-02 12:47:12,155] INFO Configuring NIO connection handler with 10s sessionless
kB direct buffers. (org.apache.zookeeper.server.NIOServerCnxnFactory).
[2020-02-02 12:47:12,177] INFO binding to port 0.0.0.0/0.0.0.0:2181 (org.apache.zookeep
[2020-02-02 12:47:12,209] INFO zookeeper.snapshotSizeFactor = 0.33 (org.apache.zookeepe
```

图 10-18 启动 ZooKeeper

步骤 03 重新打开一个窗口，启动 Kafka 服务器。

```
[root@master ~]# cd /usr/local/kafka
[root@master kafka]# ./bin/kafka-server-start.sh config/server.properties
```

执行结果如图 10-19 所示，在屏幕底部出现“started”表示正常启动。

```
INFO Kafka version: 2.4.0 (org.apache.kafka.common.utils.AppInfoParser)
INFO Kafka commitId: 77a89fcf8d7fa018 (org.apache.kafka.common.utils.AppInfoParser)
INFO Kafka startTimeMs: 1580619058609 (org.apache.kafka.common.utils.AppInfoParser)
INFO [KafkaServer id=0] started (kafka.server.KafkaServer)
```

图 10-19 启动 Kafka

步骤 04 重新打开一个窗口，用来创建主题。

```
[root@master ~]# cd /usr/local/kafka
```

```
[root@master kafka]# ./bin/kafka-topics.sh --create \
--zookeeper localhost:2181 \
--replication-factor 1 --partitions 1 \
--topic bigdata
```

使用如下命令查看主题列表。

```
[root@master kafka]# ./bin/kafka-topics.sh --list --zookeeper localhost:2181
```

正常创建主题列表，如图 10-20 所示。

```
[root@master kafka]# ./bin/kafka-topics.sh --list --zookeeper localhost:2181
bigdata
```

图 10-20　主题列表

步骤 05 ▸ 在当前窗口，执行以下命令，启动生产者创建消息。9092 是 Kafka 服务器默认监听端口。

```
[root@master kafka]# ./bin/kafka-console-producer.sh \
--broker-list localhost:9092 --topic bigdata
```

步骤 06 ▸ 重新打开一个窗口，用来启动消费者，接收消息。

```
[root@master ~]# cd /usr/local/kafka
[root@master kafka]# ./bin/kafka-console-consumer.sh \
--bootstrap-server localhost:9092 \
--topic bigdata --from-beginning
```

步骤 07 ▸ 在生产者窗口创建消息，如图 10-21 所示。

```
[root@master kafka]# ./bin/kafka-console-producer.sh
>hello world
```

图 10-21　创建消息

切换到消费者窗口，查看消费者窗口是否接收到消息，正常收到如图 10-22 所示。

[root@master ~]# cd /usr/local/kafka
[root@master kafka]# ./bin/kafka-console-consumer.sh \
> --bootstrap-server localhost:9092 \
> --topic bigdata --from-beginning
hello world

图 10-22　消费者收到消息

经过以上步骤，屏幕上没有输出错误信息，表明 Kafka 环境正常。以上打开的 4 个窗口，分别启动了 5 个程序，它们之间的关系如图 10-23 所示。

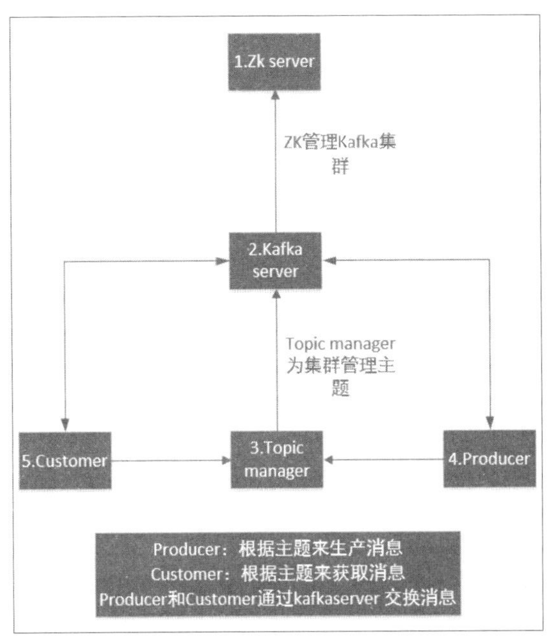

图 10-23　各程序之间的关系

2. Spark 集成 Kafka

下载 Spark 连接 Kafka 的驱动包 spark-sql-kafka-0-10_2.11-2.4.4.jar，并将其上传至 Linux 系统。

步骤 01 将该包复制到 Spark jars 目录下。

```
[root@master ~]# cd /usr/local/spark/jars
[root@master jars]# mkdir kafka
[root@master jars]# cp \
 /opt/bigdata/spark-sql-kafka-0-10_2.11-2.4.4.jar ./kafka/
```

步骤 02 修改 spark-env.sh 文件，添加驱动包路径和 Kafka 包路径。

```
export SPARK_DIST_CLASSPATH=$(/usr/local/hadoop/bin/hadoop classpath):$(/usr/local/
hbase/bin/hbase classpath):/usr/local/spark/jars/hbaselib/*:/usr/local/spark/jars/
kafka/*:/usr/local/kafka/libs/*
```

至此，Spark 连接 Kafka 的基本环境就配置完毕。

3. 获取 Kafka 数据

如示例 10-5 所示，从 Kafka 中取得数据，然后对数据进行词频统计。其中 bootstrapServers 是 KafkaServer 的地址；然后指定消费 Kafka 消息的方式和要消费的主题；format 方法需要传入参数“kafka”；调用 load 方法，将接收到的消息转换为 DataFrame 对象；调用 selectExpr 方法将 value 列转换为字符串类型。

示例 10-5　读取 Kafka 数据

```
# -*- coding: UTF-8 -*-

from pyspark.sql import SparkSession
from pyspark.sql.functions import explode
from pyspark.sql.functions import split

if __name__ == "__main__":
    # kafka server 地址
    bootstrapServers = "localhost:9092"

    subscribeType = "subscribe"
    topics = "bigdata"

    spark = SparkSession.builder.appName("FromKafka").getOrCreate()

    lines = spark.readStream.format("kafka"). \
        option("kafka.bootstrap.servers", bootstrapServers). \
        option(subscribeType, topics).\
        load().\
        selectExpr("CAST(value AS STRING)")

    words = lines.select(explode(split(lines.value, ',')).alias('word'))

    wordCounts = words.groupBy('word').count()

    query = wordCounts.writeStream.outputMode('complete').format('console').start()
    query.awaitTermination()
```

程序编写完毕后继续按以下步骤进行。

步骤 01 将本示例代码上传到虚拟机，在之前的消费者窗口中按【Ctrl+z】组合键停止消费者程序，然后提交 Spark 应用。

```
[root@master kafka]# cd $SPARK_HOME/
[root@master spark]# ./bin/spark-submit /opt/bigdata/code/spark_kafka.py
```

步骤 02 回到生产者窗口中，输入以下内容。

```
hello,world
```

执行结果如图 10-24 所示，可以看到 Kafla 流数据计算结果。

图 10-24　Kafla 流数据计算结果

4. 窗口操作

使用结构化流传输数据时，滑动事件时间窗口上的聚合非常简单，并且与分组聚合非常相似。在分组聚合中，用户首先需要指定分组的列名，然后按列名进行聚合计数。在基于窗口聚合的情况下，将事件时间作为聚合条件然后求得聚合值。

示例 10-5 是基于自然批次来更新单词计数，接下来按时间窗口进行单词计数。

例如，计算 10 分钟内的单词数，每 5 分钟更新一次结果表。10 分钟窗口是指 12:00~12:10，12:05~12:15，12:10~12:20 这样的时间间隔。如图 10-25 所示，第 1 行是无界表收到的数据，第 3 行是结果表，每隔 5 分钟触发一次更新。

一个实际情况是，在 12:07 这个时间点收到的单词，应同时在 12:00~12:10 和 12:05~12:15 两个窗口中进行计数，因此 Spark 在结果表中维持了两个时间段的聚合值。从图 10-25 中还可以看出，每次触发更新结果表的事件，Spark 都会将当期的状态记录下来作为下一次计算的中间表。

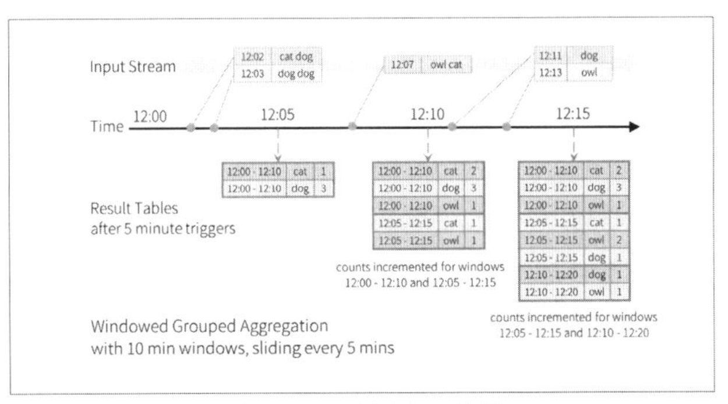

图 10-25　时间窗口计算

对窗口聚合，需要配合使用 groupBy() 操作和 window() 操作来实现。完整代码如示例 10-6 所示。设置时间窗口大小为 10 秒，设置滑动窗口大小为 5 秒，调用内置的 window 函数进行聚合。

示例 10-6　时间窗口聚合

```
# -*- coding: UTF-8 -*-

from pyspark.sql import SparkSession
from pyspark.sql.functions import explode
from pyspark.sql.functions import split
from pyspark.sql.functions import window
```

```
if __name__ == "__main__":
    bootstrapServers = "localhost:9092"
    subscribeType = "subscribe"
    topics = "bigdata"
    windowSize = 10
    slideSize = 5
    windowDuration = "{} seconds".format(windowSize)
    slideDuration = "{} seconds".format(slideSize)

    spark = SparkSession.builder.appName("KafkaWordCount").getOrCreate()

    lines = spark.readStream.format("kafka").\
           option("kafka.bootstrap.servers", bootstrapServers) \
        .option(subscribeType, topics).option("includeTimestamp", "true").load()

    words = lines.select(
        explode(split(lines.value, " ")).alias("word"),
        lines.timestamp
    )

    windowedCounts = words.groupBy(
        window(words.timestamp, windowDuration, slideDuration),
        words.word
    ).count()

    query = windowedCounts.writeStream.outputMode("complete").format("console").
start()
    query.awaitTermination()
```

运行以上代码，在生产者窗口输入“dog cat cat lion lion lion”进行测试，执行结果如图 10-26 所示。

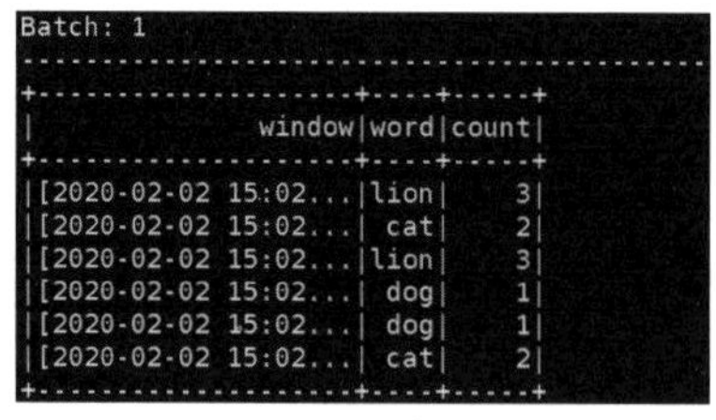

Batch: 1

window	word	count
[2020-02-02 15:02...	lion	3
[2020-02-02 15:02...	cat	2
[2020-02-02 15:02...	lion	3
[2020-02-02 15:02...	dog	1
[2020-02-02 15:02...	dog	1
[2020-02-02 15:02...	cat	2

图 10-26　根据时间窗口聚合的数据

温馨提示

为方便尽快查看计算结果，在程序中将时间设置为秒。需要注意两个时间点：示例中 10 表示时间窗口大小，5 表示滑动窗口大小，滑动窗口应小于时间窗口。

5. 延迟数据

在划分时间窗口的计算中，由于网络环境等原因，可能会导致某些属于某个时间窗口的数据，在该窗口结束之后才被应用程序接收到。例如，Spark 在 12:11 接收到 12:04 生成的数据，那么 Spark 应更新 12:00~12:10 窗口计数，而不是 12:10~12:20。如图 10-27 所示，12:04 的数据自然更新到最旧的窗口聚合。

结构化流可以长时间维持部分聚合的中间状态，以便后期数据可以正确更新旧窗口的聚合。

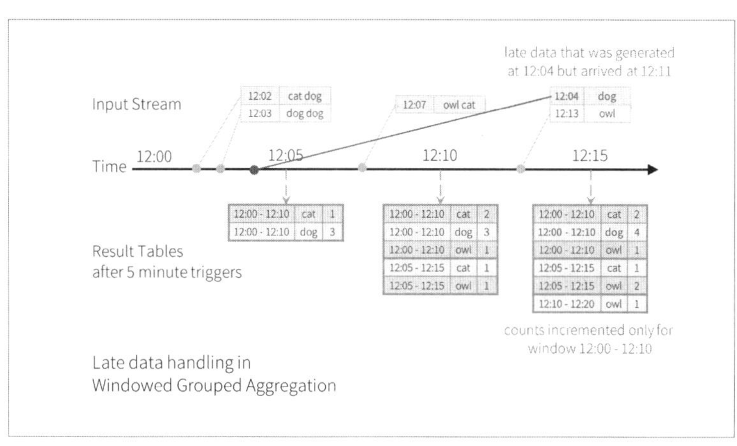

图 10-27　延迟数据

6. 水印

若是流计算运行数天，那么系统必须限制它在内存中累积的中间状态的数量。这意味着系统需要知道何时可以从内存状态中删除旧聚合，并不再接收该聚合的延迟数据。

为了实现这一点，在 Spark 2.1 中引入了水印，使引擎能够自动跟踪数据中的当前事件时间并尝试清理旧状态。用户可以通过指定事件时间列，来定义水印，同时也可以根据事件时间预估数据的延迟时间，来定义一个阈值。

对于从时间 T 开始的特定窗口，引擎将保持中间状态并允许延迟数据更新状态直到超过阈值。换句话说，阈值内的延迟数据将被聚合，晚于阈值的数据将被丢弃。

简单演示如何使用水印，如示例 10-7 所示。

示例 10-7　设置水印

```
# -*- coding: UTF-8 -*-

from pyspark.sql import SparkSession
from pyspark.sql.functions import explode
from pyspark.sql.functions import split
from pyspark.sql.functions import window

if __name__ == "__main__":
```

```
    bootstrapServers = "localhost:9092"
    subscribeType = "subscribe"
    topics = "bigdata"
    windowSize = 10
    slideSize = 5
    windowDuration = "{} seconds".format(windowSize)
    slideDuration = "{} seconds".format(slideSize)

    spark = SparkSession.builder.appName("KafkaWordCount").getOrCreate()
    lines = spark.readStream.format("kafka").\
          option("kafka.bootstrap.servers", bootstrapServers) \
        .option(subscribeType, topics).option("includeTimestamp", "true").load()

    words = lines.select(
        explode(split(lines.value, " ")).alias("word"),
        lines.timestamp
    )

    windowedCounts = words.withWatermark("timestamp", "10 seconds").groupBy(
        window(words.timestamp, windowDuration, slideDuration),
        words.word
    ).count()

    query = windowedCounts.writeStream.outputMode("update").format("console").
start()
    query.awaitTermination()
```

温馨提示

流处理的输出存在多种模式，不同模式下基于水印触发计算的规则不同。建议读者先了解流处理的基本用法，然后根据业务场景选择合适的配置。

10.3.5 查询输出

Spark 提供了多种流输出，如示例中的“console”，也可以输出到 HDFS 作为文件存储，还可以输出到内存或输出到 Kafka。

1. 输出到文件

如示例 10-8 所示，将处理好的数据存放到 HDFS。调用 format 方法输出 json 格式的数据，需要设置检查点及保存结果的路径。

示例 10-8　保存数据到 HDFS 文件

```
# -*- coding: UTF-8 -*-
```

```
from pyspark.sql import SparkSession

if __name__ == "__main__":
    bootstrapServers = "localhost:9092"
    subscribeType = "subscribe"
    topics = "bigdata"
    windowSize = 10
    slideSize = 5
    windowDuration = '{} seconds'.format(windowSize)
    slideDuration = '{} seconds'.format(slideSize)

    spark = SparkSession.builder.appName("KafkaWordCount").getOrCreate()

    lines = spark.readStream.format("kafka"). \
        option("kafka.bootstrap.servers", bootstrapServers) \
        .option(subscribeType, topics).load()

    query = lines.writeStream.format("json"). \
        option("checkpointLocation", "/struct_streaming/checkpoint") \
        .option("path", "/struct_streaming/output").start()

    query.awaitTermination()
```

执行示例程序，在 HDFS 上可以看到输出结果，如图 10-28 所示。

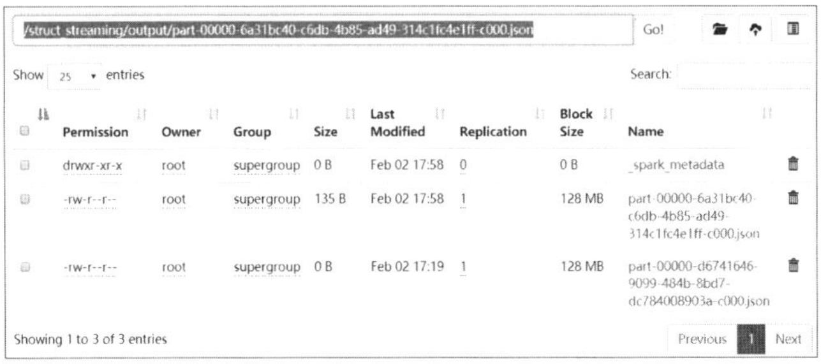

/struct_streaming/output/part-00000-6a31bc40-c6db-4b85-ad49-314c1fc4e1ff-c000.json Go!

Show 25 entries Search:

Permission	Owner	Group	Size	Last Modified	Replication	Block Size	Name
drwxr-xr-x	root	supergroup	0 B	Feb 02 17:58	0	0 B	_spark_metadata
-rw-r--r--	root	supergroup	135 B	Feb 02 17:58	1	128 MB	part-00000-6a31bc40-c6db-4b85-ad49-314c1fc4e1ff-c000.json
-rw-r--r--	root	supergroup	0 B	Feb 02 17:19	1	128 MB	part-00000-d6741646-9099-484b-8bd7-dc784008903a-c000.json

Showing 1 to 3 of 3 entries Previous 1 Next

图 10-28　输出到 HDFS

2. 输出到 Kafka

如示例 10-9 所示，Spark 将消费主题 bigdata 上的消息，统计每个单词的词频，输出到主题 mykafkaresult。其中需要注意的是，输出到 Kafka 的 DataFrame 对象必须包含 key 和 value 列，并且 value 列需要是字符串类型，否则程序会出错。

示例 10-9　统计数据并将数据输出到 Kafka

```
# -*- coding: UTF-8 -*-
```

```
from pyspark.sql import SparkSession
from pyspark.sql.functions import explode, concat
from pyspark.sql.functions import split

if __name__ == "__main__":
    bootstrapServers = "localhost:9092"
    subscribeType = "subscribe"
    topics = "bigdata"
    windowSize = 10
    slideSize = 5
    windowDuration = '{} seconds'.format(windowSize)
    slideDuration = '{} seconds'.format(slideSize)

    spark = SparkSession.builder.appName("OutputKafka").getOrCreate()

    lines = spark.readStream.format("kafka"). \
        option("kafka.bootstrap.servers", bootstrapServers) \
        .option(subscribeType, topics).load()
    # 统计词频
    words = lines.select(explode(split(lines.value, ' ')).alias("word"))
    words = words.groupBy("word").count()
    # 将词频列重命名为 value
    wordCounts = words.withColumn("value", concat(words["word"], words["count"]))
    # 将 value 列类型转为字符串
    lastWordCounts = wordCounts.selectExpr("CAST(value AS STRING)")

    query = lastWordCounts \
        .writeStream \
        .outputMode("update") \
        .format("kafka") \
        .option("checkpointLocation", "/struct_streaming/mykafkacheckpoint") \
        .option("kafka.bootstrap.servers", bootstrapServers) \
        .option("topic", "mykafkaresult") \
        .start()
    query.awaitTermination()
```

然后按以下步骤执行。

步骤 01 使用名称创建一个新主题 mykafkaresult。

```
[root@master ~]# cd /usr/local/kafka/
[root@master kafka]# ./bin/kafka-topics.sh --create \
 --zookeeper localhost:2181 \
 --replication-factor 1 \
 --partitions 1 --topic mykafkaresult
```

步骤 02 启动一个消费者，该消费使用新主题 mykafkaresult。

```
[root@master kafka]# ./bin/kafka-console-consumer.sh \
 --bootstrap-server localhost:9092 \
 --topic mykafkaresult --from-beginning
```

步骤 03 ▸ 提交应用。

步骤 04 ▸ 在生产者窗口输入以下内容。

```
apple banana banana banana
```

执行结果如图 10-29 所示，左侧方框是生产者发出的消息，右侧方框是消费者接收到的消息，为每个单词的个数。

图 10-29 输出到 Kafka

10.4 实训：实时统计贷款金额

某外企客户贷款金额数据如图 10-30 所示，数据文件在随书源代码对应目录下。其中第 1 列显示的是客户名称，第 2 列是客户贷款金额。营销部为了实时掌握客户贷款信息，现要求研发人员开发一个系统，能够实时计算出每个客户的总贷款金额。

```
Emma,35000
Sophia,40000
Joyce,56000
Lucy,72000
Jennifer,22000
Marian,91000
Loren,38000
Lorraine,42000
Emma,22000
Jennifer,41000
Emma,45000
Loren,66000
```

图 10-30 客户贷款数据

1. 实现思路

在生产者窗口录入数据，利用结构化流处理技术对数据进行处理。由于该技术可以维持不同批次数据的状态，因此直接在该编程对象上对用户分组求和即可。

2. 编程实现

如示例 10-10 所示，由于 Spark 收到的数据是无界表中的一个列 value，因此需要对该列执行 split 命令，把一个列分为两个列。第 1 列重命名为“name”， 第 2 列重命名为“amount”，然后就可以调用 DataFrame 分组求和的 API，得到各客户的贷款总金额。

示例 10-10　实时计算贷款金额

```
# -*- coding: UTF-8 -*-

from pyspark.sql import SparkSession
from pyspark.sql.functions import split

if __name__ == "__main__":
    bootstrapServers = "localhost:9092"
    subscribeType = "subscribe"
    topics = "bigdata"

    spark = SparkSession.builder.appName("SumAmount").getOrCreate()

    lines = spark.readStream.format("kafka"). \
        option("kafka.bootstrap.servers", bootstrapServers) \
        .option(subscribeType, topics). \
        load(). \
        selectExpr("CAST(value AS STRING)")

    def split_vla(val):
        tmp = split(val, ":")
        return tmp[0].alias("name"), tmp[1].cast("float").alias("amount")

    words = lines.select(split_vla(lines.value))
    wordCounts = words.groupBy("name").sum("amount")
    query = wordCounts.writeStream.outputMode('complete').format('console').start()
    query.awaitTermination()
```

在生产者窗口中录入数据，验证计算逻辑，测试结果如图 10-31 所示。

```
-------------------------------------------
Batch: 4
-------------------------------------------
+--------+-----------+
|    name|sum(amount)|
+--------+-----------+
|Jennifer|    22000.0|
|  Marian|    91000.0|
|   Joyce|    56000.0|
|    Emma|    35000.0|
|    Lucy|    72000.0|
|  Sophia|    40000.0|
+--------+-----------+

-------------------------------------------
Batch: 5
-------------------------------------------
+--------+-----------+
|    name|sum(amount)|
+--------+-----------+
|Jennifer|    63000.0|
|  Marian|    91000.0|
|   Joyce|    56000.0|
|    Emma|   102000.0|
|    Lucy|    72000.0|
|Lorraine|    42000.0|
|  Sophia|    40000.0|
|   Loren|   104000.0|
+--------+-----------+
```

图 10-31　输出贷款金额

本章小结

本章主要介绍了 Spark 的离散化和结构化流计算，在 Spark 2.2 版本后推荐使用结构化流。离散化流逻辑简单，比较容易入门；结构化流使开发更容易，但逻辑相对复杂，因此先了解离散化流将有助于后续的学习。因 Kafka+Spark 流处理非常主流，所以建议读者深入掌握其原理。

第4篇 算法篇

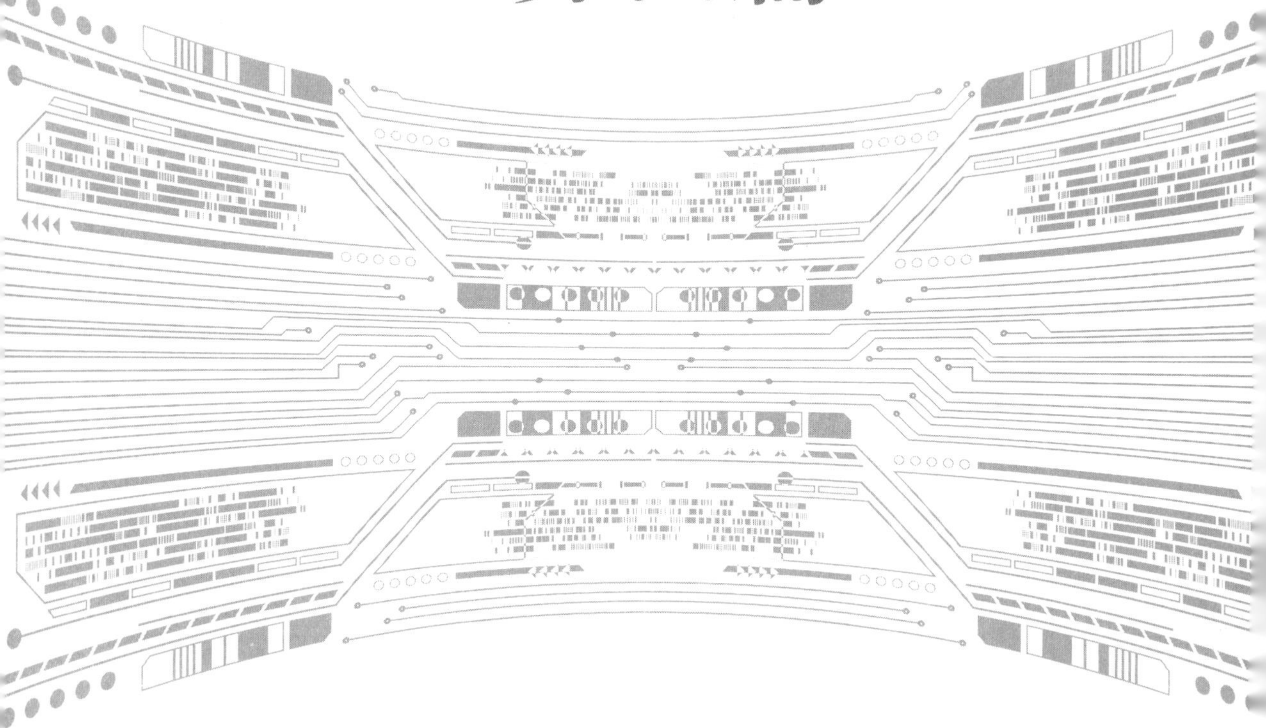

实际上，由于基本的数据分析结果只能告诉我们事务的当前情况是怎么样的，我们并不满足于此，我们更希望通过数据看到未来是怎么样的。要解决这个问题就需要对数据进行挖掘。

数据挖掘涉及多个方面，其核心是数据挖掘算法，这些算法是机器学习中的典型算法，因此本篇包含基本的算法原理介绍，先介绍较容易入门的机器学习工具 scikit-learn，然后介绍大数据下的机器学习库 Spark ML。

神经网络是一种非常强大的机器学习算法，因此本篇还介绍了一个用于构建神经网络的深度学习框架 TensorFlow。

通过学习本篇的内容，读者能掌握机器学习开发的基本流程。在日常生活中使用这些工具，能让生活变得更加便利，如通过算法可以降低工作量，快速对客户进行分类，进行精准营销，提高收益。scikit-learn、Spark ML、TensorFlow 等组件，提供了大数据处理中算法方面的支撑。

第 11 章

发掘数据价值，使用机器学习技术

★本章导读★

机器学习技术可以辅助开发者发掘数据更多的隐含价值。本章先介绍机器学习的常见应用场景，然后介绍 scikit-learn 的基本用法，因为通过实践发现从 scikit-learn 入手学习机器学习相对容易；另外在大数据领域，Spark 也提供了机器学习算法的优秀实现，因此本章也会介绍 Spark 机器学习库的基本用法。

★知识要点★

通过对本章内容的学习，读者能掌握以下知识技能。

◆ 了解机器学习的应用场景

◆ 了解机器学习基本原理

◆ 了解机器学习的工作流程

◆ 了解 scikit-learn 机器学习库

◆ 了解 Spark 机器学习库

11.1 什么是机器学习

机器学习是人工智能科学的一部分，它可以帮助工程师解读数据的深层含义。目前，机器学习正在迅速影响我们生活的方方面面。本小节将介绍机器学习的应用场景、基本原理及机器学习程序的开发流程。

11.1.1 应用场景

机器学习的应用非常广泛，在电商平台、新闻资讯、网络社交、交通规划、矿物筛选等各种场景，都可以看到机器学习的身影。

1. 电商平台

淘宝网根据笔者在该网站上购买过或浏览过的相关物品生成的推荐如图 11-1 所示。生成推荐结果的技术一般通过协同过滤或者挖掘频繁项集等算法产生。淘宝网通过这种技术，优化了用户体验，同时也提高了商品的销量。

图 11-1　猜我喜欢

2. 新闻资讯

在新闻资讯类产品中，今日头条是将机器学习算法运用到极致的产品之一。今日头条基于个性化的推荐引擎，可以在海量数据中实现精准推荐，节省了用户大量的搜索内容的时间。打开今日头条官网，可以看到根据用户兴趣点生成的推荐内容，如图 11-2 所示。

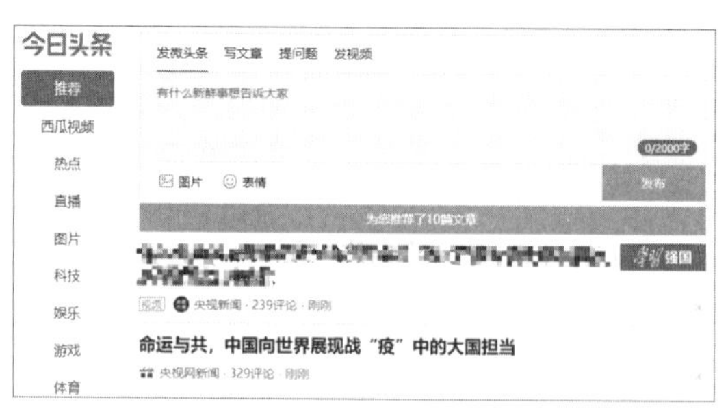

图 11-2　新闻推荐

3. 网络社交

无聊的时候，虽然想找一些好友聊聊天，但是出于安全考虑，又不能随便加陌生人为好友，因此可以尝试使用好友推荐功能，它是基于有共同好友的情况下推荐的。QQ 的好友推荐界面如图

11-3 所示。

图 11-3　好友推荐

4. 交通规划

在大城市生活的职场人士，能深刻体会到上下班高峰期交通的不便。在高峰期，乘坐公交车、地铁，面临的问题是人挤人；开私家车面临的问题是车挤车。若是投入大量的公共交通资源，在非高峰期，又面临资源利用不足的问题。为了方便人们出行，减少浪费，需要科学规划公共交通资源，这就需要建立机器学习模型来作交通智能规划。路况监测就是模型的一部分，如图 11-4 所示。

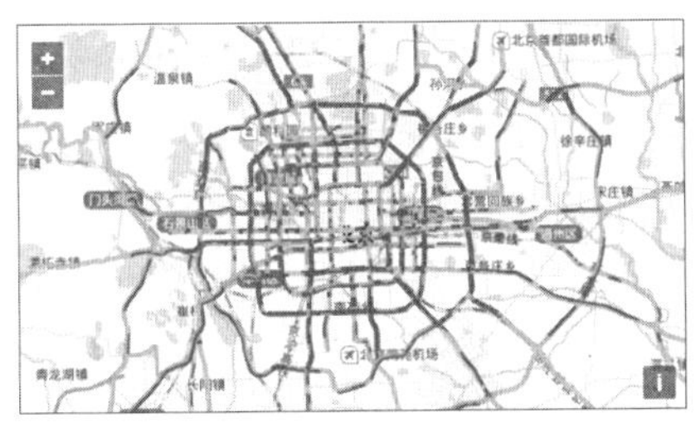

图 11-4　路况监测

5. 矿物筛选

某钢铁公司，矿石标本采集人员收集了大量的标本和数据。为了尽快从这些数据中寻找到合适的铁矿石，公司建立了算法小组。该小组建立了一个图形数据库，将采集回来的标本进行标注。新采集回来的样本图片，通过机器学习模型可以自动判断新采样回来的样本图片的种类，以缩短矿物筛选时间，提高经济效益，如图 11-5 所示。

图 11-5　通过标本图片自动判断类别

11.1.2 机器学习基本原理

机器学习的过程实际上与人类学习过程类似。例如，一位妈妈训练小朋友认识猫咪。首先妈妈会给小朋友展示猫的图片，告诉他这是一只猫，如图11-6所示。然后让小朋友通过观察记住猫的特征，如猫有尖尖的耳朵、长长的白色胡须、前凸的鼻梁、黄色眼球与黑色眼珠等。

图 11-6　猫的图片

当这样的图像（即这些特征）在小朋友的大脑中形成记忆后，遇到新的、类似的图像，小朋友就知道，该图像描述的是一只猫而不是其他动物。

同样，若是需要机器自动判断图像是否是一只猫，就需要机器自己去学习。这时给机器看的就不再是一张视觉上的图像，而是一些特征数据。如表11-1所示，在教机器学习认识猫之前，要将描述猫的文本特征转换成数值特征，将这些数值特征和类别一起传递给算法，并让算法记住，形成经验。之后再把新的特征数据输入算法中，算法就能自动推断出新的图片是否为猫。

表 11-1 特征描述

特征与特征描述方式	特征文本描述	特征数值描述
特征1	尖尖的耳朵	1
特征2	长长的白色胡须	2
特征3	前凸的鼻梁	3
特征4	黄色眼球与黑色眼珠	2
类别	猫	1

在上述过程中，数据称为样本，样本里面带有的类别信息称为标签或者标注。使用这种带标注的数据进行学习的方式称为监督式学习，没有标签的学习方式称为非监督式学习或者无监督式学习。机器学习数据之后，会对新的数据进行判定，这个过程称为预测。

监督式学习主要有类别预测与回归预测。

类别预测是对事物所属类型的预测，如及格与不及格，正确或者错误，这条鱼是草鱼、鲢鱼还是鲫鱼。

回归预测则是对连续的结果进行预测，如采集股票数据预测第二天的涨跌情况，或者根据今年的销售数据，预测明年的商品销量。

若预测不准，则称预测结果与真实情况存在误差，这个误差也称为损失，如表11-1中的特征也可以描述老虎，因此如果在训练完机器后，把老虎的数据输入算法，这时机器就可能会将老虎判定为猫。机器学习的目标，就是想办法将预测的结果与真实情况的损失降至最低。

温馨提示

降低损失的办法之一，就是给算法提供更多的特征，更多的数据，并且尽量让这些数据产生明显的区别，这样就不会误导算法。

大数据的5V特征，正好满足这样的需求，因此大数据在机器学习、人工智能领域，发挥着重要作用。

非监督式学习主要用于聚类或者寻找关联数据等场景。如图11-7所示，深色和浅色的点分别表示两类数据，但是原始数据没有标注，算法也不知道数据有两个类别。这种情况下就需要机器根据特征来找到某个界限，自行判断数据类别。这种技术可以应用到信用卡异常检测、农作物种子选育等场景。

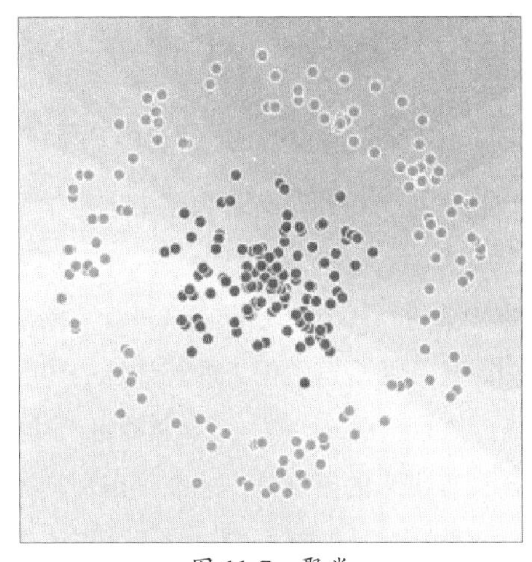

图11-7 聚类

在寻找关联数据的场景，流传着一个非常著名的故事，就是超市将尿不湿与啤酒放在一起，可以带动尿不湿的销量，其基本原理如下。

消费者的购物清单如表11-2所示。从中可以看到，在购买了啤酒的情况下，人们一般也会同时购买尿不湿。

表11-2 购物清单

商品1	商品2	商品3	商品4	商品5	商品6
花生	啤酒	牛肉	烧烤	尿不湿	口香糖
番茄	青椒	啤酒	饮料	方便面	尿不湿
啤酒	鱼	卤菜	羊肉	烤鸭	烧鸡

续表

商品 1	商品 2	商品 3	商品 4	商品 5	商品 6
宝宝霜	润肤露	洗发水	尿不湿	奶瓶	罩衣
香蕉	尿不湿	芒果	榴莲	啤酒	大蒜

寻找关联数据的过程就是基于现有统计的数据，通过算法从数据中挖掘频繁出现的项目集合。通过这种技术，可以从表面上看起来毫无关系的对象中，获取实际情况中的内在联系。

11.1.3 机器学习程序开发流程

开发一个机器学习程序需要遵循以下步骤，如图 11-8 所示。

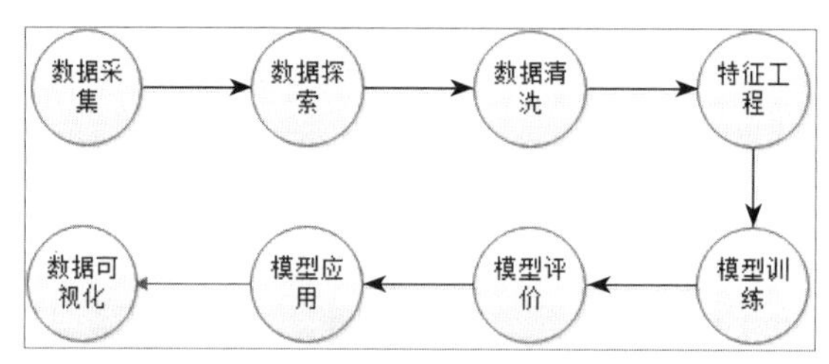

图 11-8　基本开发流程

这里将每个环节介绍如下。

数据采集：从上一小节可以了解到，机器是基于数据来进行学习的。因此数据采集是机器学习的第 1 步。

数据探索：采集回来的数据需要进行探索、分析。这一步主要是检查数据集中是否存在空值、异常值、非法字符等情况。同时，还需要观察数据集的统计性描述，以判断该数据集是否适合进行某些方面的训练。例如，对于猫、狗的识别，这两种动物区别相当大，但若是数据集中大部分是猫，描述狗的数据特别少，那么这样训练出来的模型是不能准确识别狗的；对于猫和老虎的识别，这两种动物在特征描述上非常相近，因此在构造数据集的时候，就需要寻找这两种动物比较明显的区别特征。

数据清洗：对探索后的数据进行进一步加工。如果数据集中存在空值、非法字符等情况，就要通过算法进行插值或数据转换操作，以形成一个“干净”的数据集。

特征工程：很多时候采集回来的数据是不能直接交给算法进行训练的。例如，描述一个人胖、瘦的内容就需要转换成数值，这一般称为特征转换。再如，鸡和鸭，它们都有一对翅膀，两只脚，如果只是从这两个特征来看，算法也不能准确区分它们，因此就需要提取更多的、比较明显的特征来训练模型，这称为特征提取。另外，若是事物描述特征非常多，如一个简单的病历，上面就存在上百个检测指标，意味着存在上百个特征，那么也需要进行特征提取，以方便计算。

模型训练：经过特征工程之后，就已经得到了对算法比较“友好”的数据了。训练模型的过程就是将这些数据“喂”给算法，算法根据这些数据自己去探索其中的奥秘。

模型评价：模型训练完毕后，就该拿新的数据来对模型进行评价了。评价就是先把数据“喂”给模型，获得模型的预测结果，然后判断预测结果与真实情况是否一致，如果不一致就需要调整数据、调整算法参数，重新训练模型，反复调试，以得到一个性能较高的模型。

模型应用：获得性能较高的模型后，就可以将模型应用到生产环境中接受实践的检验了。

数据可视化：这一步是可选的。大多数算法产生的结果都是数值形式，为了直观地看到机器学习的结果，建议加上数据可视化。

11.1.4 机器学习库

在机器学习领域，已经存在大量的库。本书将用到的库有 scikit-learn、Spark ML；后续会用到的构建神经网络的库 TensorFlow。这些库实现了回归、分类、聚类、分析关联项等操作，适用于监督式学习与非监督式学习各种情况下的算法。大多数情况下，用户无须自己实现算法，但需要知道哪些情况下适合使用哪些算法。

机器学习库 scikit-learn 建议的算法路径选择图如图 11-9 所示。

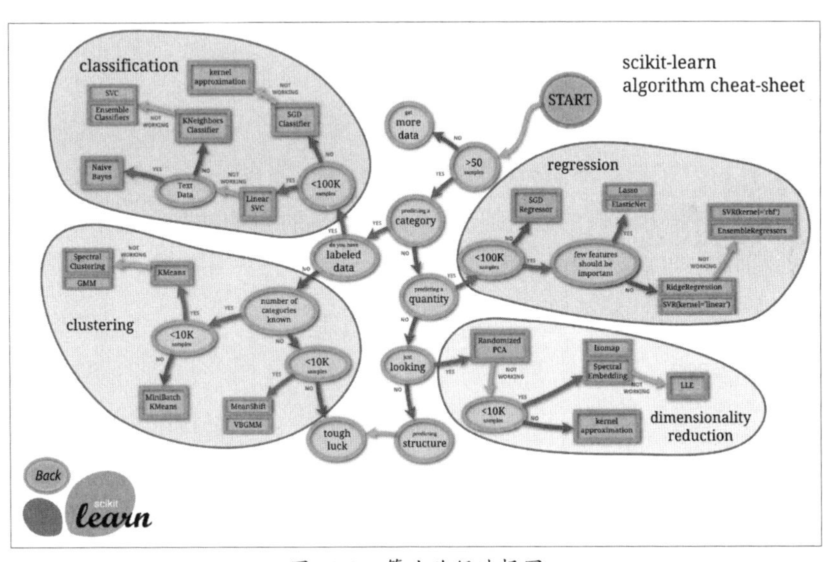

图 11-9　算法路径选择图

温馨提示

scikit-learn 简称 scikit-learn。在 scikit-learn 官方网站上，图 11-9 做得非常友好。点击图中任何一个算法名称节点，都可以自动跳转到对应的详情介绍页面。

接下来的内容，将通过介绍 scikit-learn 的基本使用流程来学习更多关于机器学习的知识。

11.2 scikit-learn 机器学习库

scikit-learn 是 Python 的第三方模块，该模块集成了各种针对监督和非监督问题的最新机器学习算法。scikit-learn 模块的重点放在易用性、性能、文档和 API 一致性上。它具有最小的依赖性，并根据简化的 BSD 许可证进行分发，因此用户可以在学术和商业环境中使用它。

11.2.1 安装 scikit-learn

使用如下命令即可安装 scikit-learn。

```
pip install -U scikit-learn
```

注意，scikit-learn 当前最新版本是 scikit-learn0.22，需要使用 Python 3.5 及以上版本。若是使用 scikit-learn 0.20 版本，对应的 Python 可以使用 Python 2.7 版本和 Python3.4 版本。

11.2.2 估计器

scikit-learn 提供了许多现成的算法和模型，这些算法与模型称为 Estimator，也称估计器或评估器。每个估计器都可以使用其拟合方法去拟合数据。

scikit-learn 估计器的使用流程如示例 11-1 所示。创建一个 RandomForestClassifier（随机森林分类器）的实例，然后分别定义训练分类器的样本和标签，其含义是 [1, 2, 3] 这一行数据样本对应的标签是 0，[11, 12, 13] 样本对应的数据是 1；调用估计器的 fit 方法拟合数据，尝试调用估计器的 predict 方法去预测训练数据后，调用 predict 方法预测新的数据。

示例 11-1　估计器

```
from sklearn.ensemble import RandomForestClassifier

rfc = RandomForestClassifier(random_state=0)
train_data = [[1, 2, 3],
              [11, 12, 13]]
train_label = [0, 1]

result = rfc.fit(train_data, train_label)

result = rfc.predict(train_data)
print(" 预测 train_data:", result)

result = rfc.predict([[4, 5, 6],
                      [14, 15, 16]])
print(" 预测新数据的结果 1:", result)
```

```
result = rfc.predict([[400, 500, 600],
                      [8, 5, 2]])
print(" 预测新数据的结果 2:", result)
```

估计器对 3 组数据的预测结果如图 11-10 所示。

```
预测train_data: [0 1]
预测新数据的结果1: [0 1]
预测新数据的结果2: [1 0]
```

图 11-10 预测结果

温馨提示

从图 11-10 中可以看到，rfc 估计器对象预测的数据，得到的结果与 train_label 一样。对于新的数据，预测结果有的一样，有的不一样，读者此时不必太在意这个结果及产生这个结果的原因。因为这背后涉及复杂的算法逻辑，这将在后续章节进行简要介绍。

另外，在实践中，用户可以将这些算法模型当作一个黑盒，只需要了解基本原理，知道怎么用，以及模型产生的结果有何实际意义即可。至于每个模型是怎么开发出来的，不必深入研究，除非需要开发一个自己的算法模型。

11.2.3 转换器

机器学习工作流中包含数据转换与预处理步骤，因此还需要数据转换器与预处理器。转换器、预处理器与估计器拥有部分相同的 API，因为它们都继承了 BaseEstimator 类。不同的是，转换器有转换方法，没有预测方法。

如示例 11-2 所示，创建 StandardScaler 实例来对数据进行标准化。StandardScaler 使得数据的均值为 0，标准差（也称方差）为 1。其目的是将数据按规则缩放到一定范围，避免标准差过大，从而降低某些特征对运算结果的影响。

示例 11-2 标准化数据

```
from sklearn.preprocessing import StandardScaler

data = [[2, 20, 60], [4, -4, 26]]

result = StandardScaler().fit(data).transform(data)
print(" 转换后的数据：", result)
print(" 转换后的均值：", result.mean())
print(" 转换后的标准差：", result.std())
```

执行结果如图 11-11 所示，显示了原始数据经过标准化后的结果。

```
转换后的数据： [[-1.  1.  1.]
 [ 1. -1. -1.]]
转换后的均值： 0.0
转换后的标准差： 1.0
```

图 11-11　标准化后的数据

11.2.4 管道

在机器学习训练过程中，大多情况下估计器和转换器都是按顺序串联起来使用。为此 scikit-learn 提供了一个统一的对象：管道。

如示例 11-3 所示，创建管道拟合与预测数据。调用 make_pipeline 方法创建管道对象，调用 load_iris 方法加载鸢尾花数据集，调用 train_test_split 方法将数据集分割为训练集与测试集，然后使用管道对象拟合训练集。由于管道本身也是一个估计器，因此可以直接在管道对象上调用 fit 方法；之后再使用管道对象预测测试集，通过调用 accuracy_score 方法获取预测的准确度。

示例 11-3　机器学习工作流管道

```
from sklearn.preprocessing import StandardScaler
from sklearn.linear_model import LogisticRegression
from sklearn.pipeline import make_pipeline
from sklearn.DataSets import load_iris
from sklearn.model_selection import train_test_split
from sklearn.metrics import accuracy_score

# 创建管道
pipe = make_pipeline(
    StandardScaler(),
    LogisticRegression(random_state=0)
)

X, y = load_iris(return_X_y=True)

# 分割数据集为训练集和测试集
# X_train 与 y_train 为训练集的数据与标签
# X_test 与 y_test 为测试集的数据与标签
X_train, X_test, y_train, y_test = train_test_split(X, y, random_state=0)

# 使用管道训练传入 X_train 和 y_train 训练模型
pipe.fit(X_train, y_train)

# 使用管道预测测试集的数据，将预测的分类与 y_test 进行对比以获取预测的准确度
result = accuracy_score(pipe.predict(X_test), y_test)
print(" 预测的准确度：", result)
```

执行结果如图 11-12 所示，输出预测的准确率。

```
预测的准确度： 0.9736842105263158
```

图 11-12　输出预测准确度

温馨提示

从编程角度看，本示例实现了一个非常简单的机器学习工作流。这个工作流的第 1 步是调用 StandardScaler 来对数据进行标准化，然后调用 Logistic 回归分类器对数据进行分类。这两个步骤是在管道中一次性执行完毕的，而大多数机器学习算法都需要进行多次迭代，因此管道机制非常符合实际需求。

11.2.5 模型评估

在机器学习过程中，若是基于某些数据进行训练，然后通过对测试集预测得到了一个较高的分数，就确定这个模型是优秀的，就显得非常片面。因为很多情况下，数据覆盖不全、模型选择不恰当、训练强度不够，都可能导致模型不能很好地泛化，所以需要使用一些算法来评估模型的性能，如交叉验证。

交叉验证是指在训练集上进行多次随机拆分，把每次拆分的训练集拿来进行一次拟合，并把对应的测试集拿来进行预测，然后通过得到的多个预测指标来综合评估模型的性能。

如示例 11-4 所示，调用 cross_validate 方法进行交叉验证。其中 lr 是估计器，X 是训练集，y 是对应的标签，result['test_score'] 是每一次验证的得分情况。

示例 11-4　交叉验证用法

```
from sklearn.DataSets import make_regression
from sklearn.linear_model import LinearRegression
from sklearn.model_selection import cross_validate

X, y = make_regression(n_samples=1000, random_state=0)
print(" 训练集: ", X.shape)
print(" 训练集标签: ", y.shape)
lr = LinearRegression()

result = cross_validate(lr, X, y)
print(result['test_score'])
```

11.3 Spark 机器学习库

Spark MLlib 是 Spark 的机器学习库，与 scikit-learn 相比，Spark MLlib 同样拥有大量的机器学习算法模型，以及用于进行特征工程和构建管道的 API，同时还包含了额外的用于进行线性代数、数据处理的工具类。在数据量较小的时候，使用 scikit-learn 即可，但是在大数据领域，更推荐使用 Spark 的机器学习库。

11.3.1 管道

Spark 的机器学习管道，也可称为机器学习工作流，这个管道实际上与 scikit-learn 的管道概念是一致的。Spark ML 管道概念的设计灵感来源于 scikit-learn。

Spark ML 管道包含以下几个重要组件。

DataFrame：在 Spark 2.0 之前，使用 RDD 作为模型的输入参数；在 Spark2.0 之后，基于 RDD 的 API 进入维护模式，基于 DataFrame 的 API 也被移到 spark.ml 包下。预计在 Spark 3.0 之后，基于 RDD 的 API 将被完全移除。与 scikit-learn 相比，scikit-learn 的参数主要是矩阵，而 Spark 的 DataFrame 类型自述性更强。

Estimator：估计器，这一点与 scikit-learn 类似，都是对一个算法模型的描述，并且 Spark 的估计器也有 fit 方法。调用估计器的 fit 方法，估计器就会基于传入的 DataFrame 来进行训练，之后会产生一个 Transformer。

Transformer：转换器，用于将一个 DataFrame 转换为另一个 DataFrame，如一个 DataFrame 没有标签列，经过 Transformer 转换后，新的 DataFrame 就包含了该列，用于进行后续计算。

Parameter：用来设置 Transformer 和 Estimator 的参数。

Pipeline：管道，就是机器学习流程各阶段按顺序运行的对象集合。

管道的每个阶段包含一个转换器或估计器。在数据转换阶段，调用转换器的 Transform 方法得到新的 DataFrame；在拟合阶段，调用估计器的 fit 方法训练模型，此时会得到一个新的 Transformer。

一个机器学习工作流的流程如图 11-13 所示。其中 Tokenizer、HashingTF、Logistic Regression Model 表示转换器，Logistic Regression 表示估计器，3 个圆柱表示 DataFrame。该图包含了机器学习的 3 个步骤，含义如下。

第 1 步：RawText（原始数据，是一个 DataFrame）经过 Tokenizer 转换器转换，得到 Words（转换后的数据，也是 DataFrame）。

第 2 步：Words 经过 HashingTF 转换后得到 Feature Vectors（基于向量的 DataFrame）。

第 3 步：Feature Vectors 经过 Logistic 回归分类器处理后，得到一个训练后的模型，该模型也是一个转换器。最后，使用这个转换器就可以尝试对新的数据进行预测或转换了。

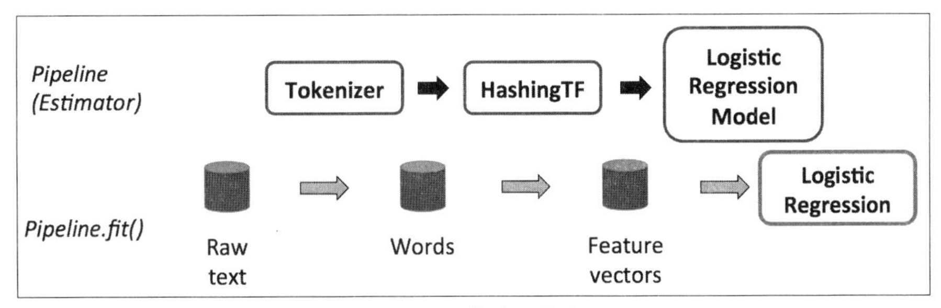

图 11-13 管道工作流程

实际上，管道本身也是一个估计器，因此可以在管道上调用 fit 方法，产生的 PipelineModel（管道模型）是一个转换器，然后直接调用 PipelineModel 即可尝试对新的数据进行预测或转换，如图 11-14 所示。

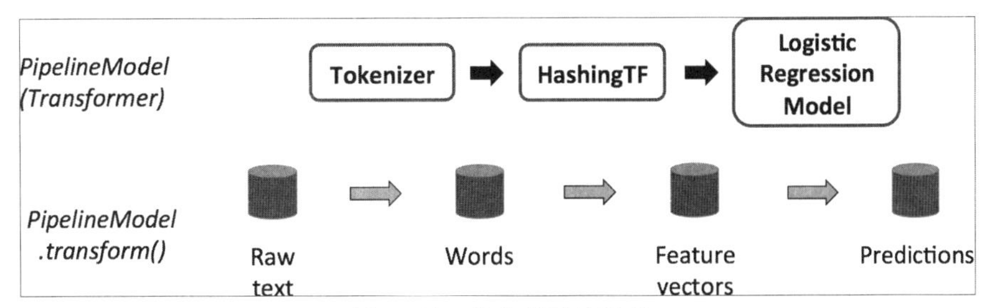

图 11-14 管道模型转换器

11.3.2 估计器与转换器的基本使用

示例 11-5 演示了估计器与转换器的基本使用方式。调用 createDataFrame 函数创建训练集，其中 Vectors.dense 用于创建稠密向量，类似 [0.0, 1.1, 0.1] 这样的数据对应 DataFrame 中的 features 列，1.0、0.0 对应的是标签列；创建一个 Logistic 回归分类器的实例 lr，调用 lr 的 fit 方法拟合 training 数据，得到模型；调用 model 的 transform 方法去预测测试集的特征分类。

示例 11-5 估计器与转换器的基本使用方式

```
from pyspark.ml.linalg import Vectors
from pyspark.ml.classification import LogisticRegression
from pyspark.sql import SparkSession

spark = spark = SparkSession.builder.getOrCreate()
# 创建训练集
training = spark.createDataFrame([
    (1.0, Vectors.dense([0.0, 1.1, 0.1])),
    (0.0, Vectors.dense([2.0, 1.0, -1.0])),
```

```
    (0.0, Vectors.dense([2.0, 1.3, 1.0])),
    (1.0, Vectors.dense([0.0, 1.2, -0.5]))], ["label", "features"])

# 创建一个 Logistic 回归实例，这是一个估计器
lr = LogisticRegression(maxIter=10, regParam=0.01)

# 使用估计器拟合 training 训练数据，得到一个训练后的模型
# 该模型是一个转换器
model = lr.fit(training)

# 创建测试集
test = spark.createDataFrame([
    (1.0, Vectors.dense([-1.0, 1.5, 1.3])),
    (0.0, Vectors.dense([3.0, 2.0, -0.1])),
    (1.0, Vectors.dense([0.0, 2.2, -1.5]))], ["label", "features"])

# 得到预测结果
prediction = model.transform(test)
result = prediction.select("features", "label", "probability", "prediction").
collect()

for row in result:
    print("features={}, label={} -> \n probability={}, prediction={} \n".
          format(row.features, row.label, row.probability, row.prediction))
```

11.4 实训：简单的情感分析

构建一个机器学习工作流，用于对英文文档进行情感分析。

1. 实现思路

情感分析是机器学习中的一个常见问题。情感分析首先需要建立语料库，并给文档加上标注；然后使用 Tokenizer 分词器对文档进行分词，使用 HashingTF 转换器将词转换成特征向量；之后调用合适的估计器，如 Logistic 回归进行模型训练；最后就可以对新的文档进行预测。

2. 编程实现

示例 11-6 演示了管道的使用方法，并简单实现了情感分析的功能。创建一个训练集，每一行代表一个文档。text 表示文档内容，label 是文档的标签；1 表示喜欢 Spark，0 为不喜欢；创建 Tokenizer 分词器和 HashingTF 转换器用于将词转换为特征向量；创建一个 Pipeline 对象，并将

Tokenizer、HashingTF 与 Logistic 回归算法模型组合在一起，构造一个机器学习工作流；由于管道本身也是估计器，因此可以调用 fit 方法拟合数据；由于 fit 后的模型是一个转换器，因此可以调用 model 的 transform 方法去预测测试集的数据。

示例 11-6　构造管道进行简单的情感分析

```
from pyspark.ml import Pipeline
from pyspark.ml.classification import LogisticRegression
from pyspark.ml.feature import HashingTF, Tokenizer
from pyspark.sql import SparkSession

spark = SparkSession.builder.getOrCreate()
# 创建训练集
train_data = spark.createDataFrame([
    ("I like spark ", 1.0),
    ("hbase hive", 0.0),
    ("spark good spark nice hello spark", 1.0),
    ("hbase hadoop hive", 0.0)
], ["text", "label"])

# 创建 Tokenizer 分词器
tokenizer = Tokenizer(inputCol="text", outputCol="words")
# 创建 HashingTF 转换器
hashingTF = HashingTF(inputCol=tokenizer.getOutputCol(), outputCol="features")
# 创建 lr 估计器
lr = LogisticRegression(maxIter=10, regParam=0.001)
# 创建机器学习管道，将 Tokenizer 分词器，HashingTF 转换器和 lr 估计器放入其中
pipeline = Pipeline(stages=[tokenizer, hashingTF, lr])

# 使用管道拟合数据
model = pipeline.fit(train_data)

# 创建测试集
test_data = spark.createDataFrame([
    ("spark not bad",),
    ("spark is ok",),
    ("hbase",),
    ("apache hadoop hive",)
], ["text"])

# 对测试集进行预测
prediction = model.transform(test_data)
selected = prediction.select("text", "probability", "prediction")
for row in selected.collect():
    text, prob, prediction = row
    print("({}) --> prob={}, prediction={}".format(text, str(prob), prediction))
```

本章小结

本章简要介绍了两个机器学习库：scikit-learn 库和 Spark MLlib 库。介绍 scikit-learn 是因为机器学习算法逻辑相对复杂，但是从 scikit-learn 入门门槛相对较低。另外可以看到 Spark MLlib 库的一些设计理念是直接从 scikit-learn 库套用过来的，这对于希望在大数据上使用机器学习的读者来说，也是一大益处。本章只介绍了 scikit-learn 库和 Spark MLlib 库的基本开发流程，让读者对机器学习有个大概的认识。对于回归、测试集、训练集等概念未做过多的描述，是为了缓解读者的记忆压力，这些内容会在后面的章节中介绍。

第 12 章

处理分类问题

★本章导读★

本章首先介绍分类问题的基本概念与处理流程，然后介绍如何使用 scikit-learn 与 Spark ML 实现分类算法。在介绍过程中，本书不会去推导数学公式，以降低学习难度。在实践中，即使不完全清楚这些算法背后的数学原理，也能训练出良好的模型。

★知识要点★

通过对本章内容的学习，读者能掌握以下知识技能。

- 了解分类问题的背景
- 了解常见分类算法的基本原理
- 掌握 scikit-learn 与 Spark ML 中分类算法模型的应用

12.1 分类问题概述

在生活中，经常需要对物品进行分类。分类存在两种情况，一种是根据已知物品的类别，来预测新物品的类别，这是监督学习下的分类；另一种是不清楚物品类别，需要将其归类，这是非监督学习下的分类。

数据分类的应用非常广泛，如垃圾邮件分类、种子分类、矿物分类、动物分类、客户等级分类、产品质量分类等。

监督学习下的分类遵循机器学习的一般流程，这里进一步介绍如下。

1. 训练模型

在训练模型前，一般要将原始数据集划分为至少两类：训练集与测试集。在监督学习模式下，训练集带有样本标签。在算法模型构造好以后，就可以将训练集传入算法，开始训练。训练的过程就是机器学习的过程，训练的目的就是让算法模型能更好地拟合训练集的数据。训练完毕后，就使用测试集来验证模型的泛化能力。这时测试集一般也带有样本标签，将测试集的实际标签与模型预测的标签进行对比，若是偏差较大，则说明模型的泛化能力弱，需要对参数进行调整，再次训练。

参数有普通参数和超参数之分，普通参数，如模型 y=wx+b 中的 w 和 b，这是在模型训练过程中算法自己调节的。超参数是指训练次数、学习率、迭代次数、神经网络中的节点数、隐藏层层数等需要人为干预的参数。

那么超参数依据什么来进行调整呢？

若是将训练后的模型直接使用测试集进行测试，根据测试的结果去调整超参数，调整完毕后重新训练模型，然后再将这个模型使用测试集进行测试，这显然是不对的。此时测试的结果即便达到百分百的拟合，没有一点误差，也不能说明模型对新的数据集的预测是有效的，因为这时的超参数是根据测试集来调整的。

所以，大多时候会将数据集划分为 3 类，除训练集、测试集外，还增加一个验证集。

算法使用训练集训练之后得到一个模型，然后使用验证集来验证模型。如果模型性能不能达到预期，则调整超参数，继续训练，之后再用验证集验证，如此反复，直到获得一个相对理想的模型。最后再用这个相对理想的模型去对测试集的数据进行预测。如果拟合得比较好，就说明这个模型性能不错，泛化能力强，有理由相信这个模型对于更多的数据也有相当强的泛化能力。

那么什么样的模型才算相对理想的模型呢？

在训练过程中，可以随时观察输出的损失值。如果模型是有效的，随着训练的推进，损失值会逐步减小，直到收敛。收敛是指不管怎么调整迭代次数、训练次数，这个误差都逼近一个值，但是不存在明显的变化。每次训练完毕后使用验证集去评估模型的性能，若是性能达不到预期，则再次调整超参数。多次调整后，就会得到一组验证数据，那么在这一组数据里面，损失最小或者精确度最高的数据所对应的模型就是当前情况下最理想的模型。

实际上，选择模型、训练模型在一定程度上与经验有关。在解决机器学习问题的时候，没有哪种算法模型一定就是最好的，也没有什么固定的参数一定可以训练出非常好的模型，如使用 Softmax 模型构建的神经网络，对于手写字的识别就是没有通过卷积神经网络识别的效果好。

2. 模型预测

获得相对理想的模型之后，就可以用来对数据进行预测了。这时的数据特征组织方式需要与测试集的构造方式保持一致，但是没有标签，这个标签是需要通过算法预测的。

标签本身分为 3 种情况，介绍如下。

二分类标签：标签只有两类，如对与错。

多分类标签：标签类别存在多种情况，如高、中、低。

存在交叉的标签：标签类别存在交叉情况，如一幅画既可以是油画，也可以是抽象画。

12.2 决策树

决策树是用于对数据进行分类和回归的监督学习方法。决策树通过对数据集的学习，从中提取出判别规则，然后预测新数据集的样本类别。

12.2.1 决策树简介

决策树与一般的树形结构并无太大区别，图 12-1 演示了贷款公司决定是否给客户贷款的决策过程。首先从根节点开始，检查客户征信信息，若是没通过征信检查则直接拒贷，如果通过了则检查客户银行流水。若是客户银行流水显示其每月收入低于 5000 元，直接拒贷；如果月收入大于 20000 元，直接放贷；若是流水在 5000~20000 元，则查看客户现有的固定资产，如房产证、私家车。若客户的固定资产在 200000 元之下则拒贷，否则准予贷款。

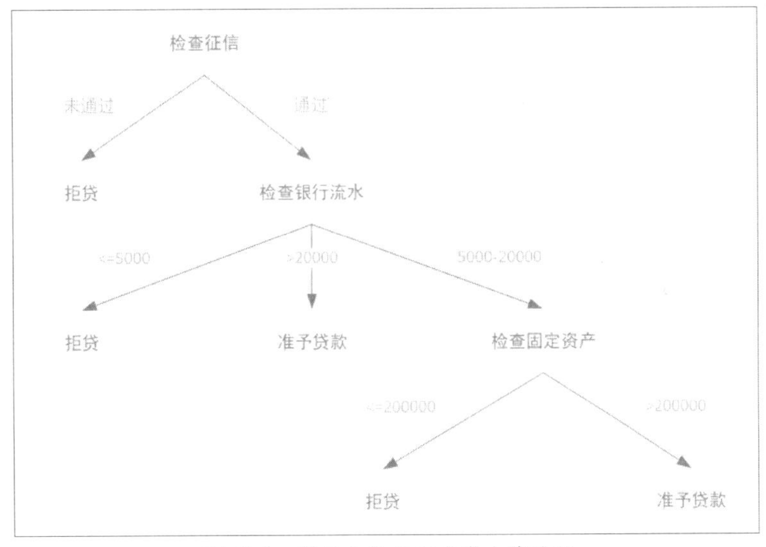

图 12-1 贷款公司是否准贷决策过程

在决策树中，方形部分称为决策节点，向下的箭头连线为决策输出，椭圆形节点为决策结果，即输出分类。在决策过程中，从根节点开始往下，判断样本的特征值，直到在某个分支无法继续向下的时候，此时得到的类别就是样本的标签。

决策树在使用上非常轻松，通过构造树形进行分析的形式，使得这一算法更容易理解。同时，还可以使用工具将树进行可视化展示。值得注意的是，在应用过程中，开发者不应构造过于复杂的树，即树的层级不要太深，也不要太宽，因为过于复杂的树可能面临过拟合的问题。过拟合是指模型在训练集、验证集上表现得很好，但是在测试集上表现较差。另外，在构造训练集的时候，也要注意各类别的数据量要尽量均匀，否则容易形成有偏见的树。

12.2.2 scikit-learn 决策树

scikit-learn 有多个构建决策树的模块，本小节主要介绍 DecisionTreeClassifier 对象的用法。DecisionTreeClassifier 类在 sklearn.tree 模块下，具有多个参数，如表 12-1 所示。

表 12-1 DecisionTreeClassifier 参数

参数名称	含义
criterion	用于设置特征选择的方式，有“gini”（基尼）和“entropy”（熵）两个取值，默认值是“gini”。实际上，实现决策树的算法有多种，如 ID3、C4.5、C5.0 和 CART。“gini”是 CART 的算法度量，因此 DecisionTreeClassifier 默认采用的是 CART 算法实现
splitter	特征划分策略。有“best”“random”两个取值，默认值是“best”。“best”表示最佳拆分，“random”表示随机拆分
max_depth	决策树最大深度。参数类型为 int，默认值为 None，其目的是控制树的层级，若是树层级较深，则容易发生过拟合
min_samples_split	判断节点内部再次进行划分的最小样本数量，默认值为 2
min_samples_leaf	叶子节点最小样本数量，默认值为 1，表示如果叶子节点数量小于该值，则和兄弟节点一起被剪枝
min_weight_fraction_leaf	每一个叶子节点所有样本加权值的和的最小值，默认值为 0，表示不考虑叶子节点样本权重的问题
max_features	最大特征数，默认值为 None，表示允许搜索的特征的最大个数
random_state	随机种子，默认值为 None
max_leaf_nodes	叶子节点的最大个数，默认值为 None
min_impurity_decrease	若是 gini 不纯度在划分后小于该值，那么该节点内部不划分，其默认值为 0
min_impurity_split	节点当前的 gini 不纯度在小于该值时，节点内部不划分，默认值为 None。该参数会在未来的版本中移除，使用 min_impurity_decrease 参数进行代替
class_weight	设置样本中每个类别的权重，默认值为 None
presort	对训练的数据集进行预排序，默认值为 False
ccp_alpha	用于设置剪枝的参数，默认情况下不剪枝

DecisionTreeClassifier 看似参数很多，显得较为复杂，实际一般情况下只用得上两三个参数，甚至不用传递参数。

示例 12-1 演示了使用 DecisionTreeClassifier 对鸢尾花进行分类。首先导入相关的包，调用 load_iris 方法加载鸢尾花数据集。除此之外，scikit-learn 集成了多种数据集，iris.data 表示数据集，iris.target 表示样本数据的标签，里面是鸢尾花的分类；test_size 表示测试集的大小。调用 train_test_split 方法，将数据集按训练集 80% 与测试集 20% 的比例进行划分，该方法返回 4 个结果，即训练集、训练集标签、测试集、测试集标签，创建一个决策树对象，并使用该对象拟合数据；x_train 是训练集，y_train 是对应的标签。调用 predict 方法对测试集进行分类预测，计算预测结果与实际结果相同的多个数据；调用 metrics 模块下的 accuracy_score 方法来评估预测结果，获取预测的准确率。

示例 12-1　使用决策树对鸢尾花数据集进行分类

```
from sklearn import metrics
from sklearn.DataSets import load_iris
from sklearn.model_selection import train_test_split
from sklearn.tree import DecisionTreeClassifier
import numpy as np

iris = load_iris()
x_train, x_test, y_train, y_test = train_test_split(iris.data, iris.target, test_
size=0.2)
clf = DecisionTreeClassifier()
clf.fit(x_train, y_train)
predict_target = clf.predict(x_test)
print("测试集标签的形状：",np.array(y_test).shape)
print("预测值与实际值相同的数量：", np.sum(y_test == predict_target))
print("预测效果得分：", metrics.accuracy_score(y_test, predict_target,
normalize=True, sample_weight=None))
```

执行结果如图 12-2 所示。可以看到，测试集标签本身有 30 个数据，预测输出有 27 个数据相同，正确率达到了 90%。

图 12-2　决策树分类效果

scikit-learn 的 tree 模块提供了将决策树可视化的方法，操作步骤如下。

步骤 01 ▸ 使用 pip 命令安装 Graphviz。

```
pip install graphviz
```

步骤 02 ▸ 下载 Graphviz 安装包。如图 12-3 所示，官网提供了 3 个平台的安装文件。

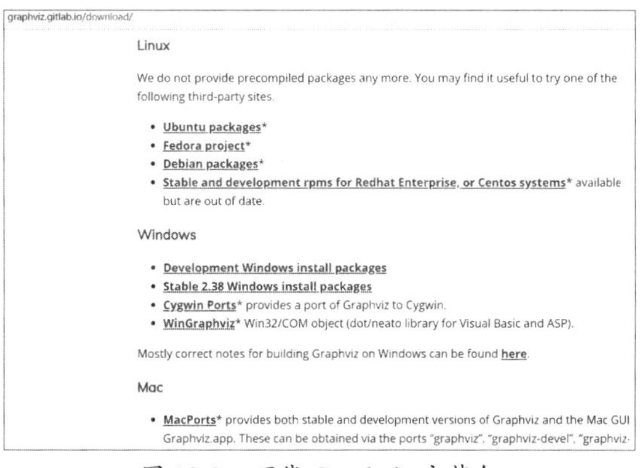

图 12-3　下载 Graphviz 安装包

步骤 03 ▸ 笔者是在 Windows 平台上开发，因此还需要配置环境变量，如图 12-4 所示。

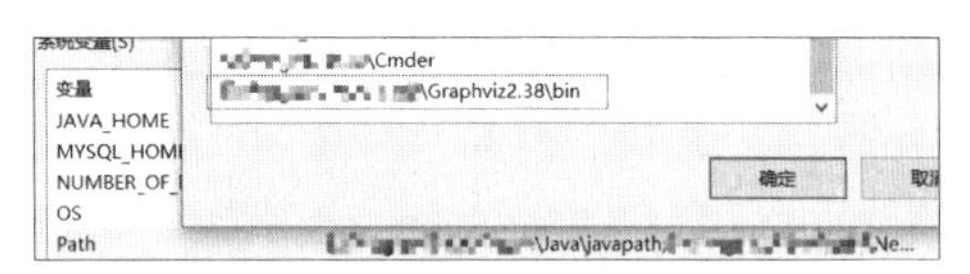

图 12-4　配置 Graphviz 环境变量

步骤 04 ▸ 如示例 12-2 所示，导入 tree 模块和 graphviz 模块，调用 export_graphviz 方法构造导出绘图所需的数据，调用 Source 方法设置数据源和输出的图片格式，调用 render 方法生成图片。

示例 12-2　显示决策树的决策规则

```
from sklearn.DataSets import load_iris
from sklearn.model_selection import train_test_split
from sklearn.tree import DecisionTreeClassifier
from sklearn import tree
import graphviz

iris = load_iris()
x_train, x_test, y_train, y_test = train_test_split(iris.data, iris.target, test_
size=0.2)
clf = DecisionTreeClassifier()
clf.fit(x_train, y_train)

dot_data = tree.export_graphviz(clf, out_file=None)
graph = graphviz.Source(dot_data, format="png")
graph.render("iris")
```

执行结果如图 12-5 所示，显示了决策树的决策规则。

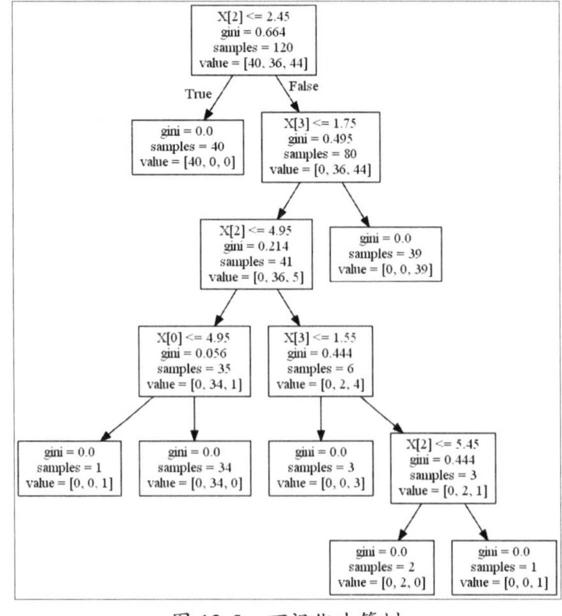

图 12-5　可视化决策树

12.2.3 Spark ML 决策树

在 Spark ML 中 DecisionTreeClassifier 对象提供了决策树的算法实现，示例 12-3 演示了 DecisionTreeClassifier 的用法。使用 Spark 加载 libsvm 格式的数据。打开数据集，可以看到数据行的组织方式如下。

```
0 128:51 129:159 130:253
```

其中，0 表示该行样本的标签，128、129、130 是指该行样本的各数据的索引，这些索引可以连续也可不连续，51、159、253 是指该索引对应的数据。

加载文件后，data 对象包含两个列：label 与 features 的 DataFrame。label 就是标签，features 就是同一行后面的特征数据。

创建一个 StringIndexer 标签索引器，将数据集中每一行样本的标签转换成整数索引。该转换器上指定输入列列名为“label”，输出列列名为“indexedLabel”，因此该行的意思是将 data 对象中的 label 列进行索引化，将索引化后的数据存放在 indexedLabel 列。

创建一个 VectorIndexer 向量索引器，它可以将以向量表示的特征进行索引化。该行的意思是将 features 列索引化为 indexedFeatures 列。maxCategories 表示控制最大输出分类。

将数据集按 8 ∶ 2 的比例拆分为训练集与测试集。

创建一个决策树对象，labelCol 相当于 scikit-learn 决策树中的训练集标签，featuresCol 相当于训练集数据。

接下来传入 label_indexer, feature_indexer, dt 这 3 个参数（每个参数对应一个操作步骤）来实例化 Pipeline 对象，以构造一个机器学习管道。

训练完毕后，调用管道的 transform 方法预测测试集数据。

构造一个评估器对象，用以评估预测结果的准确率。

示例 12-3 Spark ML 决策树预测分类

```
from pyspark.ml.evaluation import MulticlassClassificationEvaluator

from pyspark.ml import Pipeline
from pyspark.ml.classification import DecisionTreeClassifier

from pyspark.ml.feature import StringIndexer, VectorIndexer
from pyspark.sql import SparkSession

spark = SparkSession \
    .builder \
    .appName("decision tree") \
    .getOrCreate()

path = r"./sample_libsvm_data.txt"
```

```
# 加载数据集
data = spark.read.format("libsvm").load(path)

# 创建一个标签索引器
# 调用 fit 方法拟合数据，将所有标签映射到对应索引
label_indexer = StringIndexer(inputCol="label", outputCol="indexedLabel").fit(data)
# 将样本数据转换为特征向量
feature_indexer = VectorIndexer(inputCol="features", outputCol="indexedFeatures",
maxCategories=4).fit(data)
# 将数据集按 8:2 拆分成训练集与测试集
train, test = data.randomSplit([0.8, 0.2])
# 训练决策树模型
# featuresCol：传入索引化后的特征列 indexedFeatures
# labelCol：传入索引化后的标签列 indexedLabel
dt = DecisionTreeClassifier(labelCol="indexedLabel", featuresCol="indexedFeatures")
# 创建一个管道，构造机器学习工作流
pipeline = Pipeline(stages=[label_indexer, feature_indexer, dt])
# 训练模型
model = pipeline.fit(train)
# 预测测试集数据
predictions = model.transform(test)
# 构造多分类评估器，用于评估预测结果的准确度
evaluator = MulticlassClassificationEvaluator(labelCol="indexedLabel",
predictionCol="prediction",
                                              metricName="accuracy")
accuracy = evaluator.evaluate(predictions)
print(" 准确率为 :", accuracy)
```

执行结果如图 12-6 所示，可以看到针对本示例的数据样本，预测结果的准确率达到了 92%。

```
准确率为: 0.9285714285714286
```

图 12-6　输出预测结果的准确率

12.3 随机森林

随机森林是一个用于进行分类和回归的机器学习算法，它利用多个决策树返回的结果来确定最终的分类结果。随机森林采用的是集成学习的思想，就是将多个分类器或回归器组合成一个分类器或回归器。

12.3.1 随机森林简介

随机森林这个名词包含了两部分意思，一个是随机，另一个是森林。

假设一个样本的形状是 [M,N]，表示有 M 个样本点，N 个特征。随机是指从 M 个样本点中随机选择 m 个样本点，m < M；再从 N 个特征中随机选择 n 个特征，n < N。注意，这里的选择都是放回取样。基于每次选择的结果，获取最优特征划分点来构造决策树。重复这样的操作 Y 次，那么将形成 Y 棵决策树，这些树被形象地称为森林。

随机森林的最终输出结果就是根据这些决策树的输出结果取众数。意思就是，假设各决策树输出的结果为 [2,2,2,2,3,3,4,4]，那么随机森林的最终输出结果就是 2。

12.3.2 scikit-learn 随机森林

scikit-learn 实现的随机森林是在集成学习模块下，本小节主要介绍 RandomForestClassifier 对象的用法。

RandomForestClassifier 类在 sklearn.ensemble 模块下具有多个参数，如表 12-2 所示。

表 12-2　RandomForestClassifier 参数

参数名称	含义
n_estimators	森林中树的数量，默认值为 100
criterion	用于设置特征选择的方式，有“gini”（基尼），“entropy”（熵）两个取值，默认值是“gini”。实际上，实现决策树的算法有多种，如 ID3、C4.5、C5.0 和 CART。“gini”是 CART 的算法度量，因此 RandomForestClassifier 默认采用的是 CART 算法实现
max_depth	决策树最大深度。参数类型为 int，默认值为 None。其目的是控制树的层级，若是树层级较深，则容易发生过拟合
min_samples_split	判断节点内部再次进行划分的最小样本数量，默认值为 2
min_samples_leaf	叶子节点最小样本数量，默认值为 1，表示如果叶子节点数量小于该值，则和兄弟节点一起被剪枝
min_weight_fraction_leaf	每一个叶子节点所有样本加权值的和的最小值，默认值为 0，表示不考虑叶子节点样本权重的问题
max_features	最大特征数，默认值为 auto，表示允许搜索的特征的最大个数
max_leaf_nodes	叶子节点的最大个数，默认值为 None
min_impurity_decrease	若是 gini 不纯度在划分后小于该值，那么该节点内部不划分，其默认值为 0
min_impurity_split	节点当前的 gini 不纯度小于该值时，节点内部不划分，默认值为 1e-7
bootstrap	样本的采集方式，在样本数量较小的情况下性能表现优异，默认值为 True
oob_score	是否采用装袋外的样本来观察泛化准确度，默认值为 False
n_jobs	要并行执行的作业树
random_state	随机种子，默认值为 None
verbose	控制在拟合和预测时输出过程信息的详细程度，默认值为 0

续表

参数名称	含义
warm_start	是否使用整个森林重新拟合，默认值为 False
class_weight	设置样本中每个类别的权重，默认值为 None
ccp_alpha	用于设置剪枝的参数，默认情况下不剪枝
max_samples	为每个估计器提取的最大样本数量，在 bootstrap 为 True 的情况下适用，默认值为 None

使用 RandomForestClassifier 对象对鸢尾花数据集进行分类如示例 12-4 所示。创建 RandomForestClassifier 分类器对象 clf，然后调用 clf 的 fit 方法训练模型；调用 predict 方法预测测试集的分类。

示例 12-4　使用 RandomForestClassifier 对鸢尾花数据集分类

```
from sklearn import metrics
from sklearn.DataSets import load_iris
from sklearn.ensemble import RandomForestClassifier
from sklearn.model_selection import train_test_split
import numpy as np

iris = load_iris()
x_train, x_test, y_train, y_test = train_test_split(iris.data, iris.target, test_
size=0.2)

clf = RandomForestClassifier(n_estimators=2)
clf.fit(x_train, y_train)

predict_target = clf.predict(x_test)
print(" 预测值与实际值相同的数量: ", np.sum(y_test == predict_target))
print(" 预测效果得分: ", metrics.accuracy_score(y_test, predict_target,
normalize=True, sample_weight=None))
```

执行结果如图 12-7 所示，可以看到预测结果的准确度为 93%。

```
预测值与实际值相同的数量： 28
预测效果得分： 0.9333333333333333
```

图 12-7　预测结果

温馨提示

在创建 RandomForestClassifier 对象时，指定了 n_estimators 参数，即森林中决策树数量为 2。该参数默认值为 100，但是数据集特征较少，数据量也小，因此在训练中将树的数量减少，以尽量避免过拟合。读者也可以自定义该参数，观察分类结果。

12.3.3 Spark ML 随机森林

本章的随书源码下包含一个名为 phone_score.csv 的文件，里面是 300 位手机用户的使用习惯特征。如图 12-8 所示，第 1 列表示用户对手机 CPU 的评分，第 2 列表示对系统流畅度的评分，第 3 列表示对内存空间的评分，第 4 列表示对电池续航能力的评分，第 5 列表示对用户的分类。分类有 3 种，1 表示注重游戏体验的用户，2 表示注重性价比的用户，0 表示其他。

1	96	4.4	94.68	97.36	1
2	86.37	4.38	92.46	81.47	1
3	87.51	5	97.86	81.38	1
4	98.47	4.88	97.05	89.9	1
5	81.27	4.2	93.28	97.14	1
6	87.92	4.73	81.95	88.57	1
7	98.2	4.67	98.56	91.62	1
8	81.81	4.67	94	87.47	1
9	85.68	4.44	82.83	83.6	1
10	89.8	4.21	88.34	85.57	1
11	93.73	4.11	82.92	82.48	1
12	86.4	4.78	98.17	99.33	1
13	97.3	4.56	95.46	85.36	1
14	87.17	4.63	88.45	83.12	1
15	88.86	4.56	91.76	86.22	1
16	87.73	4.57	97.69	96.25	1
17	96.73	4.85	98.2	95.38	1
18	97.87	4.02	92.15	90.66	1
19	97.33	4.97	83.75	83.01	1
20	86.23	4.5	80.41	98.03	1

图 12-8 手机用户特征

现在使用 Spark ML 下的 RandomForestClassifier 对象来预测用户类别，如示例 12-5 所示，读取 phone_score.csv 文件加载数据，使用 VectorAssembler 将"_c0""_c1""_c2""_c3"这 4 个列转为单个列的特征向量，并赋值到"vectorFeatures"列上；创建索引器和 RandomForestClassifier 分类器，并指定决策树的数量为 5；创建 IndexToString 对象，可以将索引化的数据转换为原始数据，这里将索引化后的标签转为真实类别；在此之后创建管道训练模型，具体不再赘述。

示例 12-5 预测用户类别

```
from pyspark.ml.feature import VectorAssembler, MinMaxScaler, StringIndexer,
VectorIndexer, IndexToString

from pyspark.ml import Pipeline
from pyspark.ml.classification import RandomForestClassifier
from pyspark.ml.evaluation import MulticlassClassificationEvaluator
from pyspark.sql import SparkSession

spark = SparkSession \
    .builder \
    .appName("random forest") \
    .getOrCreate()

# 加载数据
path = "phone_score.csv"
data = spark.read.format("csv").option("inferSchema", "true").load(path)
```

```
# 将特征列转换为向量
assembler = VectorAssembler(inputCols=["_c0", "_c1", "_c2", "_c3"],
outputCol="vectorFeatures")
vector_df = assembler.transform(data)

# 将类别与特征进行索引化
label_indexer = StringIndexer(inputCol="_c4", outputCol="indexedLabel").fit(vector_
df)
feature_indexer = VectorIndexer(inputCol="vectorFeatures",
outputCol="indexedFeatures", maxCategories=3). fit(vector_df)

# 划分训练集与测试集
train, test = vector_df.randomSplit([0.8, 0.2])

# 创建分类器
rf = RandomForestClassifier(labelCol="indexedLabel", featuresCol="indexedFeatures",
numTrees=5)

# IndexToString 与 StringIndexer 功能相反，将索引转换为原始的标签
label_converter = IndexToString(inputCol="prediction", outputCol="predictedLabel",
labels=label_indexer.labels)

# 构建管道
pipeline = Pipeline(stages=[label_indexer, feature_indexer, rf, label_converter])

model = pipeline.fit(train)

predictions = model.transform(test)

# 输出前 20 行预测结果
predictions.select("_c0", "_c1", "_c2", "_c3", "_c4", "predictedLabel").show()

evaluator = MulticlassClassificationEvaluator(labelCol="indexedLabel",
predictionCol="prediction",
                                              metricName="accuracy")
accuracy = evaluator.evaluate(predictions)
print(" 准确率为 :", accuracy)
```

执行结果如图 12-9 所示，可以看到预测结果的准确率达到了 100%。

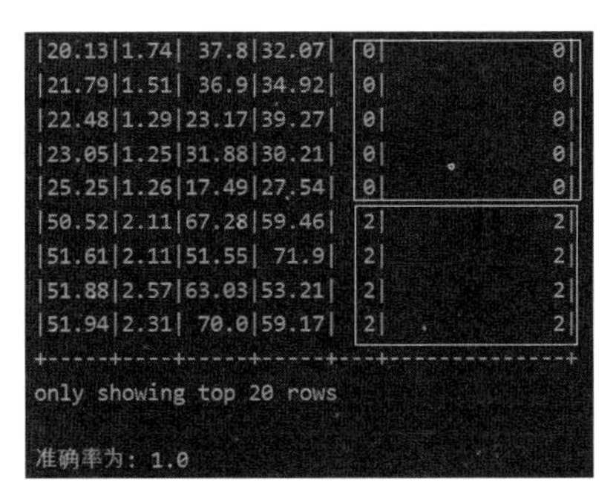

图 12-9 预测结果

温馨提示

从示例 12-5 中可以看到，预测的准确率达到了 1.0。得到如此高的准确率得益于本身的数据集处理得很好。当然，这样高的准确率也可能意味着严重的过拟合。建议读者掌握算法模型的用法后，再根据实际情况调整自己的模型。

12.4 Logistic 回归

Logistic 回归分析是广义线性回归分析的一种，根据因变量的不同，可以用来解决回归问题和分类问题。

12.4.1 Logistic 回归简介

回归是用来预测连续变量的一种模型，那为什么逻辑斯蒂回归又能用来解决分类问题呢?

实际上，从本质上讲逻辑斯蒂回归仍然是线性回归，只是在输出结果的时候，为其添加了另外一个映射函数 sigmoid。

sigmoid 的数学公式如下。

$$S(y)=\frac{1}{1+\mathrm{e}^{-y}}$$

将其可视化后的结果如图 12-10 所示，可以看到，$S(y)$ 的值域为 0~1，y 大于 0 时，$S(y)$ 的值大于 0.5，随着 y 的增大 $S(y)$ 趋近于 1；y 小于 0 时，$S(y)$ 小于 0.5，随着 y 的减小 $S(y)$ 趋近于 0。对于二分类问题来说，当样本满足线性关系 $y=f(x),y<0$ 时，有 $S(y)<0.5$，则判定该样本为负类；$S(y)>0.5$ 为正类。

对于多分类问题，如使用 Logistic 回归对鸢尾花数据集进行分类，其过程也是将多分类转换为二分类来求解的。

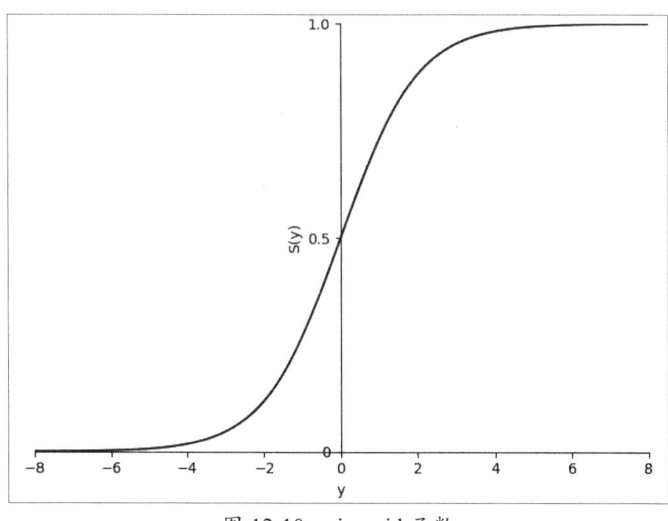

图 12-10　sigmoid 函数

12.4.2　scikit-learn Logistic 回归

scikit-learn 实现的 Logistic 回归在 linear_model 模块下，本小节主要介绍 Logistic 回归对象的用法，其参数如表 12-3 所示。

表 12-3　Logistic 回归参数

参数名称	含义
penalty	用于指定 Logistic 回归的正则化惩罚参数，默认为 L2
dual	求解对偶形式还是原始形式。值为 True 表示求解对偶形式，为 False 求解原始形式。默认值为 False
tol	损失函数停止优化条件，默认值为 1e−4
C	正则化系数的倒数，较小的值表示较强的正则化。必须为正浮点数，默认值为 1.0
fit_intercept	是否给分类函数添加偏置或截距，默认值为 true
intercept_scaling	用于影响特征权重，默认值为 1
class_weight	设置样本中每个类别的权重，默认值为 None
random_state	随机种子，默认值为 None
solver	用于指定优化算法，默认值为 lbfgs
max_iter	用于指定最大迭代次数，默认值为 100
multi_class	多种类别下的分类策略
verbose	控制拟合和预测时输出过程信息的详细程度，默认值为 0
warm_start	是否重新拟合，默认值为 False
n_jobs	并行执行的任务数
L1_ratio	Elastic-Net 混合参数

随书源码中的 apple_data.txt 文件，是果农对苹果的描述的 3 个特征和对应的等级数据。如图 12-11 所示，第 1 列表示重量，单位为克；第 2 列表示直径，单位是毫米；第 3 列表示糖度；第 4 列值为 1 表示优质果，值为 0 表示普通果。

```
apple_data.txt
1  385.58,97.74,8.41,1
2  384.68,91.2,12.32,1
3  382.91,87.03,10.14,1
4  380.15,94.44,12.66,1
5  379.57,90.58,14.58,1
6  378.7,89.07,16.33,1
7  370.41,87.05,11.67,1
8  368.51,89.49,9.19,1
9  363.6,92.95,8.7,1
10 362.43,92.95,14.97,1
11 362.18,99.75,12.42,1
12 362.16,91.04,14.98,1
13 362.1,91.64,16.72,1
14 361.7,96.28,9.63,1
15 359.93,91.44,11.16,1
```

图 12-11　苹果特征数据

使用 Logistic 回归模型对苹果等级进行分类，如示例 12-6 所示。

示例 12-6　对苹果进行分类

```
import numpy as np
from sklearn.linear_model import LogisticRegression
from sklearn.model_selection import train_test_split

path = "apple_data.txt"
# 加载数据
all_data = np.genfromtxt(path, delimiter=',', dtype=np.float)
# 将数据与样本拆分
data, labels = np.array(all_data[:, :3]), np.array(all_data[:, 3:]).flatten()
# 进一步拆分训练集与测试集
x_train, x_test, y_train, y_test = train_test_split(data, labels, test_size=0.2)
# 拟合数据
clf = LogisticRegression(random_state=2, solver="lbfgs").fit(x_train, y_train)

predict_target = clf.predict(x_test)

# 获取预测的结果可能性
predict_proba = clf.predict_proba(x_test)
print(predict_proba)
```

执行结果如图 12-12 所示，可以看到输出的结果在两种分类上的置信度。

```
[[1.00000000e+000 4.55636438e-032]
 [1.00000000e+000 1.67797977e-068]
 [1.00000000e+000 4.27176850e-037]
 [1.00000000e+000 6.29525455e-034]
 [5.95875915e-001 4.04124085e-001]
 [9.95390877e-001 4.60912253e-003]
 [9.99033708e-001 9.66292201e-004]
 [4.29574598e-010 1.00000000e+000]
 [1.00000000e+000 7.91043687e-073]
 [1.00000000e+000 2.04394984e-042]
 [1.00000000e+000 6.86114132e-078]
 [1.00000000e+000 5.00315427e-034]
 [1.00000000e+000 4.89212865e-011]
 [1.00000000e+000 3.92500581e-069]
```

图 12-12　预测的置信度

12.4.3 Spark ML Logistic 回归

Spark ML 提供了 Logistic 回归对象来实现分类，具体用法如示例 12-7 所示。首先加载数据，创建特征向量和分类器；之后输出预测结果，使用 evaluation 对象评估分类的性能。

示例 12-7　使用 Logistic 回归模型预测分类

```
from pyspark.ml import evaluation
from pyspark.ml.feature import VectorAssembler, StringIndexer, VectorIndexer

from pyspark.ml.classification import LogisticRegression
from pyspark.sql import SparkSession

spark = SparkSession \
    .builder \
    .appName("random forest") \
    .getOrCreate()

path = "apple_data.csv"
# 加载原始数据
data = spark.read.format("csv").option("inferSchema", "true").load(path)
# 将特征列转为特征向量
assembler = VectorAssembler(inputCols=['_c0', '_c1', '_c2'], outputCol='features')
vector_df = assembler.transform(data)
# 选出标签列 _c3 与特征列
datas = vector_df.select(['_c3', 'features'])
# 划分数据集
train, test = datas.randomSplit([0.8, 0.2])
lr_model = LogisticRegression(labelCol='_c3').fit(train)
pred_data = lr_model.transform(test)
pred_data.show(5)
# 性能评估器
```

```
evaluator = evaluation.BinaryClassificationEvaluator(rawPredictionCol="probability",
labelCol="_c3")
print("ROC 区域: ", evaluator.evaluate(pred_data, {evaluator.metricName:
"areaUnderROC"}))
print("PR 区域: ", evaluator.evaluate(pred_data, {evaluator.metricName:
"areaUnderPR"}))
```

执行结果如图 12-13 所示，“_c3”是原始数据中的标签列，rawPrediction、probability、prediction 这 3 列是经过预测后由模型自动加上去的。rawPrediction 表示原始的预测结果，反映的是某个类别的可信度，probability 是指转换的结果，prediction 表示最终结果。probability 的 [1.0,0.0] 表示该样本划分到 0 这个类别的可信度为 1.0，划分到 1 这个类别的可信度是 0.0，因此最终判定结果 prediction 的值为 0。ROC 与 PR 是用来衡量分类结果的准确度，两个值分别为 0.9971139971139971 和 0.9854312354312355，都接近 1，表示分类效果非常好。

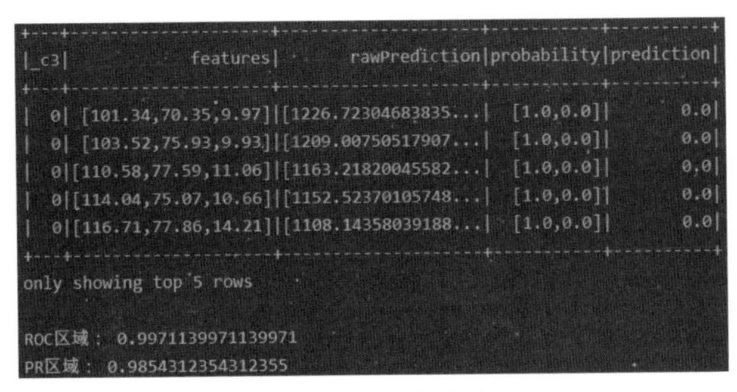
```
+---+--------------------+--------------------+-----------+----------+
|_c3|            features|       rawPrediction|probability|prediction|
+---+--------------------+--------------------+-----------+----------+
|  0| [101.34,70.35,9.97]|[1226.72304683835...|  [1.0,0.0]|       0.0|
|  0| [103.52,75.93,9.93]|[1209.00750517907...|  [1.0,0.0]|       0.0|
|  0|[110.58,77.59,11.06]|[1163.21820045582...|  [1.0,0.0]|       0.0|
|  0|[114.04,75.07,10.66]|[1152.52370105748...|  [1.0,0.0]|       0.0|
|  0|[116.71,77.86,14.21]|[1108.14358039188...|  [1.0,0.0]|       0.0|
+---+--------------------+--------------------+-----------+----------+
only showing top 5 rows

ROC区域： 0.9971139971139971
PR区域： 0.9854312354312355
```

图 12-13 分类结果

12.5 支持向量机

支持向量机全称 Support Vector Machine，简写为 SVM。它是一种监督学习算法，用于解决二分类问题。

12.5.1 SUM 简介

对于线性问题，SUM 表现为一条直线；对于非线性问题，SUM 表现为一个平面，该平面称为超平面。实际上，这条直线也可以看成分割两类样本的超平面。

如图 12-14 所示，实心圆与空心圆表示两类样本。要将样本分成两类就需要找到一条直线或一个平面。从图中可见，有多条直线可以实现对目标的分类，如 L1 与 L2。

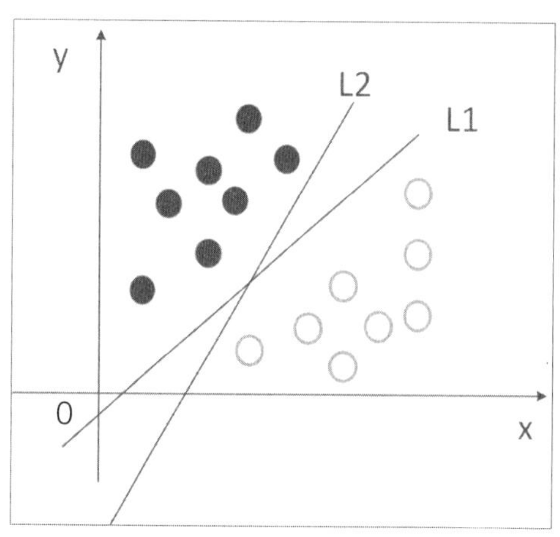

图 12-14 使用线性函数对样本进行分类

但是，这两条直线哪条的分类效果更好呢？

如图 12-15 所示，由于实心圆的一个样本点 A 离 L2 直线太近，当新增一个与 A 类似的样本后，新样本的类别极有可能被误判，这也意味着 L2 的鲁棒性太弱。再看直线 L1，由于两边最近的点的距离都差不多相等，而且距两边的点是所有分割直线中最远的，因此可以认为 L1 是较优的分类直线。

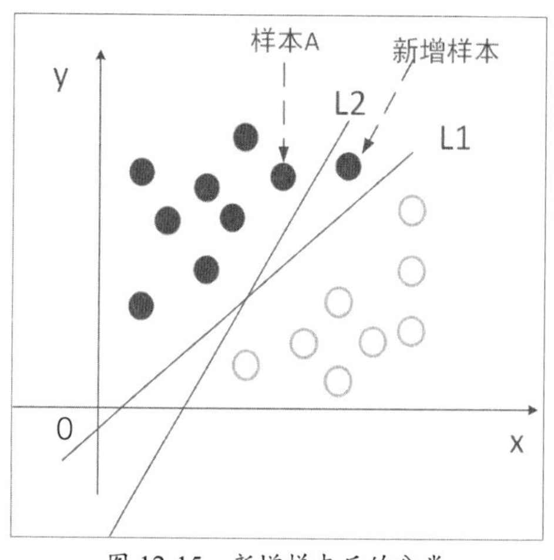

图 12-15 新增样本后的分类

那么 SVM 的工作是什么呢？

如图 12-16 所示，要使分割线 L1 具有最大的抗干扰能力，就需要两边的样本点离它足够远。图中样本 A1、A2、B1、B2 是距离 L1 最近的点，这些点称为支持向量。支持向量与 L1 的距离为 w1、w2，则 w1+ w2 就是样本边距。那么 SVM 的工作，就是寻找边距最大的支持向量，并在 (w1+ w2)/2 处建立一个超平面来使样本分开。

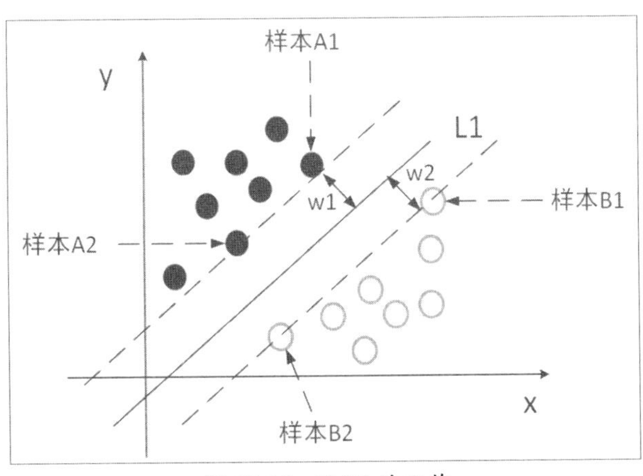

图 12-16 SVM 的工作

12.5.2 scikit-learn 支持向量机

scikit-learn 提供了 SVC、NuSVC 和 LinearSVC 这 3 个对象来实现对数据的分类。本小节主要介绍 SVC 对象的用法。

SVC 分类器的参数如表 12-4 所示。

表 12-4 SVC 分类器参数

参数名称	含义
C	惩罚系数。C 越大表示对噪声点的容忍度越小，分类准确度较高，但泛化能力偏弱。在实际应用中，一般将 C 设置偏小，适当容忍部分噪声
kernel	指定核函数的类型，取值有 linear, poly, rbf, sigmoid, precomputed 等。默认值为 rbf
degree	指定多项式函数的维度，在 kernel=poly 时有效，默认值为 3
gamma	作用于核函数的参数，在 kernel=poly、sigmoid、rbf 时有效。默认值为 scale
coef0	核函数的常数项，在 kernel=poly、sigmoid 时有效。默认为 0.0
shrinking	是否采用 shrinking heuristic 方法，默认为 True
probability	是否启用概率估计，默认为 False
tol	停止训练的误差标准，默认值为 1e-3
cache_size	指定核函数缓存大小，默认值为 200M
class_weight	类别权重
verbose	是否启用训练的详细输出，默认为 False
max_iter	设置迭代次数，默认值为-1，表示不限制
decision_function_shape	指定决策函数的形状，取值有 ovr 和 ovo，默认值为 ovr

本章节随书源码下的 staff_performance.csv 文件中，记录了某企业员工绩效的数据。如图 12-17 所示，第 1 列表示员工编号，第 2 列是员工司龄，第 3 列是员工底薪，第 4 列是员工绩效，第 5 列是财务部审核之后的结果，其中 1 表示绩效计算正常，0 表示异常。

	A	B	C	D	E
1	H-493	8	10000	4000	1
2	H-131	5	12000	3000	1
3	H-461	7	11500	4025	1
4	H-481	7	14000	4900	1
5	H-252	9	13500	2200	0
6	H-437	8	12000	4800	1
7	H-450	9	13000	5850	1
8	H-344	8	10000	4000	1
9	H-333	9	14000	6300	1
10	H-156	6	10000	3000	1
11	H-208	8	11500	4600	1
12	H-420	8	11500	4600	1
13	H-474	8	13500	5400	1
14	H-108	5	14000	3500	1
15	H-238	8	10500	4200	1
16	H-475	5	11500	2875	1

图 12-17　员工绩效

示例 12-8 演示了使用 SVC 对象来判断绩效数据的分类效果。首先使用 Pandas 读取文件，然后切分数据集，创建 SVC 对象并训练模型，最后输出分类结果。

示例 12-8　判断绩效数据的分类

```
from sklearn import svm
import pandas as pd
from sklearn.model_selection import train_test_split

file = "staff_performance.csv"
data = pd.read_csv(file, header=None)
all_train = data[list(range(1, 4))]
all_label = data[[4]]
x_train, x_test, y_train, y_test = train_test_split(all_train, all_label, test_
size=0.2)
clf = svm.SVC(gamma='scale')
clf.fit(x_train, y_train)
print(" 分类效果得分：\n", clf.score(x_test, y_test))
```

执行结果如图 12-18 所示，模型的分类准确率达到了 83%。

```
分类效果得分：
 0.8333333333333334
```

图 12-18　分类评分

温馨提示

在训练过程中，读者可以使用不同的参数进行测试，这会得到不同的结果。从中选取最优参数，以获得最优的模型。

12.5.3　Spark ML 支持向量机

Spark ML 中的 LinearSVC 支持使用线性 SVM 进行二分类，数据源仍然是 staff_performance.csv 文件。具体如示例 12-9 所示，创建 LinearSVC 对象，训练模型和预测分类，最后输出预测准确率。

示例 12-9　使用 LinearSVC 预测绩效数据

```
from pyspark.ml.evaluation import MulticlassClassificationEvaluator
from pyspark.ml.feature import VectorAssembler
from pyspark.ml.classification import LinearSVC
from pyspark.sql import SparkSession

spark = SparkSession.builder.appName("线性支持向量机").getOrCreate()

file = "staff_performance.csv"
data = spark.read.format("csv").option("inferSchema", "true").load(file)

# 创建特征向量列
assembler = VectorAssembler(inputCols=["_c1", "_c2", "_c3"], outputCol="features")
vector_df = assembler.transform(data)
df = vector_df.withColumnRenamed("_c4", "label")
# 划分数据集
train, test = df.randomSplit([0.8, 0.2])
lsvc = LinearSVC(maxIter=10, regParam=0.1)
# 训练模型与预测
model = lsvc.fit(train)
result = model.transform(test)

result.show(15)
# 创建评估器
evaluator = MulticlassClassificationEvaluator(labelCol="label",
predictionCol="prediction",
                                             metricName="accuracy")
accuracy = evaluator.evaluate(result)
print("准确率为:", accuracy)
```

执行结果如图 12-19 所示，可以看到分类标签与实际标签不符的一些数据，以及底部的分类准确率。

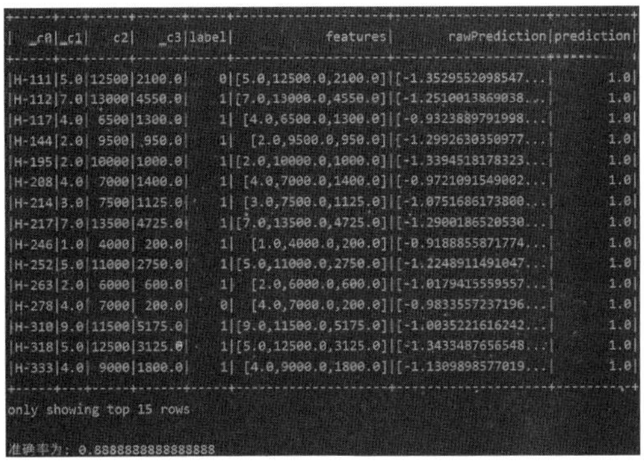

```
+-----+---+-----+------+-----+--------------------+--------------------+----------+
|  _c0|_c1|  _c2|   _c3|label|            features|       rawPrediction|prediction|
+-----+---+-----+------+-----+--------------------+--------------------+----------+
|H-111|5.0|12500|2100.0|    0|[5.0,12500.0,2100.0]|[-1.3529552098547...|       1.0|
|H-112|7.0|13000|4550.0|    1|[7.0,13000.0,4550.0]|[-1.2510013869038...|       1.0|
|H-117|4.0| 6500|1300.0|    1| [4.0,6500.0,1300.0]|[-0.9323889791998...|       1.0|
|H-144|2.0| 9500| 950.0|    1|  [2.0,9500.0,950.0]|[-1.2992630350977...|       1.0|
|H-195|2.0|10000|1000.0|    1|[2.0,10000.0,1000.0]|[-1.3394518178323...|       1.0|
|H-208|4.0| 7000|1400.0|    1| [4.0,7000.0,1400.0]|[-0.9721091549002...|       1.0|
|H-214|3.0| 7500|1125.0|    1| [3.0,7500.0,1125.0]|[-1.0751686173800...|       1.0|
|H-217|7.0|13500|4725.0|    1|[7.0,13500.0,4725.0]|[-1.2900186520530...|       1.0|
|H-246|1.0| 4000| 200.0|    1|  [1.0,4000.0,200.0]|[-0.9188855871774...|       1.0|
|H-252|5.0|11000|2750.0|    1|[5.0,11000.0,2750.0]|[-1.2248911491047...|       1.0|
|H-263|2.0| 6000| 600.0|    1|  [2.0,6000.0,600.0]|[-1.0179415559557...|       1.0|
|H-278|4.0| 7000| 200.0|    0|  [4.0,7000.0,200.0]|[-0.9833557237196...|       1.0|
|H-310|9.0|11500|5175.0|    1|[9.0,11500.0,5175.0]|[-1.0035221616242...|       1.0|
|H-318|5.0|12500|3125.0|    1|[5.0,12500.0,3125.0]|[-1.3433487656548...|       1.0|
|H-333|4.0| 9000|1800.0|    1| [4.0,9000.0,1800.0]|[-1.1309898577019...|       1.0|
+-----+---+-----+------+-----+--------------------+--------------------+----------+
only showing top 15 rows

准确率为: 0.8888888888888888
```

图 12-19　输出预测结果

12.6 贝叶斯

概率统计学中有一个重要的工具贝叶斯定理。在机器学习中，贝叶斯方法是指一类基于贝叶斯定理的算法集合，其核心思想是基于样本概率来进行分类。

12.6.1 贝叶斯简介

实际上，贝叶斯定理完全脱离数学基础也能理解，如一个航班经常晚点，那么多半下次仍然会晚点。用数学概念来表示就是，如果一个事件经常发生，那么就说这个事件发生的概率比较大。

相较于决策树等算法，使用熵、基尼系数来表示样本不确定性的方法不同，贝叶斯方法是使用概率来表示不确定性。

贝叶斯公式如下。

$$P(B|A) = \frac{P(A|B) \cdot P(B)}{P(A)}$$

其中，$P(A)$ 和 $P(B)$ 分别表示事件 A 和事件 B 发生的概率，称为先验概率，在公式中，$P(A)$ 也称为标准化常量；$P(A|B)$ 表示事件 B 发生的情况下，事件 A 发生的概率，在公式中称为似然项；$P(B|A)$ 表示事件 A 发生的情况下，事件 B 发生的概率，这称为后验概率。先验概率就是在之前的实验中已经观测到的事件概率，后验概率则是基于贝叶斯公式，将先验概率处理之后的概率。

利用贝叶斯定理对样本进行分类，实际就是在计算该样本属于不同类别的后验概率。哪一个类别的概率较大，就判断该样本属于哪个类别。

朴素贝叶斯是在贝叶斯的基础上进行了扩展：假设样本特征之间是相互独立的，那么贝叶斯公式就转换成了如下形式。

$$P(y|x_1,\cdots,x_n) = \frac{P(y)\Pi_{i=1}^{n}P(x_i|y)}{P(x_1,\cdots,x_n)}$$

温馨提示

朴素贝叶斯的实现有多种方法，如高斯朴素贝叶斯、多项式朴素贝叶斯等，根据假设的条件不同，相应的公式形式也不尽相同。

12.6.2 scikit-learn 贝叶斯

scikit-learn 实现的贝叶斯算法在 naive_bayes 模块下，包含 GaussianNB、MultinomialNB、

ComplementNB、BernoulliNB、CategoricalNB 这几个对象。本小节主要介绍 GaussianNB 对象的用法，其参数如表 12-5 所示。

表 12-5 GaussianNB 分类器参数

参数名称	含义
priors	类的先验概率
var_smoothing	该值会在计算每个特征的最大方差时加入，用于提高计算稳定性

本章节随书源码下的 tomato_cultivate.csv 文件中，记录了大棚栽培西红柿日常管理的 122 个样本数据。在样本中，分别记录了空气湿度、土壤湿度、温度、光照时长 4 个维度的数据。这 4 项数据，也是影响西红柿生长的 4 个因素。在不同条件下，有的会促进西红柿生长，因此大棚管理员将该样本标记为 1；有的会影响西红柿的正常生长，因此标记为 0，如图 12-20 所示。

1	空气湿度	土壤湿度	温度	光照时长	是否异常
2	47	76	15	12	1
3	52	87	26	12	1
4	54	83	17	12	1
5	51	85	20	12	1
6	45	69	23	11	1
7	30	50	15	12	0
8	53	81	14	11	1
9	52	67	21	11	1
10	52	69	27	12	1
11	51	86	21	11	1
12	27	47	13	7	0
13	33	44	13	7	0
14	24	46	11	7	0
15	25	48	14	8	0

图 12-20 大棚管理数据

使用 GaussianNB 对象来判断各因素对西红柿生长的影响情况如示例 12-10 所示。

示例 12-10 训练 GaussianNB 模型以判断生长条件是否合适

```
import pandas as pd
from sklearn.model_selection import train_test_split
from sklearn.naive_bayes import GaussianNB

file = "tomato_cultivate.csv"
data = pd.read_csv(file)
all_train = data.iloc[:, [0, 1, 2, 3]]
all_label = data.iloc[:, 4]

x_train, x_test, y_train, y_test = train_test_split(all_train, all_label, test_
size=0.2)
model = GaussianNB()
model.fit(x_train, y_train)

pred = model.predict(x_test)
print("x_test 样本数：{}".format(x_test.shape[0]))
print(" 测试集上预测值与真实值不等的数量：{}".format((y_test != pred).sum()))
print(" 预测得分：", model.score(x_test, y_test))
```

执行结果如图 12-21 所示，可以看到测试集样本有 25 个，只有 1 个没有预测准确，预测的准确率达到了 96%。

x_test样本数：25
测试集上预测值与真实值不等的数量：1
预测得分： 0.96

图 12-21 预测结果

12.6.3 Spark ML 贝叶斯

在 Spark ML 中，只实现了 multinomial（多项式朴素贝叶斯）与 bernoulli（伯努利朴素贝叶斯）两种算法。示例 12-11 演示了 NaiveBayes 对象的用法，使用 multinomial 算法与 bernoulli 算法进行分类，只需通过 modelType 参数指定。

示例 12-11 使用 NaiveBayes 对象对大棚栽培数据分类

```
from pyspark.ml.feature import VectorAssembler
from pyspark.ml.classification import NaiveBayes
from pyspark.ml.evaluation import MulticlassClassificationEvaluator
from pyspark.sql import SparkSession

spark = SparkSession.builder.appName(" 多项式朴素贝叶斯 ").getOrCreate()

file = "tomato_cultivate.csv"
data = spark.read.format("csv").option("header", "true").option("inferSchema", 
"true").load(file)

# 创建特征向量列
assembler = VectorAssembler(inputCols=[" 空气湿度 ", " 土壤湿度 ", " 温度 ", " 光照时长 "], 
outputCol="features")
vector_df = assembler.transform(data)
df = vector_df.withColumnRenamed(" 是否异常 ", "label")
train, test = df.randomSplit([0.8, 0.2])

naive_bayes = NaiveBayes(smoothing=1.0, modelType="multinomial")
model = naive_bayes.fit(train)
pred = model.transform(test)
pred.show(10)

evaluator = MulticlassClassificationEvaluator(labelCol="label", 
predictionCol="prediction",
                                              metricName="accuracy")
accuracy = evaluator.evaluate(pred)
print(" 预测准确率： " + str(accuracy))
```

执行结果如图 12-22 所示，可以看到使用 multinomial 算法去拟合 tomato_cultivate.csv 数据效果并不好。这是因为不同的算法适合不同的数据集，如 GaussianNB 对象比较适合特征值是连续的数据集，multinomial 算法适合特征值为离散型的数据集，bernoulli 算法适合特征值为伯努利分布的数据集。

空气湿度	土壤湿度	温度	光照时长	label	features	rawPrediction	probability	prediction
20	46	11	7	0	[20.0,46.0,11.0,7.0]	[-97.57694616263...	[0.6560340807787...	0.0
20	50	11	7	0	[20.0,50.0,11.0,7.0]	[-100.42344200235...	[0.67952385849321...	0.0
22	53	12	7	0	[22.0,53.0,12.0,7.0]	[-107.03468015246...	[0.66792444200954...	0.0
23	48	14	7	0	[23.0,48.0,14.0,7.0]	[-108.69897997917...	[0.64973225436904...	0.0
24	51	10	8	0	[24.0,51.0,10.0,8.0]	[-106.59629479021...	[0.59636769912752...	0.0
27	53	14	7	0	[27.0,53.0,14.0,7.0]	[-117.23085034236...	[0.58154302734352...	0.0
33	42	13	7	0	[33.0,42.0,13.0,7.0]	[-114.87412166069...	[0.33799657774401...	1.0
34	54	12	7	0	[34.0,54.0,12.0,7.0]	[-122.66755581918...	[0.36861977381672...	1.0
49	69	17	11	1	[49.0,69.0,17.0,1...	[-171.84881177695...	[0.29292154968377...	1.0
50	65	25	11	1	[50.0,65.0,25.0,1...	[-186.16168149720...	[0.38567690188006...	1.0

only showing top 10 rows

预测准确率： 0.8

图 12-22　多项式贝叶斯分类

 实训：判断用户是否购买该商品

一家电商公司店小二收集到的客户最近 5 天的商品浏览记录如图 12-23 所示。其中 Day1 列 ~ Day5 列下的数据是用户浏览商品的次数，Sold 为 1 表示用户最终买了该商品，0 表示没有购买。

1	UserID	ProductID	Day1	Day2	Day3	Day4	Day5	Sold
2	ZJYX_0010111	10010001023	5	8	14	12	7	1
3	ZJYX_0010115	10010001018	7	5	2	3	4	0
4	ZJYX_0010113	10010001021	7	4	6	3	3	0
5	ZJYX_0010118	10010001011	9	6	5	5	5	0
6	ZJYX_0010120	10010001014	5	6	15	10	12	1
7	ZJYX_0010111	10010001029	6	4	3	5	5	0
8	ZJYX_0010120	10010001024	9	16	5	13	17	1
9	ZJYX_0010116	10010001024	8	4	7	5	4	0
10	ZJYX_0010115	10010001012	8	6	8	3	4	0

图 12-23　用户浏览记录

现市场运营部门的同事拿着如图 12-24 所示的用户浏览数据，来咨询店小二哪些商品有可能卖出去。

1	UserID	ProductID	Day1	Day2	Day3	Day4	Day5
2	ZJYX_0010113	10010001062	5	11	7	5	9
3	ZJYX_0010101	10010001057	13	9	5	6	10
4	ZJYX_0010128	10010001057	12	9	8	7	4
5	ZJYX_0010136	10010001058	11	8	11	9	14
6	ZJYX_0010125	10010001064	9	11	8	12	10
7	ZJYX_0010127	10010001060	13	10	7	9	9
8	ZJYX_0010102	10010001055	8	12	12	7	7
9	ZJYX_0010169	10010001060	11	12	13	8	9
10	ZJYX_0010128	10010001054	5	5	13	13	25
11	ZJYX_0010122	10010001055	7	11	5	10	16

图 12-24　用户浏览记录

以上数据分别在随书源码中的 data1.csv 与 data2.csv 两个文件中。

1. 实现思路

从需求来看，这是一个二分类问题，即商品是否有可能卖出去。再看这些值的特征，都是连续型数据，因此可以使用 GaussianNB 分类器。

2. 编程实现

使用 GaussianNB 分类器预测商品能否售出如示例 12-12 所示。首先加载数据并训练模型及查看模型预测的准确率，然后开始预测 data2.csv 数据集；取出预测能销售出去的用户浏览记录，最后输出预测结果。

示例 12-12　预测商品能否售出

```
import pandas as pd
from sklearn.model_selection import train_test_split
from sklearn.naive_bayes import GaussianNB
import numpy as np

file1 = "data1.csv"
data = pd.read_csv(file1)
all_train = data.iloc[:, [2, 3, 4, 5, 6]]
all_label = data.iloc[:, 7]

x_train, x_test, y_train, y_test = train_test_split(all_train, all_label, test_
size=0.2)
model = GaussianNB()
model.fit(x_train, y_train)

pred = model.predict(x_test)
print("x_test 样本数: {}".format(x_test.shape[0]))
print(" 测试集上预测值与真实值不等的数量: {}".format((y_test != pred).sum()))
print(" 预测得分: ", model.score(x_test, y_test))

file2 = "data2.csv"
data = pd.read_csv(file2)
unknown = data.iloc[:, [2, 3, 4, 5, 6]]
pred = model.predict(unknown)

predict_sold = []
for index, item in enumerate(pred):
    if item == 1:
        tmp_item = data.loc[index]
        product_item = []
        product_item.extend(tmp_item.values)
        product_item.append(1)
        predict_sold.append(product_item)
```

```
last = np.array(predict_sold)
print(" 预测结果: ")
print(last)
```

执行结果如图 12-25 所示，输出可能销售出的商品浏览记录。

```
x_test样本数：10
测试集上预测值与真实值不等的数量：1
预测得分： 0.9
预测结果：
[['ZJYX_0010136' '10010001058' '11' '8' '11' '9' '14' '1']
 ['ZJYX_0010128' '10010001054' '5' '5' '13' '13' '25' '1']
 ['ZJYX_0010122' '10010001055' '7' '11' '5' '10' '16' '1']]
```

图 12-25 输出预测结果

本章小结

本章主要介绍了 scikit-learn 与 Spark ML 库中用于做分类预测的对象用法。同时，在介绍具体用法前还简要介绍了各类算法的基本原理。实际上，每个算法都存在一个较长的数学推导过程，本章并未过多阐述，因为如果涉及大量公式推导，会导致对数学不敏感的开发者迟迟不能上手开发。建议读者先了解各种算法模型的应用方式，随着理解的逐步深入，再尝试研究其背后的数学原理。

第 13 章

处理回归问题

★本章导读★

本章首先介绍回归问题的应用场景，然后介绍回归问题的概念与基本算法逻辑，最后介绍 scikit-learn 与 Spark ML 中已实现的线性回归、多项式回归、决策树回归的算法应用。学习本章的内容后，读者可以使用这些模型处理需要预测连续值的机器学习问题。

★知识要点★

通过对本章内容的学习，读者能掌握以下知识技能。

- ◆ 了解回归问题的背景
- ◆ 了解常见回归算法的基本原理
- ◆ 掌握 scikit-learn 与 Spark ML 中回归算法模型的应用

13.1 回归问题概述

回归分析是一种数学模型，用于研究一组变量 $x=\{x_1, x_2, x_3, x_4, ..., x_n\}$ 与 $y=\{y_1, y_2, y_3, y_4, ..., y_p\}$ 之间的关系。回归分析又称多重回归分析，y 称为因变量，x 称为自变量。

回归问题与分类问题的相同之处在于二者都是监督学习，不同之处是回归问题求解的是连续值。例如，物流公司的快件打包员为了将快件打包，需要到物料部门领取材料。材料领取多了，会造成浪费；材料领取少了，又不能将快件包装完整。那么领取多少材料合适呢？

于是打包员根据物体的测量数据，发现这是一个正方体的快件，那么打包该快件所需材料的面积公式如下。

$$S = 6 * a^2$$

其中 a 是快件边长，S 是面积。对于边长为 20cm 的正方体快件，需要 2400cm^2 的材料。

此时，请问是不是恰好使用 2400cm^2 的材料就能够完美地包装快件了呢？

显然不是，因为这没有考虑到快件边缘弯曲的部分。材料厚度越大，那么边缘弯曲部分所占的面积就越大。另外也没有考虑到边缘结合处的重合部分，重合部分越大，也会导致材料使用量加大。

若是按 2400cm^2 的大小裁剪材料，就无法将快件包装完整。因此一般情况下，实际领用的包装材料，都会比计算的理论值大。所以实际的计算公式如下。

$$S = 6 * a^2 + e$$

其中 e 为误差项，表示比理论计算多出来的部分。

某打包员领取同一物料的记录，如表 13-1 所示。

表 13-1　物料领取记录

边长（cm）	领用（m^2）
10	630
15	1380
18	2000
12	900
14	1200
20	2500
25	3800
22	3000
28	4800
16	1600

请问，该打包员下次打包边长为 80cm 的正方体快件，应该领用多少材料？

为解决该问题，首先应观察数据分布。如示例 13-1 所示，使用 Matplotlib 组件将数据进行可视化展示。

示例 13-1　可视化数据

```
import numpy as np
import matplotlib.pyplot as plt

plt.rcParams['font.sans-serif'] = ['KaiTi']
plt.rcParams['axes.unicode_minus'] = False

x = [10, 15, 18, 12, 14, 20, 25, 22, 28, 16]
y = [630, 1380, 2000, 900, 1200, 2500, 3800, 3000, 4800, 1600]

f1 = np.polyfit(x, y, 2)
p1 = np.poly1d(f1)
```

```
y_fit_val = p1(x)

plot1 = plt.plot(x, y, 's', label='原始数据')
plot2 = plt.plot(x, y_fit_val, 'r', label='拟合的数据')

plt.xlabel('快件边长')
plt.ylabel('物料领用量')
plt.legend(loc='upper left')
plt.show()
```

执行结果如图 13-1 所示，方形的点为数据的分布，用曲线将这些点连接起来。直线为拟合线，可以看到拟合线与曲线明显不能重合。由此判断，该问题是一个非线性回归预测的问题。

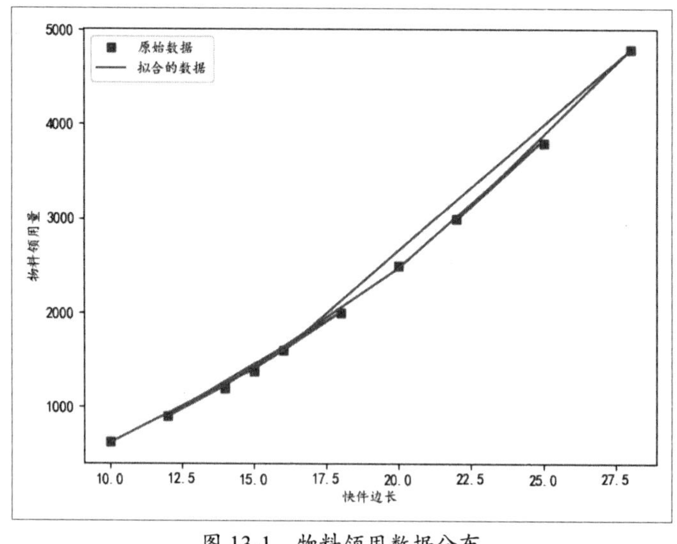

图 13-1　物料领用数据分布

到这里，打包员下次该领取多少材料的问题还没解决，但至少有了求解思路，就是针对这一类问题，首先要了解数据的特点，然后寻找合适的回归模型：线性回归或非线性回归。

那么接下来就先从线性回归模型开始，逐步了解几种回归模型工具的用法。

13.2 线性回归与多项式回归

线性回归是回归问题中的特例，是指两个或多个变量之间存在线性相关性。在线性回归中，根据因变量的多少，又分为简单线性回归与多重线性回归。

13.2.1 线性回归与多项式回归简介

假设集合 x 有 p 个样本（每一行为一个样本），每个样本有 n 个特征（特征就是属性，一个特征代表一个维度），具体如下。

$$\begin{Bmatrix} x_{11}, x_{12}, x_{13}, \cdots, x_{1n} \\ x_{21}, x_{22}, x_{23}, \cdots, x_{2n} \\ x_{31}, x_{32}, x_{33}, \cdots, x_{3n} \\ x_{p1}, x_{p2}, x_{p3}, \cdots, x_{pn} \end{Bmatrix}$$

每个样本对应一个标签 y，y 的取值有 $\{y_1, y_2, y_3, \ldots, y_p\}$。

对于一个样本 x_i，每个特征的权重 w_i 如下。

$$\begin{Bmatrix} W_{i1} \\ W_{i2} \\ W_{i3} \\ W_{in} \end{Bmatrix}$$

对于一个样本标签 y_i，其误差项 e_i 如下。

$$\begin{Bmatrix} e_{i1} \\ e_{i2} \\ e_{i3} \\ e_{in} \end{Bmatrix}$$

因此对于样本 x_i 的标签 y_i 的线性关系计算方式如下。

$$y_i = w_{i1} * x_{i1} + w_{i2} * x_{i2} + w_{i3} * x_{i3} + \cdots + w_{in} * x_{in} + e_i$$

用向量形式表示如下。

$$f(x_i) = y_i = w_i * x_i + e_i$$

记样本真实的标签为 y，预测标签为 $f(x)$，线性回归的工作就是依据上式来构建特征与标签之间的关系以获得 $f(x)$，并使得 $f(x)$ 与 y 之间的差距（记为 S）足够小。

要使 S 足够小，就需要寻找到合适的 w 和 e，其中一个重要的方法就是使用均方误差。基于均方误差最小化来求解 w 和 e 的方法称为最小二乘法，该方法尝试找到一条直线，使得每个样本点到直线的欧氏距离之和最小。

那么多项式回归又是什么呢?

多项式回归与线性回归的不同之处在于，因变量是自变量的 n 次方，如平方、立方、四次方，因此自变量的形式如下。

$$\begin{Bmatrix} x_{11}, x_{12}^2, x_{13}^3, \cdots, x_{1n}^n \\ x_{21}, x_{22}^2, x_{23}^3, \cdots, x_{2n}^n \\ x_{31}, x_{32}^2, x_{33}^3, \cdots, x_{3n}^n \\ x_{p1}, x_{p2}^2, x_{p3}^3, \cdots, x_{pn}^n \end{Bmatrix}$$

另 $X_{12}^2 = X_{12}$，$X_{13}^3 = X_{13}$，那么多项式回归模型就与线性回归模型一致了，因而多项式回归同样可以利用线性回归的方法求解。

13.2.2 scikit-learn 线性回归与多项式回归

接下来将采用 scikit-learn 的 LinearRegression 对象，建立线性回归模型来为打包员提供材料领用建议。

LinearRegression 对象的参数如表 13-2 所示。

表 13-2　LinearRegression 参数

参数名称	含义
fit_intercept	是否计算模型截距，默认值为 True
normalize	是否进行标准化。当 fit_intercept 为 False 时，该参数被忽略。如果 fit_intercept 与 normalize 为 True，模型自动标准化参数。默认为 False
copy_X	如果为 True，将为训练集 X 创建副本，否则 X 会被覆盖。默认为 True
n_jobs	并行执行的任务数，默认为 1，如果为-1 则表示使用所有 CPU

随书源码中的 lead_record.txt 文件记录了打包员最近 133 次的材料领用记录。如图 13-2 所示，第 1 列为快件的边长，第 2 列为实际领用材料。

```
1  59,20891
2  74,32861
3  45,12155
4  151,136811
5  156,146021
6  99,58811
7  141,119291
8  25,3755
9  114,77981
10 164,161381
11 77,35579
12 152,138629
13 134,107741
14 91,49691
```

图 13-2　材料领用记录

预测边长为 80cm 的正方体快件包装材料用量如示例 13-2 所示。构建线性回归模型进行训练与预测；使用 PolynomialFeatures 对象，并设置参数 degree=2 构建二项式自变量，之后训练模型。

示例 13-2　预测材料使用量

```
import pandas as pd
from sklearn import linear_model
from sklearn.metrics import mean_squared_error, r2_score
from sklearn.model_selection import train_test_split
from sklearn.preprocessing import PolynomialFeatures

path = "lead_record.txt"
data = pd.read_csv(path, header=None)
```

```
all_train = data[list(range(0, 1))]
all_label = data[[1]]
x_train, x_test, y_train, y_test = train_test_split(all_train, all_label, test_
size=0.2)
lr_model_1 = linear_model.LinearRegression()
lr_model_1.fit(x_train, y_train)
y_test_pred_1 = lr_model_1.predict(x_test)
print('均方差：%.2f' % mean_squared_error(y_test, y_test_pred_1))
print('R2决定系数：{}\n'.format(r2_score(y_test, y_test_pred_1)))
print("线性回归预测：边长80cm正方体用料为：%.2f\n" % lr_model_1.predict([[80]]))

# 建立二次多项式回归，表示自变量的级数
poly_model = PolynomialFeatures(degree=2)

x_train_ploy = poly_model.fit_transform(x_train)
lr_model_2 = linear_model.LinearRegression()
lr_model_2.fit(x_train_ploy, y_train)

x_test_ploy = poly_model.fit_transform(x_test)
y_test_pred_2 = lr_model_2.predict(x_test_ploy)
print('均方差：%.2f' % mean_squared_error(y_test, y_test_pred_2))
print('R2决定系数：{}\n'.format(r2_score(y_test, y_test_pred_2)))

pred_ploy = poly_model.fit_transform([[80]])
print("二项式回归预测：边长80cm正方体用料为：%.2f\n" % lr_model_2.predict(pred_ploy))
```

执行结果如图 13-3 所示，使用线性回归模型，预测出的材料用量为 52349.32cm^2。其中 R2 决定系数为 0.95，均方差达到 179044074.42；使用二项式进行预测，材料用量为 38413.00cm^2，均方差变为 0，R2 决定系数达到了 1。

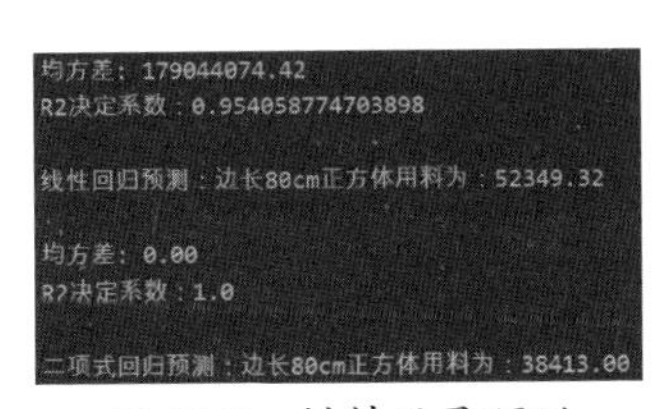

图 13-3　材料用量预测

13.2.3 Spark ML 线性回归与多项式回归

示例 13-3 演示了如何使用 Spark ML 的 LinearRegression 对象来预测边长 80cm 的正方形快件所需材料面积。创建 LinearRegression 模型，maxIter 表示迭代次数，regParam 表示正则化参数，elasticNetParam 用于优化算法；创建 PolynomialExpansion 对象，并设置 degree=2，用于将原始特征

向量进行平方计算。

示例 13-3　预测材料用量

```
from pyspark.ml.linalg import Vectors

from pyspark.ml.feature import VectorAssembler, PolynomialExpansion

from pyspark.ml.regression import LinearRegression
from pyspark.sql import SparkSession

spark = SparkSession.builder.appName(" 线性回归 ").getOrCreate()
path = "lead_record.txt"
data = spark.read.format("csv").option("inferSchema", "true").load(path)
assembler = VectorAssembler(inputCols=['_c0'], outputCol='features')
vector_df = assembler.transform(data)

test_data = [(Vectors.dense([80]),)]
test_df = spark.createDataFrame(test_data, ["features"])

# ============ 线性回归 =============
lr_1 = LinearRegression(maxIter=10, regParam=0.5, elasticNetParam=0.7, labelCol="_
    c1")

lr_model_1 = lr_1.fit(vector_df)
trainingSummary_1 = lr_model_1.summary
print(" 线性回归的均方根误差 : %.2f" % trainingSummary_1.rootMeanSquaredError)
print(" 线性回归的 R2 决定系数 : %.2f" % trainingSummary_1.r2)

pred_1 = lr_model_1.transform(test_df)
print(" 线性回归预测: ")
pred_1.show()
# ============ 多项式回归 =============
px = PolynomialExpansion(degree=2, inputCol="features", outputCol="expanded")
vector_df_poly = px.transform(vector_df)
lr_2 = LinearRegression(maxIter=10, regParam=0.3, elasticNetParam=0.8,
                        labelCol="_c1", featuresCol="expanded")
lr_model_2 = lr_2.fit(vector_df_poly)
trainingSummary_2 = lr_model_2.summary
print(" 多项式回归的均方根误差 : %.2f" % trainingSummary_2.rootMeanSquaredError)
print(" 多项式回归的 R2 决定系数 : %.2f" % trainingSummary_2.r2)

vector_df_poly = px.transform(test_df)
pred = lr_model_2.transform(vector_df_poly)
print(" 多项式回归预测: ")
pred.show()
```

执行结果如图 13-4 所示，输出使用线性回归与多项式回归进行预测的对比结果。

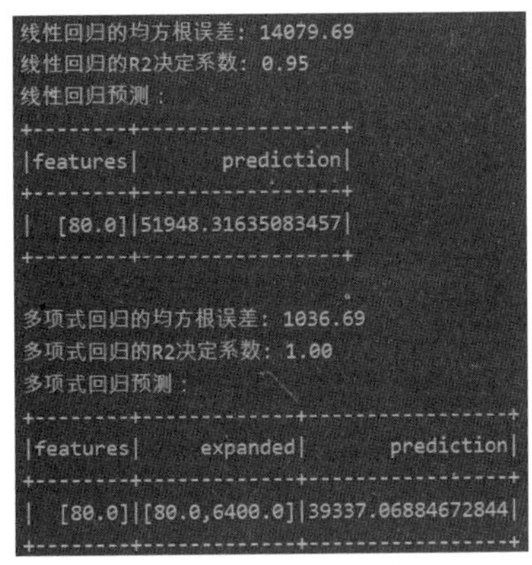

图 13-4　材料用量预测结果

13.3 决策树回归

回归树与分类树的基本思想几乎是一致的，只是回归树的叶子节点是连续型数据，分类树的叶子节点是离散型数据。回归树的返回值是某个具体的预测值。

13.3.1 决策树回归简介

决策树 CART 算法全称是 Classification And Regression Tree，是一种既可用于分类，又可以用于回归的算法。在预测连续值时，CART 通过方差最小化来确定回归树的最优划分点。

某品牌车在二手车网站的估价如表 13-3 所示。这里只获取了行驶里程、上牌年限与售价 3 个数据。

表 13-3　二手车估价表

行驶里程（万公里）	上牌年限	售价（万元）
2.5	1	9
3	2	8
3.5	3	8
4	3.5	7
4.5	4	7
5	3	6
5.5	3.5	6
6	3.5	4

续表

行驶里程（万公里）	上牌年限	售价（万元）
6.5	4	4
7	4	4
7.5	4	4
8	4	3
8.5	4	3
9	5	2
9.5	5	2

接下来看看估价表的具体划分过程。

步骤 01 首先，根据行驶里程来划分，划分规则可以是平均数、中位数等。假设这里选择以行驶里程 L<6.5 为标准进行划分，形成左右两个子节点，如表 13-4 所示。

表 13-4　拆分后的二手车估价表

行驶里程（万公里）	上牌年限	售价（万元）	节点
2.5	1	9	左子节点
3	2	8	
3.5	3	8	
4	3.5	7	
4.5	4	7	
5	3	6	
5.5	3.5	6	
6	3.5	4	
6.5	4	4	右子节点
7	4	4	
7.5	4	4	
8	4	3	
8.5	4	3	
9	5	2	
9.5	5	2	

步骤 02 计算每个节点的平均售价，然后将平均售价作为这个范围内的样本预测价格，如表 13-5 所示。

表 13-5 计算预测价格

行驶里程（万公里）	上牌年限	售价（万元）	节点	预测价格
2.5	1	9	左子节点	(9+8+…+4)/8=6.875
3	2	8		
3.5	3	8		
4	3.5	7		
4.5	4	7		
5	3	6		
5.5	3.5	6		
6	3.5	4		
6.5	4	4	右子节点	(4+4+…+2)/7=3.14
7	4	4		
7.5	4	4		
8	4	3		
8.5	4	3		
9	5	2		
9.5	5	2		

步骤 03 重复步骤 1，根据上牌年限继续划分数据集，形成左右子节点，如表 13-6 所示。

表 13-6 按上牌年限划分数据集

行驶里程(万公里)	上牌年限	售价（万元）	节点	预测价格
2.5	1	9	左子节点	(9+8+…+6)/4=7.75
3	2	8		
3.5	3	8		
5	3	6		
4	3.5	7	右子节点	(7+6+…+7)/4=6
5.5	3.5	6		
6	3.5	4		
4.5	4	7		

多次重复，直到达到设定的最大深度或者不能继续划分为止。

一般情况下，在划分时，会计算当前节点的总体方差和分裂后的总体方差，如果分裂后的总体方差比当前节点的总体方差小，则继续分裂，否则停止分裂。

13.3.2 scikit-learn 决策树回归

DecisionTreeRegressor 对象的用法如示例 13-4 所示。使用 NumPy 读取数据文件，创建 DecisionTreeRegressor 对象，设置随机状态为 10，深度为 2；然后训练模型和预测数据；最后输出预测情况。

示例 13-4　决策树回归预测价格

```
import numpy as np
from sklearn.metrics import r2_score, mean_squared_error, mean_absolute_error
from sklearn.model_selection import train_test_split
from sklearn.tree import DecisionTreeRegressor

path = "car_price.txt"

data = np.loadtxt(path, delimiter=",")
train = data[:, :2]
label = data[:, 2]

x_train, x_test, y_train, y_test = train_test_split(train, label, test_size=0.2,
    random_state=10)

dec_reg_tree = DecisionTreeRegressor(random_state=10, max_depth=2)
model = dec_reg_tree.fit(x_train, y_train)
pred = model.predict(x_test)
print(" 测试集：\n", x_test)
print(" 对应的预测值：\n", pred)

print(" 回归树的均方误差为 :", mean_squared_error(y_test, pred))
print(" 回归树的平均绝对误差为 :", mean_absolute_error(y_test, pred))
```

执行结果如图 13-5 所示，显示了回归树各样本的预测值，以及预测误差。

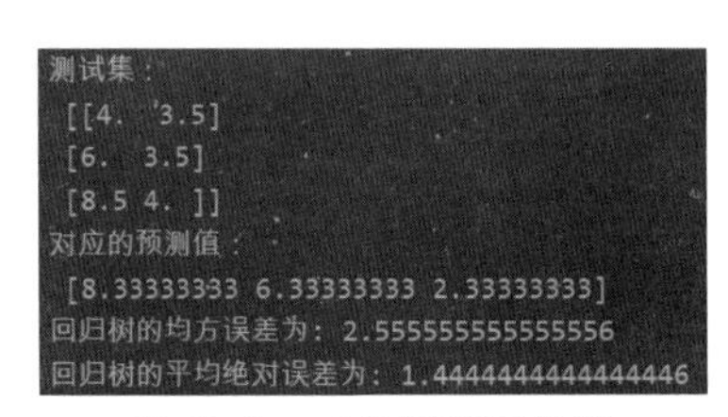

图 13-5　回归树预测结果

13.3.3　Spark ML 决策树回归

使用 Spark ML 的 DecisionTreeRegressor 对象来预测二手车的价格，如示例 13-5 所示。首先加载数据，并对数据进行向量化与索引化，之后创建 DecisionTreeRegressor 模型进行训练并预测，最后输出预测结果及均方根误差，查看性能。

示例 13-5　使用 DecisionTreeRegressor 对象来预测二手车价格

```
from pyspark.ml import Pipeline
from pyspark.ml.regression import DecisionTreeRegressor
from pyspark.ml.feature import VectorIndexer, VectorAssembler
from pyspark.ml.evaluation import RegressionEvaluator
```

```
from pyspark.sql import SparkSession

spark = SparkSession.builder.appName("决策树回归").getOrCreate()

path = "car_price.txt"
data = spark.read.format("csv").option("inferSchema", "true").load(path)
data = data.withColumnRenamed("_c2", "label")

# 特征向量化
assembler = VectorAssembler(inputCols=['_c0', '_c1'], outputCol='features')
vector_df = assembler.transform(data)

# 特征索引化
feature_indexer = VectorIndexer(inputCol="features", outputCol="indexedFeatures",
    maxCategories=4).fit(vector_df)

# 拆分数据集
train_data, test_data = vector_df.randomSplit([0.8, 0.2])

# 创建决策树回归对象
dt = DecisionTreeRegressor(featuresCol="indexedFeatures")
pipeline = Pipeline(stages=[feature_indexer, dt])

# 训练模型
model = pipeline.fit(train_data)

# 预测
predictions = model.transform(test_data)

# 查看预测结果
predictions.select("prediction", "label", "features").show()

# 创建评估器
evaluator = RegressionEvaluator(labelCol="label", predictionCol="prediction",
    metricName="rmse")

# 获取均方根误差
rmse = evaluator.evaluate(predictions)
print("均方根误差为: %g" % rmse)
```

执行结果如图 13-6 所示，可以看到 [4.0,3.5] 样本的标签为 7，预测结果为 8.0，[7.5,4.0] 与 [8.5,4.0] 样本预测结果与实际标签一致，最终的均方根误差为 0.57735。

```
+----------+-----+---------+
|prediction|label| features|
+----------+-----+---------+
|       8.0|    7|[4.0,3.5]|
|       4.0|    4|[7.5,4.0]|
|       3.0|    3|[8.5,4.0]|
+----------+-----+---------+

均方根误差为：0.57735
```

图 13-6　预测的价格

 13.4 实训：预测房价

某房东有多套现房，为了能尽快以合适的价格售出，他采集了一些二手房网站的房源报价数据，计划建立模型来预测房价。数据源如图 13-7 所示。其中序号后的第 1 列为套内建筑面积；第 2 列为房源附近是否有地铁，0 表示没有，1 表示有；第 3 列为总价，第 4 列为区域。

```
house.txt
1  70.61,0,280,丰台
2  108.38,0,538,昌平
3  176.61,0,600,大兴
4  114.82,1,1200,丰台
5  111.6,0,390,房山
6  131.24,1,850,朝阳
7  70.19,0,350,房山
8  68.8,0,550,通州
9  72.39,0,385,昌平
10 41.58,1,240,大兴
```

图 13-7　房价数据

说明：以上数据在随书源码的 house.txt 文件中。

1. 实现思路

从需求来看，这是一个预测连续值的问题，因此可以采用线性回归或者决策树回归等方式求解。从数据源来看，区域是中文，这不方便运算，因此需要将其进行索引化处理。另外，为了降低索引数字在回归模型中的影响，还要对区域进行独热编码，之后再将第 1 列、第 2 列、第 4 列转换为特征向量，第 3 列转为标签，作为待预测列。最后创建决策树回归模型进行预测，使用 RegressionEvaluator 对象来评价模型性能。

2. 编程实现

使用 DecisionTreeRegressor 预测房价，如示例 13-6 所示，其中相对麻烦的是对区域的处理，首先需要使用 StringIndexer 对象对区域进行索引化处理，然后使用 OneHotEncoderEstimator 对象进行独热编码，使用 VectorAssembler 对象进行特征向量转换，最后创建 DecisionTreeRegressor 对象

来训练模型。

示例 13-6 使用 DecisionTreeRegressor 预测房价

```
from pyspark.ml.evaluation import RegressionEvaluator
from pyspark.ml.regression import DecisionTreeRegressor
from pyspark.ml.feature import OneHotEncoderEstimator, StringIndexer,
    VectorAssembler, VectorIndexer
from pyspark.sql import SparkSession

spark = SparkSession.builder.appName(" 决策树回归 ").getOrCreate()
PATH = " house1.txt"
data = spark.read.format("csv").option("inferSchema", "true").load(PATH)

# 数据类型转换
data = data.withColumn("_c0", data._c0.cast('double')). \
    withColumn("_c1", data._c1.cast('double')). \
    withColumn("_c2", data._c2.cast('double'))

# 列重命名
data = data.withColumnRenamed("_c2", "label")
# 将区域这一列进行索引化
zone_indexer = StringIndexer(inputCol="label", outputCol="zone_index")
indexed_df = zone_indexer.fit(data).transform(data)

# 创建独热编码器，将区域这一列进行独热编码
encoder = OneHotEncoderEstimator(inputCols=["zone_index"], outputCols=["zone_index_
    encode"])
one_hot_encoder_df = encoder.fit(indexed_df).transform(indexed_df)

# 创建 VectorAssembler 对象用于将列进行特征向量转换
assembler = VectorAssembler(inputCols=["_c0", "_c1", "zone_index_encode"],
    outputCol="features", handleInvalid="skip")
assembler_df = assembler.transform(one_hot_encoder_df)

# 特征索引化，以提高处理效率。特征值至少有 4 个的特征列才进行类别化
feature_indexer = VectorIndexer(inputCol="features", outputCol="indexed_features").
    fit(assembler_df)
feature_indexer_df = feature_indexer.transform(assembler_df)

train, test = feature_indexer_df.randomSplit([0.8, 0.2])

# 创建决策树对象
dt = DecisionTreeRegressor(featuresCol="indexed_features")

# 训练与预测模型
model = dt.fit(train)
```

```
predictions = model.transform(test)
predictions.show()

evaluator_regressor = RegressionEvaluator().setLabelCol("label").
    setPredictionCol("prediction").setMetricName("rmse")
rmse = evaluator_regressor.evaluate(predictions)
print(" 均方根误差为：%g" % rmse)
```

执行结果如图 13-8 所示，输出房价预测的结果及误差。

```
| 38.7|0.0|198.0|门头沟|     352.0|(499,[352],[1.0])|(501,[0,354],[38....|(501,[0,354],[38....| 303.914847161572|
|38.74|1.0|200.0|  昌平|     162.0|(499,[162],[1.0])|(501,[0,1,164],[3...|(501,[0,1,164],[3...|400.4274193548387|
| 39.8|1.0|347.0|  海淀|     244.0|(499,[244],[1.0])|(501,[0,1,246],[3...|(501,[0,1,246],[3...|400.4274193548387|
|39.81|1.0|786.0|  西城|     424.0|(499,[424],[1.0])|(501,[0,1,426],[3...|(501,[0,1,426],[3...|400.4274193548387|
+-----+---+-----+-----+----------+-----------------+--------------------+--------------------+-----------------+
only showing top 20 rows

均方根误差为：276.68
```

图 13-8　输出房价预测结果

温馨提示

从图 13-8 中可以看到均方根误差比较大。建议读者在实践过程中调整参数，选取主要特征，或者使用线性回归模型进行训练，以降低误差。本示例仅作为功能演示，不作投资参考。

本章小结

本章先介绍了回归问题的背景，然后介绍了回归问题的算法模型和回归问题的处理方式。回归模型实际上还有随机森林回归、梯度提升树回归等多种著名算法，由于在使用方面与本章介绍的内容大致相似，这里就不再赘述。建议读者在解决实际回归问题的时候，尝试使用几种不同的模型来求解，并从不同的角度来评价，从而获得性能更好的模型。

第 14 章

处理聚类问题

★本章导读★

本章介绍聚类问题的基本概念与基本算法逻辑，介绍如何使用 scikit-learn 与 Spark ML 中实现的聚类算法。

本章先介绍聚类问题的背景和应用场景，然后介绍 scikit-learn 与 Spark ML 中已实现的基于划分的聚类 k-means 算法和基于模型的高斯混合模型算法。通过学习这两种算法的基本原理和应用方式，读者可以使用这些模型来对事物进行归类。

★知识要点★

通过对本章内容的学习，读者能掌握以下知识技能。

- 了解聚类问题的背景
- 了解常见聚类算法的基本原理
- 掌握 scikit-learn 与 Spark ML 中聚类算法模型的应用

14.1 聚类问题概述

聚类分析是一种无监督学习算法，通过计算对象间不同属性的距离来分析相似度，然后根据相似度来进行分类。

对一批没有标签的数据样本进行分类时，需要使同一类中的样本相似度较高，不同类别间样本相似度低。这个分类过程实际上是一个数据探索的过程，称为聚类。样本划分出来的类别也称为簇，一批样本可能存在一到多个簇。

在进行聚类分析前，人们并不知道各个样本的类别，也不清楚每种类别的判断标准，甚至不知道样本有多少个簇。聚类分析就是要在一片混沌的状态下，将样本划分到不同的簇，以便观察样本之间的联系。

通过聚类分析，人们可以在没有任何经验的情况下，将无标签的数据自动划分到不同的类别，获取样本最原始的信息。

目前，聚类分析适用场景广泛。例如，在生物防虫害过程中，通过观察害虫习性，将习性相同的害虫归为一类，然后针对这一类虫害使用同一种防治措施；在基因选育过程中，把具有相似基因片段的样本归为一类，然后对样本采用统一的培养方式；在电商行业中，常见的是对客户群体进行分类，对不同特点的客户采用不同的促销方式，以提高流量转化率。

解决聚类问题的方法有多种，如基于划分聚类、基于模型聚类、基于密度聚类、基于层次聚类、基于网格聚类。在实际问题中选择哪种方法来解决问题，应根据数据类型、分析目标的不同而定。

14.2 基于划分聚类

划分是一种简单的、常用的聚类方法。顾名思义，划分就是将样本归纳到不同的簇来进行聚类。划分方法有 k-means、K-medoids 等。本小节主要介绍 k-means 算法。

14.2.1 k-means 算法

k-means 算法是经典的数据挖掘算法之一，它通过计算样本与类簇的距离来判断相似度。距离近，表示相似度高，然后将相似度高的样本划分为一类。

k-means 算法的实现步骤如下。

步骤 01 选择 K 个簇作为聚类中心，该中心也称质心。这个 K 的值是用户随机选择的。

步骤 02 计算每个样本点到质心的距离，将距离较小的样本划分为一类。计算距离的方式有欧式距离、曼哈顿距离、兰氏距离、马氏距离等。

步骤 03 划分完毕后重新计算每个簇质心的位置，对样本进行重新划分。

重复步骤 2、步骤 3，直到所有样本在一次划分中没有变化，即退出迭代，完成划分。这里的重点是如何判断样本划分有没有变化。

下面公式中 i 表示第 i 个质心，u_i 表示第 i 个质心的位置。计算每一个类簇中样本到质心的方差，然后求该类簇的方差和。在不断迭代划分的过程中，方差和会慢慢收敛，直到收敛到最小，就完成了最后的划分。

$$f(x)=\sum_{i=1}^{n}(x_i-u_i)^2$$

使用 k-means 算法时需要注意两点，一点是模型的输入数据需要是数值类型，因此对于类似好、坏这样的形容词，北京、上海这样的地名，就需要做哑变量处理；另一点是对不同量纲的数据需要做标准化处理。

在 k-means 算法中，K 的值也比较有讲究，初始的 K 值对最后的分类影响较大，因此选取 K 值的时候，可以结合层次聚类得到一个大概的 K 值，再代入 k-means 模型进行划分。

14.2.2 scikit-learn 的 k-means 算法

在 scikit-learn 中，实现了 k-means 算法的对象是 KMeans，对用户来说“开箱即用”。本小节主要介绍 KMeans 对象的用法。

scikit-learn KMeans 对象的参数如表 14-1 所示。

表 14-1 KMeans 对象的参数

参数名称	含义
n_clusters	要划分的类簇数量
init	质心的初始化方法，默认值为 k-means++。其核心思想是在初始化质心时，要使质心之间的距离尽可能远
n_init	k 均值算法在不同质心种子下运行的次数
max_iter	单次运行的最大迭代次数，默认值为 300
tol	误差容忍度。当误差小于该值时，就退出迭代，默认值为 1e-4
precompute_distances	预计算距离，可以加快计算速度，但是占用内存较大。当取值为 auto 时，若是样本数 * 特征数 >1200 万，则不预计算距离；当取值为 True 时，则总是预计算距离；为 False 时则不预计算距离。默认值为 auto
verbose	是否输出训练的详细过程，默认为 False
random_state	生成初始化质心的随机种子
copy_x	是否对输入的数据建立副本，建立副本则不会修改原始输入数据，默认为 True
n_jobs	并行计算的任务个数，默认为 none，表示并行计算任务数为 1
algorithm	设置 k-means 算法的类型，需要根据数据情况来进行选择，稀疏数据使用 full，稠密数据使用 elkan，默认为 auto

使用 KMeans 对象对橘子进行聚类，如示例 14-1 所示。首先加载数据，各列的含义分别是橘子的直径、表皮花斑程度、表皮损伤程度和糖度；之后创建 StandardScaler 对象对数据进行标准化处理，然后使用 for 循环不断传入 k 值来测试模型分类。

示例 14-1 对橘子进行分类

```
import pandas as pd
from sklearn.preprocessing import StandardScaler
from sklearn.cluster import KMeans
from sklearn.metrics import calinski_harabasz_score, silhouette_score

PATH = "orange.csv"
data = pd.read_csv(PATH, sep=',')
scaler = StandardScaler().fit(data)
```

```
# 数据标准化
scale_data = scaler.transform(data)

for k in range(2, 10):
    model = KMeans(n_clusters=k, random_state=20).fit(scale_data)
    ch = calinski_harabasz_score(scale_data, model.labels_)
    sil = silhouette_score(scale_data, model.labels_)
    print('类别数为 :%d,ch 指数 :%f, 轮廓系数 :%f' % (k, ch, sil))
```

calinski_harabasz_score(ch) 指数和 silhouette_score（轮廓）系数都可以用于评价模型性能。ch 指数输出连续型数值，数值越大表示分类越合适；轮廓系数输出范围为 0~1，数值越大表示数据跳变越大，此时分类最合适。

执行结果如图 14-1 所示，可以看到在类别数为 3 时，ch 指数与轮廓系数都最大，因此数据集分 3 种类别最为合适。

```
类别数为:2,ch指数:118.837129,轮廓系数:0.575344
类别数为:3,ch指数:164.646906,轮廓系数:0.639977
类别数为:4,ch指数:132.115757,轮廓系数:0.608187
类别数为:5,ch指数:114.601124,轮廓系数:0.352136
类别数为:6,ch指数:104.139954,轮廓系数:0.273542
类别数为:7,ch指数:96.957698,轮廓系数:0.291515
类别数为:8,ch指数:95.295129,轮廓系数:0.279228
类别数为:9,ch指数:92.578719,轮廓系数:0.279049
```

图 14-1　KMeans 分类评价

14.2.3　Spark ML 的 k-means 算法

Spark 机器学习库的 clustering 模块内也提供了 k-means 算法的实现。

使用 Spark kmeans 对象来进行聚类，如示例 14-2 所示。在训练数据前，首先需要将特征数据进行向量化转换，并使用循环来进行多次划分；然后选择轮廓系数最大的这次聚类结果，最后输出类簇。

示例 14-2　k-means 聚类

```
from pyspark.ml.evaluation import ClusteringEvaluator
from pyspark.ml.feature import VectorAssembler
from pyspark.ml.clustering import KMeans
from pyspark.sql import SparkSession

spark = SparkSession.builder.appName("k-means").getOrCreate()
PATH = "orange.csv"
data = spark.read.format("csv").option("inferSchema", "true").option("header",
    "true").load(PATH)
assembler = VectorAssembler(inputCols=["直径", "表皮花斑程度", "表皮损伤程度", "糖度"],
                            outputCol="features", handleInvalid="skip")
assembler_df = assembler.transform(data)
```

```
evaluator = ClusteringEvaluator()
tmp_list = []
for i in range(2, 10):
    kmeans = KMeans().setSeed(10).setK(i)
    model = kmeans.fit(assembler_df)
    predictions = model.transform(assembler_df)
    silhouette = evaluator.evaluate(predictions)

    dic = {"silhouette": silhouette, "model": model}
    tmp_list.append(dic)
    print("聚类为：{}，轮廓系数为：{}".format(i, silhouette))

max_silhouette = sorted(tmp_list, key=lambda x: x["silhouette"], reverse=True)[0]

centers = max_silhouette["model"].clusterCenters()
print("类簇：")
for center in centers:
    print(center)
```

执行结果如图 14-2 所示，显示了不同分类数量下的轮廓系数及最后的类簇。

```
聚类为：2，轮廓系数为：0.8576534658854053
聚类为：3，轮廓系数为：0.7994500085230869
聚类为：4，轮廓系数为：0.7349978560615995
聚类为：5，轮廓系数为：0.6526223080940078
聚类为：6，轮廓系数为：0.643323235022189
聚类为：7，轮廓系数为：0.6508934384759747
聚类为：8，轮廓系数为：0.6633698957977026
聚类为：9，轮廓系数为：0.5690525487307283
类簇:
[59.92020833  0.231875    0.24895833 15.72916667]
[40.03517241  0.51068966  0.54965517 11.51724138]
```

图 14-2　聚类结果

14.3 基于模型聚类

基于模型的聚类方法包括基于概率分布与基于神经网络模型。对于大多数模型聚类，还是采用概率分布。本小节主要介绍高斯混合模型及其用法。

14.3.1 高斯混合模型

高斯混合模型（Gaussian minture Model，GMM）算法的前提是假设数据服从高斯分布，高斯分布就是正态分布，高斯分布函数实际就是正态分布曲线。高斯混合模型就是多个高斯分布函数的线性组合，用于描述一个数据样本中存在的不同分布情况。如图 14-3 所示，数据中存在两个高斯分布，因此使用一个一维的高斯分布不能很好地拟合这些点，而是需要将多个高斯分布混合在一起使用。

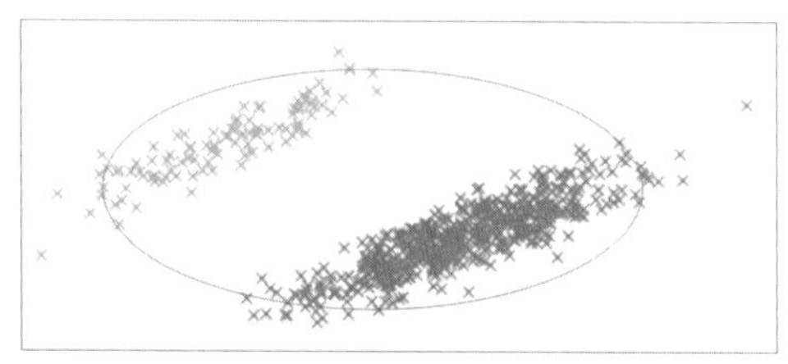

图 14-3　一维高斯模型拟合效果

高斯混合模型的公式如下。

$$p(x) = \sum_{k=1}^{k} \pi_k p(x|u_k, \Sigma_k)$$

其中π_k表示该分布被判断为第 i 个类别的概率；u_k表示该分布的均值；Σ_k表示该分布的方差。由于 x 是输入变量，已知的，因此获取$p(x)$的值就转变为求解π_k、u_k、Σ_k这 3 个参数。

求解该参数又会使用到 EM 最大期望算法（Expectation-Maximization algorithm）。该算法主要进行两部分工作：一部分是 E 步（Expectation Step），根据当前的参数计算隐变量的期望；另一部分是 M 步（Maximization Step），根据当前计算的隐变量反过来求参数的最大似然估计。如此反复，直到收敛。

14.3.2 scikit-learn GMM

在 scikit-learn 中 GMM 需要导入 mixture 模块，并创建 GaussianMixture 对象的实例。

scikit-learn GMM 对象的参数如表 14-2 所示。

表 14-2　GMM 对象的参数

参数名称	含义
n_components	混合模型数量，默认值为 1
covariance_type	协方差类型，有 full、tied、diag、spherical 共 4 种取值
tol	EM 算法停止迭代的阈值，默认值为 1e-3
reg_covar	用于协方差矩阵对角正则化，确保协方差矩阵为正，默认值为 1e-6
max_iter	最大迭代次数，默认值为 100
n_init	执行初始化的次数，以便获取最优参数，默认值为 1
init_params	用于指定初始化权重、均值和精度的方法，取值为 kmeans 或者 random。默认为 kmeans
weights_init	初始化权重，默认值为 None，在为 None 的情况下使用 init_params 参数指定的方法初始化权重

续表

参数名称	含义
means_init	初始化均值，默认值为 None，在为 None 的情况下使用 init_params 参数指定的方法初始化均值
precisions_init	初始化精度，默认值为 None，在为 None 的情况下使用 init_params 参数指定的方法初始化精度
random_state	随机数种子
warm_start	如果 warm_start 参数设置为 True，则这一次的拟合结果将作用到下一次，主要作用体现在相似问题上多次拟合可以提高收敛速度。默认为 False
verbose	是否输出训练的详细过程，默认为 False
verbose_interval	在 verbose 参数为 True 的情况下，设置多少次迭代后开始输出详细过程。默认值为 10

使用 GaussianMixture 对象对苹果直径数据进行聚类，如示例 14-3 所示。先创建 mixture.GaussianMixture 对象，并设定高斯模型数量，调用 fit 方法拟合数据，然后进行评价。

示例 14-3　对苹果直径数据进行聚类

```
from sklearn import mixture
import numpy as np
from sklearn.metrics import calinski_harabasz_score, silhouette_score

PATH = "apple_diameter.txt"
data = np.loadtxt(PATH)
data.shape=300,1
for i in range(2, 10):
    gmm = mixture.GaussianMixture(n_components=i, random_state=10).fit(data)
    cluster_labels = gmm.predict(data)
    ch = calinski_harabasz_score(data, cluster_labels)
    sil = silhouette_score(data, cluster_labels)
    print('模型数为 :%d,ch 指数 :%f, 轮廓系数 :%f' % (i, ch, sil))
```

执行结果如图 14-4 所示，显示了聚类结果。可以看到，在使用 8 个模型的时候，聚类性能最好。

```
模型数为:2,ch指数:496.826650,轮廓系数:0.563295
模型数为:3,ch指数:715.535066,轮廓系数:0.562017
模型数为:4,ch指数:861.786359,轮廓系数:0.540863
模型数为:5,ch指数:1114.702067,轮廓系数:0.533353
模型数为:6,ch指数:1062.467973,轮廓系数:0.534128
模型数为:7,ch指数:1559.224485,轮廓系数:0.556745
模型数为:8,ch指数:1660.398369,轮廓系数:0.568873
模型数为:9,ch指数:1623.944845,轮廓系数:0.545309
```

图 14-4　聚类结果

14.3.3 Spark ML GMM

Spark 机器学习库的 clustering 模块提供了 GMM 算法的实现，对象名称同样是 GaussianMixture。使用 Spark GaussianMixture 对象来进行聚类，如示例 14-4 所示。创建 GaussianMixture 对象，

并设置聚类数目为 3；然后训练模型并进行预测；最后将预测结果注册临时表，并输出各样本所属类别和属于该类的可能性。

示例 14-4　使用 GaussianMixture 对象进行聚类

```
from pyspark.ml.feature import VectorAssembler

from pyspark.ml.clustering import GaussianMixture
from pyspark.sql import SparkSession

spark = SparkSession.builder.appName("GMM").getOrCreate()

PATH = "apple_diameter.txt"
data = spark.read.format("csv").option("inferSchema", "true").load(PATH)

# 将特征列转换为向量
assembler = VectorAssembler(inputCols=["_c0"], outputCol="features")
vector_df = assembler.transform(data)

# setK：设置聚类数目为 3
gmm = GaussianMixture().setK(3).setSeed(58475496)
model = gmm.fit(vector_df)
df = model.transform(vector_df)

# 注册临时表
df.createOrReplaceTempView("apple")
sql_df = spark.sql("SELECT prediction FROM apple group by prediction")
sql_df.show()

sql_df = spark.sql("SELECT features,prediction,probability FROM apple ")
sql_df.show()
```

执行结果如图 14-5 所示。

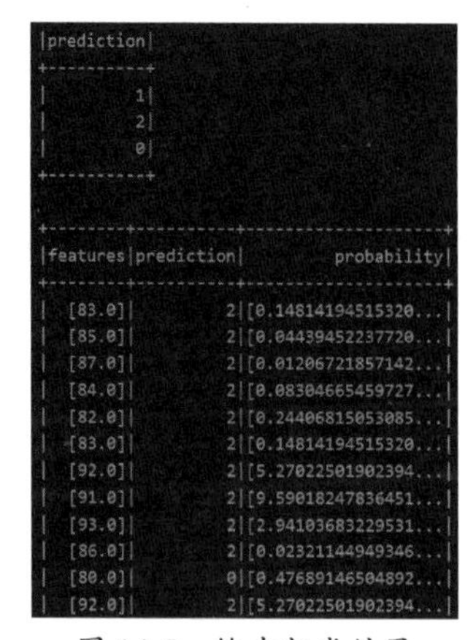

prediction
1
2
0

features	prediction	probability
[83.0]	2	[0.14814194515320...
[85.0]	2	[0.04439452237720...
[87.0]	2	[0.01206721857142...
[84.0]	2	[0.08304665459727...
[82.0]	2	[0.24406815053085...
[83.0]	2	[0.14814194515320...
[92.0]	2	[5.27022501902394...
[91.0]	2	[9.59018247836451...
[93.0]	2	[2.94103683229531...
[86.0]	2	[0.02321144949346...
[80.0]	0	[0.47689146504892...
[92.0]	2	[5.27022501902394...

图 14-5　输出归类结果

实训：对客户进行聚类

某餐饮公司市场部统计的客户消费数据如图 14-6 所示，序号后的第 1 列是客户消费次数，第 2 列是消费金额。现在市场部希望对客户采取精准指定销售策略，因此需要对客户进行分类。

```
consumption_data.txt
1  进店次数,消费金额
2  98,4900
3  67,3350
4  64,3200
5  81,4050
6  60,3000
7  89,4450
8  73,3650
9  72,3600
10 76,3800
11 90,4500
```

图 14-6　消费数据

1. 实现思路

由于数据集不包含客户的类别标签，也不清楚客户实际存在多少个类，因此可以使用常见的方法进行初步聚类，然后不断优化超参数，获取最优的聚类结果。这里仅演示如何使用 k-means 算法来进行分类。

2. 编程实现

使用 Spark k-means 算法对客户进行分类，如示例 14-5 所示。通过循环方式传入分类数，获取不同聚类下的模型和系数，获取最优的模型之后再进行预测，最后输出聚类结果。

示例 14-5　对客户进行分类

```
from pyspark.ml.evaluation import ClusteringEvaluator
from pyspark.ml.feature import VectorAssembler
from pyspark.ml.clustering import KMeans
from pyspark.sql import SparkSession

spark = SparkSession.builder.appName("k-means").getOrCreate()
PATH = "consumption_data.txt"
data = spark.read.format("csv").option("inferSchema", "true").option("header",
    "true").load(PATH)
assembler = VectorAssembler(inputCols=["进店次数", "消费金额"],
                            outputCol="features", handleInvalid="skip")
assembler_df = assembler.transform(data)
evaluator = ClusteringEvaluator()
tmp_list = []
```

```
    for i in range(2, 5):
        kmeans = KMeans().setSeed(8866).setK(i)
        model = kmeans.fit(assembler_df)
        predictions = model.transform(assembler_df)
        silhouette = evaluator.evaluate(predictions)

        dic = {"silhouette": silhouette, "model": model}
        tmp_list.append(dic)
        print("聚类为：{}，轮廓系数为：{}".format(i, silhouette))

    max_silhouette = sorted(tmp_list, key=lambda x: x["silhouette"], reverse=True)[0]

    best_model = max_silhouette["model"]
    best_predictions = best_model.transform(assembler_df)
    best_predictions.show()
```

执行结果如图 14-7 所示，输出最优模型的聚类结果。

```
聚类为：2，轮廓系数为：0.9614508733580169
聚类为：3，轮廓系数为：0.8572764840719345
聚类为：4，轮廓系数为：0.8347868277632633
+--------+--------+-------------+----------+
|进店次数|消费金额|     features|prediction|
+--------+--------+-------------+----------+
|      98|    4900|[98.0,4900.0]|         0|
|      67|    3350|[67.0,3350.0]|         0|
|      64|    3200|[64.0,3200.0]|         0|
|      81|    4050|[81.0,4050.0]|         0|
|      60|    3000|[60.0,3000.0]|         0|
```

图 14-7　聚类结果

本章小结

本章首先介绍了聚类问题的背景和 k-means 算法的使用，k-means 是聚类分析中最简单，也是最常用的算法。然后介绍了 GMM，该算法的假设前提是数据服从高斯分布，这是一种基于概率模型的聚类算法。另外还有很多其他聚类算法，不同的算法适用场景不同，建议读者先了解聚类分析的基本思路，然后再了解更多的算法。

第 15 章

关联规则与协同过滤

★本章导读★

本章先介绍关联规则数据挖掘的基本原理与 Spark 中 FP-Growth 对象的使用方法，然后介绍协同过滤的两种模式，以及 Spark ALS 的使用方法。学习了本章的内容，读者可以根据这两种算法模型来构建推荐系统。

★知识要点★

通过对本章内容的学习，读者能掌握以下知识技能。

- 了解关联规则数据挖掘与协同过滤的基本逻辑
- 了解 Spark FP-Growth 对象的用法
- 了解 Spark ALS 对象的用法

15.1 关联规则数据挖掘

关联规则数据挖掘是指在大量数据中，挖掘数据项之间的关联关系。表面上看，就是通过一定的算法规则将样本中一起频繁出现的数据项挖掘出来。

15.1.1 挖掘关联数据项

通过在样本中挖掘数据项的关联规则，可以推断消费者的购买习惯，以提高产品销量。某消费者最近 6 次在超市购买的商品如图 15-1 所示。

t1	番茄沙司	珍珠米	糯米粉	小麦粉	白芝麻	黑芝麻
t2	白砂糖	黑芝麻	香水菠萝	白芝麻	番茄沙司	
t3	大蒜	泡菜盐	白芝麻	大米	黑芝麻	精瘦肉
t4	黑芝麻	食品盐	生姜	脐橙	花椒油	
t5	番茄沙司	红糖	五花肉	冰激凌		
t6	酱油	黑芝麻	醋	白酒	草鱼	白芝麻

图 15-1　购物记录

在数据挖掘过程中，每一次消费称为一次事务（如 t1、t2），整个样本称为事务集（T）。其中番茄沙司、珍珠米、糯米粉等称为数据项，每一个数据项的组合称为项集，所有数据项的组合称为总项集。

那么依据上图，总项集 *I*={ 番茄沙司 , 珍珠米 , 糯米粉 , 小麦粉 , 白芝麻 , 黑芝麻 , 白砂糖 , 香水菠萝 , 大蒜 , 泡菜盐 , 大米 , 精瘦肉 , 食品盐 , 生姜 , 脐橙 , 花椒油 , 红糖 , 五花肉 , 冰激凌 , 酱油 , 醋 , 白酒 , 草鱼 }。项集就是 { 番茄沙司 },{ 珍珠米 , 糯米粉 },{ 珍珠米 , 小麦粉 },{ 珍珠米 , 白芝麻 , 草鱼 } 等组合。每一个项集也称 *k*- 项集，*k* 表示项集中数据项的个数。因此 { 番茄沙司 } 表示 1- 项集，{ 珍珠米 , 糯米粉 } 表示 2- 项集。

关联规则挖掘的是频繁项集，那么应该如何来对"频繁"进行度量呢？这里就需要使用支持度。支持度（*s*）是指数据项 Item1 与 Item2 同时出现在事务集的概率，表示消费者同时购买 Item1 与 Item2 概率。公式如下。

$$s=\frac{f(\text{Item1}\cap\text{Item2})}{T}$$

由此可知，{ 番茄沙司，珍珠米 } 这一项集的支持度为 1/6；{ 黑芝麻 , 白芝麻 } 的支持度为 2/3。在实际操作的时候，需要设置支持度的阈值，如 0.5，表示支持度大于该阈值的项集就是频繁项集。

通过支持度选出高频项集，然后使用置信度从中提取关联规则。置信度（*c*）是指在购买了 Item1 的情况下还购买 Item2 的条件概率，公式如下。

$$c=\frac{f(\text{Item1}\cap\text{Item2})}{f(\text{Item1})}$$

从事务集中看出，番茄沙司在事务集中出现了 3 次，同时购买番茄沙司与珍珠米的情况出现了 1 次，因此在购买番茄沙司的情况下会购买珍珠米的置信度为 1/3。对于 { 黑芝麻 , 白芝麻 } 的置信度，其中黑芝麻出现了 5 次，黑芝麻和白芝麻一起出现了 4 次，因此在购买了黑芝麻的情况下购买白芝麻的置信度为 4/5。此时可以主观设置置信度的阈值，高出该阈值的组合就是关联规则。

为了检验提取的关联规则是否有效，可以观察单独购买 Item2 商品的频率与购买 Item1 商品后会同时购买 Item2 商品的频率。如果后者大于前者，则说明该规则是有效的。

挖掘频繁项的方法很多，如 Apriori 算法、FP-Growth 算法等。本小节主要介绍 Spark FP-Growth 算法的用法。

15.1.2 Spark FP-Growth 算法

FP-Growth 是一种挖掘数据关联关系的算法，通过构造频繁模式树来发现频繁项。其特点是不需要多次扫描待分析的数据集或数据库，不需要生成候选集，因此挖掘效率相对较高。

FP-Growth 算法计算过程大致分为如下几个步骤。

步骤 01 在每一个事务中将每一个数据项按支持度大小降序排列，并移除小于支持度阈值的项，然后将筛选出来的项集存入 Item Header Table，也按支持度进行降序排列。

步骤 02 构造一个根节点为 null 的树，遍历每一个事务，然后将该事务中的数据项作为节点逐一添加到 FP 树中，添加时遵循 Item Header Table 排列的顺序。如果不同事务有共同前缀，则该路径上的祖先节点计数加 1。在每一次的遍历中，如果遇到新的开头的数据项，则从根节点开始加入该项。注意，此时之前已经构造好的路径上的祖先节点不加 1。

步骤 03 FP 树构造完成后，按 Item Header Table 的倒序在 FP 树上查找延伸至该节点的路径。如果存在多条路径，就将其合并，并更新计数。此时将得到的每一个数据项与叶子节点组合成 k- 项集，就是最终的频繁项集。

使用 Spark ML 的 FP-Growth 算法来挖掘频繁项，如示例 15-1 所示。首先加载数据，由于 FP-Growth 模型需要数组类型的列作为输入参数，因此将 _c1 列进行拆分，得到 _c1_split 列；然后创建自定义函数，将 _c1_split 列的数据去空值、去重复值，由此得到的就是符合 FP-Growth 模型要求的参数；然后指定创建 FP-Growth 模型所需的最小支持度和最小置信度参数；最后输出频繁项与关联规则。

示例 15-1　使用 FP-Growth 算法挖掘频繁项

```
from pyspark.sql.types import ArrayType, StringType
from pyspark.sql.functions import split, udf
from pyspark.ml.fpm import FPGrowth
from pyspark.sql import SparkSession

spark = SparkSession.builder.appName("FP-Growth").getOrCreate()
PATH = "shopping_list.txt"

data = spark.read.format("csv").option("inferSchema", "true").load(PATH)
# 将列拆分成数组
split_df = data.withColumn("_c1_split", split(data['_c1'], " "))


# 创建自定义函数
def get_distinct(item):
    tmp_list = [i for i in item if i != '']
    return list(set(tmp_list))
```

```
# 注册自定义函数
to_distinct_array_df = udf(get_distinct, ArrayType(elementType=StringType()))
# 调用自定义函数
distinct_array_df = split_df.withColumn('items', to_distinct_array_df('_c1_split'))
# 创建 FP-Growth 模型
fp_growth = FPGrowth(itemsCol="items", minSupport=0.5, minConfidence=0.3)
model = fp_growth.fit(distinct_array_df)
# 输出频繁项
model.freqItemsets.show()
# 输出关联规则
model.associationRules.show()
```

执行结果如图 15-2 所示，可以看到满足最小支持度与置信度的项为番茄沙司、白芝麻、黑芝麻与白芝麻的组合、黑芝麻。其中 antecedent 表示关联规则的先导，consequent 表示后继，confidence 表示置信度，lift 表示提升度。“[黑芝麻]|[白芝麻]|0.8|1.2000000000000002|”这一条记录合起来的意思就是在购买了黑芝麻的情况下，会购买白芝麻的置信度为 0.8。由于提升度大于 1，说明购买黑芝麻会对购买白芝麻有提升效果，这一关联规则是有效的。

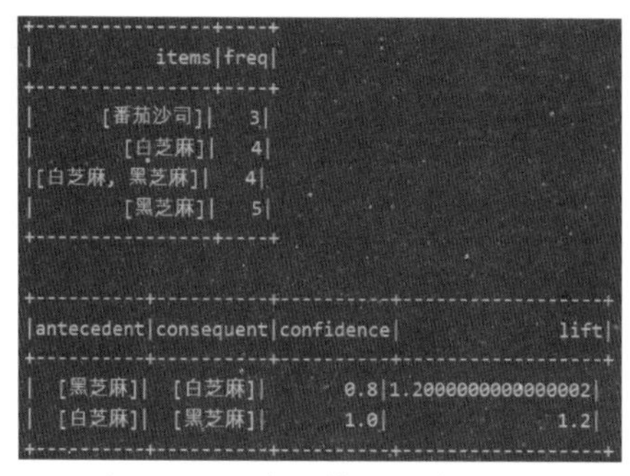

items	freq
[番茄沙司]	3
[白芝麻]	4
[白芝麻, 黑芝麻]	4
[黑芝麻]	5

antecedent	consequent	confidence	lift
[黑芝麻]	[白芝麻]	0.8	1.2000000000000002
[白芝麻]	[黑芝麻]	1.0	1.2

图 15-2　输出频繁项与关联规则

15.2 协同过滤

协同过滤是一种利用集体智慧解决问题的方法。通过对大量数据进行挖掘，发现兴趣相似的用户或者发现用户感兴趣的相似商品，然后为用户进行个性化推荐。

15.2.1 基于用户的过滤与基于物品的过滤

协同过滤的基本思想是“物以类聚，人以群分”，因此可以从用户和物品两个方面来思考协同过滤。

1. 基于用户的过滤

用户对各物品的评价如图 15-3 所示，其中“1”表示用户喜欢该物品。

用户 - 评价	物品1	物品2	物品3	物品4	物品5
User1	1				
User2	1	1	1	1	
User3	1	1		1	
User4	1		1		1

图 15-3 用户 - 评价矩阵

为了统计具有相似兴趣的用户，首先需要将用户 - 评价矩阵转换成物品 - 用户矩阵，如图 15-4 所示。

物品 - 用户	User1	User2	User3	User4
物品1	1	1	1	1
物品2		1	1	
物品3		1		1
物品4		1	1	
物品5				1

图 15-4 物品 - 用户矩阵

将物品 - 用户矩阵转换为用户 - 用户矩阵，如图 15-5 所示。其中数字表示多个用户，同时评价了几个物品，如 User2 与 User1 共同评价的物品数为 1，User2 与 User3 共同评价的物品数为 3，User2 与 User4 共同评价的物品数为 2。

用户 - 用户	User1	User2	User3	User4
User1		1	1	1
User2	1		3	2
User3	1	3		1
User4	1	2	1	

图 15-5 用户 - 用户矩阵

相较 User1、User4，User2 与 User3 存在更多交集，因此 User2 与 User3 更为相似，所以可以将 User2 的物品推荐给 User3。

2. 基于物品的过滤

基于物品的过滤是指计算物品的相似度。此处将用户不喜欢的物品置为 0，喜欢的物品置为 1，于是得到如图 15-6 所示的信息。

用户 - 物品	物品1	物品2	物品3	物品4	物品5
User1	1	0	0	0	0
User2	1	1	1	1	0
User3	1	1	0	1	0
User4	1	0	1	0	1

图 15-6 用户 - 物品矩阵

将其转换为如下的矩阵物品 - 用户关系。

物品 1=（1,1,1,1）

物品 2=（0,1,1,0）

物品 3=（0,1,0,1）

物品 4=（0,1,1,0）

物品 5=（0,0,0,1）

通过计算皮尔逊相关系数，可以发现物品 1 与物品 2、物品 3、物品 4 较为相似，物品 5 较为不相似。因此当有新用户加入，且喜欢物品 1 时，应优先推荐物品 2、物品 3、物品 4。

相较基于用户的过滤，基于物品的过滤计算量更小。另外，基于用户的过滤更倾向于凭群体兴趣来进行推荐，具有明显的从众效应；基于物品的过滤是基于物品相似度进行推荐，推荐效果较好。

15.2.2 Spark ALS

Spark 使用交替最小二乘法（Alternating Least Squares，ALS）来实现协同过滤，为 userID=15 的用户推荐 10 部影片。如示例 15-2 所示，创建 ALS 模型，通过 maxIter 参数指定最大迭代次数，regParam 为正则化参数，coldStartStrategy 为冷启动策略，目前支持“drop”与“nan”两个取值，“drop”表示自动删除预测结果中包含 NaN 值的数据行。为显示更多信息，使用 explode 方法将 recommendations 列转为行显示。

示例 15-2 使用 ALS 进行协同过滤

```
from pyspark.sql import SparkSession

from pyspark.ml.evaluation import RegressionEvaluator
from pyspark.ml.recommendation import ALS
from pyspark.sql import Row

spark = SparkSession.builder.appName("ALS").getOrCreate()

PATH = "sample_movielens_ratings.txt"
# 加载电影评分文件
lines = spark.read.text(PATH).rdd
parts = lines.map(lambda row: row.value.split("::"))
ratings_rdd = parts.map(lambda p: Row(userId=int(p[0]), movieId=int(p[1]),
                                      rating=float(p[2]), timestamp=int(p[3])))
# 将 RDD 转为 DataFrame
ratings = spark.createDataFrame(ratings_rdd)
# 拆分数据集
training, test = ratings.randomSplit([0.8, 0.2])

# 创建 ALS 模型
als = ALS(maxIter=5, regParam=0.01, userCol="userId", itemCol="movieId",
          ratingCol="rating", coldStartStrategy="drop")

model = als.fit(training)

# 预测
predictions = model.transform(test)
# 获取 rmse 进行性能评估
evaluator = RegressionEvaluator(metricName="rmse", labelCol="rating",
```

```
                                predictionCol="prediction")
rmse = evaluator.evaluate(predictions)
print("均方根误差为: {}".format(rmse))

users = ratings.select(als.getUserCol()).filter('userId == 15').distinct()
# 给 userID 为 15 的用户推荐 10 部电影
user_subset_recs = model.recommendForUserSubset(users, 10)
df = user_subset_recs.withColumn("movies", explode("recommendations"))
df.show()
```

执行结果如图 15-7 所示，输出均方根误差和为用户推荐的影片。movies 列显示的是影片 ID 和该用户可能对其打出的评分。

```
均方根误差为：1.716886585555718
+------+--------------------+---------------+
|userId|     recommendations|         movies|
+------+--------------------+---------------+
|    15|[[46, 5.079057], ...| [46, 5.079057]|
|    15|[[46, 5.079057], ...| [66, 3.872725]|
|    15|[[46, 5.079057], ...| [1, 3.6480124]|
|    15|[[46, 5.079057], ...|[98, 3.0439878]|
|    15|[[46, 5.079057], ...| [82, 2.995765]|
|    15|[[46, 5.079057], ...|[64, 2.9385295]|
|    15|[[46, 5.079057], ...|[26, 2.7069418]|
|    15|[[46, 5.079057], ...| [38, 2.614804]|
|    15|[[46, 5.079057], ...|[81, 2.4845624]|
|    15|[[46, 5.079057], ...|[90, 2.4721413]|
+------+--------------------+---------------+
```

图 15-7　推荐的影片

15.3 实训：使用 Spark ALS 推荐菜单

某餐厅的客户评价单如图 15-8 所示。现餐厅为了提供更好的客户体验，需要为客户提供个性化的推荐。

```
customer_reviews.csv
1  UserID,DishesNum,Score
2  1001148,1,1
3  1001124,1,5
4  1001171,1,2
5  1001142,1,4
6  1001120,1,5
7  1001131,1,5
8  1001168,1,4
9  1001154,1,3
10 1001172,1,2
```

图 15-8　客户评价

1. 实现思路

实现物品推荐可以使用 Spark FP-Growth，也可以使用 ALS。FP-Growth 适用于发现物品间的潜在关系，ALS 则适合进行个性化推荐，因此这里使用 ALS 来完成本实训。

2. 编程实现

使用 ALS 训练客户评价数据集，并执行菜品推荐，如示例 15-3 所示。首先读取 CSV 文件，然后创建 ALS 模型，训练模型并对测试集进行预测，以评估模型性能，最后输出推荐的菜品信息。

示例 15-3　推荐菜品

```
from pyspark.sql.functions import explode
from pyspark.sql import SparkSession
from pyspark.ml.evaluation import RegressionEvaluator
from pyspark.ml.recommendation import ALS

spark = SparkSession.builder.appName(" 推荐菜品 ").getOrCreate()

PATH = "customer_reviews.csv"
# 加载菜单评分文件
data = spark.read.format("csv").option("inferSchema", "true").option("header",
    "true").load(PATH)

# 拆分数据集
training, test = data.randomSplit([0.8, 0.2])

# 创建 ALS 模型
als = ALS(maxIter=10, regParam=0.05, userCol="UserID", itemCol="DishesNum",
          ratingCol="Score", coldStartStrategy="drop")

model = als.fit(training)

# 预测
predictions = model.transform(test)
# 获取 rmse 进行性能评估
evaluator = RegressionEvaluator(metricName="rmse", labelCol="Score",
                                predictionCol="prediction")
rmse = evaluator.evaluate(predictions)
print(" 均方根误差为: {}".format(rmse))

users = data.select(als.getUserCol()).filter("UserID == '1001183'").distinct()
user_subset_recs = model.recommendForUserSubset(users, 2)

df = user_subset_recs.withColumn("recommendations_ex", explode("recommendations"))
df.show()
```

执行结果如图 15-9 所示，其中 recommendations_ex 表示菜品 ID 与预测的客户评价。

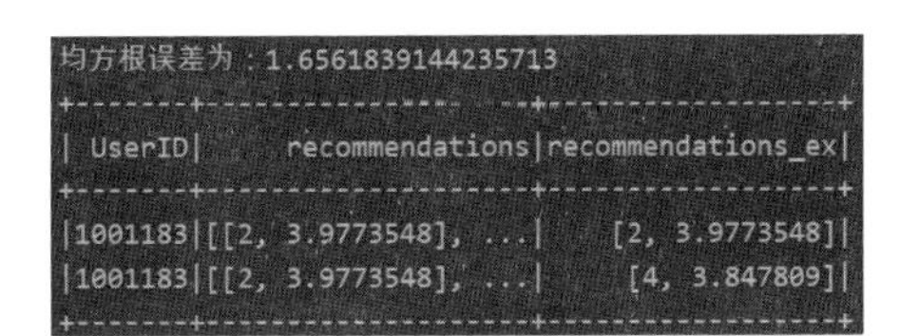

图 15-9　推荐结果

本章小结

本章主要介绍了关联规则与协同过滤的基本原理，然后介绍了相关算法模型的使用方式。实际上，这两种方式都可以用来做推荐，只是侧重点不同。关联规则适合进行类似购物篮的场景分析，协同过滤更适合进行个性化推荐。

第 16 章

建立智能应用

★本章导读★

本章先使用 TensorFlow 2.1 Keras 模块来构建一个简单的神经网络，然后详细介绍如何训练与评估模型、如何构造复杂模型、如何对手写字进行识别。掌握本章的内容，可以构建一个简单的人工智能应用程序来处理图像分类问题。

★知识要点★

通过对本章内容的学习，读者能掌握以下知识技能。

- ◆ 了解 Keras 的基本用法
- ◆ 了解神经网络的训练、评估与预测流程
- ◆ 了解如何使用神经网络来处理分类问题

16.1 构建简单模型

在深度学习领域，最著名的开源框架之一就是 TensorFlow。TensorFlow 是一个端到端平台，无论是专家还是初学者，都可以使用它轻松构建和部署机器学习模型。本小节将使用 TensorFlow 2.1 中的 Keras 模块构建一个简单的神经网络模型。

16.1.1 安装 TensorFlow

TensorFlow 是一个跨平台工具，既可以安装在基于 Linux 内核的系统上，也可以直接安装在 Windows 上。不管在哪个平台，都可以直接使用 pip 命令安装。另外，谷歌还提供了 TensorFlow 的镜像，因此还可以在容器中运行 TensorFlow。

1. 使用 pip 命令安装 TensorFlow

根据以下步骤，先升级 pip 命令，然后进行安装。

步骤 01 ▸ 升级 pip 命令如下。

```
python -m pip install --upgrade pip
```

步骤 02 ▸ 安装 TensorFlow。

```
pip install TensorFlow
```

运行 Python 解释器，输入如示例 16-1 所示代码，导入 TensorFlow 和 Keras，如果安装无误，将输出对应版本信息。

示例 16-1　导入 TensorFlow 和 Keras

```
import TensorFlow as tf

from TensorFlow import keras

print("tensorflow 版本: ", tf.version.VERSION)
print("keras 版本: ", keras.__version__)
```

执行结果如图 16-1 所示。

```
tensorflow版本： 2.1.0
keras版本： 2.2.4-tf
```

图 16-1　TensorFlow 和 Keras 的版本

2. 在容器中运行 TensorFlow

根据以下步骤，先拉取镜像，然后创建容器，并启动 bash。

步骤 01 ▸ 拉取 TensorFlow 镜像。

```
docker pull TensorFlow/TensorFlow
```

步骤 02 ▸ 创建容器。

```
docker run -it TensorFlow/TensorFlow bash
```

至此，就可以开始使用 TensorFlow 了。

温馨提示

TensorFlow 有 CPU 和 GPU 两个版本。GPU 版本，顾名思义就是在 GPU 上运行 TensorFlow 任务。鉴于有的计算机没有 GPU，因此本章将基于 CPU 版本进行介绍。

TensorFlow 发展迅速，到目前为止谷歌已经发布了数个版本，本章将基于 2.1.0 版本进行介绍。

由于 TensorFlow 1.x 与 2.x 版本的使用方式有非常大的变化，因此建议读者注意安装版本，否则相关程序无法正常运行。

本章个别实例来源于官网，官网内容多而全，但是文档的编排没有一个循序渐进的过程，建议读者先了解 TensorFlow 的基本使用模式，再逐步扩展知识面。

16.1.2 构建一个简单的模型

使用 Keras 可以构建多种类型的模型，其中线性堆叠模型结构清晰、易于理解。构建一个堆叠模型并配置各个层有 3 种方式，这里介绍如下。

1. 调用 Add 方法添加层

调用 Add 方法前需要使用 tf.keras.models.Sequential 对象创建模型。

如示例 16-2 所示，创建 model 后开始一层一层设置网络结构。其中 Flatten 是将多维数据转换为一维数据，input_shape 是指输入数据的形状，Dense 用于构建全连接层，该层设置了 128 个神经元，激活函数为“relu”；构建第 2 个全连接层，具有 10 个神经元，激活函数为“softmax”；调用 summary 方法输出模型结构。

示例 16-2　调用 Add 方法构造模型

```
import TensorFlow as tf
from TensorFlow import keras
from TensorFlow.keras import layers


model = tf.keras.Sequential()
# 添加一个 Flatten 层
model.add(layers.Flatten(input_shape=(28, 28)))
# 添加一个全连接层
model.add(layers.Dense(128, activation='relu'))
model.add(layers.Dropout(0.2))
model.add(layers.Dense(10, activation='softmax'))

model.summary()
```

执行结果如图 16-2 所示。其中 Model: "sequential" 表示模型的名称是“sequential”；Layer（type）指层的类型，从上往下包含 4 个层；Output Shape 指每一层输出的形状；Param 指每一层有多少个参数（参数使用变量存储，这将在后文介绍）。在本示例的堆叠模型中，参数个数的计算公式为

（输入数据维度 +1）× 神经元个数。在模型中，Flatten 将二维数组重塑为一维数组，因此没有使用到参数，参数个数为 0。因为 Flatten 输出的形状为（None, 784），因此在 dense 层的参数个数为 (784+1) × 128=100480。

在机器学习模型中，如果训练模型的样本数量较少，可能导致过拟合。因此在示例 16-2 中加入了 dropout。dropout 的作用是在训练过程中，随机让部分神经元停止工作。layers.Dropout（0.2）就是指让 20% 的神经元停止工作。

doopout 不会影响上一层的输出形状，因此 doopout 的输出形状为（None, 128），那么在 dense_1 层的参数个数为 (128+1) × 10=1290。

```
Model: "sequential"
_________________________________________________________________
Layer (type)                 Output Shape              Param #
=================================================================
flatten (Flatten)            (None, 784)               0
_________________________________________________________________
dense (Dense)                (None, 128)               100480
_________________________________________________________________
dropout (Dropout)            (None, 128)               0
_________________________________________________________________
dense_1 (Dense)              (None, 10)                1290
=================================================================
Total params: 101,770
Trainable params: 101,770
Non-trainable params: 0
```

图 16-2　堆叠模型的结构

2. 传入数组初始化模型

tf.keras.models.Sequential 对象接收一个数组参数用于创建 Model。

如示例 16-3 所示，创建一个包含各层对象的数组，将数组传入 Sequential 对象初始化模型，并通过 name 参数指定模型的名称。

示例 16-3　传入层对象数组创建模型

```
import TensorFlow as tf

layer_list = [
    tf.keras.layers.Flatten(input_shape=(28, 28)),
    tf.keras.layers.Dense(128, activation='relu'),
    tf.keras.layers.Dropout(0.2),
    tf.keras.layers.Dense(10, activation='softmax')
]

model = tf.keras.models.Sequential(layer_list, name="MySequentialModel")
model.summary()
```

执行结果如图 16-3 所示，可以看到 Model 的名称为 MySequentialModel，其层次结构与上一小节保持一致。

```
Model: "MySequentialModel"
_________________________________________________________________
Layer (type)                 Output Shape              Param #
=================================================================
flatten (Flatten)            (None, 784)               0
_________________________________________________________________
dense (Dense)                (None, 128)               100480
_________________________________________________________________
dropout (Dropout)            (None, 128)               0
_________________________________________________________________
dense_1 (Dense)              (None, 10)                1290
=================================================================
Total params: 101,770
Trainable params: 101,770
Non-trainable params: 0
_________________________________________________________________
```

图 16-3　自定义名称的堆叠模型结构

3. 函数式调用

在 TensorFlow 中，一个层的实例是一个张量（张量是 TensorFlow 的基本操作对象，这将在后文中介绍）的可调用对象，调用返回的结果是另一个张量，因此可以通过函数式调用来构建模型。

如示例 16-4 所示，导入 keras 对象和 layers 对象，使用 keras.Input 创建一个输入张量 inputs，用于在训练模型时传入数据；然后将输入张量“拉平”，返回可调用的操作张量 a，将 inputs 传入 a 并返回另一个操作张量 b，后续以此类推。最后创建 keras.Model 对象并传入 inputs 和 outputs 进行初始化。

示例 16-4　函数式调用构建模型

```
from TensorFlow import keras
from TensorFlow.keras import layers

inputs = keras.Input(shape=(28, 28))
a = layers.Flatten(input_shape=(28, 28))
b = a(inputs)
c = layers.Dense(128, activation='relu')(b)
d = layers.Dropout(0.2)(c)
outputs = layers.Dense(10, activation="relu")(d)
model = keras.Model(inputs=inputs, outputs=outputs,name='MyModel')
model.summary()
```

执行结果如图 16-4 所示，除包含第 1 个输入层外，其余部分的结构与调用 tf.keras.models.Sequential 对象创建的模型一致。

```
Model: "MyModel"
_________________________________________________________________
Layer (type)                 Output Shape              Param #
=================================================================
input_1 (InputLayer)         [(None, 28, 28)]          0
_________________________________________________________________
flatten (Flatten)            (None, 784)               0
_________________________________________________________________
dense (Dense)                (None, 128)               100480
_________________________________________________________________
dropout (Dropout)            (None, 128)               0
_________________________________________________________________
dense_1 (Dense)              (None, 10)                1290
=================================================================
Total params: 101,770
Trainable params: 101,770
Non-trainable params: 0
```

图 16-4 含输入层的堆叠模型

16.1.3 张量与操作

张量（Tensor）是 TensorFlow 的基本操作对象，表现上是一个多维数组，与 NumPy 的 ndarray 对象类似。张量具有数据类型和形状，TensorFlow 提供了丰富的 API 来操作张量。

创建与操作张量的步骤如示例 16-5 所示。使用 constant 方法创建常量类型的张量，常量类型的张量不能修改；调用 add 方法对张量进行加法运算；调用 tf.math.square 方法对张量进行求平方运算；调用 tf.shape 方法和访问张量 shape 属性来获取张量的形状；调用 tf.matmul 方法实现矩阵乘法操作。

示例 16-5 创建与操作张量

```
import TensorFlow as tf

a = tf.constant(10)
print(" 输出张量信息 :", a)

b = tf.constant(20)
c = tf.add(a, b)
print(" 张量加法 :", c)

d = tf.math.square(c)
print(" 张量求平方的数学运算 :", d)

e = tf.constant(['1', '2', '3'])
print(" 使用数组创建张量，输出对应的形状 :", tf.shape(e))

f = tf.constant([[[1, 2, 3]], [[4, 5, 6]]])
print(" 三维数组的张量形状 :", tf.shape(f))

g = tf.reshape(f, shape=(3, 1, 2))
print(" 张量 g 的形状：", tf.shape(g))
```

```
h = tf.matmul([[1]], [[2, 3]])
print(" 矩阵乘法：", h)
print(" 张量 h 的形状：", h.shape)
print(" 张量 h 的类型：", h.dtype)
```

执行结果如图 16-5 所示，其中 tf.Tensor 定义张量的类型，shape 是张量的形状，dtype 指张量的数据类型。

```
输出张量信息: tf.Tensor(10, shape=(), dtype=int32)
张量加法: tf.Tensor(30, shape=(), dtype=int32)
张量求平方的数学运算: tf.Tensor(900, shape=(), dtype=int32)
使用数组创建张量，输出对应的形状: tf.Tensor([3], shape=(1,), dtype=int32)
三维数组的张量形状: tf.Tensor([2 1 3], shape=(3,), dtype=int32)
张量g的形状 : tf.Tensor([3 1 2], shape=(3,), dtype=int32)
矩阵乘法 : tf.Tensor([[2 3]], shape=(1, 2), dtype=int32)
张量h的形状 : (1, 2)
张量h的类型 : <dtype: 'int32'>
```

图 16-5　张量与张量操作

16.1.4 变量

变量也可以用于创建张量，与 constant 方法创建的张量不同，变量创建的张量可以被修改。变量主要用于存储模型中的参数，如特征的权重和该神经元对应的偏置。

如示例 16-6 所示，创建一个变量，其初始值为 [1, 2, 3]。注意，变量在使用前必须赋初始值，否则程序会报错；调用 assign 方法可以修改变量的值。调用层对象，在调用过程中，TensorFlow 会初始化相关的权重与偏置。通过访问 layer.variables 属性可以获得具体的数值。

示例 16-6　创建与查看变量

```
import TensorFlow as tf

a = tf.Variable([1, 2, 3])
print(" 变量 a 的信息：", a)
a.assign([4, 5, 6])
print(" 修改后变量 a 的信息：", a)

print()
layer = tf.keras.layers.Dense(4, input_shape=(None, 5))

# 调用层
layer(tf.zeros([2, 5]))

print(" 输出权重和偏置：")
print(layer.variables)
print()
```

```
print("输出权重：")
print(layer.kernel)
print()

print("输出偏置：")
print(layer.bias)
```

执行结果如图 16-6 所示，输出手动创建的变量值和层调用后初始化后的变量值。

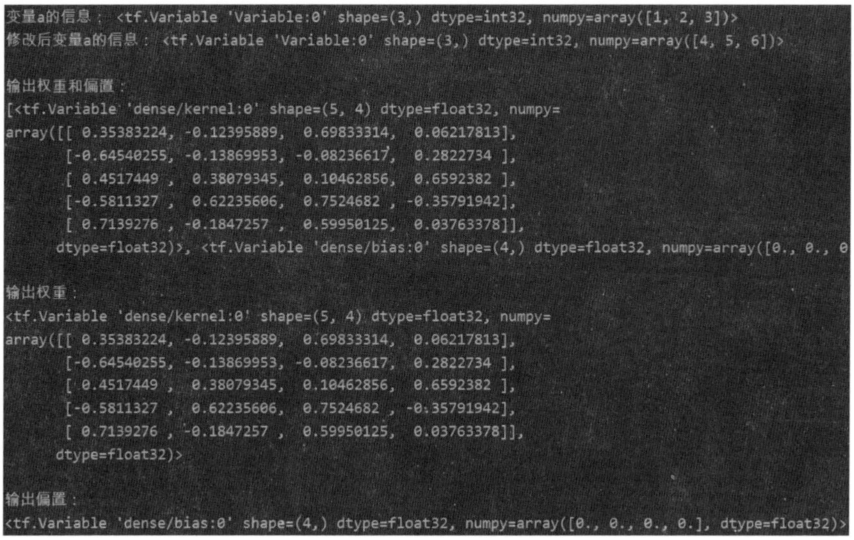

```
变量a的信息： <tf.Variable 'Variable:0' shape=(3,) dtype=int32, numpy=array([1, 2, 3])>
修改后变量a的信息： <tf.Variable 'Variable:0' shape=(3,) dtype=int32, numpy=array([4, 5, 6])>

输出权重和偏置：
[<tf.Variable 'dense/kernel:0' shape=(5, 4) dtype=float32, numpy=
array([[ 0.35383224, -0.12395889,  0.69833314,  0.06217813],
       [-0.64540255, -0.13869953, -0.08236617,  0.2822734 ],
       [ 0.4517449 ,  0.38079345,  0.10462856,  0.6592382 ],
       [-0.5811327 ,  0.62235606,  0.7524682 , -0.35791942],
       [ 0.7139276 , -0.1847257 ,  0.59950125,  0.03763378]],
      dtype=float32)>, <tf.Variable 'dense/bias:0' shape=(4,) dtype=float32, numpy=array([0., 0., 0

输出权重：
<tf.Variable 'dense/kernel:0' shape=(5, 4) dtype=float32, numpy=
array([[ 0.35383224, -0.12395889,  0.69833314,  0.06217813],
       [-0.64540255, -0.13869953, -0.08236617,  0.2822734 ],
       [ 0.4517449 ,  0.38079345,  0.10462856,  0.6592382 ],
       [-0.5811327 ,  0.62235606,  0.7524682 , -0.35791942],
       [ 0.7139276 , -0.1847257 ,  0.59950125,  0.03763378]],
      dtype=float32)>

输出偏置：
<tf.Variable 'dense/bias:0' shape=(4,) dtype=float32, numpy=array([0., 0., 0., 0.], dtype=float32)>
```

图 16-6　输出变量

16.1.5 神经网络层

神经网络由层组成。tf.keras.layers 提供了不同类型的层用于构建神经网络，这些层大部分都有共同的参数，通过调节参数来控制层的运行模式。层的相关信息如下。

activation：设置该层的激活函数，默认情况下系统不使用任何激活函数。该值可以是激活函数的名称，也可以是一个可调用对象，使用方法如下。

```
tf.keras.layers.Dense(128, activation='relu')
tf.keras.layers.Dense(128, activation= tf.nn.relu)
```

kernel_initializer 和 bias_initializer：指权重和偏置的初始化器。kernel_initializer 默认使用 Glorot uniform 初始化器来初始化权重，bias_initializer 的默认值为 0，其用法如下。

```
layers.Dense(64, kernel_initializer='orthogonal')
layers.Dense(64, bias_initializer=tf.keras.initializers.Constant(2.0))
```

kernel_regularizer 和 bias_regularizer：用于设置权重和偏置值的正则化方案，默认情况下系统不会对权重与偏置进行正则化处理，其用法如下。

```
layers.Dense(64, kernel_regularizer=tf.keras.regularizers.l1(0.01))
layers.Dense(64, bias_regularizer=tf.keras.regularizers.l2(0.01))
```

16.1.6 设置训练流程

Keras 使用 compile 方法来编译模型。如示例 16-7 所示，compile 接收 3 个参数，其中 optimizer 用于指定模型的优化器。tf.keras.optimizers 模块提供了多种优化器，能够满足不同场景的训练优化需求，其参数是指优化器的学习率，用于调节学习的速率；loss 参数用于指定损失函数，这里使用的是 CategoricalCrossentropy，即交叉熵损失函数；metrics 用于监控训练过程，tf.keras.metrics 模块提供了多个维度的监控；accuracy 是指 tf.keras.metrics.Accuracy 类，用于监控模型的准确率。

示例 16-7 训练模型

```
model = tf.keras.Sequential([
    layers.Dense(64, activation='relu', input_shape=(32,)),
    layers.Dense(64, activation='relu'),
    layers.Dense(10)])
model.compile(optimizer=tf.keras.optimizers.Adam(0.01),
              loss=tf.keras.losses.CategoricalCrossentropy(from_logits=True),
              metrics=['accuracy'])
```

16.1.7 传入训练数据

Keras 使用 fit 方法来将训练数据传入模型。如示例 16-8 所示，直接将 NumPy 的多维数据传入网络。fit 方法的第 1 个参数接收训练集，第 2 个参数接收对应的标签。epochs 表示对数据的运算次数，batch_size 表示每一次运算使用多少数据。

示例 16-8 将数据传入模型

```
import numpy as np

data = np.random.random((1000, 32))
labels = np.random.random((1000, 10))

model.fit(data, labels, epochs=10, batch_size=32)
```

同时，也可以通过指定 validation_data 参数，给模型提供验证集数据，如示例 16-9 所示。

示例 16-9 传入验证集数据

```
import numpy as np

data = np.random.random((1000, 32))
labels = np.random.random((1000, 10))
```

```
val_data = np.random.random((100, 32))
val_labels = np.random.random((100, 10))

model.fit(data, labels, epochs=10, batch_size=32,
          validation_data=(val_data, val_labels))
```

NumPy 适用于较小的数据集，DataSet API 适用于大型数据集和分布式模式下的模型训练，具体如示例 16-10 所示。

示例 16-10　使用 DataSets API

```
DataSet = tf.data.DataSet.from_tensor_slices((data, labels))
DataSet = DataSet.batch(32)

val_DataSet = tf.data.DataSet.from_tensor_slices((val_data, val_labels))
val_DataSet = val_DataSet.batch(32)

model.fit(DataSet, epochs=10, _data=val_DataSet)
```

16.1.8 评估与预测

tf.keras.Model.evaluate 用于衡量模型的性能，也可以接受 NumPy 和 DataSet API 两种类型的数据，如示例 16-11 所示。

示例 16-11　评估模型性能

```
test_data = np.random.random((1000, 32))
test_labels = np.random.random((1000, 10))

model.evaluate(test_data, test_labels, batch_size=32)

DataSet = tf.data.DataSet.from_tensor_slices((test_data, test_labels))
DataSet = DataSet.batch(32)

model.evaluate(DataSet)
```

tf.keras.Model.predict 方法用于预测新的数据，如示例 16-12 所示，输出结果的形状。

示例 16-12　输出结果形状

```
data = np.random.random((5, 32))
result = model.predict(data, batch_size=32)
print("预测结果的形状：",result.shape)
```

16.2 自定义模型和自定义层

对于构建神经网络模型，TensorFlow 提供了高度的灵活性。例如，构造一个堆叠模型，既可以使用内建的 Sequential 对象，也可以从 tf.keras.Model 对象继承，然后手动构建；构造全连接层时，既可以使用内建的 Dense 对象，也可以从 tf.keras.layers.Layer 对象继承，然后自定义计算逻辑。

本小节主要介绍如何自定义模型和自定义层。

16.2.1 自定义模型

用户可以继承 tf.keras.Model 类以更灵活的方式开发自己的模型。

如示例 16-13 所示，继承 tf.keras.Model 的子类时，需要在 __init__ 函数中创建层，并且需要将层作为实例属性，然后还需在子类中定义 call 函数，在其中设置前向传播的网络结构。注意 __init__ 函数只是说明了该模型有哪些层，call 函数才真正设置前向传播的神经网络。

示例 16-13　自定义模型

```
import TensorFlow as tf
from TensorFlow.keras import layers
import numpy as np

data = np.random.random((1000, 32))
labels = np.random.random((1000, 10))


class CustomModel(tf.keras.Model):

    def __init__(self, num_classes=10):
        super(CustomModel, self).__init__(name='CustomModel')
        self.num_classes = num_classes
        # 定义网络层
        self.dense_1 = layers.Dense(32, activation='relu')
        self.dense_2 = layers.Dense(num_classes)

    def call(self, inputs):
        # 定义前向传播的网络结构
        x = self.dense_1(inputs)
        return self.dense_2(x)


model = CustomModel(num_classes=10)
```

```
model.compile(optimizer=tf.keras.optimizers.RMSprop(0.001),
              loss=tf.keras.losses.CategoricalCrossentropy(from_logits=True),
              metrics=['accuracy'])

model.fit(data, labels, batch_size=32, epochs=5)
```

16.2.2 自定义层

用户可以继承 tf.keras.Layer 类创建自己的层对象。

如示例 16-14 所示，在子类的 __init__ 方法中，可以设置该层的神经元个数，本示例设置为 4；build 方法用于定义该层的权重和偏置；call 方法定义了该层的具体计算方式。这个过程，用户完全可以按自己的业务需求来设计处理逻辑。

示例 16-14　自定义层

```
import TensorFlow as tf


class CustomLayer(tf.keras.layers.Layer):
    def __init__(self, num_outputs):
        super(CustomLayer, self).__init__()
        self.num_outputs = num_outputs

    def build(self, input_shape):
        self.kernel = self.add_weight("kernel",
                                      shape=[int(input_shape[-1]),
                                             self.num_outputs])
        self.bias = self.add_variable("bias", shape=[self.num_outputs])

    def call(self, input):
        outputs = tf.matmul(input, self.kernel) + self.bias
        return outputs


layer = CustomLayer(4)
layer(input=tf.zeros([2, 5]))
print("输出权重：")
print(layer.kernel)
print()
print("输出偏置：")
print(layer.bias)
```

温馨提示

Keras提供了比较灵活的方式创建自定义层。一般情况下，Keras默认提供的层类型基本能够满足需要。

16.3 回调

在模型训练过程中，要扩展和自定义模型的行为，就需要使用 tf.keras.callbacks 对象。用户既可以使用 TensorFlow 提供的回调对象扩展模型，也可以进行自定义。

16.3.1 内建的回调对象

tf.keras.callbacks 提供了多个内建回调对象，具体有如下几种。

tf.keras.callbacks.ModelCheckpoint：定期保存模型的检查点。

tf.keras.callbacks.LearningRateScheduler：动态修改模型的学习率。

tf.keras.callbacks.EarlyStopping：当验证性能不能再提高时中断训练。

tf.keras.callbacks.TensorBoard：使用 TensorBoard 监控模型的行为。

EarlyStopping 和 TensorBoard 的用法如示例 16-15 所示。分别创建 EarlyStopping 和 TensorBoard 两个对象的实例，然后通过 callbacks 参数将 callback_earlyStopping 和 callback_tensorBoard 传入序列模型。参数 epochs =10 表示模型会对数据进行 10 轮迭代训练，EarlyStopping 对象的含义是监控训练过程中的损失，如果发现损失相较前一个 epoch 没有降低，则经过 patience 轮训练后停止；TensorBoard 对象的含义是将训练过程持久化输出到“D:\logs”目录下，通过 TensorBoard 工具可以查看训练过程。

示例 16-15　使用内建的回调

```
import TensorFlow as tf
import numpy as np

callback_earlyStopping = tf.keras.callbacks.EarlyStopping(monitor="loss",
    patience=3)
path = "D:\logs"
callback_tensorBoard = tf.keras.callbacks.TensorBoard(log_dir=path)

model = tf.keras.models.Sequential([tf.keras.layers.Dense(10)])
model.compile(tf.keras.optimizers.SGD(), loss='mse')

data = np.arange(100).reshape(5, 20)
label = np.zeros(5)
```

```
history = model.fit(data, label, epochs=10, batch_size=1,
                    callbacks=[callback_earlyStopping,
                               callback_tensorBoard],
                    verbose=0)

print(len(history.history['loss']))
```

示例 16-15 的代码执行完毕后，在当前 Python 环境下输入如下命令，可以启动 TensorBoard。TensorBoard 会默认监听 6006 端口，使用浏览器打开 http://localhost:6006/ 地址，可以看到 epoch 的训练信息、图结构等。

```
tensorboard --logdir= D:\logs
```

执行结果如图 16-7 所示，展示了模型的数据流图结构。

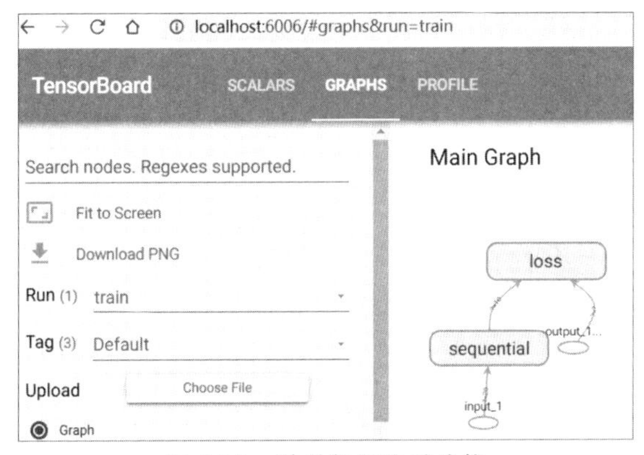

图 16-7　模型数据流图结构

温馨提示

TensorFlow 中的图称为数据流图，数据流图反映了程序的结构与执行顺序。TensorBoard 是数据流图的可视化工具，展示了图结构、训练过程中的数据变化等信息。

16.3.2 自定义回调对象

继承 tf.keras.callbacks.Callback 可以实现自定义回调，这些回调函数会在模型训练的不同时期触发，如 on_train_batch_begin 在数据训练开始时触发，on_train_batch_end 在数据训练结束时触发，on_epoch_end 在一轮数据训练结束时触发，具体用法如示例 16-16 所示。

示例 16-16　自定义回调用法

```
from datetime import datetime

import TensorFlow as tf
```

```
from TensorFlow import keras

# 加载样本数据
(x_train, y_train), (x_test, y_test) = tf.keras.DataSets.mnist.load_data()

# 取出前 400 个样本
x_train = x_train[:400]
y_train = y_train[:400]


class CustomCallback(tf.keras.callbacks.Callback):

    def on_train_batch_begin(self, batch, logs=None):
        print('训练：第 {} 批数据，开始时间 :{}'.format(batch, datetime.now()))

    def on_train_batch_end(self, batch, logs=None):
        print('训练：第 {} 批数据，结束时间 :{}, 损失值为 :{}'.format(batch, datetime.
   now(),
                                                        logs["loss"]))

    def on_epoch_end(self, epoch, logs=None):
        print("第 {} 轮训练的准确率为: {}".format(epoch, logs["accuracy"]))


model = keras.Sequential()
model.add(keras.layers.Flatten(input_shape=(28, 28)))
model.add(keras.layers.Dense(1))
model.compile(
    optimizer=keras.optimizers.RMSprop(learning_rate=0.2),
    loss="mse",
    metrics=["accuracy"],
)

model.fit(x_train, y_train, batch_size=200,
          epochs=2, verbose=0, callbacks=[CustomCallback()])
```

16.4 保存与恢复模型

在开发过程中，针对大量的数据进行模型训练，往往会花费大量的时间。因此，一般操作是先将数据处理好，然后进行训练，并将训练好的模型保存下来。在部署的时候，先进行模型恢复或者加载，然后使用模型进行预测。

16.4.1 保存权重

对于一个训练好的模型，可以从 3 个方面来进行保存，其中一个就是只保存权重。如示例 16-17 所示，保存权重有两种方式，一种是指定一个存储目录，另一种是将模型存储为 HDF5 格式的文件。

示例 16-17　保存权重

```
import TensorFlow as tf
from TensorFlow.keras import layers

model = tf.keras.Sequential([
    layers.Dense(64, activation='relu', input_shape=(32,)),
    layers.Dense(10)])

model.compile(optimizer=tf.keras.optimizers.Adam(0.001),
              loss=tf.keras.losses.CategoricalCrossentropy(from_logits=True),
              metrics=['accuracy'])


# 指定保存路径
model.save_weights('./weights/my_model')
model.load_weights('./weights/my_model')

# 将权重保存为 HDF5 格式
model.save_weights('my_model.h5', save_format='h5')
model.load_weights('my_model.h5')
```

16.4.2 保存模型配置

可以将模型配置保存为字符串，保存的格式可以是 json 与 yaml。保存模型配置的好处是即使没有定义原始模型的代码，也可以通过保存的配置重新创建和初始化模型。两种模型保存方式如示例 16-18 所示，其将模型序列化为 json，从 json 字符串创建新的模型；model1.summary() 表示输出模型的结构描述信息。

示例 16-18　保存模型配置

```
import TensorFlow as tf
from TensorFlow.keras import layers

model = tf.keras.Sequential([
    layers.Dense(64, activation='relu', input_shape=(32,)),
    layers.Dense(10)])
```

```
json_string = model.to_json()
model1 = tf.keras.models.model_from_json(json_string)

model1.summary()

yaml_string = model.to_yaml()
model2 = tf.keras.models.model_from_yaml(yaml_string)
model2.summary()
```

温馨提示

需要注意，子类化的模型不能序列化成字符串，因为模型的结构定义在 call 方法中。

16.4.3 保存模型所有信息

保存训练好的模型信息、配置信息，都只是保存了模型的部分数据，如果需要保存模型全部信息，如优化器设置，可以调用模型的 save 方法。save 方法可以在没有原始代码的情况下，从本地文件中完全恢复一个训练后的模型，如示例 16-19 所示。

示例 16-19　保存模型所有信息

```
import TensorFlow as tf
from TensorFlow.keras import layers
import numpy as np

model = tf.keras.Sequential([
    layers.Dense(10, activation='relu', input_shape=(32,)),
    layers.Dense(10)
])
model.compile(optimizer='rmsprop',
              loss=tf.keras.losses.CategoricalCrossentropy(from_logits=True),
              metrics=['accuracy'])

data = np.random.random((1000, 32))
labels = np.random.random((1000, 10))

model.fit(data, labels, batch_size=32, epochs=5)
path = "trained"
model.save(path)
model = tf.keras.models.load_model(path)
```

16.5 识别手写字

到目前为止，大家已经了解了使用 TensorFlow Keras 构建模型的基本方法、训练与评估流程，那么是时候通过一个实例来验证 TensorFlow 的效果了。

16.5.1 数据集简介

在人工智能领域，大多数情况下接触到的第 1 个完整应用示例就是识别手写字。本小节将基于 MNIST 数据集来训练与评估模型。

MNIST 数据集是 NIST（美国国家标准与技术研究院）提供的大型数据集的部分子集，里面包含的是不同作者手写数字的二进制图像，这些图像代表的是阿拉伯数字 0 到 9。同时，图像是黑白的，只包含灰度信息，表示图像的通道为 1。每个图像是大小为 28×28 像素的图片，表示高、宽均为 28 个像素。因此，一个图像的信息个数为 784（高宽相乘）。

该数据集中，包含了 60000 个用于训练的样本和 10000 个用于测试的样本，训练图片与测试图片的规格是一样的。

该数据集当前位于如下站点。

```
http://yann.lecun.com/exdb/mnist/
```

用户可以直接从官网下载，也可以如示例 16-20 所示，通过调用 mnist.load_data 方法自动下载数据集并完成加载。

示例 16-20　下载并加载数据集

```
import TensorFlow as tf

mnist = tf.keras.DataSets.mnist
(x_train, y_train), (x_test, y_test) = mnist.load_data()

print(" 训练集形状 :", x_train.shape)
print(" 训练集标签形状 :", y_train.shape)

print(" 测试集形状 :", x_test.shape)
print(" 测试集标签形状 :", y_test.shape)
```

执行结果如图 16-8 所示。

```
训练集形状: (60000, 28, 28)
训练集标签形状: (60000,)
测试集形状: (10000, 28, 28)
测试集标签形状: (10000,)
```

图 16-8　输出数据集形状

为了能直观地看到每个图像，可以使用 Matplotlib 工具显示图像，如示例 16-21 所示。

示例 16-21　显示图像

```
import TensorFlow as tf
import matplotlib.pyplot as plt

mnist = tf.keras.DataSets.mnist
(x_train, y_train), (x_test, y_test) = mnist.load_data()

plt.figure()
plt.imshow(x_train[0])
plt.colorbar()
plt.grid(False)
plt.show()
print(" 该图像对应的数字为：", y_train[0])
```

执行结果如图 16-9 所示，可以看到该图像虽然模糊，但看起来像数字 5。通过观察控制台输出，可以确定该图像为数字 5。

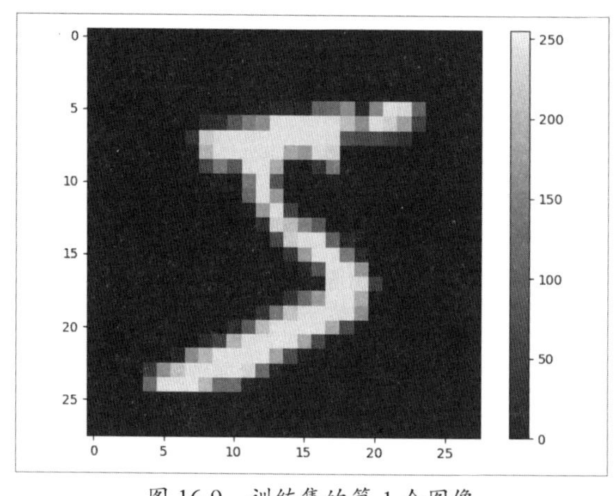

图 16-9　训练集的第 1 个图像

16.5.2　识别手写字

对数据集有了基本了解后，就可以构建模型来实现手写字识别了。如示例 16-22 所示，整个过程可分 5 个步骤。

步骤 01 ▸ 对数据进行加载和预处理。首先，对加载后的数据进行归一化处理。之所以除以 255.0，是因为表示图片颜色的最大值为 255，可以将数据有效缩放到 0~1，这有利于加快收敛。之后分别给训练集和测试集添加一个维度，该维度表示图像的通道。处理后的数据才能传入 Conv2D。

步骤 02 ▸ 本示例使用 tf.keras.models.Sequential 构建堆叠模型。创建一个 Conv2D 的实例，Conv2D

是用于对图像进行卷积运算的对象，因此这一层也称为卷积层，该网络亦称为卷积神经网络（Convolutional Neural Networks，CNN）。依次给神经网络加入层。

步骤03 ▶ 为模型指定损失函数和优化器，这是机器学习的标准步骤，用于降低模型的预测误差。

步骤04 ▶ 调用 fit 方法来训练模型。传入 callbacks 参数，用于将训练数据输出到目标路径，以便使用 TensorBoard 工具查看数据。

步骤05 ▶ 调用 evaluate 方法，传入测试数据集来验证模型性能，并输出测试准确率。

示例 16-22 识别手写字

```
import TensorFlow as tf

mnist = tf.keras.DataSets.mnist
(x_train, y_train), (x_test, y_test) = mnist.load_data()
# 对数据进行归一化处理
x_train, x_test = x_train / 255.0, x_test / 255.0

# 给训练集与测试集添加一个维度
# 训练集形状为 (60000,28,28,1)
x_train = x_train[..., tf.newaxis]
# 测试集形状为 (10000,28,28,1)
x_test = x_test[..., tf.newaxis]

model = tf.keras.models.Sequential([
    tf.keras.layers.Conv2D(30, 3, activation="relu"),
    tf.keras.layers.Flatten(),
    tf.keras.layers.Dense(128, activation="relu"),
    tf.keras.layers.Dropout(0.2),
    tf.keras.layers.Dense(10, activation="softmax")
], name="MyCNNModel")

model.compile(optimizer=tf.keras.optimizers.Adam(),
              loss=tf.keras.losses.SparseCategoricalCrossentropy(),
              metrics=['accuracy'])

log_dir = r"D:\workspace\PyCharmProjects\ai\ai_numpy\tf21_upgrade\logs\MyCNNModel"
tensorboard_callback = tf.keras.callbacks.TensorBoard(log_dir=log_dir, histogram_
    freq=1)

model.fit(x_train, y_train, epochs=3, verbose=2, callbacks=[tensorboard_callback])

_, accuracy = model.evaluate(x_test, y_test, verbose=2)
print("模型在测试集上的准确率：", accuracy)
```

执行结果如图 16-10 所示，可以看到随着训练轮次的增加，准确率也在不断提高。最终模型在测试集上准确率约为 98.32%。

```
1875/1875 - 33s - loss: 0.1597 - accuracy: 0.9518
Epoch 2/3
1875/1875 - 33s - loss: 0.0576 - accuracy: 0.9821
Epoch 3/3
1875/1875 - 33s - loss: 0.0367 - accuracy: 0.9882
313/313 - 1s - loss: 0.0483 - accuracy: 0.9832
模型在测试集上的准确率： 0.9832000136375427
```

图 16-10　训练与评估模型

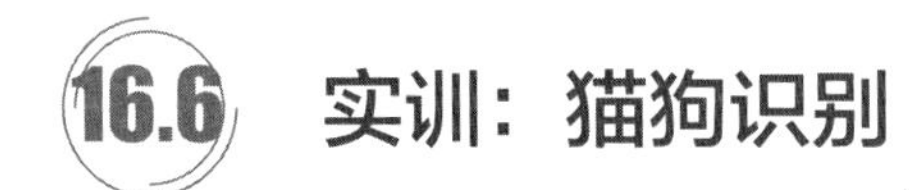

16.6 实训：猫狗识别

手写字识别是一个具有 10 个类别的分类问题，猫狗识别（本示例援引官方文档）是一个二分类问题。本小节将使用 Kaggle（Kaggle 是为开发商和数据科学家提供的，用于举办机器学习竞赛、托管数据库、编写和分享代码的平台）提供的猫狗数据集的过滤版本。通过构建模型来对猫狗进行分类，并观察模型的性能。

1. 实现思路

实现猫狗识别，需要遵循基本的机器学习流程：理解数据与数据预处理、构建模型、训练模型、测试模型、评估模型性能。

2. 编程实现

首先查看数据集信息。如示例 16-23 所示，通过调用 get_file 方法自动下载数据集。解压后的数据集包含两个目录：train 和 validation。train 目录存放的是训练模型的数据，包含 cats 目录和 dogs 目录，这两个目录下分别存放猫和狗的图片。validation 目录存放的是验证或测试模型性能的数据，同样包含 cats 目录和 dogs 目录，存放的也是猫和狗的图片。

示例 16-23　查看数据集信息

```
import TensorFlow as tf
import os

# 下载数据
url = 'https://storage.googleapis.com/mledu-DataSets/cats_and_dogs_filtered.zip'
path_to_zip = tf.keras.utils.get_file('cats_and_dogs.zip', origin=url, extract=True)
PATH = os.path.join(os.path.dirname(path_to_zip), 'cats_and_dogs_filtered')

# 训练集与验证集（或者测试集）目录
train_dir = os.path.join(PATH, 'train')
validation_dir = os.path.join(PATH, 'validation')
```

```
# 训练集下面的狗猫的图片
train_cats_dir = os.path.join(train_dir, 'cats')
train_dogs_dir = os.path.join(train_dir, 'dogs')
validation_cats_dir = os.path.join(validation_dir, 'cats')
validation_dogs_dir = os.path.join(validation_dir, 'dogs')

# 数据集的数量
num_cats_tr = len(os.listdir(train_cats_dir))
num_dogs_tr = len(os.listdir(train_dogs_dir))

num_cats_val = len(os.listdir(validation_cats_dir))
num_dogs_val = len(os.listdir(validation_dogs_dir))

# 训练集与验证集的总数量
total_train = num_cats_tr + num_dogs_tr
total_val = num_cats_val + num_dogs_val

print('训练集中猫的数量:', num_cats_tr)
print('训练集中狗的数量:', num_dogs_tr)
print('测试集中猫的数量:', num_cats_val)
print('测试集中狗的数量:', num_dogs_val)
print("训练集的图片总数量:", total_train)
print("测试集的图片总数量:", total_val)
```

执行结果如图 16-11 所示，输出数据集中各类数据的数量。

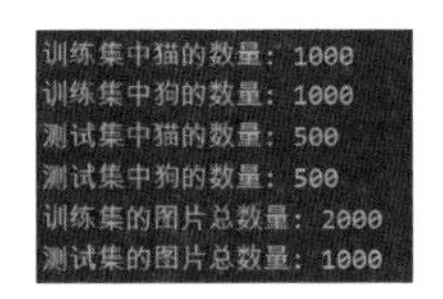

图 16-11　数据集数量

了解数据的基本情况后，就可以尝试构建神经网络了。如示例 16-24 所示，首先需要读取图像文件，将图像转为张量。张量是 TensorFlow 中用来表示训练数据、测试数据等的对象，是 TensorFlow 的运算单位。

使用 ImageDataGenerator 对象来读取数据。ImageDataGenerator 对象除读取数据外，还可以对数据进行增强。增强的目的是当数据集本身较小的时候，通过在训练过程中自动调整图像形状，使得模型经过不同图像的训练，降低过拟合的程度。ImageDataGenerator 几个参数含义如下。

rescale：对数据进行归一化处理。

rotation_range：对图像进行旋转。

width_shift_range：用于指定图像在水平方向上左右移动的范围。

height_shift_range：用于指定图像在垂直方向上上下移动的范围。

horizontal_flip：对图像进行水平翻转。

zoom_range：对图像进行放大或缩小操作。

使用 Sequential 创建一个堆叠模型。该模型的层次结构如图 16-12 所示，包含 3 个卷积层，3 个池化层。第 1 个和第 3 个池化层后面包含 Dropout 层，用于降低过拟合。flatten 用于将上一层的输出进行扁平化处理，输出形状为（None, 20736）（18 × 18 × 64=20736）。之后是一个具有 512 个神经元的全连接层，最后是一个只有一个输出的全连接层，用于输出神经网络的预测结果。图中 Param 列是每一层的参数个数，卷积神经网络的参数计算方式是（卷积核长度 × 卷积核宽度 × 通道数 +1）× 卷积核个数。因此第 1 个卷积层的参数个数为 (3 × 3 × 3+1) × 16=448，后续以此类推。

```
Model: "sequential"
_________________________________________________________________
Layer (type)                 Output Shape              Param #
=================================================================
conv2d (Conv2D)              (None, 150, 150, 16)      448
_________________________________________________________________
max_pooling2d (MaxPooling2D) (None, 75, 75, 16)        0
_________________________________________________________________
dropout (Dropout)            (None, 75, 75, 16)        0
_________________________________________________________________
conv2d_1 (Conv2D)            (None, 75, 75, 32)        4640
_________________________________________________________________
max_pooling2d_1 (MaxPooling2 (None, 37, 37, 32)        0
_________________________________________________________________
conv2d_2 (Conv2D)            (None, 37, 37, 64)        18496
_________________________________________________________________
max_pooling2d_2 (MaxPooling2 (None, 18, 18, 64)        0
_________________________________________________________________
dropout_1 (Dropout)          (None, 18, 18, 64)        0
_________________________________________________________________
flatten (Flatten)            (None, 20736)             0
_________________________________________________________________
dense (Dense)                (None, 512)               10617344
_________________________________________________________________
dense_1 (Dense)              (None, 1)                 513
```

图 16-12　模型结构

调用 fit_generator 方法进行模型训练。模型的训练数据、迭代次数等都通过对应参数指定。fit_generator 的返回值记录了训练过程中的损失与准确率，可以通过 history 属性进行访问。这里通过获取该值来展示训练与验证过程中的损失与准确率，并通过 Matplotlib 工具进行可视化。

示例 16-24　猫狗识别

```
import TensorFlow as tf
from TensorFlow.keras.models import Sequential
from TensorFlow.keras.layers import Dense, Conv2D, Flatten, Dropout, MaxPooling2D
from TensorFlow.keras.preprocessing.image import ImageDataGenerator

import os
import matplotlib.pyplot as plt

plt.rcParams['font.sans-serif'] = ['SimHei']
plt.rcParams['axes.unicode_minus'] = False

url = 'https://storage.googleapis.com/mledu-DataSets/cats_and_dogs_filtered.zip'
```

```
path_to_zip = tf.keras.utils.get_file('cats_and_dogs.zip', origin=url, extract=True)
PATH = os.path.join(os.path.dirname(path_to_zip), 'cats_and_dogs_filtered')
train_dir = os.path.join(PATH, 'train')
validation_dir = os.path.join(PATH, 'validation')

batch_size = 128
epochs = 15
IMG_HEIGHT = 150
IMG_WIDTH = 150

def plot_images(images_arr):
    fig, axes = plt.subplots(1, 5, figsize=(20, 20))
    axes = axes.flatten()
    for img, ax in zip(images_arr, axes):
        ax.imshow(img)
        ax.axis('off')
    plt.tight_layout()
    plt.show()


# 数据增强：rescale 数据归一化，rotation_range 图像旋转
# width_shift_range，height_shift_range 宽高缩放
# horizontal_flip 垂直扩充
image_gen_train = ImageDataGenerator(
    rescale=1. / 255,
    rotation_range=45,
    width_shift_range=.15,
    height_shift_range=.15,
    horizontal_flip=True,
    zoom_range=0.5
)
train_data_gen = image_gen_train.flow_from_directory(batch_size=batch_size,
                                                     directory=train_dir,
                                                     shuffle=True,
                                                     target_size=(IMG_HEIGHT, IMG_
   WIDTH),
                                                     class_mode='binary')

# 对测试集数据应用同样操作
image_gen_val = ImageDataGenerator(rescale=1. / 255)
val_data_gen = image_gen_val.flow_from_directory(batch_size=batch_size,
                                                 directory=validation_dir,
                                                 target_size=(IMG_HEIGHT, IMG_
   WIDTH),
                                                 class_mode='binary')
```

```
model = Sequential([
    Conv2D(16, 3, padding='same', activation='relu', input_shape=(IMG_HEIGHT, IMG_
    WIDTH, 3)),
    MaxPooling2D(),
    Dropout(0.2),
    Conv2D(32, 3, padding='same', activation='relu'),
    MaxPooling2D(),
    Conv2D(64, 3, padding='same', activation='relu'),
    MaxPooling2D(),
    Dropout(0.2),
    Flatten(),
    Dense(512, activation='relu'),
    Dense(1)
])

model.compile(optimizer='adam',
              loss=tf.keras.losses.BinaryCrossentropy(from_logits=True),
              metrics=['accuracy'])

model.summary()

history = model.fit_generator(
    train_data_gen,
    steps_per_epoch=2000 // batch_size,
    epochs=epochs,
    validation_data=val_data_gen,
    validation_steps=1000 // batch_size
)
acc = history.history['accuracy']
val_acc = history.history['val_accuracy']

loss = history.history['loss']
val_loss = history.history['val_loss']

epochs_range = range(epochs)

plt.figure(figsize=(8, 8))
plt.subplot(1, 2, 1)
plt.plot(epochs_range, acc, label='训练集上的准确率')
plt.plot(epochs_range, val_acc, label='验证集上的准确率')
plt.legend(loc='lower right')
plt.title('准确率')

plt.subplot(1, 2, 2)
```

```
plt.plot(epochs_range, loss, label='训练集上的损失')
plt.plot(epochs_range, val_loss, label='验证集上的损失')
plt.legend(loc='upper right')
plt.title('损失值')
plt.show()
```

执行结果如图 16-13 所示。从左图可以看到随着模型训练的加深，在训练集上的准确率与在验证集上的准确率都双双提高；从右图可以看到，训练集合验证集上的损失值都在降低，因此模型的性能在逐步提高。

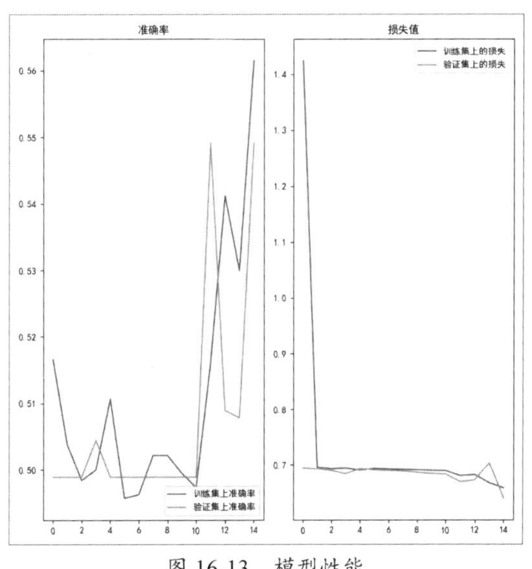

图 16-13 模型性能

本章小结

本章主要介绍了使用 TensorFlow Keras 构造、训练、测试模型性能的流程。整个过程比较简单，容易理解。生产环境中的问题远比本章的案例复杂，但是使用 TensorFlow 开发神经网络的流程几乎是一致的。建议读者先熟悉使用 TensorFlow 建模的基本流程，然后尝试构建自己的神经网络。在训练过程中，不断调整参数或者使用网格搜索法，添加神经元个数、增加网络的深度等，观察损失值、准确率的变化，以得到最优的模型。待掌握神经网格构建流程掌握之后，再阅读官方文档或相关论文，以深入研究更复杂的神经网络。

第5篇 实战篇

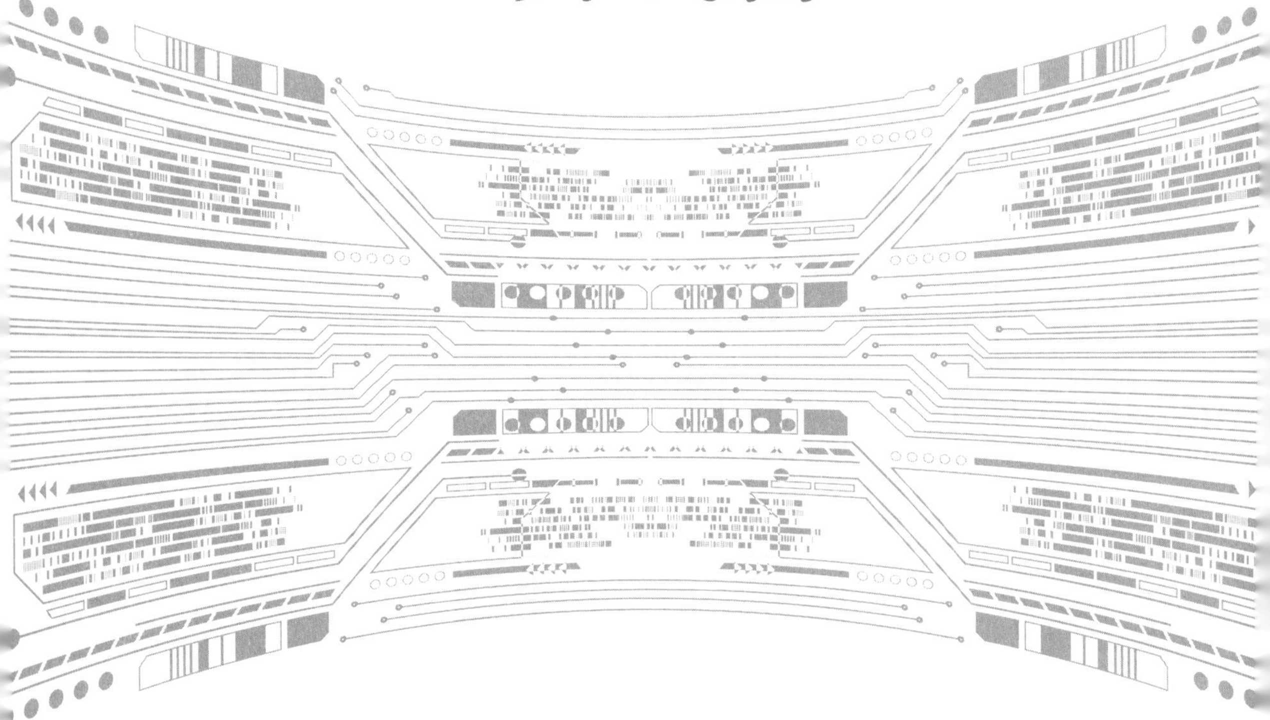

本篇包含两部分内容，一部分是使用 Spark ML 库下的协同过滤算法来构建一个推荐系统；另一部分是使用 OpenCV 与 TensorFlow 构建卷积神经网络（CNN）来构建一个人脸识别系统。

协同过滤的前提是收集大量的用户数据，来计算用户的品位相似度，以此提供推荐；人脸识别则是要采集用户头像，一个用户不同角度的图像越多，识别效果越好。人脸识别看似属于人工智能范畴，但是人工智能与大数据是不能分开的，因为算力越强，数据越多，机器才能更智能。

学习了本篇内容后，读者能自行构建推荐系统和人脸识别系统。

第 17 章

综合实战：猜你喜欢

★本章导读★

本章先介绍“猜你喜欢”功能的设计方案与数据结构，然后介绍如何训练、导出与加载模型，并将模型应用到 Web 项目中，最后介绍基于前后端分离的架构实现“猜你喜欢”功能。

★知识要点★

通过对本章内容的学习，读者能掌握以下知识技能。

◆ 了解“猜你喜欢”的设计思路
◆ 掌握模型训练、导出、加载与推荐的相关知识
◆ 了解前后端分离的项目架构
◆ 掌握跨域请求
◆ 了解 Flask 的开发模式
◆ 了解 Vue 的开发模式
◆ 了解 Element-UI 的基本使用方法

17.1 项目背景与解决方案介绍

想必大多数用户在常见的购物网站上，经常会看到“猜你喜欢”“为您推荐”“购买过 A 商品的用户也购买了 B 商品”的提示。本小节的主要内容，就是介绍基于 Spark ALS 模型来设计一个实现“猜你喜欢”功能的方案。

17.1.1 项目背景

据相关单位统计，截至 2019 年年底，全国汽车保有量达 2.6 亿辆；2019 年，全国汽车产量为 2572.1 万辆，蝉联全球第一。随着国内汽车工业水平和家庭收入的提高，在改善出行方面，人们也有了更多的预算。

为了帮助用户快速找到自己可能感兴趣的汽车，本章将实现一个汽车推荐系统。本系统的功能很简单，主要由两部分构成，如图 17-1 所示。

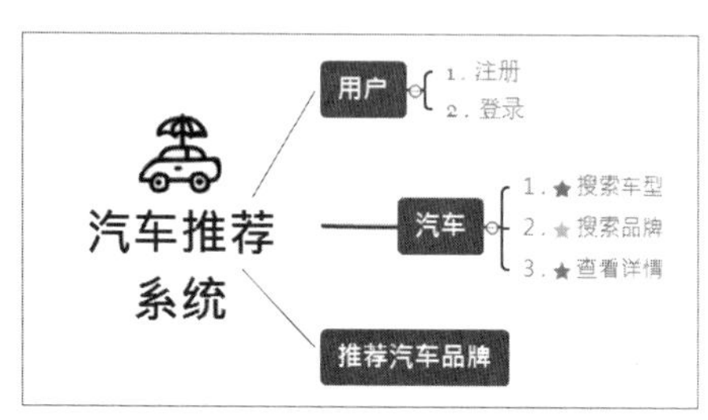

图 17-1　汽车推荐系统

17.1.2 解决方案

系统由以下 3 部分构成。

（1）前端网站：用户搜索与查看汽车信息。

（2）数据库：存储用户的操作日志。

（3）Spark 算子：这一部分将使用 Spark ALS 模型实现。

这 3 部分的关系及用户和系统的交互过程如图 17-2 所示。

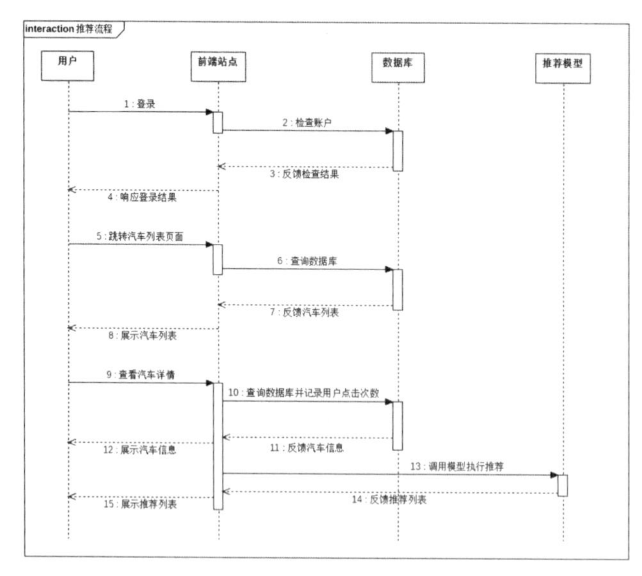

图 17-2　系统流程

17.2 数据库设计

本系统采用 MySQL 数据库进行数据存储，其中存放了用户信息、用户浏览日志、汽车信息、推荐结果。接下来介绍各表的结构与作用。

1. 用户信息

用户信息的数据结构如表 17-1 所示。user 表存储了 1129 位用户的信息数据，完整数据在随书源码中本章对应目录下的 user.sql 文件中。

表 17-1　用户信息表 (user)

字段名	逻辑名	数据库类型	说明
userid	userid	INT	主键
password	密码	VARCHAR(32)	

2. 用户浏览日志

用户浏览记录的数据结构如表 17-2 所示。log 表存储了 5200 条用户浏览记录，完整数据在随书源码中本章对应目录下的 log.sql 文件中。

表 17-2　用户浏览日志 (log)

字段名	逻辑名	数据库类型	说明
id	id	INT	主键
用户 ID	userid	INT	
汽车 ID	carid	INT	
浏览时间	lookup_time	DATETIME	

3. 汽车信息

汽车信息表存储了车辆的品牌、排量、价格区间等内容，如表 17-3 所示。carinfo 表共存储了 326 条记录，完整数据在随书源码的 carinfo.sql 文件中。

表 17-3　汽车信息表 (carinfo)

字段名	逻辑名	数据库类型	说明
id	id	INT	主键
img	图片	VARCHAR(120)	
brand	品牌	VARCHAR(50)	
cx_price	价格区间	VARCHAR(50)	
level	车型、级别	VARCHAR(50)	
cehicle_capacity	排量	VARCHAR(50)	

温馨提示

user.sql、log.sql、carinfo.sql 文件在本章随书源码根目录下。

17.3 推荐模型

完成数据库设计，导入对应数据后就可以开始训练模型了。模型训练完毕后可以将其导出到本地，在执行推荐的时候可以直接加载模型进行推荐。

1. 训练与保存模型

从 MySQL 数据库读取数据，训练并保存模型，如示例 17-1 所示。创建 options 对象用以配置数据库连接，其中 SQL 语句计算出了每个用户浏览每个汽车品牌的次数；读取 MySQL 数据并创建 DataFrame；创建 ALS 模型，由于用户点击的次数不能作为用户的评分，因此需要将 implicitPrefs 参数设置为 True 进行隐式评分；创建 ParamGridBuilder（参数网格）对象，该对象用以向算法模型中提供参数；创建 TrainValidationSplit 对象，该对象具有 fit 方法，fit 方法可以训练模型。TrainValidationSplit 对象的作用是将训练集拆分成训练集与验证集，通过参数网格对象，可以在训练过程中不断调节模型的超参数。

示例 17-1　训练与保存模型

```
import sys

from pyspark.sql.functions import explode

from pyspark.ml import Pipeline
from pyspark.ml.evaluation import RegressionEvaluator

from pyspark.ml.tuning import ParamGridBuilder, TrainValidationSplit,
    CrossValidator

from pyspark.ml.recommendation import ALS

from pyspark.sql import SparkSession

spark = SparkSession.builder.appName("ALS").getOrCreate()
options = {
    "url": "jdbc:MySQL://localhost:3306/carinfo?serverTimezone=UTC",
    "driver": "com.MySQL.cj.jdbc.Driver",
```

```
    "dbtable": "( SELECT userid, carid, COUNT( * ) counter FROM `log` GROUP BY
    userid, carid ) tmp ",
    "user": "root",
    "password": "123456"
}
data = spark.read.format("jdbc").options(**options).load()

train, test = data.randomSplit([0.8, 0.2])

# 创建 ALS 模型
als = ALS(userCol="userid", itemCol="carid", ratingCol="counter",
          implicitPrefs=True)

# 创建参数网格对象
param_grid = ParamGridBuilder(). \
    addGrid(als.rank, [10, 15]). \
    addGrid(als.maxIter, [10, 20]). \
    addGrid(als.regParam, [0.01, 0.05]). \
    build()

# 创建评估器
evaluator = RegressionEvaluator(metricName="rmse", labelCol="counter",
predictionCol="prediction")

# 创建 TrainValidationSplit 对象用以拆分训练集
train_validation_split = TrainValidationSplit(estimator=als,
estimatorParamMaps=param_grid, evaluator=evaluator)

# 训练模型
model = train_validation_split.fit(train)

# 获取最优模型
best_model = model.bestModel

# 将模型保存至以下路径
path = "C:\\alsmodel"
best_model.save(path)
```

模型保存成功后，可以看到如图 17-3 所示的目录结构。

图 17-3　模型的目录结构

温馨提示

训练模型消耗的时间比较长，一般情况下不适合直接做成 Web API。在实际开发中，可以将训练过程做成定时任务，当数据有较多更新时再次训练并导出模型。

2. 加载模型与推荐汽车

加载模型相对就没那么烦琐。如示例 17-2 所示，首先需要导入 ALSModel，然后通过 load 方法加载模型，这里只需要指定模型的路径即可，最后调用 recommendForUserSubset 方法为 ID 为 4123 的用户推荐 2 个汽车品牌。

示例 17-2　加载模型与执行推荐

```
from pyspark.sql.functions import explode
from pyspark.sql import SparkSession
from pyspark.ml.recommendation import ALSModel

spark = SparkSession.builder.appName("ALS").getOrCreate()

path = "C:\\alsmodel"

model = ALSModel.load(path)

user = spark.createDataFrame([(4123,)], ["userid"])

user_recs = model.recommendForUserSubset(user, 2)
df = user_recs.withColumn("recommendations_ex", explode("recommendations"))
df.show()
```

执行结果如图 17-4 所示，显示了为 ID 为 4123 的用户推荐的汽车品牌 ID 和对应的置信度。

userid	recommendations	recommendations_ex
4123	[[461, 0.94832146...	[461, 0.94832146]
4123	[[461, 0.94832146...	[453, 0.94589615]

图 17-4　推荐的汽车品牌

17.4 前端网站

Flask 是一个轻量级的 Web 框架，Vue.js 是一套用于构建用户界面的渐进式框架，Element 是一套为开发者、设计师和产品经理准备的基于 Vue.js 的桌面端组件库。本系统将采用这 3 个组件开发推荐系统的前端网站。

17.4.1 后台数据提供服务

后台数据服务采用的是 Flask 框架开发，项目结构如图 17-5 所示。

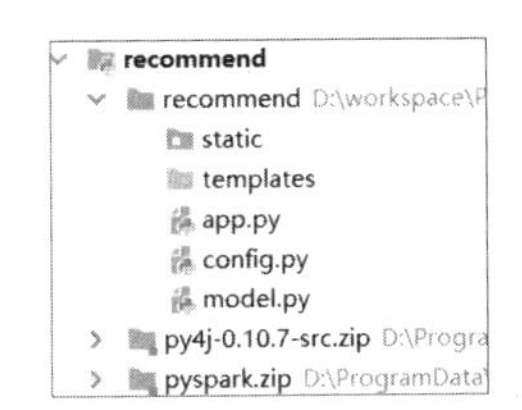

图 17-5 数据提供服务的项目结构

1. model.py

model.py 文件存放的是与数据库表映射的 Python 对象，如示例 17-3 所示。

示例 17-3 数据库映射

```
# -*- coding: utf-8 -*-#

from config import db
#用户表
class User(db.Model):
    __tablename__ = "user"
    userid = db.Column(db.Integer, primary_key=True)
    password = db.Column(db.String)
#汽车信息表
class CarInfo(db.Model):
    __tablename__ = "carinfo"
    id = db.Column(db.Integer, primary_key=True)
    img = db.Column(db.String)
    brand = db.Column(db.String)
    cx_price = db.Column(db.String)
    level = db.Column(db.String)
    rating = db.Column(db.String)
    cehicle_capacity = db.Column(db.String)
#日志表
class Log(db.Model):
    __tablename__ = "log"
    id = db.Column(db.Integer, primary_key=True)
    userid = db.Column(db.Integer)
    carid = db.Column(db.Integer)
    lookup_time = db.Column(db.DateTime)
```

2. config.py

config.py 文件用于初始化 Falsk 对象、初始化数据库连接对象、初始化 SparkSession 对象、加载模型，如示例 17-4 所示。因为创建 Spark 对象的过程比较慢，所以将这个过程放在项目初始化这一步进行。将 Spark 对象和 Model 对象保存到 Flask 框架的配置系统中，以供全局访问。

示例 17-4　项目初始化

```
# -*- coding: utf-8 -*-#

from flask import Flask

from flask_sqlalchemy import SQLAlchemy

import pyMySQL

from pyspark.sql import SparkSession
from pyspark.ml.recommendation import ALSModel

pyMySQL.install_as_MySQLdb()

app = Flask(__name__)
app.secret_key = "recommend"

# 数据库连接
app.config["SQLALCHEMY_DATABASE_URI"] = "MySQL://root:root@localhost:3306/carinfo"
app.config["SQLALCHEMY_TRACK_MODIFICATIONS"] = False

db = SQLAlchemy(app)

# 创建 SparkSession 对象
spark = SparkSession.builder.appName("ALS").getOrCreate()

path = "C:\alsmodel"

# 加载模型
model = ALSModel.load(path)

app.config["Spark"] = spark
app.config["Model"] = model
```

3. app.py

app.py 文件存放了后端系统的主要接口，如示例 17-5 所示，包括登录、获取汽车品牌列表、获取品牌详情与获取推荐列表，具体信息见接口的注释。

示例 17-5　后端接口

```
# -*- coding: utf-8 -*-#
import datetime

from flask import session, redirect, request

from config import app, db
from model import User, CarInfo, Log
from sqlalchemy import or_


# 装饰器，用于判断是否登录
def wrapper(func):
    def inner(*args, **kwargs):
        if not session.get("user_info"):
            return redirect("/error")
        ret = func(*args, **kwargs)
        return ret

    return inner


# 登录接口
@app.route("/api/login", methods=["POST"], endpoint="login")
def login():
    # 解析从 Vue 项目中传递过来的数据
    userid = request.json['userid']
    password = request.json['pass']
    # 检查用户是否存在
    user = User.query.filter(User.userid == userid and User.password == password).
    first()
    data = {"result": False, "msg": ""}
    if user is not None:
        session["user_info"] = userid
        data["result"] = True
    else:
        data["msg"] = "用户名或密码错误！ "

    return data


# 获取汽车品牌列表
@app.route("/api/get_car_list", endpoint="get_car_list")
@wrapper
def get_car_list():
```

```
    # 解析从 Vue 项目中传递过来的数据
    keyword = request.args.get("keyword")
    keyword = keyword if keyword is not None else ""
    like = "%{}%".format(keyword)
    # 查找汽车品牌信息
    car_list = CarInfo.query.filter(or_(CarInfo.brand.like(like),
                                        CarInfo.level.like(like)
                                        )).with_entities(CarInfo.id, CarInfo.img,
    CarInfo.brand).all()
    data = {"car_list": []}

    # 构建可序列化的对象
    def build_view_data(item):
        tmp_dic = {"id": item.id, "img": item.img, "brand": item.brand}
        data["car_list"].append(tmp_dic)

    [build_view_data(item) for item in car_list]
    return data


# 获取汽车品牌详情
@app.route("/api/get_car_detail", endpoint="get_car_detail")
@wrapper
def get_car_detail():
    carid = request.args.get("carid")
    # 当用户点击汽车详情的时候，插入日志
    insert_log(carid)
    # 根据 ID 查询汽车品牌
    car_info = CarInfo.query.get(carid)
    data = {"id": car_info.id, "img": car_info.img,
            "brand": car_info.brand, "cx_price": car_info.cx_price,
            "level": car_info.level, "rating": car_info.rating,
            "cehicle_capacity": car_info.cehicle_capacity}
    return data


# 插入日志
def insert_log(carid):
    userid = session.get("user_info")
    log = Log(userid=userid, carid=carid, lookup_time=datetime.datetime.now())
    db.session.add(log)
    db.session.commit()


# 获取推荐列表
```

```
@app.route("/api/get_recommend_list", endpoint="get_recommend_list")
@wrapper
def get_recommend_list():
    userid = session.get("user_info")
    userid = int(userid) if userid is not None else 0
    # 从会话中获取用户 ID，然后调用模型即时推荐
    recommend_carid_list = exec_recommend(userid)
    # 根据推荐的汽车品牌 ID 获取对应的列表
    car_list = CarInfo.query.filter(CarInfo.id.in_(recommend_carid_list)).all()

    data = {"car_rec_list": []}

    def build_view_data(item):
        tmp_dic = {"id": item.id, "img": item.img, "brand": item.brand}
        data["car_rec_list"].append(tmp_dic)

    [build_view_data(item) for item in car_list]
    return data


# 执行推荐
def exec_recommend(userid):
    # 从 Flask 全局配置系统中获取对象
    user_df = app.config["Spark"].createDataFrame([(userid,)], ["userid"])
    user_subset_recs = app.config["Model"].recommendForUserSubset(user_df, 4)
    # 由于推荐的内容较少，可以直接调用 collect
    # 否则建议将推荐结果存入数据库，然后从数据库获取推荐列表
    # 实际上，推荐内容也不宜过多，一般控制在 10 条以内
    rows = user_subset_recs.collect()
    tmp_list = []
    for index, row in enumerate(rows[0][1]):
        tmp_list.append(row[0])
    return tmp_list


# 装饰器若检查到用户没有登录，会向客户端反馈需要登录
@app.route("/error", endpoint="error")
def error():
    return {"result": False, "msg": "请登录！"}


if __name__ == "__main__":
    app.run(port=5000)
```

温馨提示

在运行项目前，需要安装 Flask、Flask-SQLAlchemy、PyMySQL。同时，还需要在项目中引入 py4j-0.10.7-src.zip 包和 pyspark.zip 包。

项目完整代码在本章随书源码 recommend 目录下。

17.4.2 前端数据的展示与交互

前端 Vue 项目结构如图 17-6 所示。

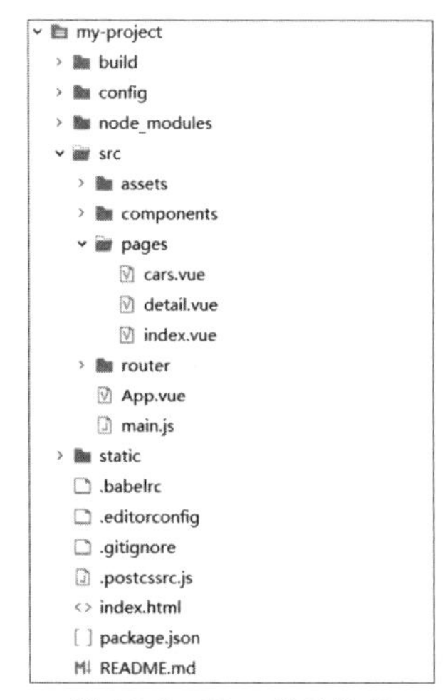

图 17-6　Vue 项目结构

1. 配置跨域访问代理

找到项目 config 目录下的 index.js 文件，在 dev（开发环境）节点下配置 proxyTable，具体如图 17-7 所示，其中 http://127.0.0.1:5000/ 是 Flask 数据提供服务的运行地址。

```
my-project
  build
  config
    dev.env.js
    index.js
    prod.env.js
  node_modules
  src
    assets
    components
    pages
      cars.vue
      detail.vue
      index.vue
    router
    App.vue
    main.js
  static
```

```
index.js
7  module.exports = {
8    dev: {
9
10     // Paths
11     assetsSubDirectory: 'static',
12     assetsPublicPath: '/',
13     proxyTable: {
14       "/api": {
15         target: 'http://127.0.0.1:5000/',
16         changeOrigin: true,
17         secure: false,
18         pathRewrite: {
19           '^/api': ""
20         }
21       }
22     },
```

图 17-7　配置跨域访问代理

2. main.js

main.js 文件是项目核心文件，需要在该文件中引入 Axios 与 Element-UI，如示例 17-6 所示。

示例 17-6 引入 Axios 与 Element-UI

```
// The Vue build version to load with the `import` command
// (runtime-only or standalone) has been set in webpack.base.conf with an alias.
import Vue from 'vue'
import axios from 'axios'

import App from './App'
import router from './router'
import ElementUI from 'element-ui'

// 导入样式
import 'element-ui/lib/theme-chalk/index.css'
import "./assets/style/reset.css"


axios.defaults.baseURL = '/api'
Vue.prototype.$axios = axios
Vue.config.productionTip = false
Vue.use(ElementUI);

/* eslint-disable no-new */
new Vue({
  el: '#app',
  router,
  components: { App },
  template: '<App/>'
})
```

3. router/index.js

router/index.js 文件配置路由，用以引入其他 Vue 组件，如示例 17-7 所示。

示例 17-7 配置组件路由

```
import Vue from 'vue'
import Router from 'vue-router'
import Index from '@/pages/index'
import Cars from '@/pages/cars'
import Detail from '@/pages/detail'

Vue.use(Router)

export default new Router({
  routes: [
```

```
      {
        path: '/',
        name: 'Index',
        component: Index
      },
      {
        path: "/cars",
        name: 'Cars',
        component: Cars
      },
      {
        path: "/detail",
        name: 'Detail',
        component: Detail
      }
    ]
  })
```

4. pages/index.js

pages/index.js 文件存放的是用户登录页面，其运行结果如图 17-8 所示。

5. pages/cars.js

用户登录成功后跳转到汽车品牌列表页面，如图 17-9 所示。用户可以在文本框中输入品牌、车型（中型、微型等），然后按回车键进行检索。

图 17-8　登录页面

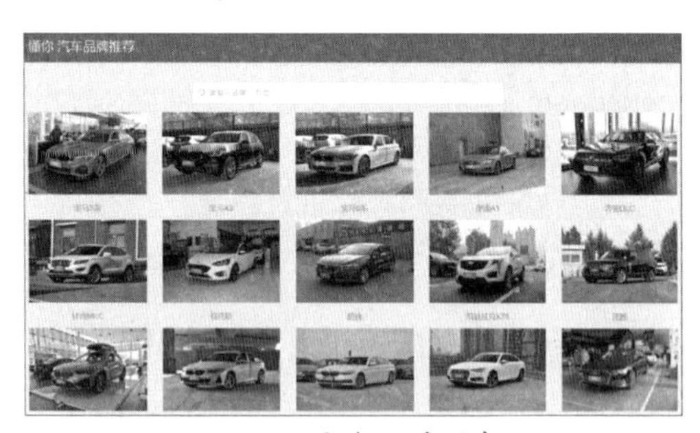

图 17-9　汽车品牌列表

6. pages/detail.js

单击汽车列表中的某一品牌，如长安欧尚，将会跳转到对应的详细信息页面，如图 17-10 所示。同时，系统会自动调用推荐模型，在“猜你喜欢”区域显示推荐的汽车列表。

图 17-10　汽车详情与推荐列表

温馨提示

pages/index.js、pages/cars.js、pages/detail.js 的源码在 my-project 项目中，这里只展示了运行后的效果图。在运行项目前，需要安装 Node.js、Axios、Element-UI。

本章小结

“猜你喜欢”是推荐功能的一种展现形式。本章介绍了“猜你喜欢”这一功能的设计方案、数据库的结构及模型的训练、导出、加载和执行推荐。前端项目采用的是前后台分离的架构，需要的组件比较多。在运行项目前，建议读者根据提示提前准备。

第 18 章

综合实战：人脸识别

★本章导读★

本章先介绍“人脸识别”功能的设计方案，然后介绍如何训练、导出与加载模型，并将模型应用到项目中，最后介绍如何基于 OpenCV、TensorFlow 组件实现人脸识别。

★知识要点★

通过对本章内容的学习，读者能掌握以下知识技能。

- ◆ 了解人脸识别的设计思路
- ◆ 掌握使用 OpenCV 采集图像及进行图像处理的方法
- ◆ 掌握使用 TensorFlow 实现人脸识别的方法

18.1 项目背景与解决方案介绍

人脸识别是深度学习研究的一个重要方向，也是时下流行的人工智能技术。本小节主要介绍基于 OpenCV 采集图像、基于 TensorFlow 构建 CNN 来实现人脸识别。

18.1.1 项目背景

人脸识别是指基于人的脸部特征进行身份识别的一种技术。该技术不是一门全新的学科，早在 20 世纪五六十年代就有科研人员在相关方面进行探索。

随着技术的发展，人脸识别成为当下非常热门的研究领域，具有非常丰富的应用场景，如身份鉴定、刷脸支付、美颜相机、AI 相机、安防监控等。

要实现人脸识别，大体分为以下 3 个步骤。

步骤 01 ▸ 采集包含人脸信息的图像。

步骤 02 ▸ 检测图像中的人脸。

步骤 03 ▸ 对人脸进行比对。

采集到的人脸数据一般分两类：静态的图像与动态的视频。实际上，检测视频中的人脸，也是对视频的每一帧画面进行解析，检测对象其实还是图像。

18.1.2 解决方案

为了尽可能方便地采集图像，本项目在技术方面选用的是 OpenCV，可以使用如下命令安装。

```
pip install python-opencv
```

为了降低学习成本，客户端程序仍然采用 Flask 框架。

图像的处理正是卷积神经网络 CNN 的特长。为方便构建该网络模型，本项目选用的是 TensorFlow。

CNN 是本项目的难点，这里简要介绍如下。

一个 CNN 至少包含一个卷积层。常见的卷积网络包含卷积层、池化层与全连接层。

卷积层：通过对原始图像进行切片，产生一个张量，然后与卷积核进行运算，可减少训练模型所需的内存。卷积核是一个与原始切片阶数相同的张量，但相对小一些。在图像处理方面，卷积核一般设置为 1 或 0。

池化层：池化是指将卷积层输出的向量矩阵压缩为更小的矩阵。这是因为在卷积运算后，获取的图像特征向量去拟合新的样本时，会得到高纬度的向量，最终导致过拟合，因此需要通过池化层将向量矩阵缩小。

全连接层：对卷积层或池化层（池化层是可选的）的结果进行整合，计算出图像属于某一类别的概率，从而实现分类。实际上，人脸识别就是机器学习中的分类。例如，判断某张人脸是谁或者不是谁，这是二分类；判断某张人脸是 5 个人中的某一个，这就是多分类。

整个人脸识别项目分 3 部分，如图 18-1 所示。

图 18-1 项目构成

18.2 图像采集

了解实现人脸识别的基本思路之后，就可以着手开发项目了。首先需要解决的问题是如何打开摄像头，采集图像。

18.2.1 自动捕捉图像

打开本章节的随书源码 face_rec 文件，启动项目，打开地址 http://127.0.0.1:5000/，进入系统主页面，如图 18-2 所示。在本页面先输入标签，用于标识当前用户，然后单击【开始自动捕捉图像】按钮，系统会自动根据标签生成目录，并将采集到的图像上传到服务器端该目录下。在服务器端保存图像的同时系统自动裁剪出包含人脸的图像。

图 18-2　主页面

系统主页面的主要代码如示例 18-1 所示。首先引入 utils.js 文件，该文件为 OpenCV.js 官方提供的工具类文件，在此文件中，创建了一个定时任务，函数名为 detectionFace，用于检测人脸；然后使用 new Utils 创建工具类的示例来上传采集到的图像，给界面的按钮绑定事件。默认情况下 isAutoCapture 变量为 False，当单击【开始自动捕捉图像】按钮后，将 isAutoCapture 设置为 True。detectionFace 检测到 isAutoCapture 为 True 时，就会自动上传采集到的图像。

示例 18-1　前端状态控制

```
<script src="/static/utils.js" type="text/javascript"></script>
<script>
```

```
let utils = new Utils('errorMessage');

let videoInput = document.getElementById('videoInput');
let startAndStop = document.getElementById('startAndStop');

let isAutoCapture = false;


startAndStop.addEventListener('click', () => {

    if ($("#label").val()) {
        if (!isAutoCapture) {
            isAutoCapture = true;
            startAndStop.textContent = '停止捕捉图像'
        } else {
            isAutoCapture = false;
            startAndStop.textContent = '开始自动捕捉图像'
            utils.stopCamera();
        }
    } else {
        show_toast_msg();
    }


});

function onVideoStarted() {
    videoInput.width = videoInput.videoWidth;
    videoInput.height = videoInput.videoHeight;
    utils.detectionFace();
}


utils.loadOpenCv(() => {
    let faceCascadeFile = 'haarcascade_frontalface_default.xml';
    utils.createFileFromUrl(faceCascadeFile, faceCascadeFile, () => {

        utils.clearError();
        utils.startCamera('vga', onVideoStarted, 'videoInput');

    });
});


function show_toast_msg() {
```

```
        let title = "温馨提示：";
        let content = "请输入标签：";
        $.toast({
            title: title,
            subtitle: "",
            content: content,
            type: "success",
            delay: 300000,
            container: $("#my_container")
        });
    }

</script>
```

人脸检测的核心代码如示例 18-2 所示。代码前半部分为准备操作，创建一些基础对象并加载 Haar 分类器；调用 processVideo 方法读取摄像头视频画面并检测人脸；通过 for 循环，在每一张人脸上画框；如果发现 isAutoCapture 为 True，则调用 uploadImage 方法上传图像。

示例 18-2　图像采集

```
this.detectionFace = function () {
    let video = document.getElementById('videoInput');
    let src = new cv.Mat(video.height, video.width, cv.CV_8UC4);
    let dst = new cv.Mat(video.height, video.width, cv.CV_8UC4);
    let gray = new cv.Mat();
    let cap = new cv.VideoCapture(video);
    let faces = new cv.RectVector();
    let classifier = new cv.CascadeClassifier();

    classifier.load('haarcascade_frontalface_default.xml');

    const FPS = 30;

    function processVideo() {
            try {
                    let begin = Date.now();
                    cap.read(src);
                    src.copyTo(dst);
                    cv.cvtColor(src, gray, cv.COLOR_RGBA2GRAY, 0);
                    classifier.detectMultiScale(gray, faces, 1.1, 3, 0);
                    for (let i = 0; i < faces.size(); ++i) {

                            let point1 = new cv.Point(faces.get(i).x, faces.get(i).y);
                            let point2 = new cv.Point(faces.get(i).x + faces.get(i).
    width, faces.get(i).y + faces.get(i).height);
```

```
                    cv.rectangle(src, point1, point2, [255, 0, 0, 255]);

                    try {
                         cv.imshow('canvasOutputFace', dst);
               if (isAutoCapture) {
                    self.uploadImage();
               }

               if (isFaceRec) {
                  self.faceRec();
               }
                    } catch (e) {
                         console.log(" 捕获错误 ");
                    }
               }
               cv.imshow('canvasOutput', src);

               let delay = 1000 / FPS - (Date.now() - begin);
               setTimeout(processVideo, delay);
          } catch (err) {
               utils.printError(err);
          }
     };

     setTimeout(processVideo, 0);
};
```

在前端给人脸画框的功能，需要加载 haarcascade_frontalface_default.xml 文件用于初始化 Haar 分类器。该文件在安装 OpenCV 时会自动产生，一般存放于 Lib\site-packages\cv2\data\ 目录下。前端需要通过发起 AJAX 请求来获得该文件。Flask 视图函数将该文件传递到客户端的过程如示例 18-3 所示。这里需要注意，客户端需要 xml 文档。

示例 18-3　返回 haarcascade_frontalface_default.xml 文件

```
@app.route('/haarcascade_frontalface_default.xml')
def get_haarcascade_frontalface_default_xml():
    path = r"haarcascade_frontalface_default.xml"
    with open(path, mode="r") as file:
        content = file.read()
        r = Response(response=content, status=200, mimetype="application/xml")
        r.headers["Content-Type"] = "text/xml; charset=utf-8"
        return r
```

18.2.2 存储图像

前台上传图像的后台接口如示例 18-4 所示。前台将采集到的图像进行 Base64 编码后传递到后台，后台接收图像并进行解码存储；裁剪图片，将接收到的图像中的人脸“框”出来，最终形成一个只有人脸的图像。

示例 18-4　存储图片

```
@app.route('/generate_img', methods=["POST"])
def generate_img():
    result = {}
    try:
        img_base64_str = request.form["img"]
        label = request.form["label"]
        code = img_base64_str.replace('data:image/png;base64,', '')
        img_data = base64.b64decode(code)
        path = "face_images/{}".format(label)
        if not os.path.exists(path):
            os.makedirs(path)

        file_path = "{}/{}.png".format(path, uuid.uuid4())
        file = open(file_path, 'wb')
        file.write(img_data)
        file.close()

        ImagePreHandle.crop_image(file_path)

        result["status"] = True
        result["msg"] = "图片上传成功！"
    except Exception as e:
        result["status"] = False
        result["msg"] = "图片上传失败！错误信息！ {}".format(e)

    return result
```

18.3 训练模型与识别人脸

人脸识别是一个监督学习过程，因此需要先对数据进行预处理，将图片转换为数组，并为其指定标签，然后构建模型进行训练，最后使用模型对人脸进行识别。

18.3.1 数据预处理

如示例 18-5 所示，DataManager 类用于读取图片并设置标签。get_images_and_labels 方法用于读取指定目录下的图片数据，返回所有图片路径和对应的标签；split_data 方法用于将读取到的数据划分为训练集和测试集；load_image 方法封装了 get_images_and_labels 和 split_data 方法的调用。

示例 18-5　加载数据并设置标签

```
import pathlib

import cv2

import numpy as np
from sklearn.model_selection import train_test_split

from utils.image_pre_handle import ImagePreHandle


class DataManager:

    def __init__(self):
        # 存放类别与索引的映射关系
        self.label_to_index = None

    def get_images_and_labels(self, face_image_path):
        """
        获取所有图片及其对应的分类
        """
        data_root = pathlib.Path(face_image_path)
        all_image_paths = list(data_root.glob("*/*"))
        # 获取标签名称
        label_names = sorted(item.name for item in data_root.glob('*/') if item.is_
    dir())
        self.label_to_index = dict((name, index) for index, name in
    enumerate(label_names))
        all_image_labels = [self.label_to_index[pathlib.Path(path).parent.name] for
    path in all_image_paths]
        return all_image_paths, all_image_labels

    def split_data(self, images, labels):
        np_images = np.array(images)
        # 划分训练集与测试集
        x_images, y_images, x_labels, y_labels = train_test_split(np_images,
                                                                  labels,
                                                                  test_size=0.2,
                                                                  random_state=np.
    random.randint(0, 100))

        x_images = x_images.reshape(x_images.shape[0],
                                    x_images.shape[1],
                                    x_images.shape[2], 1)
```

```
        y_images = y_images.reshape(y_images.shape[0],
                                    y_images.shape[1],
                                    y_images.shape[2], 1)

        # 归一化处理
        x_images = x_images.astype('float32')
        y_images = y_images.astype('float32')
        x_images /= 255
        y_images /= 255
        return x_images, y_images, x_labels, y_labels

    def load_image(self, face_image_path):
        """
        加载图片
        """
        all_image_paths, all_image_labels = self.get_images_and_labels(face_image_
    path)
        images = []
        for img in all_image_paths:
            image = cv2.imread(str(img))
            if image is not None:
                image = ImagePreHandle.resize(image)
                images.append(image)

        return self.split_data(images, all_image_labels)
```

resize 方法的使用如示例 18-6 所示，用于调整人脸图像大小进行对齐。

示例 18-6 对齐图像

```
@staticmethod
    def resize(image, height: int = 64, width: int = 64):
        """
        图像高、宽调整一致，然后缩放到 64x64
        """
        top, bottom, left, right = 0, 0, 0, 0
        _height, _width, _channel = image.shape

        larger = max(_height, _width)
        if _height < larger:
            dh = larger - _height
            top = dh // 2
            bottom = dh - top
        elif _width < larger:
            dw = larger - _width
            left = dw // 2
```

```
        right = dw - left
    else:
        pass

    # copyMakeBorder 用于给图片补充边框
    # cv2.BORDER_CONSTANT 表示补充常量值
    # value 设置用于填充的值，0 表示黑色
    new_image = cv2.copyMakeBorder(image, top, bottom, left, right, cv2.BORDER_
CONSTANT, value=0)
    # 将图像进行灰度处理
    new_image = cv2.cvtColor(new_image, cv2.COLOR_BGR2GRAY)
    # 设置图片大小
    new_image = cv2.resize(new_image, (height, width))

    return new_image
```

18.3.2 构建与训练模型

如示例 18-7 所示，构造了一个 CNN 模型。__init__ 方法用于初始化 CNN 的结构和最终输出的分类数，其中包含 4 个卷积层，2 个池化层，1 个 flatten 与 2 个全连接层；call 方法用于输出模型；face_predict 方法用于对人脸进行预测，判断属于哪一个人，即属于哪一个分类标签。

示例 18-7　CNN 模型

```
import TensorFlow as tf
from TensorFlow.keras import layers

from utils.image_pre_handle import ImagePreHandle


class MyModel(tf.keras.Model):
    def __init__(self,num_class):
        """
        初始化模型
        """
        # 先调用父类构造器
        super().__init__()
        # filters: 卷积层神经元 / 卷积核数目
        # padding = 'same' 是为了自动填充边界，保证信息不丢失
        # relu 函数的作用是计算激活函数，即 max(features, 0)，大于 0 的数不变，小于 0 的数
    置为 0
        self.conv1 = layers.Conv2D(filters=32, kernel_size=[3, 3],
                                   padding='same', activation=tf.nn.relu)
        self.conv2 = layers.Conv2D(filters=32, kernel_size=[3, 3],
                                   activation=tf.nn.relu)
```

```
        # 加入池化层
        self.pool1 = layers.MaxPool2D(pool_size=[2, 2])
        self.drop1 = layers.Dropout(0.25)

        # 再添加两个卷积层
        self.conv3 = layers.Conv2D(filters=64, kernel_size=[3, 3],
                                   padding='same', activation=tf.nn.relu)
        self.conv4 = layers.Conv2D(filters=64, kernel_size=[3, 3],
                                   activation=tf.nn.relu)
        self.pool2 = layers.MaxPool2D(pool_size=[2, 2])
        self.drop2 = layers.Dropout(0.25)

        self.flatten1 = tf.keras.layers.Flatten()
        self.dense1 = tf.keras.layers.Dense(units=128, activation=tf.nn.relu)

        self.drop3 = layers.Dropout(0.5)

        self.dense2 = layers.Dense(units=num_class, activation=tf.nn.softmax)

    def call(self, inputs):
        x = self.conv1(inputs)
        x = self.conv2(x)
        x = self.pool1(x)
        x = self.drop1(x)

        x = self.conv3(x)
        x = self.conv4(x)
        x = self.pool2(x)
        x = self.drop2(x)

        x = self.flatten1(x)
        x = self.dense1(x)
        x = self.drop3(x)
        outputs = self.dense2(x)

        return outputs

    def face_predict(self, image):
        image = ImagePreHandle.resize(image)
        image = image.reshape((1, 64, 64, 1))

        image = image.astype('float32')
        image /= 255

        # 预测人脸属于哪一类
```

```
        result = self.predict(image)

        return result[0]
```

训练模型的代码如示例 18-8 所示。learning_rate 方法用于设定学习率，batch 方法用于设置每一批训练的图像数量，epochs 方法用于设置 TensorFlow 迭代次数。加载图像数据后就按 TensorFlow 的基本使用流程开始设置优化器、损失函数，进行模型训练。train_step 方法和 test_step 方法使用了装饰器 @tf.function 进行标记，TensorFlow 会自动将这两个方法构造成计算图进行高效执行。模型训练好后保存至本地目录。

示例 18-8　训练模型

```
import TensorFlow as tf

from utils import cnn
from utils.data_manager import DataManager


model_save_path = r'D:\model'

if __name__ == '__main__':
    # 设定学习率
    learning_rate = 0.05
    batch = 32
    # 设置学习轮数
    epochs = 5
    img_path = r"D:\images"
    # 数据都保存在这个文件夹下
    manager = DataManager()
    x_images, y_images, x_labels, y_labels = manager.load_image(img_path)

    # 模型初始化
    model = cnn.MyModel(len(manager.label_to_index))
    # 创建优化器
    optimizer = tf.keras.optimizers.Adam(learning_rate=learning_rate)
    # 选择损失函数
    loss_object = tf.keras.losses.SparseCategoricalCrossentropy()

    # 设置变量保存训练集的损失值
    train_loss = tf.keras.metrics.Mean(name='train_loss')
    # 设置变量保存训练集的准确值
    train_accuracy = tf.keras.metrics.SparseCategoricalAccuracy(name='train_accuracy')
    # 设置变量保存测试集的损失值
    test_loss = tf.keras.metrics.Mean(name='test_loss')
    # 设置变量保存测试集的准确值
```

```
test_accuracy = tf.keras.metrics.SparseCategoricalAccuracy(name='test_accuracy')


@tf.function
def train_step(images, labels):
    with tf.GradientTape() as tape:
        predictions = model(images)
        loss = loss_object(labels, predictions)
    gradients = tape.gradient(loss, model.trainable_variables)
    optimizer.apply_gradients(zip(gradients, model.trainable_variables))

    train_loss(loss)
    train_accuracy(labels, predictions)


@tf.function
def test_step(images, labels):
    predictions = model(images)
    t_loss = loss_object(labels, predictions)

    test_loss(t_loss)
    test_accuracy(labels, predictions)


for epoch in range(epochs):
    train_ds = tf.data.DataSet.from_tensor_slices((x_images, x_labels)). \
        shuffle(500).batch(batch)

    test_ds = tf.data.DataSet.from_tensor_slices((y_images, y_labels)). \
        shuffle(500).batch(batch)

    for images, labels in train_ds:
        train_step(images, labels)

    for test_images, test_labels in test_ds:
        test_step(test_images, test_labels)

    template = '轮次 {}, 训练集损失：{}, 训练集准确率：{}, 测试集损失：{}, 测试集
准确率：{}'
    print(template.format(epoch + 1,
                          train_loss.result(),
                          train_accuracy.result() * 100,
                          test_loss.result(),
                          test_accuracy.result() * 100))
```

```
    model.save_weights(model_save_path)
```

18.3.3 识别人脸

模型训练完毕后就到了最后一步，对人脸进行识别。打开链接 http://127.0.0.1:5000/face_rec_page，进入识别人脸主页，如图 18-3 所示。单击【识别人脸】按钮，系统自动上传图像到后台，实时预测当前人脸所属标签，并在页面上展示该人脸属于谁的概率。

图 18-3 识别人脸主页

预测人脸的核心代码如示例 18-9 所示。首先创建模型对象，加载模型权重；之后通过 cv2 库读取图像，调用 cascade_classifier 分类器的 detectMultiScale 方法进行人脸识别；最后调用模型的 face_predict 方法预测当前人脸的分类。

示例 18-9 识别人脸

```
import cv2

from utils.cnn import MyModel


class FaceRec:
    @staticmethod
    def predict( file_path):
        """
        加载模型
        """
        model = MyModel(2)
        # 本地模型路径
        trained_model_path = r'D:\model'
```

```
        model.load_weights(trained_model_path)
        # 分类器路径
        path = r"haarcascade_frontalface_default.xml"
        # 创建分类器
        cascade_classifier = cv2.CascadeClassifier(path)
        # 读取人脸数据
        image = cv2.imread(file_path)
        # 将原始图像转为灰度图像
        grey_image = cv2.cvtColor(image, cv2.COLOR_BGR2GRAY)
        # 检测人脸
        faces = cascade_classifier.detectMultiScale(grey_image, scaleFactor=2,
    minNeighbors=5, minSize=(32, 32))

        if len(faces) > 0:
            for f in faces:
                x, y, width, height = f
                # 截取的人脸数据
                face_data = image[y - 10:y + height + 10, x - 10:x + width + 10]
                face_predict_result = model.face_predict(face_data)
                return face_predict_result
```

至此，一个简单的人脸识别项目就开发完毕了。

温馨提示

图像对齐参考了 GitHub 上的开源项目，另外，TensorFlow 提供了基于 Web 的 TensorFlow.js 版本，但是这个版本需要和 Node.js 配合使用。为了减少不必要的学习负担，使实例更通用，因此本章未采用 TensorFlow.js 版本。

本章小结

本章主要介绍了人脸识别的设计思路及实现过程。整体来说，识别人脸最基本的 4 个步骤是采集图像、图像预处理、训练模型与模型预测。从源码角度看，实现人脸识别并不复杂，但是笔者在应用过程中发现，数据质量和神经网络的结果对于模型性能影响非常大。另外，如果模型训练很慢，建议读者使用 GPU 版本的 TensorFlow，或者在集群环境上运行程序。人脸识别是人工智能研究的热门领域，本章采用了比较普通的方式实现了人脸识别功能，旨在让读者能以最轻松的方式进入人工智能领域。若是需要进行商业应用，则还有很长一段路要走。